网络空间安全专业规划教材

总主编 杨义先 执行主编 李小勇

网络空间安全基础

彭海朋 编著

北京邮电大学出版社
www.buptpress.com

内 容 简 介

本书是网络空间安全学科的基础教材，围绕网络空间安全学科的主要研究方向及网络空间安全基础理论和密码学及应用两部分内容合理组织知识结构，其中第 2 章（基础知识）、第 4 章（大数据安全）、第 5 章（复杂网络安全）、第 6 章（网络安全博弈）、第 7 章（虚拟资产安全）和第 8 章（安全通论）等内容对应于网络空间安全基础理论的主要研究方向及内容，第 3 章（新型密码技术）则对应于密码学及应用。本书立足于网络空间安全的基本知识，并竭力把握好知识的深度和广度，为网络空间安全学科的后续课程及后续研究奠定一定的知识基础。

本书适合作为网络空间安全、信息安全、网络工程等相关专业本科、研究生的专业基础教材，也可作为计算机科学与技术、软件工程、电子商务等专业的选修教材。

图书在版编目(CIP)数据

网络空间安全基础 / 彭海朋编著. -- 北京 : 北京邮电大学出版社, 2017.8

ISBN 978-7-5635-5091-3

Ⅰ. ①网… Ⅱ. ①彭… Ⅲ. ①互联网络－安全技术 Ⅳ. ①TP393.408

中国版本图书馆 CIP 数据核字（2017）第 099755 号

书　　名：网络空间安全基础
著作责任者：彭海朋　编著
责 任 编 辑：刘　佳
出 版 发 行：北京邮电大学出版社
社　　址：北京市海淀区西土城路 10 号（邮编：100876）
发 行 部：电话：010-62282185　传真：010-62283578
E-mail：publish@bupt.edu.cn
经　　销：各地新华书店
印　　刷：保定市中画美凯印刷有限公司
开　　本：787 mm×1 092 mm　1/16
印　　张：18
字　　数：444 千字
版　　次：2017 年 8 月第 1 版　2017 年 8 月第 1 次印刷

ISBN 978-7-5635-5091-3　　定　价：39.00 元

序

Prologue

作为最新的国家一级学科，由于其罕见的特殊性，网络空间安全真可谓是典型的“在游泳中学游泳”。一方面，蜂拥而至的现实人才需求和紧迫的技术挑战，促使我们必须以超常规手段，来启动并建设好该一级学科；另一方面，由于缺乏国内外可资借鉴的经验，也没有足够的时间纠结于众多细节，所以，作为当初“教育部网络空间安全一级学科研究论证工作组”的八位专家之一，我有义务借此机会，向大家介绍一下2014年规划该学科的相关情况；并结合现状，坦诚一些不足，以及改进和完善计划，以使大家有一个宏观了解。

我们所指的网络空间，也就是媒体常说的赛博空间，意指通过全球互联网和计算系统进行通信、控制和信息共享的动态虚拟空间。它已成为继陆、海、空、太空之后的第五空间。网络空间里不仅包括通过网络互联而成的各种计算系统（各种智能终端）、连接端系统的网络、连接网络的互联网和受控系统，也包括其中的硬件、软件乃至产生、处理、传输、存储的各种数据或信息。与其他四个空间不同，网络空间没有明确的、固定的边界，也没有集中的控制权威。

网络空间安全，研究网络空间中的安全威胁和防护问题，即在有敌手对抗的环境下，研究信息在产生、传输、存储、处理的各个环节中所面临的威胁和防御措施，以及网络和系统本身的威胁和防护机制。网络空间安全不仅包括传统信息安全所涉及的信息保密性、完整性和可用性，同时还包括构成网络空间基础设施的安全和可信。

网络空间安全一级学科，下设五个研究方向：网络空间安全基础、密码学及应用、系统安全、网络安全、应用安全。

方向1，网络空间安全基础，为其他方向的研究提供理论、架构和方法学指导；它主要研究网络空间安全数学理论、网络空间安全体系结构、网络空间安全数据分析、网络空间博弈理论、网络空间安全治理与策略、网络空间安全标准与评测等内容。

方向2，密码学及应用，为后三个方向（系统安全、网络安全和应用安全）提供密码机制；它主要研究对称密码设计与分析、公钥密码设计与分析、安全协议设计与分析、侧信道分析与防护、量子密码与新型密码等内容。

方向3,系统安全,保证网络空间中单元计算系统的安全;它主要研究芯片安全、系统软件安全、可信计算、虚拟化计算平台安全、恶意代码分析与防护、系统硬件和物理环境安全等内容。

方向4,网络安全,保证连接计算机的中间网络自身的安全以及在网络上所传输的信息的安全;它主要研究通信基础设施及物理环境安全、互联网基础设施安全、网络安全管理、网络安全防护与主动防御(攻防与对抗)、端到端的安全通信等内容。

方向5,应用安全,保证网络空间中大型应用系统的安全,也是安全机制在互联网应用或服务领域中的综合应用;它主要研究关键应用系统安全、社会网络安全(包括内容安全)、隐私保护、工控系统与物联网安全、先进计算安全等内容。

从基础知识体系角度看,网络空间安全一级学科主要由五个模块组成:网络空间安全基础、密码学基础、系统安全技术、网络安全技术和应用安全技术。

模块1,网络空间安全基础知识模块,包括:数论、信息论、计算复杂性、操作系统、数据库、计算机组成、计算机网络、程序设计语言、网络空间安全导论、网络空间安全法律法规、网络空间安全管理基础。

模块2,密码学基础理论知识模块,包括:对称密码、公钥密码、量子密码、密码分析技术、安全协议。

模块3,系统安全理论与技术知识模块,包括:芯片安全、物理安全、可靠性技术、访问控制技术、操作系统安全、数据库安全、代码安全与软件漏洞挖掘、恶意代码分析与防御。

模块4,网络安全理论与技术知识模块,包括:通信网络安全、无线通信安全、IPv6安全、防火墙技术、入侵检测与防御、VPN、网络安全协议、网络漏洞检测与防护、网络攻击与防护。

模块5,应用安全理论与技术知识模块,包括:Web安全、数据存储与恢复、垃圾信息识别与过滤、舆情分析及预警、计算机数字取证、信息隐藏、电子政务安全、电子商务安全、云计算安全、物联网安全、大数据安全、隐私保护技术、数字版权保护技术。

其实,从纯学术角度看,网络空间安全一级学科的支撑专业,至少应该平等地包含信息安全专业、信息对抗专业、保密管理专业、网络空间安全专业、网络安全与执法专业等本科专业。但是,由于管理渠道等诸多原因,我们当初只重点考虑了信息安全专业,所以,就留下了一些遗憾,甚至空白,比如,信息安全心理学、安全控制论、安全系统论等。不过幸好，学界现在已经开始着手，填补这些空白。

北京邮电大学在网络空间安全相关学科和专业等方面，在全国高校中一直处于领先水平；从20世纪80年代初至今，已有30余年的全方位积累，而且，一直就特别重视教学规范、课程建设、教材出版、实验培训等基本功。本套系列教材，主要是由北京邮电大学的骨干教师们，结合自身特长和教学科研方面的成果，撰写而成。本系列教材暂由《信息安全数学基础》《网络安全》《汇编语言与逆向工程》《软件安全》《网络空间安全导论》《可信计算理论与技术》《网络空间安全治理》《大数据服务与安全隐私技术》《数字内容安全》《量子计算与后量子密码》《移动终端安全》《漏洞分析技术实验教程》《网络安全实验》《网络空间安全基础》《信息安全管理(第3版)》《网络安全法学》《信息隐藏与数字水印》等20余本本科生教材组成。这些教材主要涵盖信息安全专业和网络空间安全专业，今后，一旦时机成熟，我们将组织国内外更多的专家，针对信息对抗专业、保密管理专业、网络安全与执法专业等，出版更多、更好的教材，为网络空间安全一级学科，提供更有力的支撑。

杨义先

教授、长江学者、杰青

北京邮电大学信息安全中心主任

灾备技术国家工程实验室主任

公共大数据国家重点实验室主任

2017年4月，于花溪

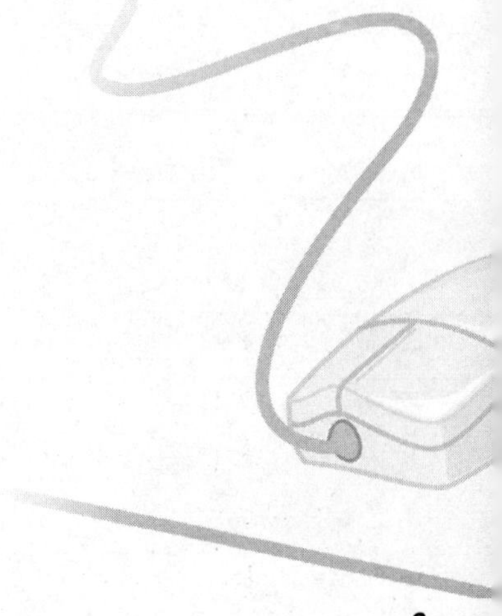

前言

Foreword

近年来，随着社会信息化的不断加深，我国迅速成长为信息化大国，是目前全球范围内互联网用户最多、普及最广泛的国家。随着人们对互联网依赖度的逐渐提高，网络空间已经成为继陆、海、空、太空之后的第五空间，成为各国角逐权利的新战场。国际上围绕网络空间安全的斗争愈演愈烈，我国网络空间安全受到的冲击也越来越大。2014 年 2 月 27 日，中央成立网络安全与信息化领导小组，着眼国家安全和长远发展，统筹协调涉及经济、政治、文化、社会及军事等各个领域的网络安全和信息化重大问题，研究制定网络安全和信息化发展战略、宏观规划和重大政策，推动国家网络安全和信息化法治建设，不断增强安全保障能力。

习近平指出，“没有网络安全就没有国家安全，没有信息化就没有现代化。”建设网络强国，要有自己过硬的技术；要有丰富全面的信息服务、繁荣发展的网络文化；要有良好的信息基础设施，形成实力雄厚的信息经济；要有高素质的网络安全和信息化人才队伍；要积极开展双边、多边的互联网国际交流合作。建设网络强国的战略部署要与“两个一百年”奋斗目标同步推进，向着网络基础设施基本普及、自主创新能力显著增强、信息经济全面发展、网络安全保障有力的目标不断前进。

为实施国家安全战略，加快网络空间安全高层次人才培养，2015 年 6 月国务院学位委员会、教育部决定在“工学”门类下增设“网络空间安全”一级学科，学科代码为“0839”，授予“工学”学位。

网络空间安全学科培养学生掌握密码和网络空间安全基础理论和技术方法，掌握信息系统安全、网络基础设施安全、信息内容安全和信息对抗等相关专门知识，并具有较高网络空间安全综合专业素质、较强的实践能力和创新能力，能够承担科研院所、企事业单位和行政管理部门网络空间安全方面的科学研究、技术开发及管理工作。

网络空间安全一级学科的理论方法和方法论基础涉及数学、信息论、计算复杂理论、控制论、系统论、认知科学、博弈论、管理学等。网络空间安全涉及数学、计算机科学与技术、信息与通信工程等多个学科，已形成了一个相对独立的教学和研究领域。

网络空间安全主要研究网络空间中的安全威胁和防护问题，即在有敌手的对抗环境下，研究信息在产生、传输、存储、处理的各个环节中所面临的威胁和防御措施以及网络和系统本身的威胁和防护机制。网络空间安全不仅仅包括传统信息安全所研究的信息的保密性、完整性和可用性，同时还包括构成网络空间基础设施的安全和可信。

网络空间安全学科主要研究方向有5个：网络空间安全基础理论、密码学及应用、系统安全、网络安全、应用安全。网络空间安全基础理论方向为其他方向提供理论、架构和方法学指导；密码学及应用方向为其他方向提供密码体制机制；系统安全方向保证网络空间中单元计算系统安全、可信；网络安全方向保证连接计算机的网络自身安全和传输信息安全；应用安全方向保证网络空间中大型应用系统安全。

本书是网络空间安全学科的基础教材，围绕网络空间安全学科的主要研究方向及网络空间安全基础理论和密码学及应用两部分内容合理组织知识结构，其中第2章（基础知识）、第4章（大数据安全）、第5章（复杂网络安全）、第6章（网络安全博弈）、第7章（虚拟资产安全）和第8章（安全通论）等内容对应于网络空间安全基础理论的主要研究方向及内容，第3章（新型密码技术）则对应于密码学及应用。本书立足于网络空间安全的基本知识，并竭力把握好知识的深度和广度，为网络空间安全学科的后续课程及后续研究奠定一定的知识基础。

本书由北京邮电大学彭海朋编著，在内容规划和撰写过程中得到了北京邮电大学杨义先教授和李丽香教授、四川大学李涛教授、西南大学赖红副教授、青岛大学王震、孙菲等老师的大力支持和帮助，在此向他们表示衷心的感谢！也感谢陈自刚、陈川、郑明文、陈永刚等博士及陈晨、冯翠翠、侯敬宜、林茹、沈如辉、樊晓彤等同学的帮助。

本书的出版得到了国家自然科学基金（项目编号：61472045、61573067）和国家重点研发计划“网络空间安全”重点专项（项目编号：2016YFB0800602）的支持，北京邮电大学出版社为本书出版做了大量编辑和组织工作，特在此致谢！

限于水平，书中难免有错误与不妥之处，恳请读者批评指正。

彭海朋

目录

Contents

第1章　绪论…… 1

1.1　网络空间 …… 1

1.2　网络空间的积极意义 …… 1

1.3　网络空间的安全威胁 …… 1

1.4　网络空间安全 …… 2

1.5　网络空间安全基础 …… 3

第2章　基础知识…… 6

2.1　抽象代数 …… 6

2.1.1　群 …… 6

2.1.2　环 …… 7

2.1.3　域 …… 7

2.2　模运算与欧拉定理 …… 8

2.3　信息论 …… 9

2.3.1　信息论的形成与发展 …… 9

2.3.2　熵 …… 9

2.3.3　信道容量 …… 9

2.4　博弈论…… 10

2.4.1　简介…… 10

2.4.2　要素…… 10

2.4.3　博弈类型…… 11

2.4.4　纳什均衡…… 11

2.5　稳定性理论…… 13

2.5.1　解的稳定性…… 13

2.5.2　按线性近似判断稳定性…… 13

2.5.3　李雅普诺夫第二方法…… 14

2.6　复杂网络概述…… 15

2.6.1 复杂网络的发展概况…………………………………………………………………… 15
2.6.2 复杂网络的主要统计特性……………………………………………………………… 15
2.6.3 网络模型…………………………………………………………………………………… 17

第3章 新型密码技术 …………………………………………………………………………… 20

3.1 密码学………………………………………………………………………………………… 20
3.1.1 对称密码体制………………………………………………………………………… 20
3.1.2 非对称密码体制……………………………………………………………………… 24
3.1.3 数字签名……………………………………………………………………………… 27
3.1.4 密码协议……………………………………………………………………………… 28
3.2 混沌密码技术………………………………………………………………………………… 29
3.2.1 混沌学基本原理……………………………………………………………………… 30
3.2.2 混沌密码技术概述…………………………………………………………………… 30
3.2.3 混沌保密通信模型实例分析………………………………………………………… 35
3.2.4 混沌密码存在的问题………………………………………………………………… 52
3.3 量子密码……………………………………………………………………………………… 53
3.3.1 量子比特及其属性…………………………………………………………………… 54
3.3.2 量子密码经典模型…………………………………………………………………… 59
3.3.3 量子密码应用举例…………………………………………………………………… 61
3.3.4 结论与展望…………………………………………………………………………… 70
3.4 格密码………………………………………………………………………………………… 70
3.4.1 格密码的研究热点和方向…………………………………………………………… 71
3.4.2 格密码基础…………………………………………………………………………… 72
3.4.3 困难问题……………………………………………………………………………… 74
3.4.4 STP-GPV 算法 ……………………………………………………………………… 77
3.4.5 实验仿真……………………………………………………………………………… 78

第4章 大数据安全 ……………………………………………………………………………… 80

4.1 大数据概述…………………………………………………………………………………… 80
4.1.1 大数据的时代背景…………………………………………………………………… 80
4.1.2 大数据的基本概念…………………………………………………………………… 81
4.1.3 大数据的机遇与挑战………………………………………………………………… 81
4.1.4 大数据与云计算……………………………………………………………………… 82
4.2 大数据安全…………………………………………………………………………………… 82
4.2.1 大数据安全定义……………………………………………………………………… 82
4.2.2 不同领域的大数据安全要求………………………………………………………… 83

4.2.3 大数据安全应用实例 …… 86
4.3 大数据安全保障技术 …… 88
4.3.1 数据采集安全技术 …… 89
4.3.2 数据存储安全技术 …… 91
4.3.3 数据挖掘安全技术 …… 96
4.3.4 数据发布安全技术 …… 101
4.4 大数据安全应用技术 …… 103
4.4.1 位置大数据隐私保护 …… 103
4.4.2 社交网络的隐私保护 …… 108

第5章 复杂网络安全 …… 113

5.1 复杂网络安全概述 …… 113
5.2 复杂网络安全模型 …… 116
5.2.1 静态拓扑结构下复杂网络的鲁棒性 …… 116
5.2.2 级联失效情况下单层网的鲁棒性分析 …… 118
5.2.3 相互依存网络的鲁棒性分析 …… 121
5.2.4 相互依存网络级联失效动力学机制 …… 124
5.3 网络安全策略 …… 127
5.3.1 带有应急恢复机制的网络级联动力学模型 …… 127
5.3.2 相互依存网络上的鲁棒性增强策略 …… 136
5.4 复杂网络的病毒传播模型 …… 139
5.4.1 两途径传播病毒的SIR传播模型 …… 139
5.4.2 两层网络模型 …… 140
5.4.3 邻居节点平均相似度与度度相关性 …… 140
5.4.4 传播临界值与传播规模 …… 141
5.4.5 仿真实验 …… 144
5.5 小结 …… 146

第6章 网络安全博弈 …… 147

6.1 静态博弈理论 …… 147
6.1.1 完全信息静态博弈 …… 147
6.1.2 不完全信息静态博弈 …… 148
6.1.3 静态博弈的案例 …… 149
6.2 动态博弈与逆向归纳法 …… 150
6.2.1 逆向归纳法 …… 150
6.2.2 博弈树 …… 151

6.3 网络安全博弈应用 …… 156
6.3.1 数据安全传输博弈与布雷斯悖论 …… 156
6.3.2 与计算机病毒有关的博弈 …… 160
6.3.3 基于博弈论的网络安全量化评估 …… 162
6.4 复杂网络演化博弈 …… 167
6.4.1 自愿公共品博弈的演化动力学行为分析 …… 167
6.4.2 空间复杂网络上的博弈机制研究 …… 168
6.4.3 囚徒博弈中选择邻居能力的异质性机制研究 …… 171
6.4.4 演化博弈的共演化研究 …… 173
6.5 本章小结 …… 174

第7章 虚拟资产安全 …… 176

7.1 虚拟资产的特点与基础模型 …… 176
7.1.1 虚拟资产介绍 …… 176
7.1.2 虚拟资产描述 …… 177
7.1.3 虚拟资产的安全表示模型 …… 184
7.1.4 虚拟资产的识别模型 …… 189
7.2 虚拟资产应用安全 …… 189
7.2.1 用户身份认证和资产登记 …… 190
7.2.2 安全存储和使用控制 …… 191
7.2.3 安全交易和追踪溯源 …… 197
7.3 虚拟资产威胁管控 …… 205

第8章 安全通论 …… 209

8.1 经络篇 …… 209
8.1.1 不安全事件的素分解 …… 209
8.1.2 系统“经络图”的逻辑分解 …… 212
8.2 攻防篇之“盲对抗” …… 214
8.2.1 盲对抗场景描述 …… 215
8.2.2 黑客攻击能力极限 …… 216
8.2.3 红客守卫能力极限 …… 218
8.2.4 攻守双方的实力比较 …… 220
8.3 攻防篇“非盲对抗”之“石头剪刀布” …… 220
8.3.1 信道建模 …… 220
8.3.2 巧胜策略 …… 222
8.3.3 简化版本 …… 222

8.4 攻防篇之“非盲对抗”及“劝酒令” …… 224
8.4.1 “猜拳”赢酒 …… 224
8.4.2 “划拳”赢酒 …… 226
8.4.3 线性可分“非盲对抗”的抽象模型 …… 228
8.5 攻防篇之“多人盲对抗” …… 230
8.5.1 多位黑客攻击一位红客 …… 230
8.5.2 一位黑客攻击多位红客 …… 233
8.6 黑客篇之“战术研究” …… 235
8.6.1 黑客的静态描述 …… 236
8.6.2 黑客的动态描述 …… 237
8.7 黑客篇之“战略研究” …… 241
8.7.1 对数最优攻击组合 …… 241
8.7.2 熵与道德经 …… 246
8.8 红客篇 …… 248
8.8.1 安全熵及其时变性研究 …… 248
8.8.2 红客与黑客 …… 252
8.9 攻防一体的输赢次数极限 …… 253
8.9.1 盲对抗的自评估输赢分类 …… 253
8.9.2 星状网络对抗的输赢次数极限 …… 254
8.9.3 榕树网络(Banyan)对抗的输赢次数极限 …… 256
8.9.4 麻将网络对抗的输赢次数极限 …… 257
8.10 信息论、博弈论与安全通论的融合 …… 258
8.10.1 博弈论核心凝练 …… 259
8.10.2 信息论核心凝练 …… 262
8.10.3 三论融合 …… 263
8.10.4 安全通论、信息论和博弈论的对比 …… 269

参考文献 …… 271

第 1 章

绪　论

近年来，互联网的高速发展给人们生活的方方面面带来了翻天覆地的变化，李克强总理在政府工作报告中提出，“制定‘互联网＋’行动计划，推动移动互联网、云计算、大数据、物联网等与现代制造业结合，促进电子商务、工业互联网和互联网金融健康发展，引导互联网企业拓展国际市场。”“互联网＋”的战略使得互联网应用进入一个全新的阶段，许多传统产业借助互联网平台焕发出了新活力。

1.1　网络空间

网络空间(Cyberspace)是指通过全球互联网和计算系统进行通信、控制和信息共享的动态(不断变化)虚拟空间。目前，继陆、海、空、太空之后，网络空间已成为世界第五大空间。这个巨大的虚拟空间不但包括通过网络互连而成的各种计算系统和智能终端，也包括其中的硬件、软件乃至产生、处理、传输、存储的各种巨大数据或信息。网络空间就是虚拟世界的神经系统，有着极其重要的作用，其最为显著的特点是没有明确、固定的边界，也没有集中的控制权。网络空间包含着事关国计民生的关键信息基础设施，例如金融网、能源网、交通网等以及事关国家安全的国防信息基础设施的各类军网。

1.2　网络空间的积极意义

随着经济全球化和信息化的发展，以互联网为基础的信息基础设施对整个国家和社会的正常运行发展起着关键作用，它和电力、能源、交通等基础设施一样，在国民经济发展的各个领域处于基础地位，甚至其他传统基础设施的运行也逐渐依赖互联网和相关信息系统的正常运行。正如习近平总书记所言，“没有信息化就没有现代化”。

1.3　网络空间的安全威胁

随着社会对网络和信息系统依赖性的增加，网络空间面临的威胁也与日俱增。网络和信息安全牵涉国家安全和社会稳定。

从国际上看，国家或地区在政治、经济、军事等各领域的冲突都会反映到网络空间。与陆、海、空、太空等领域相比，网络空间这个虚拟世界有其无可比拟的特点，对国家安全构成威胁。第一，网络空间没有明确、固定的边界，资源分配不均衡，导致网络空间的争夺异常复杂;第二,网络空间没有集中的控制权,网络武器(如计算机病毒)极易扩散;第三,网络空间具有极强的隐蔽性,发动者可以藏身于一个无人知晓的地方发动门槛极低的网络攻击,且不留下任何可被追踪的痕迹;第四,网络空间包含事关国计民生的关键信息基础设施,以及事关国家安全的国防信息基础设施,也就是说,网络空间安全事关国计民生和国家安全。网络空间作为"第五大空间"已经成为各国角逐权力的新战场,世界主要国家为抢占网络空间制高点,已经开始积极部署网络空间安全战略及网战部队。

就社会生活而言,网络空间的安全威胁涉及网络漏洞、个人信息安全、网络冲突与攻击、网络犯罪等。网络漏洞是无授权的攻击者利用计算机系统软硬件、网络协议、系统安全方面存在的缺陷对数据进行窃取、操控,进而破坏网络系统。服务商、员工人为泄露客户信息,黑客通过黑客技术盗取信息数据,导致个人信息安全受到严重威胁。除了国家之间的网络冲突与攻击之外,企业间或者利益集团间也存在着网络冲突与攻击。网络信息窃取、互联网金融诈骗、网上洗钱、色情服务、虚假广告等网络犯罪频率也呈现出快速上升的趋势,同时其智能性、隐蔽性和复杂性使得取证更加困难。网络空间的安全威胁也影响社会稳定。

网络空间的安全威胁按照行为主体的不同,可划分为黑客攻击、有组织网络犯罪、网络恐怖主义以及国家支持的网络战这四种类型。

网络空间安全已经是国家安全战略的重要组成部分。以互联网为基础的信息系统几乎构成了整个国家和社会的中枢神经系统,它得以安全可靠运行是整个社会正常运转的重要保证。如果这个系统的安全出了问题(如受到入侵或瘫痪),必将影响整个社会的正常运转,造成大面积的瘫痪或恐慌。

党中央、国务院历来重视我国信息安全保障体系的建设,新一届中央领导集体高度重视网络安全工作。2014 年 2 月 27 日,中央成立网络安全与信息化领导小组,习近平总书记亲自担任组长。习总书记在第一次会议上强调指出:"网络安全和信息化是事关国家安全和国家发展、事关广大人民群众生活的重大战略问题,要从国际国内大势出发,总体布局,统筹各方,创新发展。""网络安全和信息化是一体之两翼、双轮之驱动,必须统一谋划、统一部署、统一推进、统一实施。""没有网络安全,就没有国家安全;没有信息化,就没有现代化。"这一科学论断阐述了网络安全与国家信息化之间的紧密联系,使我们认识到网络安全为国家信息化建设提供安全保障的极端重要性。

充分利用互联网对经济发展的推动作用,保护公民和企业的合法权益,同时又要控制它威胁国内社会稳定的负面影响,此外,还要立足网络空间安全,维护国家安全。

1.4 网络空间安全

网络空间安全的对抗是人与人的对抗,无论是国家安全、企业安全、个人安全,还是社会的治理都是如此。培养网络空间安全人才是当务之急。

然而,由于网络空间安全学科建设缺乏系统性、规模小,远远满足不了信息安全产业发展对高层次专门人才的需要,导致我国信息安全关键技术整体上比较落后。据统计,信息安全人才连续几年一直被列为最急需的人才之一,信息安全人才问题已经成为当前严重制约信息安全产业发展的瓶颈。

为实施国家安全战略,加快网络空间安全高层次人才培养,2015 年 6 月国务院学位委员会、教育部决定在“工学”门类下增设“网络空间安全”一级学科。

从信息论角度来看，系统是载体，信息是内涵，网络空间是所有信息系统的集合，是人类生存的信息环境，人在其中与信息相互作用、相互影响。因此，网络空间存在更加突出的信息安全问题，其核心内涵仍是信息安全。

网络空间安全主要研究网络空间中的安全威胁和防护问题，即在有敌手的对抗环境下，研究信息在产生、传输、存储、处理各个环节中所面临的威胁和防御措施以及网络和系统本身的威胁和防护机制。网络空间安全不仅包括传统信息安全所研究的信息保密性、完整性和可用性，同时还包括构成网络空间基础设施的安全和可信。

网络空间安全学科主要研究方向有5个，如图1.1所示。网络空间安全基础理论方向为其他方向提供理论、架构和方法学指导；密码学及应用方向为其他方向提供密码体制机制；系统安全方向保证网络空间中单元计算系统安全、可信；网络安全方向保证连接计算机的网络自身安全和传输信息安全；应用安全方向保证网络空间中大型应用系统安全。

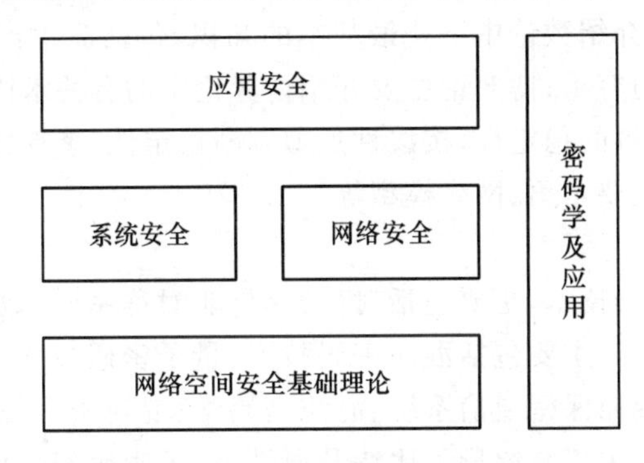

图1.1 网络空间安全学科主要研究方向

网络空间安全一级学科的理论方法和方法论基础涉及数学、信息论、计算复杂理论、控制论、系统论、认知科学、博弈论、管理学等。网络空间安全涉及数学、计算机科学与技术、信息与通信工程等多个学科，已形成了一个相对独立的教学和研究领域。

网络空间安全学科培养学生掌握密码和网络空间安全的基础理论和技术方法，掌握信息系统安全、网络基础设施安全、信息内容安全和信息对抗等相关专门知识，并具有较高的网络空间安全综合专业素质、较强的实践能力和创新能力，能够承担科研院所、企事业单位和行政管理部门网络空间安全方面的科学研究、技术开发及管理工作。

信息安全、网络安全、网络空间安全三者既有互相交叉的部分，也有各自独特的部分。信息安全泛指各类信息安全问题，网络安全指网络所带来的各类安全问题，网络空间安全则特指与陆、海、空、太空并列的全球五大空间中的网络空间安全问题。

1.5 网络空间安全基础

网络空间的规模和复杂度都远超于传统计算机网络，网络空间安全的影响跨越物理域、逻辑域、社会域和认知域，传统的网络安全、信息安全理论和方法学必然无法满足研究需求，因此，需要新的网络空间安全理论。但同时由于网络空间安全是处于不断发展变化中的学科，其安全理论也必将随着时间的推移而不断发展成熟。

网络空间安全基础理论的研究内容包括网络空间安全数学理论、网络空间安全体系结构、网络空间安全数据分析、网络空间博弈理论、网络空间安全治理与策略等。

本书是一本网络空间安全学科的基础教材，围绕图 1.1 网络空间安全学科主要研究方向及内容中的网络空间安全基础理论和密码学及应用两部分内容合理选择组织知识结构和内容，其中第 2 章(基础知识)、第 4 章(大数据安全)、第 5 章(复杂网络安全)、第 6 章(网络安全博弈)、第 7 章(虚拟资产安全)和第 8 章(安全通论)等内容对应于网络空间安全基础理论的主要研究方向及内容，第 3 章(新型密码技术)则对应于密码学及应用。本教材立足于网络空间安全的基本知识，并竭力把握好知识的深度和广度，为网络空间安全学科的后续课程及后续研究奠定一定的知识基础。

1. 基础知识

主要是对后文所用到的相关知识进行初步的介绍，内容包括抽象代数、信息论、博弈论、稳定性理论和复杂网络理论等。抽象代数给出一些有关群、环和域的相关概念，并不加证明地给出相关的重要定理，介绍数论中一些最基本的知识，包括简单模运算和欧拉定理；信息论主要介绍信息熵和信道容量；博弈论主要介绍博弈论中的有关术语、博弈类型以及纳什均衡；稳定性理论主要介绍解的稳定性，按线性近似判断稳定性，李雅普诺夫第二方法；复杂网络主要介绍复杂网络的主要术语、网络模型等。

2. 新型密码技术

首先，介绍传统的密码技术，主要包括对称密码、非对称密码、数字签名和密码协议；其次，介绍三种新型密码技术，主要包括混沌密码技术、量子密码技术、格密码和格密码技术。混沌密码技术主要介绍混沌保密通信系统、混沌密码学、混沌密码技术应用、混沌密码存在的问题等。量子密码技术主要介绍量子比特及属性、量子密码经典模型、量子密码应用等。格密码主要介绍格密码的基础知识、格上的一些困难问题、STP-GPV 算法及相应的仿真实验。

3. 大数据安全

主要介绍大数据概述、大数据安全、大数据安全保障技术以及大数据安全应用技术。大数据概述介绍大数据的时代背景、基本理论、机遇挑战和大数据与云计算。大数据安全主要介绍大数据安全的定义，不同领域的大数据安全要求以及大数据安全应用实例。大数据安全保障技术主要介绍数据采集安全技术、数据存储安全技术、数据挖掘安全技术以及数据发布安全技术。大数据安全应用技术主要介绍位置大数据隐私保护以及社交网络的隐私保护。

4. 复杂网络安全

主要介绍四部分内容。首先，介绍复杂网络安全面临的挑战；其次，介绍复杂网络安全模型，包括静态拓扑结构下复杂网络的鲁棒性、级联失效情况下单层网的鲁棒性分析、相互依存网络的鲁棒性分析等；然后，介绍复杂网络安全策略，包括带有应急恢复机制的网络级联动力学模型、相互依存网络上的鲁棒性增强策略等；最后，介绍复杂网络的病毒传播模型，包括两途径传播病毒的 SIR 传播模型、两层网络模型、邻居节点平均相似度与度相关性、传播临界值与传播规模及其仿真实验。

5. 网络安全博弈

主要介绍静态博弈理论、动态博弈与逆向归纳法、网络安全博弈应用和复杂网络演化博弈四个部分内容。静态博弈从完全信息静态博弈和不完全信息静态博弈两方面来介绍。动态博弈与逆向归纳法主要介绍逆序归纳法、博弈树。网络安全博弈应用主要介绍数据安全传输博弈与布雷斯悖论，与计算机病毒有关的博弈及基于博弈论的网络安全量化评估。复杂网络演化博弈主要介绍自愿公共品博弈的烟花动力学行为分析、空间复杂网络上的博弈机制、囚徒博弈中选择邻居能力的异质性机制、演化博弈的共演化问题等。

6. 虚拟资产安全

主要介绍虚拟资产的描述模型以及虚拟资产应用安全方面的知识。首先，介绍虚拟资产的概念、描述和模型；然后，在应用安全方面对于用户身份认证和资产登记在不同场景的应用，对存储和使用的安全性，以及对交易安全性进行保证并且能够溯源等三个角度进行阐述；最后，对于在威胁管控方面，尤其是针对安全威胁的感知以及对资产风险进行动态控制的阐述。

7. 安全通论

本部分通过经络篇、攻防篇、黑客篇、红客篇及攻防一体的输赢次数极限等五部分内容介绍通用的安全理论相关知识。经络篇主要阐述不安全事件的分解及素分解，在此基础上实现有限系统“经络图”的逻辑分解；攻防篇介绍“盲对抗”的知识，在此基础上介绍黑客攻击能力极限和红客守卫能力极限，以及攻守双方的实力比较；黑客篇给出黑客的静态描述和动态描述，并对黑客的战术和战略进行深入的分析；红客篇揭示红客的本质，分析各种情况下，系统的安全态势以及红客的业绩评价；最后一部分是在攻防篇的基础上继续对“盲对抗”进行深入分析，针对攻防一体的情况，分析各方的能力极限。

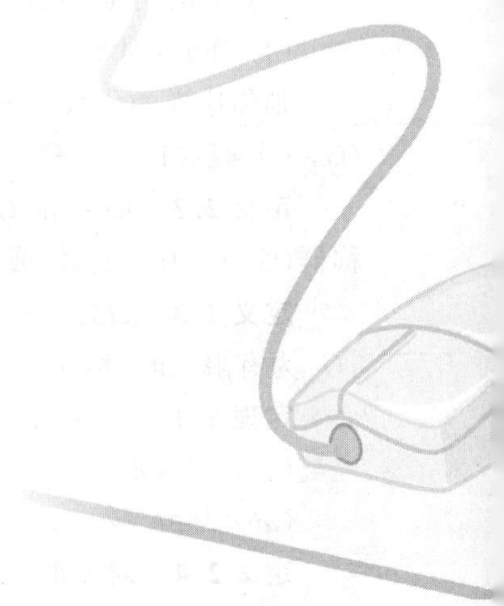

第 2 章 基础知识

本章主要是对后文所用到的相关知识进行初步的介绍，内容包括抽象代数、信息论、博弈论、稳定性理论和复杂网络理论等。旨在通过这一章的学习，为本书后续章节打下坚实的基础。

2.1 抽象代数

抽象代数又称近世代数，它产生于19世纪，是研究各种抽象的公理化代数系统的数学学科。近世代数创始人伽罗瓦(1811—1832)在1832年运用“群”的概念彻底解决了用根式求解代数方程的可能性问题。他使代数学由作为解方程的科学转变为研究代数运算结构的科学，即把代数学由初等代数推向抽象代数。

抽象代数已经成了当代大部分数学的通用语言，它包含群、环、域和格论等许多分支，并与数学其他分支相结合产生了代数几何、代数数论和代数拓扑等新的数学学科。

本节将给出抽象代数中一些有关群、环和域的相关概念，并不加证明地给出相关的重要定理。

2.1.1 群

定义 2.1 设 G 是一个非空集合，若 G 上存在二元运算“·”且满足以下四个条件：

(1) 封闭性：$\forall a,b\in G$，有 $a\cdot b\in G$；

(2) 结合律：$\forall a,b,c\in G$，有 $(a\cdot b)\cdot c=a\cdot(b\cdot c)$；

(3) 单位元：G 内存在一个单位元 e，对于 $\forall a\in G$，都有 $e\cdot a=a\cdot e=a$；

(4) 逆元：对 $\forall a\in G$，存在唯一的 $a^{-1}\in G$，使得 $a^{-1}\cdot a=a\cdot a^{-1}=e$。

则称这样的代数系统 $(G,\cdot)$ 为群。如果 $(G,\cdot)$ 只满足(1)和(2)，则称之为半群；如果 $(G,\cdot)$ 满足(1)、(2)和(3)，则称之为含幺半群。

定义 2.2 如果群 $(G,\cdot)$ 之中的运算“·”满足交换律，即 $\forall a,b\in G$，有 $a\cdot b=b\cdot a$，则称群 $(G,\cdot)$ 为交换群，或称为阿贝尔(Abel)群。

定义 2.3 设 $(G,\cdot)$ 是一个群，G 的元素的个数用 $|G|$ 或 $\# G$ 表示，称为群的阶。当 $|G|$ 为有限数时，称 $(G,\cdot)$ 为有限群；当 $|G|$ 为无限数时，称 $(G,\cdot)$ 为无限群。

定理 2.1 在群 $(G,\cdot)$ 中，对于 $\forall a,b\in G$，有

$(a^{-1})^{-1}=a$；

$(ab)^{-1}=b^{-1}a^{-1}$。

定义 2.4 对于群 $(G,\cdot)$ 的一个元素 a，使得 $a^m=e$ 的最小正整数 m 称为 a 的阶。若

这样的最小正整数 m 不存在，则称 a 是无限阶。

定理 2.2　如果群 $(G,\cdot)$ 的元素 a 的阶为 m，则 $a^n=e$ 当且仅当 n 是 m 的倍数。

定理 2.3　群的元素和它的逆元具有相同的阶。

定理 2.4　设群中的元素 a 的阶为 n，则 a^r 和 a^{-r} 的阶都是 $n/\gcd(r,n)$。特别地，当 $\gcd(r,n)=1$ 时，a^r 的阶也是 n。

定理 2.5　设交换群中元素 a,b 的阶分别是 m,n，并且 $\gcd(m,n)=1$，则 ab 的阶是 mn。

定义 2.5　设 $(G,\cdot)$ 是群，H 是 G 的一个非空子集，若 $(H,\cdot)$ 满足条件：

$\forall a,b\in H, a\cdot b\in H$；

$\forall a\in H, a^{-1}\in H$。

则称 $(H,\cdot)$ 是 $(G,\cdot)$ 的子群，记为 $H\leqslant G$。易知，$(G,\cdot)$ 和由单位元构成的集合都是 $(G,\cdot)$ 的子群。

定理 2.6　如果 $(H,\cdot)$ 是 $(G,\cdot)$ 的子群，则 $(H,\cdot)$ 的单位元就是 $(G,\cdot)$ 的单位元，$(H,\cdot)$ 中任何元素 a 在 $(H,\cdot)$ 中的逆元就是 a 在 $(G,\cdot)$ 中的逆元。

定义 2.6　群 $(G,\cdot)$ 若满足以下条件：存在元素 $a\in G$，使得 $G=\{a^n \mid n\in \mathbf{Z}\}$，则称群 $(G,\cdot)$ 为循环群。元素 a 称为循环群 $(G,\cdot)$ 的生成元，记为 $G=\langle a\rangle$。

定理 2.7　循环群是交换群。

定理 2.8　$(G,\cdot)$ 是一个有限群，$(H,\cdot)$ 是 $(G,\cdot)$ 的一个子群，则有 $|H|$ 整除 $|G|$。

定理 2.9　有限群 $(G,\cdot)$ 中每个元素的阶都是 $|G|$ 的因子。

定理 2.10　每一个阶为素数的群都是循环群。

2.1.2　环

定义 2.7　设 R 是一个非空集合，若 R 上存在 2 个二元运算"+"和"·"，且满足以下条件：

(1) 加法结合律：$\forall a,b,c\in R, (a+b)+c=a+(b+c)$；

(2) 加法交换律：$\forall a,b\in R, a+b=b+a$；

(3) 加法单位元：在 R 中存在零元 0，对于 $\forall a\in R, a+0=0+a=a$；

(4) 加法逆元：对 $\forall a\in R$，存在唯一的负元 $-a\in R$，使得 $a+(-a)=0$；

(5) 乘法结合律：$\forall a,b,c\in R, (a\cdot b)\cdot c=a\cdot(b\cdot c)$；

(6) 分配律：$\forall a,b,c\in R, a\cdot(b+c)=a\cdot b+a\cdot c, (b+c)\cdot a=b\cdot a+c\cdot a$。

则称这样的代数系统 $(R,+,\cdot)$ 为环。显然，若 $(R,+,\cdot)$ 为环，则 $(R,+)$ 为交换群。

定义 2.8　当环 $(R,+,\cdot)$ 中的乘法运算"·"满足交换律时，则称环 $(R,+,\cdot)$ 为交换环。

定义 2.9　当环 $(R,+,\cdot)$ 关于乘法运算"·"有单位元时，称环 $(R,+,\cdot)$ 为具有单位元的环。乘法单位元用"1"表示。

2.1.3　域

定义 2.10　若交换环 $(R,+,\cdot)$ 的每个非零元都有乘法逆元，则称 $(R,+,\cdot)$ 为域，记为 F。

定义 2.11　元素个数有限的域称为有限域；元素个数无限的域称为无限域。

定义 2.12 有限域 F 的阶是指 F 中元素的个数。

定理 2.11 如果 F 是一个有限域，那么 F 的元素个数可用 p^m 表示，其中 p 为素数，m 是大于 1 的整数。

定义 2.13 设 F 是一个域，如果存在一个最小的正整数 m，使得 $m \cdot 1=0$，其中 1 为域的单位元，0 为域的零元，则称 m 为域 F 的特征，否则称域 F 的特征为 0。

定理 2.12 如果一个域的特征不是 0，则它的特征必是一素数。

2.2 模运算与欧拉定理

本节将介绍数论中一些最基本的知识，包括简单模运算和欧拉定理。

定义 2.14 设 $a \in \mathbf{Z}$ 模运算，其中 $\mathbf{Z}$ 表示整数集，a 表示非零整数，如果存在 $q \in \mathbf{Z}$ 使得 $b=aq$，则说 b 可被 a 整除，记作 $a|b$，并且称 b 是 a 的倍数，a 是 b 的约数或因数。

定义 2.15 若 a,b 为整数，则存在整数 q 和 r，使得 $b=qa+r$，其中，$0 \leqslant r < a$。q 称为 a 除以 b 的商，记为 $b\%a$；r 称为 a 除以 b 的余数，记为 $b \bmod a$。

定义 2.16 设 $m,n \in \mathbf{Z}$，若能同时整除 m 和 n 的整数只有 ± 1，则称 m 和 n 是互素的。

定义 2.17 m 和 n 均为不为零的整数，若在 m 和 n 的所有公约数中存在唯一的公约数 $d>0$，使得 m 和 n 的任一公约数 e 都整除 d，则 d 称为 m 和 n 的最大公约数，记为 $d=\gcd(m,n)$，有时也简记为 $d=(m,n)$。两个数 m 和 n 互素记为 $\gcd(m,n)=1$。

定义 2.18 设 $m \neq 0$，若 $m|a-b$，即 $a-b=km$，则称 a 与 b 模 m 同余，记为 a，记为 $a \equiv b \bmod m$，m 称为模，上式也称为模 m 的同余式。

模运算具有以下性质。

(1) 自反性：对于任意的 a，总有 $a \equiv a \bmod m$。

(2) 对称性：如果 $a \equiv b \bmod m$ 成立，那么有 $b \equiv a \bmod m$。

(3) 传递性：如果 $a \equiv b \bmod m$，且 $b \equiv c \bmod m$，那么 $a \equiv c \bmod m$。

(4) 结合律：$[(a \bmod m) \pm (b \bmod m)] \bmod m \equiv (a \pm b) \bmod m$；

$[(a \bmod m) \times (b \bmod m)] \bmod m \equiv (a \times b) \bmod m$。

(5) 分配律：$[(a \times b) \bmod m + (a \times c) \bmod m] \bmod m \equiv [a \times (b+c)] \bmod m$。

(6) 加法消去律：如果 $(a+b) \equiv (a+c) \bmod m$，则 $b \equiv c \bmod m$。

(7) 乘法消去律：如果 $(a \times b) \equiv (a \times c) \bmod m$，且 $\gcd(a,m)=1$，则 $b \equiv \bmod m$。

定义 2.19 对于一个正整数 n，与其互素且小于等于 n 的正整数的个数称为欧拉函数，记为 $\varphi(n)$。

欧拉函数 $\varphi(n)$ 具有如下性质：

(1) 如果 p 是素数，则 $\varphi(p)=p-1$；

(2) 设 $n=m_1 m_2$，且 $\gcd(m_1,m_2)=1$，那么 $\varphi(n)=\varphi(m_1)\varphi(m_2)$；

(3) 对于整数 n，根据算数基本定理，在不计次序的情况下，n 可唯一地分解为：$n={p_1}^{\alpha_1}{p_2}^{\alpha_2}\cdots{p_m}^{\alpha_m}$，其中 $p_1,p_2,\cdots,p_m$ 为两两不同的素数，$\alpha_i \geqslant 1$，$1 \leqslant i \leqslant m$，则有：

$$\varphi(n)=({p_1}^{\alpha_1}-{p_1}^{\alpha_1-1})({p_2}^{\alpha_2}-{p_2}^{\alpha_2-1})\cdots({p_m}^{\alpha_m}-{p_m}^{\alpha_m-1})。$$

定理 2.13 （欧拉定理）对任何整数 a 和 n，若 $\gcd(a,n)=1$，即 a 与 n 互素，则有 $a^{\varphi(n)} \equiv 1 \bmod n$。

2.3 信 息 论

2.3.1 信息论的形成与发展

1948 年香农(C. E. Shannon)在《贝尔系统技术杂志》上发表了论文《通信的数学理论》。在这篇论文中，他开创性地阐明了通信的基本问题，提出了通信系统的模型，给出了信息量的数学表达式，解决了信道容量、信源统计特性、信源编码和信道编码等有关传送通信符号的基本技术问题。这篇论文成为信息论的奠基之作。

什么是信息呢？香农指出："信息是用来消除随机不定性的东西。"而信息论，顾名思义是一门研究信息的处理和传输的科学。信息论将信息的传递作为一种统计现象来考虑，给出了估算通信信道容量的方法。

2.3.2 熵

本节所说的熵指的是信息熵，它可以看作是对信息或不确定性的数学度量，它与统计力学中的熵有一定相似性。

定义 2.20 设随机变量 X 取值于有限集合 $\{x_1, x_2, \cdots, x_n\}$，其中 x_i 出现的概率记为 $p(x_i)$，则随机变量 X 的熵 $H(X)$ 定义为式(2.1)。

$$H(X) = -\sum_{i=1}^{n} p(x_i) \log_2 p(x_i). \tag{2.1}$$

由于当 $x \to 0$ 时，$x \log_2 x \to 0$，今后约定 $0 \log_2 0 = 0$。

定义 2.21 随机事件x_i和随机事件y_j的互信息量 $I(x_i;y_j)$ 定义为

$$I(x_i;y_j) = \log_2 \frac{p(x_i \mid y_j)}{p(x_i)}, \tag{2.2}$$

其中，$p(x_i \mid y_i)$为已知y_i发生时x_i的发生概率。

定义 2.22 设随机变量 X 取值于集合 $\{x_1, x_2, \cdots, x_n\}$，随机变量 Y 取值于集合 $\{y_1, y_2, \cdots, y_m\}$，则随机变量 X 和 Y 的互信息定义为

$$I(X;Y) = -\sum_{i=1}^{n}\sum_{j=1}^{m} p(x_i, y_j) I(x_i;y_j), \tag{2.3}$$

其中，联合概率 $p(x_i, y_j)$ 为随机事件x_i和y_j同时发生的概率。

2.3.3 信道容量

当'与 B 通信'时，必然受到周围噪声以及信号处理本身缺陷的影响。如果接收者 B 收到的内容与传输者 A 所传输的内容是一致的，那么就说这次通信是成功的。

在使用了信道 n 次之后，将计算出可区分的信号的最大数目，该数与 n 成指数增长关系。信道容量(可区分的信号数目的对数值)被特征化为最大互信息，它是信息论的中心问

题，也是信息论中最著名的成就。图 2.1 给出了一个物理发送信号系统模型。

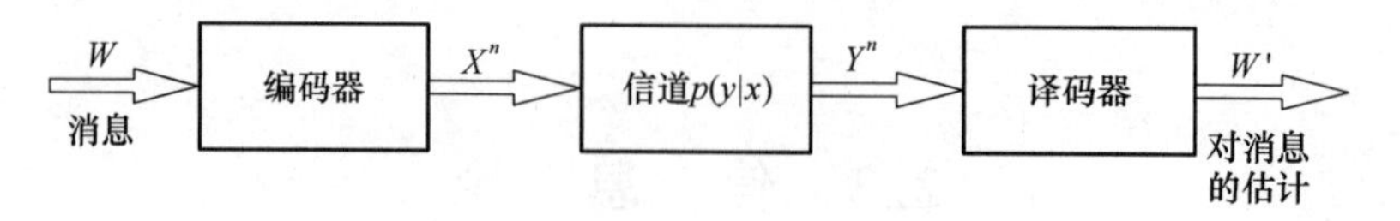

图 2.1　物理发送信号系统模型

定义 2.23　离散信道是由输入字母表X'，输出字母表Y'，$x\in X'$，$y\in Y'$和概率转移矩阵$p(y|x)$构成的系统，其中$p(y|x)$表示在发送的字符为x时输出的字符为y的概率。如果输出的概率分布依赖于它所对应的输入，而独立于先前信道的输入或者输出，则称这个信道是无记忆的。

定义 2.24　离散无记忆信道的信道容量定义为

$$C=\max_{p(x)} I(X;Y), \tag{2.4}$$

这里的最大值取自所有可能的输入分布$p(x)$，而

$$I(X;Y)=-\sum_{x\in X'}\sum_{y\in Y'}p(x,y)I(x;y).$$

信道容量具有以下几个性质：

(1) 由于$I(X;Y)\geqslant 0$，所以$C\geqslant 0$；

(2) 由于$C=\max_{p(x)} I(X;Y)\leqslant \max H(X)\leqslant \log_2|X'|$，所以$C\leqslant \log_2|X'|$；

(3) $C\leqslant \log_2|Y'|$，理由同上。

2.4　博　弈　论

2.4.1　简介

博弈论(Game Theory)既是现代数学的一个新分支，也是运筹学的一个重要学科。博弈论在生物学、经济学、国际关系、计算机科学、政治学、军事战略和其他很多学科中都有广泛的应用。其基本概念包括局中人、行动、信息、策略、收益、均衡和结果等，其中局中人、策略和收益是最基本的要素。局中人、行动和结果统称为博弈规则。

2.4.2　要素

(1) 局中人：在一场竞赛或博弈中，每一个有决策权的参与者称为一个局中人。只有两个局中人的博弈称为“两人博弈”，而多于两个局中人的博弈称为“多人博弈”。

(2) 策略：一局博弈中，每个局中人都可以选择实际可行的行动方案，即方案不是某阶段的行动方案，而是指导整个行动的方案，局中人的一个可行的自始至终筹划全局的行动方案，称为这个局中人的一个策略。

(3) 得失：一局博弈结束时的结果称为得失。每个局中人在一局博弈结束时的得失，不仅与该局中人自身所选择的策略有关，而且还与全体局中人所取定的一组策略有关。所以，一局博弈结束时每个局中人的“得失”是全体局中人所取定的一组策略的函数，通常称为收益(payoff)函数。

(4) 对于博弈参与者来说,存在着一个博弈结果。

(5) 博弈涉及均衡:均衡是平衡的意思,在经济学中,均衡意即相关量处于稳定值。在供求关系中,某一商品如果在某一价格下,想以此价格买此商品的人均能买到,而想卖的人均能卖出,此时就说,该商品的供求达到了均衡。所谓纳什均衡,它是一个稳定的博弈结果。

2.4.3　博弈类型

一般认为,博弈主要分为合作博弈和非合作博弈。合作博弈和非合作博弈的区别在于相互发生作用的当事人之间有没有一个具有约束力的协议,如果有,就是合作博弈;如果没有,就是非合作博弈。

从行为的时间序列性着眼,博弈又可分为静态博弈和动态博弈:静态博弈是指在博弈中,参与人同时选择或虽非同时选择但后行动者并不知道先行动者采取了什么具体行动;动态博弈是指在博弈中,参与人的行动有先后顺序,且后行动者能够观察到先行动者所选择的行动。通俗的理解:"囚徒困境"就是同时决策的,属于静态博弈;而棋牌类游戏等决策或行动有先后次序的,属于动态博弈。

经济学家们所谈的博弈论一般是指非合作博弈。非合作博弈又分为:完全信息静态博弈、完全信息动态博弈、不完全信息静态博弈和不完全信息动态博弈。与上述四种博弈相对应的均衡概念为:纳什均衡、子博弈精炼纳什均衡、贝叶斯纳什均衡和精炼贝叶斯纳什均衡。

2.4.4　纳什均衡

纳什均衡(Nash Equilibrium):在一策略组合中,所有的参与者面临这样一种情况,当其他人不改变策略时,他此时的策略是最好的。也就是说,此时如果他改变策略他的收益将会降低。在纳什均衡点上,每一个理性的参与者都不会有单独改变策略的冲动。纳什均衡点存在性证明的前提是"博弈均衡偶"概念的提出。

所谓"均衡偶"是指在二人零和博弈中,当局中人A采取其最优策略a*,局中人B也采取其最优策略b*时,如果局中人B仍采取b*,而局中人A却采取另一种策略a,那么局中人A的收益不会超过他采取原来的策略a*的收益。

这样,"均衡偶"的明确定义为:一对策略a*(属于策略集A)和策略b*(属于策略集B)称之为均衡偶,对任一策略a(属于策略集A)和策略b(属于策略集B),总有:偶对(a, b*) 对任偶对(a*,b*) 对偶对(a*,b)。

对于非零和博弈也有同样的定义。

有了上述定义,就立即得到纳什定理:任何具有有限纯策略的二人博弈至少有一个均衡偶,这一均衡偶就称为纳什均衡点。

纳什均衡点概念提供了一种非常重要的分析手段,使博弈论研究可以在一个博弈结构里寻找比较有意义的结果。但纳什均衡点定义只局限于任何局中人不想单方面变换策略,而忽视了其他局中人改变策略的可能性,因此,在很多情况下,纳什均衡点的结论缺乏说服力,研究者们形象地称之为"天真可爱的纳什均衡点"。

案例1:囚徒困境

假设有两个小偷A和B联手入室盗窃被警察抓住。警方将两人分别置于不同的房间内进行审讯，对每一个犯罪嫌疑人，警方给出的政策是：如果两个犯罪嫌疑人都坦白罪行，交出赃物，于是证据确凿，两人各被判刑 8 年；如果只有一个犯罪嫌疑人坦白，另一个人没有坦白而是抵赖，则对抵赖的嫌疑人以妨碍公务罪(因已有证据表明其有罪)再加刑 2 年，而坦白者有功被减刑 8 年，立即释放。如果两人都抵赖，则警方因证据不足不能判两人的偷窃罪，但可以私入民宅的罪名将两人各判入狱 1 年。表 2.1 为此博弈的收益矩阵。

表 2.1 囚徒困境博弈［Prisoner's dilemma］

A / B	坦白	抵赖
坦白	8,8	0,10
抵赖	10,0	1,1

对 A 来说，尽管他不知道 B 作何选择，但他知道无论 B 选择什么，他选择“坦白”总是最优的。显然，根据对称性，B 也会选择“坦白”，结果是两人都被判刑 8 年。但是，倘若他们都选择“抵赖”，每人只被判刑 1 年。“坦白”是任一犯罪嫌疑人的占优战略，在表 2.1 中的四种行动选择组合中，(坦白，坦白)是一个占优战略均衡，即纳什均衡。

案例 2：智猪博弈

“智猪博弈”由纳什于 1950 年提出。这个例子讲的是：

假设猪圈里有一头大猪和一头小猪。猪圈的一头有猪食槽(两猪均在食槽端)，另一头安装着控制猪食供应的按钮，按一下按钮会有 10 个单位的猪食进槽，但是在去往食槽的路上会有两个单位猪食的体能消耗，若大猪先到槽边，大小猪吃到食物的收益比是 9：1；同时行动(去按按钮)，收益比是 7：3；小猪先到槽边，收益比是 6：4。那么，在两头猪都有智慧的前提下，最终结果是小猪选择等待。

实际上小猪选择等待的原因很简单：在大猪选择行动的前提下，小猪选择等待的话，小猪可得到 4 个单位的纯收益，而小猪行动的话，则仅仅可以获得 1 个单位的纯收益，所以等待优于行动；在大猪选择等待的前提下，小猪如果行动的话，小猪的收入将不抵成本，纯收益为－1 单位，如果小猪也选择等待的话，那么小猪的收益为零，成本也为零，总之，等待还是要优于行动。

用博弈论中的收益矩阵可以更清晰的刻画出小猪的选择，如表 2.2 所示。

表 2.2 智猪博弈

大猪 / 小猪	行动	等待
行动	5,1	4,4
等待	9,－1	0,0

在智猪博弈中，虽然小猪“捡现成”的行为从道义上来讲令人不齿，但是博弈策略的主要目的不正是使用谋略最大化自己的利益吗？

2.5 稳定性理论

2.5.1 解的稳定性

稳定性理论在混沌密码，尤其是混沌保密通信中占据着举足轻重的位置，在安全通论、神经网络理论和网络安全态势分析中也有涉及。Poincaré 最早对微分方程解的稳定性进行了阐述，李雅普诺夫研究了当自变量扩展到无穷区间上时解对初值的连续依赖性问题，而这种连续性的破坏可能导致解对初值的敏感依赖，甚至混沌现象的出现。下面就李雅普诺夫稳定性理论做简要的介绍。

考虑一般的方程

$$\frac{dx}{dt}=f(t,x), \tag{2.5}$$

其中，函数 $f(t,x)$ 对 $x\in G\subset\mathbf{R}^n$ 和 $t\in(-\infty,\infty)$ 连续，并对 x 满足李氏条件。又假设方程(2.5)有一个解 $x=\varphi(t)$ 在 $t_0\leqslant t<\infty$ 上有定义。如果对任意给定的 $\varepsilon>0$，都存在 $\delta=\delta(\varepsilon)>0$，使得只要 $|x_0-\varphi(t_0)|<\delta$，方程(2.5)以 $x(t_0)=x_0$ 为初值的解 $x(t,t_0,x_0)$ 就在 $t\geqslant t_0$ 上有定义，并且满足

$$|x(t,t_0,x_0)-\varphi(t)|<\varepsilon, \text{对所有的 } t\geqslant t_0, \tag{2.6}$$

则称方程(2.5)的解 $x=\varphi(t)$ 是(在李雅普诺夫定义下)稳定的。假设 $x=\varphi(t)$ 是稳定的，而且存在 $\delta_1(0<\delta_1\leqslant\delta)$，使得只要

$$|x_0-\varphi(t_0)|<\delta_1, \tag{2.7}$$

就有

$$\lim_{t\to+\infty}[x(t,t_0,x_0)-\varphi(t)]=0, \tag{2.8}$$

则称解 $x=\varphi(t)$ 是(在李雅普诺夫定义下)渐近稳定的。如果解 $x=\varphi(t)$ 不是稳定的，则称它是不稳定的。

此外，如果把条件(2.7)改为：当在区域 D 内时，就有式(2.8)成立，这里假设 $\varphi(t_0)\in D$，则称 D 为解 $x=\varphi(t)$ 的渐近稳定域(或吸引域)。如果吸引域是全空间，则称解 $x=\varphi(t)$ 是全局渐近稳定的。

本节的中心内容是：对于给定的方程(2.5)，设法(不通过求通解)判断某个已知特解的稳定性。下面将介绍两种方法：线性近似方法和李雅普诺夫第二方法。

为了简化讨论，在下文中只考虑方程(2.5)的零解 $x=0$ 的稳定性，即假设 $f(t,0)\equiv 0$。事实上，在变换 $y=x-\varphi(t)$ 之下，总可以把上述一般问题转化成这种特殊的情形。

2.5.2 按线性近似判断稳定性

把方程(2.5)右端的函数 $f(t,x)$，注意 $f(t,0)\equiv 0$，展开成 x 的线性部分 $A(t)x$ 和非线性部分 $N(t,x)$(x 的高次项)之和，即方程

$$\frac{dx}{dt}=A(t)x+N(t,x), \tag{2.9}$$

其中，$A(t)$ 是一个 n 阶的矩阵函数，对 $t\geqslant t_0$ 连续，而函数 $N(t,x)$ 对 t 和 x 在区域 G：$t\geqslant t_0$，

$|x|\leqslant M$ 上连续，对 x 满足李氏条件，并且还满足

$$N(t,0)\equiv 0(t\geqslant t_0)$$

和

$$\lim_{|x|\to 0}\frac{|N(t,x)|}{|x|}=0(\text{对 } t\geqslant t_0 \text{ 一致成立}).$$

由于这里考虑的是方程(2.9)的零解 $x=0$ 的稳定性，因此只考察当 $|x_0|$ 较小时以 (t_0,x_0) 为初值的解。方程(2.9)的零解的稳定性与其线性化方程为

$$\frac{\mathrm{d}x}{\mathrm{d}t}=\boldsymbol{A}(t)x, \tag{2.10}$$

可以预料：在一定的条件下，线性方程(2.10)的零解的稳定性之间有密切的联系。

当 $\boldsymbol{A}(t)$ 是常矩阵时，利用有关常系数齐次线性微分方程组基解矩阵的结果，容易得到关于线性化系统的下述结论。

定理 2.14 设线性方程(2.10)中的矩阵 $\boldsymbol{A}(t)$ 为常矩阵，则

零解是渐近稳定的，当且仅当矩阵 $\boldsymbol{A}$ 的全部特征根都有负的实部；

零解是稳定的，当且仅当矩阵 $\boldsymbol{A}$ 的全部特征根的实部是非正的，并且那些实部为零的特征根所对应的若尔当块都是一阶的；

零解是不稳定的，当且仅当矩阵 $\boldsymbol{A}$ 的特征根中至少有一个实部为正；或者至少有一个实部为零，且它所对应的若尔当块是高于一阶的。

一般而言，非线性微分方程(2.9)的零解可能与其线性化方程(2.10)的零解有不同的稳定性。但李雅普诺夫指出，当 $\boldsymbol{A}(t)=\boldsymbol{A}$ 为常矩阵，且 $\boldsymbol{A}$ 的特征根全部具有负实部或至少有一个具有正实部时，方程(2.9)的零解的稳定性则由它的线性化方程(2.10)所决定。

2.5.3 李雅普诺夫第二方法

李雅普诺夫在他的“运动稳定性”的一般问题中创立了处理稳定性问题的两种方法：第一种方法要利用微分方程的级数解，在他之后没有得到大的发展；第二种方法则巧妙地利用一个与微分方程相联系的所谓李雅普诺夫函数来直接判定解的稳定性，因此又称为直接方法。它在许多实际问题中得到了成功的应用。

这里只考虑自治系统

$$\frac{\mathrm{d}x}{\mathrm{d}t}=f(x), \tag{2.11}$$

其中，自变量 $x\in\mathbf{R}^n$，而函数 $f(x)=[f_1(x),\cdots,f_n(x)]^{\mathrm{T}}$ 满足初值问题解的存在性和唯一性条件。

假设存在标量函数 $V(x)$，它在区域 $|x|\leqslant M$ 上有定义，并且有连续的偏导数。假设 V 满足如下几组条件：

条件Ⅰ $V(0)=0;V(x)>0$，当 $x\neq 0$；

条件Ⅱ $\left.\frac{\mathrm{d}V}{\mathrm{d}t}\right|_{(2.11)}=\frac{\partial V}{\partial x_1}f_1+\cdots+\frac{\partial V}{\partial x_n}f_n<0$，当 $x\neq 0$；

条件Ⅱ* $\left.\frac{\mathrm{d}V}{\mathrm{d}t}\right|_{(2.11)}\leqslant 0$；

条件Ⅲ $\left.\frac{\mathrm{d}V}{\mathrm{d}t}\right|_{(2.11)}>0$，当 $x\neq 0$。

定理 2.15　李雅普诺夫的稳定性判据：

① 若Ⅰ和Ⅱ成立，则方程(2.11)的零解是渐近稳定的；

② 若Ⅰ和Ⅱ* 成立，则方程(2.11)的零解是稳定的；

③ 若Ⅰ和Ⅲ成立，则方程(2.11)的零解是不稳定的。

2.6　复杂网络概述

把一个物理或虚拟实体抽象成点，而把它们之间的联系抽象成边，那么世界上很多东西都可以用网络来描述。世界上的事物总是相互关联，网络总是无处不在，例如大众每天都在接触的互联网、电网和交通网，还有一些更抽象的网络如人际关系网、科研文章引用网，人们的生活一刻也离不开网络。自然界和社会中的网络既不是规则网络，也不是随机网络，它们具有很多复杂的特性，蕴含着复杂的拓扑结构和非线性动力学特征，这些网络被统称为复杂网络。

2.6.1　复杂网络的发展概况

两百多年来，人们对描述真实系统拓扑结构的研究经历了三个阶段。在最初的一百多年里，科学家们认为真实系统要素之间的关系可以用一些规则的结构表示。从20世纪50年代末到90年代末，无明确设计原则的大规模网络主要用简单而又易于被多数人接受的随机网络来描述，随机图(random graph)的思想主宰复杂网络研究达四十年之久。直到21世纪，科学家们发现大量的真实网络既不是规则网络，也不是随机网络，而是具有与两者皆不同的统计特性的网络，其中最有影响的是小世界网络和无标度网络。这两种网络的发现，掀起了复杂网络的研究热潮。

复杂网络，简而言之即呈现高度复杂性的网络，其复杂性主要表现在以下几个方面。

(1) 结构复杂：表现在节点数目巨大，网络结构呈现多种不同特征。

(2) 网络进化：表现在节点或连接的产生与消失，例如万维网，网页或链接随时可能出现或断开，导致网络结构不断发生变化。

(3) 节点多样性：复杂网络中的节点可以代表任何事物，例如，人际关系构成的复杂网络节点代表单独个体，万维网组成的复杂网络节点可以表示不同网页。

(4) 连接多样性：节点之间的连接权重存在差异，且有可能存在方向性。

(5) 动力学复杂性：节点集可能属于非线性动力学系统，例如，节点状态随时间发生复杂变化。

2.6.2　复杂网络的主要统计特性

复杂网络是点与边的集合，所以研究复杂网络的一个很自然的工具便是图论。图是点和边集合的天然载体，通常可以用邻接矩阵$\boldsymbol{A}_{n\times n}$来表示一个图，$a_{ij}=1$代表节点$i$与节点$j$之间有连接关系，$a_{ij}=0$则表示这两个节点之间没有连接关系。如果$a_{ij}=a_{ji}$，表示该图为无向图，反之，该图为有向图。$a_{ij}$可以带有权值，这样该图就是一个带有权值的图。事实上，大部分的网络和图都是带有权值的，例如在地图中，这个权值是两个城市之间的距离。两个节点之间可以出现多条边，甚至在有些网络中两个节点之间存在着超过两条以上的边，这种边叫作超边,这样的图叫作超图(hypergraph)。有时候并不需要知道网络拓扑的所有信息,只需要知道一些重要的统计特性,就能得出网络的重要动力学特性。下面将介绍一些在复杂网络研究中很基本也很重要的统计特性。

(1) 平均距离

平均路径长度是网络中一个重要的特征度量,它指网络中所有节点对之间的平均最短距离。这里节点间的距离是指从一节点到另一节点所要经历的边的最小数目,其中所有节点对之间的最大距离称为网络的直径。平均路径长度和直径衡量的是网络的传输性能与效率。

对于无方向无权重网络,连接点 i 和点 j 的连线数目即称为路径长度。点 i 和点 j 之间的最短路径是连接这两点最短的路长,其长度是点 i 和点 j 之间的距离 d_{ij}。若图带权重,可以用同样的定义,但是要考虑权重。计算 d_{ij} 的平均值,称为平均路径长度:

$$l=\frac{1}{N(N-1)}\sum_{i\neq j}d_{ij}. \tag{2.12}$$

(2) 聚类系数(簇系数 Cluster Coefficient)

聚类系数是随机图中的一个衍生物。在很多网络中,可以发现,如果节点 A 和节点 B 相连,同时节点 B 和节点 C 相连,那么节点 A 也与节点 C 相连的概率就会增加。以社交网络的语言来说,就是你的朋友的朋友极有可能是你的朋友。就集合特性而言,聚类系数表示网络中可能会有更多的三角形。节点聚类系数由 Watts 和 Strogatz 提出:

$$C_i=\frac{\text{与点 } i \text{ 相连的三角形的数量}}{\text{与点 } i \text{ 相连的三元组的数量}}. \tag{2.13}$$

对于度为 0 和 1 的节点,分子分母都为 0,通常记为 $C_i=0$。整个网络的聚类系数就表示为每个节点聚类系数的平均值:

$$C=\frac{1}{n}\sum_i C_i. \tag{2.14}$$

很容易看出,当聚类系数为 0 时,所有节点之间没有任何连接边,即所有节点都是孤立节点;当聚类系数为 1 时,网络为完全图,即网络中任意两点之间都存在着边将他们直接相连。研究表明,规则网络具有大的聚类系数,而完全随机网络具有非常小的聚类系数。而自然界和社会中很多实际的大规模网络,例如小世界网络,它们的聚类系数介于规则网络和随机网络之间。

(3) 度与度分布

一个节点的度是指一个节点与其他节点相连的边数。度表征单独节点的属性,度越大表示这个节点在网络中越重要。考察单独节点的特征对整个网络的特征而言并没有太大的意义,而度分布则是网络一个非常重要的属性,在复杂网络理论分析中具有非常重要的意义。通常定义 p_k 为度为 k 的节点占网络所有节点的比例,即在网络中随机选取一个点,它的度为 k 的概率为 p_k。将网络中所有节点的度综合起来,就可以得到一个网络中节点度的概率分布,这个概率分布即为网络的度分布,度分布可以用 $p(k)$ 表示。规则网络的度分布最简单,所有节点的度都是相同的,随机网络的度分布为二项式分布,而很多实际网络的度分布既不是所有节点的度都相同,也不是二项式分布,而是表现出幂律分布,即 $p(k)\infty k^{-\gamma}$,它的度分布在对数坐标系中为一条直线。具有幂律分布的网络通常也被称为无标度网络。

(4) 度相关性

度高的节点通常更容易和其他度高的节点相互关联，在社交网络中，如在新浪微博上，粉丝很多的大V通常和其他粉丝很多的大V相互关注，因为度高的节点更容易被网络中的其他节点关注。但在另外一些网络中，度高的节点更容易连接低度节点。

2005年，David Alderson等人提出了度相关性的定义，设$G(D)$为所有具有度分布$D=(d_1,d_2,\cdots)$的网络g的集合，对于其中的每一个网络g集合，对于，度-度相关系数为

$$s(g)=\sum_{(i,j)\in E}d_i d_j, \tag{2.15}$$

其中，E为g中所有边的集合。从定义式中可以看出，如果度数大的点之间相互连接，则$s(g)$会更大。设$s_{\max}$为所有可能的度-度相关系数中最大的，那么度相关性系数有如下定义：

$$S(g)=\frac{s(g)}{s_{\max}}. \tag{2.16}$$

显而易见，度相关系数$S(g)$介于0到1之间。

(5) 介数

1979年，Freeman率先提出了介数(Betweenness)的概念。介数分为边介数和节点介数，节点介数定义为网络中所有最短路径中经过该节点的路径数目占最短路径总数的比例。边介数的定义与节点介数类似，在此不再赘述。介数是一个全局几何量，它反映的是相应的节点或者边在整个网络中的作用和影响力。介数的定义为

$$B_i=\sum_{i,j\in V}\frac{n_{jk}(i)}{n_{jk}}, \tag{2.17}$$

其中，n_{jk}表示节点j与k之间最短路径的条数，$n_{jk}(i)$为经过节点i，同时在节点j与k之间最短路径的条数。

2.6.3　网络模型

1. 规则网络

规则网络是最简单也是研究历史最长的一类网络，可以追溯到1736年欧拉的七桥问题甚至更早。除了像全连接网络，环形、链形、星形网络以及格点和分形图等非常规则的确定性网络之外，一种常见的规则网络是由多个节点组成的广义环状网络，其中每个节点只与它最接近的若干个节点连接。在规则网络中，通常节点的聚集系数比较高，平均最短路径长度也比较长。

2. 随机网络模型

20世纪50年代末期，匈牙利数学家PaulErds和Alfred Rényi首次将随机性引入网络的研究，提出了著名的网络随机模型，简称ER模型。他们指出可以用两种方法建立随机网络。

(1) ER模型：给定N个节点，从$N(N-1)/2$条可能的边中连接E条边，忽略重边情况，显然共有$C_{N(N-1)/2}^{E}$种可能的随机图。

(2) 二项式模型：给定N个节点，每一个节点以概率p进行连接，所有连线是一个随机变量，其平均值为$PN(N-1)/2$，所得到的图是随机图。

由于随机网络中节点之间的连接是等概率的，因此网络中没有度特别大的节点，随机网

络的特征是网络的簇系数小，平均最短距离也小。

3. 小世界网络模型

1998 年 Walts 和 Strogatz 在 ER 模型基础上对比真实网络提出了小世界模型(WS)，WS 模型结构过程如下。

(1) 开始于规则图形。初始有数目固定的 N 个节点，每个节点有 k 个邻近节点，构成一个规则的一维圆环。

(2) 随机化重连。以概率 p 对圆环中的每一条边重新连接，这个过程中要求不能自身连接和重复连接。如图 2.2 所示，$p=0$ 对应于规则图；$p=1$ 对应于随机图；当前研究的热点是 p 在 0 和 1 之间的 WS 网络的性质。

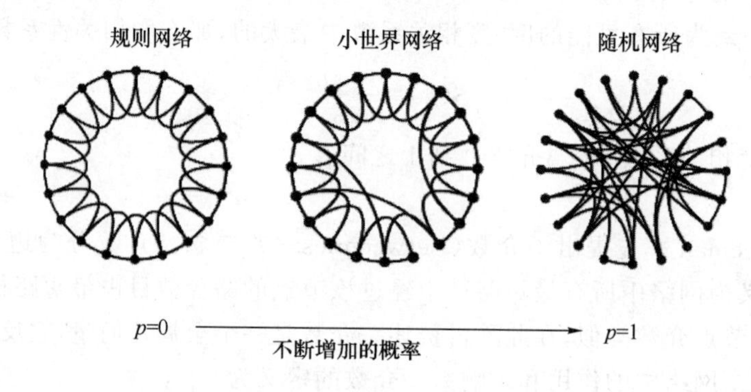

图 2.2　规则网络、小世界网络、随机网络模型

4. 无标度网络模型

20 世纪末，Albert 等在对互联网的研究中发现了无标度网络(scale-free network)，开辟了复杂网络研究的新天地。他们发现，互联网实际上是由少数高连接性的页面组织起来的，80%以上页面的连接数不到 4 个。然而只占节点总数不到万分之一的极少数节点，却有 1 000 个以上的连接。这种网页的连接遵循所谓的“幂律分布”：任何一个节点拥有 k 条连接的概率，与 $1/k$ 成正比，这就是无标度网络。其后几年中，各行各业的研究者们在许多不同的领域中都发现了无标度网络。从生态系统到人际关系，从食物链到代谢系统，处处可以看到无标度网络。

无标度网络表现出来最显著的特征是：大多数的节点只与一两个少数节点相连接，但有少数节点却被大量的连接。无标度模型一般用来分析网络的动态特性，解释大型复杂网络的拓扑结构。

基于“成长性”和“择优连接”这两种机制，Albert 等在深入分析了 ER 模型之后，于 1999 年提出了 BA 模型，从理论上解释了无标度网络现象。BA 模型比较准确地把握了现实世界中网络的最基本特点，较好地解释了无标度网络的形成机制。

BA 模型是第一个增长的网络模型，其算法如下。

增长：在初始时刻，假定系统中已有少量(m_0个)节点，在以后的每一个时间间隔中，新增一个度为 m 的节点($m<m_0$)，并将这 m 条边连接到网络中已经存在的 m 个不同的节点上。

择优连接：当在网络中选择节点与新增节点连接时，假定被选择的节点 v 与新节点连接

的概率 $\prod(k_i)$ 和节点的度成正比，即 $\prod(k_i)=\frac{k_j}{\sum_j k_j}$。经过 t 个时间间隔后，便会形成一个节点数和边数均为 $N=m_0+t$ 的网络。$m=m_0=2$ 时的 BA 模型的演化过程，如图 2.3 所示。初始网络有两个节点，每次新增加的一个节点按优先连接机制与网络中已存在的两个节点相连。

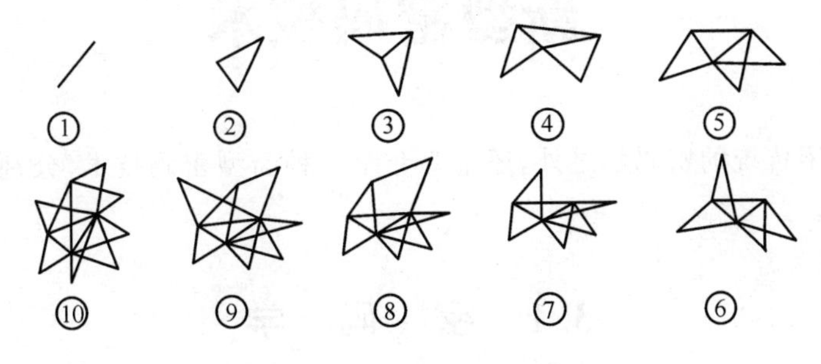

图 2.3　BA 模型的演化过程

第 3 章

新型密码技术

本章除了介绍传统的密码学之外，还主要介绍三种新型密码技术，分别是量子密码、混沌密码和格密码。

3.1 密　码　学

密码学是研究如何隐秘地传递信息的学科，它通常被认为是数学和计算机科学的分支，和信息论也密切相关。著名的密码学者 Ron Rivest 解释道："密码学是关于如何在敌人存在的环境中通信"，从工程学的角度看，相当于密码学与纯数学的异同。密码学是信息安全等相关议题，如认证和访问控制等的核心。密码学的首要目的是隐藏信息的含义，而不是隐藏信息的存在。密码学已被广泛应用在日常生活中，如自动柜员机的芯片卡、计算机使用者的存取密码和电子商务等。

密码是通信双方按约定的法则进行信息特殊变换的一种重要保密手段。依照这些法则，变明文为密文，称为加密变换；变密文为明文，称为解密变换。密码在早期仅对文字或数码进行加、解密变换，随着通信技术的发展，对语音、图像、数据等都可实施加、解密变换。

一个密码体制是由明文、密文、密钥、加密算法和解密算法组成的五元组。按照使用密钥的方式，密码体制可分为对称密码体制和非对称密码体制。

3.1.1 对称密码体制

在对称密码体制中，使用的密钥必须保密，且要求加密密钥和解密密钥相同，或者由其中一个很容易就推出另一个。由于速度快，对称密码体制通常在消息发送方需要加密大量数据时使用。对称密码体制包括传统密码、分组密码和序列密码。

1. 传统密码

传统密码都属于对称密码体制，大致可分为代换密码和置换密码。

(1) 代换密码

在代换密码中，按照一定的规则，明文字母被不同的密文字母所替代。按照一个明文字母是否总是被同一个字母所替代来区分，代换密码又可分为单表代换密码和多表代换密码。在单表代换密码中，一旦密钥被选定，每个明文字母将被同一固定的字母所替代。在多表代换密码中，一个明文字母并不是完全被同一固定的字母所替代，而是根据其出现的位置次序用不同的字母替代。

凯撒密码是一种广为人知的单表代换密码。在用凯撒密码加密明文时，明文中的每个字母将会被其位置后的第 3 个字母替代。因此字母 A 将会被字母 D 替代、字母 B 将会被字母 E 替代、字母 C 将会被字母 F 替代等，最后，X、Y 和 Z 将分别被替代成 A、B 和 C。例如，

“WIKIPEDIA”将被加密成“ZLNLSHGLD”。

仿射密码也是一种单表代换密码。对于某个明文字母，按照它在26个英文字母中的顺序，用字符 $x\in\{0,1,\cdots,25\}$ 表示，其对应的密文字符为 $y\equiv ax+b(\bmod 26)$，其中 $a,b\in\mathbf{Z}_{26}$，$\gcd(a,26)=1$，密文字符 $y\in\{0,1,\cdots,25\}$ 对应的那个字母即为密文。

维吉尼亚密码则是一种多表代换密码。对于一个长为 m 的明文串 $(x_1,x_2,\cdots,x_m)\in(\mathbf{Z}_{26})^m$，加密密钥为 $(k_1,k_2,\cdots,k_m)\in(\mathbf{Z}_{26})^m$，相应的密文串为 $(y_1,y_2,\cdots,y_m)=(x_1+k_1 \bmod 26, x_2+k_2 \bmod 26,\cdots,x_m+k_m \bmod 26)$。同一个明文字母，如果出现的位置不同就有可能被加密成不同的字母。

(2) 置换密码

置换密码的特点是明文中的字母保持不变，但是经过置换，明文中字母的顺序被改变。对于一个长为 m 的明文串 $(x_1,x_2,\cdots,x_m)\in(\mathbf{Z}_{26})^m$，密钥 π 为定义在集合 $\{0,1,\cdots,m\}$ 上的一个置换，相应的密文串为 $(y_1,y_2,\cdots,y_m)=[x_{\pi(1)},x_{\pi(2)},\cdots,x_{\pi(m)}]$。

2. 分组密码

分组密码也是一种很典型的对称密码。

分组密码是将明文消息编码后的数字序列 $x_0,x_1,\cdots,x_i,\cdots$ 划分成长为 n 的串 $x=(x_0,x_1,\cdots,x_{n-1})$，每一串分别经密钥 $k=(k_0,k_1,\cdots,k_{n-1})$ 加密变成等长的输出序列 $y=(y_0,y_1,\cdots,y_{n-1})$，其加密函数为 $E:V_n\times K\to V_m$，V_n 和 V_m 分别是 n 维和 m 维矢量空间，K 为密钥空间，如图3.1所示。分组密码加密后输出的每一位数字不是只与对应的那个明文数字有关，而是与输入的这 n 个明文数字有关。在相同密钥下，分组密码对长为 n 的明文所实施的变换是等同的，分组密码实质上是一种代换密码。

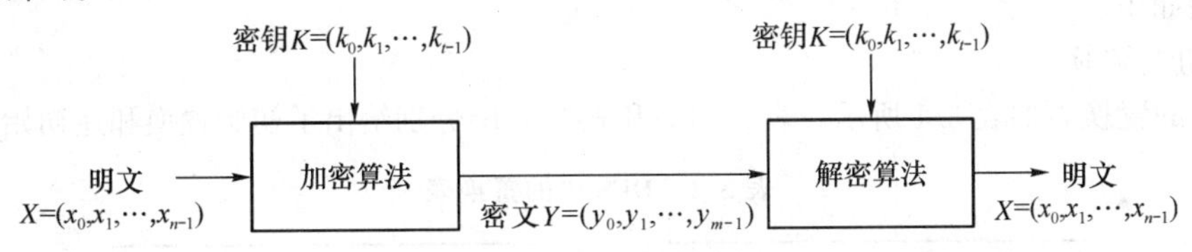

图3.1 分组密码的加解密

通常取 $m=n$。若 $m>n$，则为有数据扩展的分组密码；若 $m<n$，则为有数据压缩的分组密码。在二元情况下，x 和 y 均为二元数字序列，它们的每个分量 $x_i,y_i\in\{0,1\}$。设计的算法应满足下述要求：

(1) 分组长度 n 要足够大，使分组代换字母表中的元素个数足够多，以防止明文穷举攻击；

(2) 密钥量要足够大，尽可能消除弱密钥并使所有密钥同等地好，以防止密钥穷举攻击，但密钥又不能过长，以便于密钥的管理；

(3) 由密钥确定的算法要足够复杂，充分实现明文与密钥的扩散和混乱，使之能抵抗各种已知的攻击，如差分攻击和线性攻击；

(4) 加密和解密运算简单，易于软件和硬件高速实现；

(5) 一般无数据扩展；

(6) 差错传播尽可能地小。

要实现上述几点要求并不容易，DES 和 AES 就是两种典型的分组密码。

下面主要介绍 DES 算法(数据加密标准)。

DES 加密算法的框图如图3.2所示，其中明文分组长为64 bit，密钥长为56 bit。图3.2的左边是明文的处理过程，有3个阶段，首先是初始置换 IP，用于重排明文分组的64 bit；然后是具有相同功能的16轮变换，每轮中都有置换和代换运算，第16轮变换的输出分为左右两半，并被交换次序；最后再经过逆初始置换（IP 的逆）从而产生 64 bit 的密文。

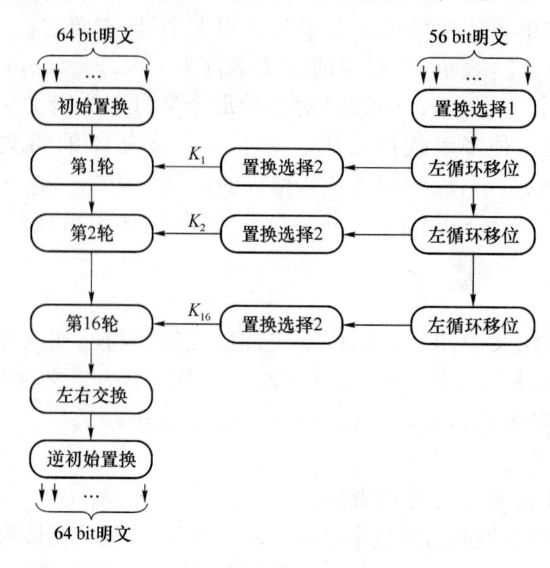

图 3.2 DES 的基本结构

图 3.2 的右边是使用 56 bit 密钥的方法。首先，通过一个置换函数；然后，对加密过程的每一轮，通过一个左循环移位和一个置换产生一个子密钥。其中每轮的置换都相同，但由于密钥被重复迭代，所以每轮产生的子密钥并不相同。

步骤如下：

① 初始置换

DES 的置换表如表 3.1 所示。表 3.1(a)和表 3.1(b)分别给出了初始置换和逆初始置换。

表 3.1 DES 中的置换表

58	50	42	34	26	18	10	2
60	52	44	36	28	20	12	4
62	54	46	38	30	22	14	6
64	56	48	40	32	24	16	8
57	49	41	33	25	17	9	1
59	51	43	35	27	19	11	3
61	53	45	37	39	21	13	5
63	55	47	39	41	23	15	7

(a)初始置换IP

40	8	48	16	56	24	64	32
39	7	47	15	55	23	63	31
38	6	46	14	54	22	62	30
37	5	45	13	53	21	61	29
36	4	44	12	52	20	60	28
35	3	43	11	51	19	59	27
34	2	42	10	50	18	58	26
33	1	41	9	49	17	57	25

(b)逆初始置换IP^{-1}

32	1	2	3	4	5
4	5	6	7	8	9
8	9	10	11	12	13
12	13	14	15	16	17
16	17	18	19	20	21
20	21	22	23	24	25
24	25	26	27	28	29
28	29	30	31	32	1

(c)选择扩展运算E

16	7	20	21
29	12	28	17
1	15	23	26
5	18	31	10
2	8	24	14
32	27	3	9
19	13	30	6
22	11	4	25

(d)置换运算P

② 轮结构

DES 加密算法的轮结构如图 3.3 所示。首先看图 3.3 的左半部分，将 64 bit 的轮输入分成各 32 bit 的左、右两半，分别记为L_{i-1}和R_{i-1}。每轮变换可由式(3.1)、式(3.2)表示：

$$L_i = R_{i-1}, \tag{3.1}$$

$$R_i = L_{i-1} \oplus F(R_{i-1}, K_i), \tag{3.2}$$

其中，轮密钥K_i为 48 bit，函数 $F(R_{i-1}, K_i)$的计算过程如图 3.3 所示。轮输入的右半部分R_{i-1}为 32 bit，R_{i-1}首先被扩展成 48 bit。扩展后的 48 bit 再与子密钥K_i异或，然后再通过一个 S 盒，产生 32 bit 的输出。该输出再经过一个置换，产生的结果即为函数 $F(R_{i-1}, K_i)$的输出。

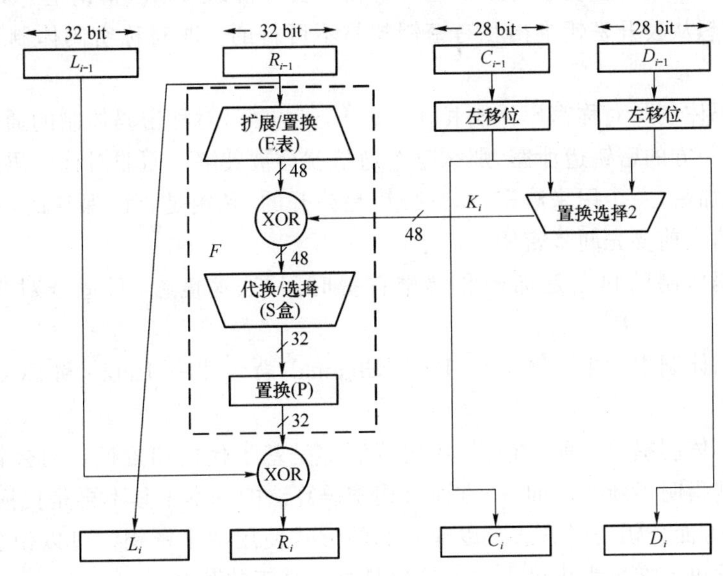

图 3.3 DES 中的一轮迭代

③ 密钥的产生

图 3.2 和图 3.3 中输入算法的 56 bit 密钥首先经过一个置换运算，该置换由表 3.2(a)给出，然后将置换后的 56 bit 分为各 28 bit 的左、右两半，分别记为C_0和D_0。在第 i 轮分别对C_{i-1}和D_{i-1}进行左循环移位，所移位数由表 3.2(c)给出。移位后的结果作为下一轮子密钥的输入，同时也作为置换选择 2 的输入。通过置换选择 2 产生的 48 bit 的K_i，即为本轮的子密钥，作为函数 $F(R_{i-1}, K_i)$的输入，其中置换选择 2 由表 3.2(b)定义。

表 3.2 DES 密钥编排中使用的表

PC-1						
57	49	41	33	25	17	9
1	58	50	42	34	26	18
10	2	59	51	43	35	27
19	11	3	60	52	44	36
63	55	47	39	31	23	15
7	62	54	46	38	30	22
14	6	61	53	45	37	29
21	13	5	28	20	12	4

(a)置换选择1

PC-2					
14	17	11	24	1	5
3	28	15	6	21	10
23	19	12	4	26	8
16	7	27	20	13	2
41	52	31	37	47	55
30	40	51	45	33	48
44	49	39	56	34	53
46	42	50	36	29	32

(b)置换选择2

轮数	1	2	3	4	5	6	7	8	9	10	11	12	13	14	15	16
位数	1	1	2	2	2	2	2	2	1	2	2	2	2	2	2	1

(c)左循环移位位数

④ 解密

DES 的解密和加密使用同一算法，但子密钥使用的顺序相反。

3.1.2 非对称密码体制

与对称密码体制不同，非对称密码体制需要两个密钥：公开密钥和私有密钥，用公开密钥对数据进行加密，用对应的私有密钥进行解密。公开密钥与私有密钥是一对，公开密钥虽然是公开的，但想从公开密钥推出私有密钥却是不可行的。非对称密码体制又称为公钥密码体制。

非对称密码体制与对称密码体制相比，其安全性更好，对称密码体制的通信双方使用相同的密钥，如果一方的密钥遭泄露，那么整个通信就会被破解。而非对称密码体制使用一对密钥，一个用来加密，一个用来解密，而且公钥是公开的，私钥是自己保存的，不需要像对称加密那样在通信之前要先同步密钥。

非对称密码体制的缺点是加密和解密花费时间长、速度慢，只适合对少量数据进行加密。

非对称密码体制中的主要算法有：RSA、Elgamal、背包算法、Rabin 和 ECC（椭圆曲线加密算法）等。

在公钥密码体制提出以前，所有的密码算法都是基于代换和置换。而公钥密码体制则为密码学的发展指明了新的方向，一方面公钥密码算法的基本工具不再是代换和置换，而是数学函数；另一方面公钥密码算法是以非对称的形式使用两个密钥。可以说公钥密码体制的出现是密码学史上迄今为止最大的而且也是唯一真正的革命。

1. 公钥密码体制的原理

公钥密码体制的框图如图 3.4 所示，其加密过程有以下几步。

（1）要求接收消息的端系统，产生一对用来加密和解密的密钥，如图 3.4 中的接收者 B，产生一对密钥 PK_B，SK_B，其中 PK_B 是公钥，SK_B 是私钥。

（2）端系统 B 将 PK_B 予以公开，SK_B 则被其秘密保存。

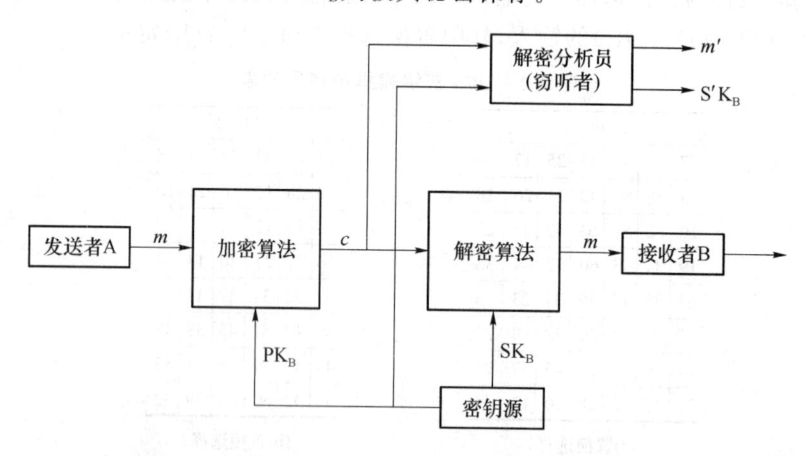

图 3.4　公钥密码体制

（3）A 要想向 B 发送消息 m，则使用 B 的公钥加密 m，表示为 $c=E_{PK_B}(m)$，其中 c 是密文，E 是加密算法。

(4) B收到密文c后,用自己的秘钥SK_B解密,表示为$m=D_{SK_B}(c)$,其中D是解密算法。因为只有B知道SK_B,所以其他人都无法对c解密。

公钥加密算法不仅能用于加、解密,还能用于对发方A发送的消息m提供认证,如图3.5所示。用户A用自己的秘密钥SK_A对m加密,表示为

$$c=E_{SK_A}(m), \tag{3.3}$$

A将c发往B,B用A的公钥PK_A对c解密,表示为

$$m=D_{PK_A}(c). \tag{3.4}$$

因为从m得到c是经过A的秘密钥SK_A加密,只有A才能做到。因此c可作为A对m的数字签名。另一方面,任何人只要得不到A的秘密钥就不能篡改m,所以以上过程可作为对消息来源和消息完整性的认证,如图3.5所示。

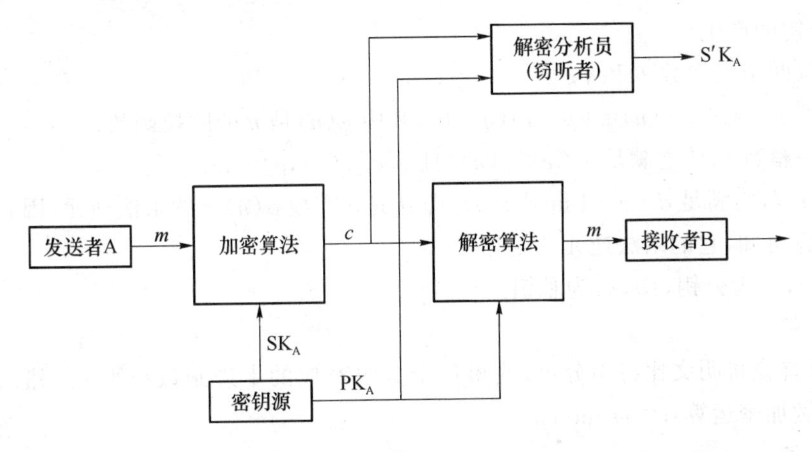

图3.5　基于公钥密码的认证协议

在实际应用中,通常做法是先将文件经过一个函数压缩成长度较短的比特串,所得到的比特串称为消息摘要。消息摘要具有这样一个性质:如果保持消息摘要的值不变而修改文件在计算上是不可行的。用发送者的私钥对消息摘要加密,加密后的结果作为原文件的数字签字。

以上认证过程中,由于消息是由用户自己的私钥加密的,所以消息不能被他人篡改,但却能被他人窃听。这是因为任何人都能用用户的公钥对消息解密。为了同时提供认证功能和保密性,可使用双重加、解密,如图3.6所示。

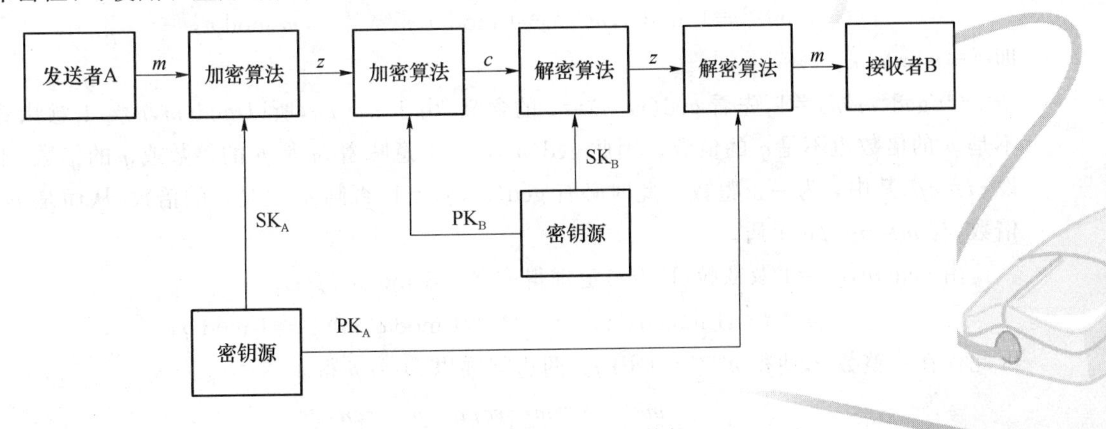

图3.6　基于双重公钥加密的认证协议

发方首先用自己的私钥SK_A对消息 m 加密，用于提供数字签名。再用收方的公开钥PK_B进行二次加密，表示为

$$c=E_{PK_B}[E_{SK_A}(m)], \tag{3.5}$$

解密过程为

$$m=D_{PK_A}[D_{SK_B}(c)], \tag{3.6}$$

即收方先用自己的私钥，再用发方的公钥对收到的密文进行两次解密。

2. RSA 算法

RSA 算法是 1978 年由 R. Rivest、A. Shamir 和 L. Adleman 提出的一种用数论构造的，也是迄今为止理论上最为成熟完善的公钥密码体制，该体制已得到广泛的应用。

算法描述：

(1) 密钥的产生

① 选取两个大素数 p 和 q；

② 计算 $n=p\times q, \varphi(n)=(p-1)(q-1)$，其中 $\varphi(n)$是 n 的欧拉函数；

③ 选一整数 e，使之满足 $1<e<\varphi(n)$，且 $\gcd[\varphi(n),e]=1$；

④ 计算 d，使满足 $d\cdot e\equiv 1 \bmod \varphi(n)$，即 d 是 e 在模 $\varphi(n)$下的乘法逆元，因 e 与 $\varphi(n)$互素，由模运算可知，它的乘法逆元一定存在；

⑤ 以$\{e,n\}$为公钥，$\{d,n\}$为私钥。

(2) 加密

加密时首先将明文比特串分组，使得每个分组对应的十进制数小于 n。然后对每个明文分组 m，做加密运算：$c\equiv m^e \bmod n$。

(3) 解密

对密文分组的解密运算：$m\equiv c^d \bmod n$。

接下来给出 RSA 算法中解密过程的正确性证明。

证明：由加密过程知 $c\equiv m^e \bmod n$，所以

$$c^d\equiv m^{ed} \bmod n\equiv m^{k\varphi(n)+1} \bmod n.$$

下面分两种情况讨论：

① m 与 n 互素，则由欧拉(Euler)定理得

$$m^{\varphi(n)}\equiv 1 \bmod n, m^{k\varphi(n)}\equiv 1 \bmod n, m^{k\varphi(n)+1}\equiv m \bmod n,$$

即$c^d\equiv m \bmod n$。

② $\gcd(m,n)\neq 1$，先看 $\gcd(m,n)=1$ 的含义，由于 $n=pq$，所以 $\gcd(m,n)=1$ 意味着 m 不是 p 的倍数也不是q 的倍数。因此 $\gcd(m,n)\neq 1$ 意味着 m 是 p 的倍数或q 的倍数，不妨设 $m=cp$，其中 c 为一正整数。此时必有 $\gcd(m,q)=1$，否则 m 也是q 的倍数，从而是 pq 的倍数，与 $m<n=pq$ 矛盾。

由 $\gcd(m,q)=1$ 及欧拉(Euler)定理得$m^{\varphi(q)}\equiv 1 \bmod q$，所以

$$m^{k\varphi(q)}\equiv 1 \bmod q, [m^{k\varphi(q)}]^{\varphi(p)}\equiv 1 \bmod q, m^{k\varphi(n)}\equiv 1 \bmod q,$$

因此存在一整数 r，使得$m^{k\varphi(n)}=1+rq$。两边同乘以 $m=cp$ 得

$$m^{k\varphi(n)+1}=m+rcpq=m+rcn,$$

即$m^{k\varphi(n)+1}\equiv m \bmod n$，所以$c^d\equiv m \bmod n$。

3.1.3 数字签名

一个附加在文件上的传统手写签名用来确定需要对该文件负责的某个人。日常生活中需要使用签名，例如，写信、从银行取钱以及签署文件等。签名方案是一种以电子形式存储的消息签名的方法。正因为如此，签名之后的消息能通过计算机网络传输。

数字签名是指附加在某一电子文档中的一组特定的符号或代码，它是利用密码技术对该电子文档进行关键信息提取并进行认证形成的，用于标识签发者的身份以及签发者对电子文档的认可，并能被接收者用来验证该电子文档在传输过程中是否被篡改或伪造。

为了满足在网络环境中的身份认证、数据完整性和不可否认性等需求，数字签名应具有以下特点。

(1) 可信性：签名使文件的接收者相信签名者是慎重地在文件上签名的。

(2) 不可重用性：签名不可重用，即同一消息在不同时刻的签名是有区别的。

(3) 不可改变性：在文件签名后，文件不能改变。

(4) 不可伪造性：签名能够证明是签名者而不是其他人在文件上签名，任何人都不能伪造签名。

(5) 不可否认性：在签名者否认自己的签名时，签名接收者可以请求可信第三方进行仲裁。

群签名，即群数字签名是由 D. Chaum 和 E. VanHeyst 于 1991 年提出的。J. Camenish，M. Stadler，M. Michels，G. Ateniese 和 G. Tsudik 等对其进行了修改和完善。在一个群体中的任意一个成员可以以匿名的方式代表整个群体对消息进行签名。与其他数字签名一样，群签名是可以公开验证的，而且可以只用单个群公钥来验证。

一个群签名方案是一个包含以下过程的数字签名方案。

(1) 创建：一个用以产生群公钥和私钥的算法。

(2) 加入：通过用户和群管理员之间的一个交互式协议。

(3) 签名：当输入一个消息和一个群成员的私钥后，输出对消息的签名。

(4) 验证：在输入对消息的签名以及群公钥后确定签名是否有效。

(5) 打开：在给定一个签名及群私钥的条件下确认签名人的合法身份。

一个好的群签名方案应满足以下的安全性要求。

(1) 匿名性：给定一个群签名后，对除了唯一的群管理人之外的任何人来说，确定签名人的身份在计算上是不可行的。

(2) 不关联性：在不打开签名的情况下，确定两个不同的签名是否为同一个群成员所做在计算上是困难的。

(3) 防伪造性：只有群成员才能产生有效的群签名。

(4) 可跟踪性：群管理人在必要时可以打开一个签名以确定出签名人的身份，而且签名人不能阻止一个合法签名的打开。

(5) 防陷害攻击：包括群管理人在内的任何人都不能以其他群成员的名义产生合法的群签名。

(6) 抗联合攻击：即使一些群成员串通在一起也不能产生一个合法的不能被跟踪的群签名。

群签名经历了三个发展阶段：

1991—1995年，在这段时间内，除了Chaum和Van Heyst给出的定义和四个实现群签名的方案外，主要是Chen和Pedersen的工作。Chen和Pedersen提出了几个新的群签名方案，同时首次提出了允许群体增加新成员的群签名方案。Camenish对广义群签名还进行了研究。

1995—1997年，在经过几年对群签名的概念和意义的认识和理解之后，一些密码界人士开始对群签名技术进行研究。其间除了Chen和Pedersen的工作外，还有Park等人的工作。在这一阶段，对群签名的研究不是十分活跃，主要是提出了一些新的群签名方案。

自从1997年Camenish和Stadler首次提出适用于大的群体的群签名方案以来，群签名的研究进入一个非常活跃的时期，取得了大量的研究成果。这些研究更注重群签名的安全性、效率和实用性，同时也涉及多个研究方向，有安全高效的群签名方案的研究、群签名与通常的数字签名相互转化的研究，还有群签名推广方面的研究，如分级多群签名(group signatures for hierarchical multi-groups)、群盲签名(group blind signatures)、多群签名(multi-groups signatures)、子群签名(sub-group signatures)等，而且在电子商务方面也取得了一些应用成果。因此，Camenish和Stadler的研究成果已经成为群签名发展史上的一座里程碑。

群签名在虚拟资产安全上有着重要的应用。基于改进的RSA假设、计算关于模复合数的e次根的近似值的困难性假设以及Decision Diffie-Hellman假设和离散对数等，可以建立一个匿名支付系统，但用户的匿名性可以被可信机构改变，即可信机构拥有所有人的真实身份，可以适时公布用户的真实身份。

3.1.4 密码协议

密码协议是以密码算法为基础的协议，重要的密码协议包括零知识证明协议、不经意传输协议和安全多方计算协议等。本小节将以零知识证明协议为例对密码协议进行说明。

1. 密码协议的特点

(1) 两个或两个以上的参与者为完成某项任务所采用的一系列步骤；

(2) 这些步骤是有序的，必须依次执行，在前一步骤完成之前，后面的步骤不能执行；

(3) 协议至少需要两个参与者，若只有一个参与者参加则不能构成协议。

2. 零知识证明

“零知识证明”(zero-knowledge proof)是由Goldwasser等人在20世纪80年代初提出的。它指的是证明者能够在不向验证者提供任何有用的信息的情况下，使验证者相信某个论断是正确的。

3. 零知识证明举例

(1) A要向B证明自己拥有某个房间的钥匙，假设该房间只能用钥匙打开锁，而其他任何方法都打不开。这时有两个方法：

① A把自己的钥匙给B，B用这把钥匙打开该房间的锁，从而证明A拥有该房间的钥匙；

② B确定该房间内有某一物体，A用自己拥有的钥匙打开该房间的门，然后把物体拿出来出示给B，从而证明自己确实拥有该房间的钥匙。

上面只有方法②属于零知识证明,其好处在于在整个证明的过程中,B始终不能看到钥匙的样子,从而避免了钥匙的泄露。

(2)A拥有B的公钥,A没有见过B,而B见过A的照片,偶然一天两人见面了,B认出了A,但A不能确定面前的人是否是B,这时B要向A证明自己是B,也有两个方法:

① B把自己的私钥给A,A用这个私钥对某个数据加密,然后用B的公钥解密,如果正确,则证明对方确实是B;

② A给出一个随机值,B用自己的私钥对其加密,然后把加密后的数据交给A,A用B的公钥解密,如果能够得到原来的随机值,则证明对方是B。

同样地,只有方法②属于零知识证明。

4. 零知识证明在密码学中的应用

(1) 身份证明技术

交互证明系统由两方参与,这两方分别称为证明者(prover,简记为P)和验证者(verifier,简记为V),其中P知道某一秘密(如公钥密码体制的私钥),P希望使V相信自己的确掌握这一秘密。交互证明由若干轮组成,在每一轮,P和V根据从对方接收到的消息和自己计算的某个结果向对方发送消息。比较典型的方式是在每轮V都向P发出一询问,P向V做出一应答。所有轮执行完后,V根据P是否在每一轮都对自己发出的询问做出正确应答来决定是否接受P的证明。

交互证明系统须满足以下要求:

① 完备性　如果P知道某一秘密,V将接受P的证明;

② 正确性　如果P能以一定的概率使V相信P的证明,则P知道相应的秘密。

(2) 简化的Fiat-Shamir身份识别方案

设$n=pq$,其中p和q是两个不同的大素数,x是模n的平方剩余,y是x的平方根。又设n和x是公开的,而p、q和y是保密的,证明者P以y作为自己的秘密。由于求解方程$y^2 \equiv x \bmod n$的难度等价于分解n,因此他人不知道n的两个素因子p、q而想计算y是困难的。通过交互证明协议,P向V证明自己掌握秘密y,从而证明了自己的身份。

协议如下:

① P随机选取$r(0<r<n)$,计算$a \equiv r^2 \bmod n$,并将a发送给V;

② V随机选取$e \in \{0,1\}$,将e发送给P;

③ P计算$b \equiv r y^e \bmod n$,即$e=0$时,$b \equiv r \bmod n$;$e=1$时,$b \equiv ry \bmod n$,将b发送给V;

④ 若$b^2 \equiv a x^e \bmod n$,V接受P的证明,否则拒绝。

在协议的前三步,P和V之间共交换了3个消息,这3个消息的作用分别是:第1个消息是P用来声称自己知道a的平方根;第2个消息e是V的询问,如果$e=0$,P必须展示a的平方根,即r,如果$e=1$,P必须展示被加密的秘密,即$ry \bmod n$;第3个消息b是P对V询问的应答。

3.2 混沌密码技术

自20世纪美国气象学家Lorenz发现混沌现象以来,混沌理论受到越来越多的关注。一个简单的混沌动力系统却有着非常复杂的行为,这些复杂行为有着很好的密码学性质,这正是混沌密码学的价值所在；另一方面，建立在数论、代数及算法复杂性理论基础之上的传统密码算法正遭遇各种挑战，随着密码分析方法和研究手段的不断成熟，DES、MD5、SHA1等原来被认为安全的算法被接连破解，量子计算的发展也对非对称密码算法造成了巨大威胁。新的密码设计理论正成为一种迫切的需求，而从全新角度进行设计的混沌密码算法正是一种良好的替代方案。

混沌系统指的是由确定性方程产生的伪随机行为。混沌科学的创立是同相对论、量子学并重，被认为是20世纪自然科学取得的最辉煌的成就之一。将混沌技术应用于密码领域存在众多优势。首先，由混沌产生的序列具有良好的伪随机性、对初始条件和系统参数的敏感性等，大多混沌序列都能通过各项标准的统计检验增强密码算法的混淆和扩散特性，这些是理想的密码系统所追求的性质；其次，混沌密码算法具有多样性。由于混沌种类繁多，且存在很多可利用参数，因此产生的混沌密码算法就会很多，其密钥空间也会得到扩展。混沌密码技术的研究受到国际学者的广泛关注。

3.2.1 混沌学基本原理

如果一个系统的演变过程对初态非常敏感，人们就称它为混沌系统。研究混沌运动的一门新学科，叫作混沌学(Chaos)。混沌学发现，混沌运动这种奇特现象，是由系统内部的非线性因素引起的。混沌系统可以按照不同的标准进行分类，如按照动力学系统，可以分为离散混沌、连续混沌；按照维度可以分为一维混沌系统、二维混沌系统等。较为典型的有Lorenz系统、Rössler系统、Chen系统等。

什么是混沌呢？混沌是决定性动力学系统中出现的一种貌似随机的运动，其本质是系统的长期行为对初始条件的敏感性。系统对初值的敏感性正如美国气象学家洛仑兹蝴蝶效应中所说："一只蝴蝶在巴西扇动翅膀，可能会在德州引起一场龙卷风"，这就是混沌。环顾四周，我们的生存空间充满了混沌。除此之外，混沌还有许多特性，如轨道长期不可预测性、良好的伪随机特性、对初始条件和系统参数的敏感性以及宽带性等，使其能够满足密码设计系统中的混淆和扩散原则，可在密码学的领域中开拓一片新领域。

3.2.2 混沌密码技术概述

自从混沌密码首次提出以后，混沌加密逐渐成为国内外学者研究的热点。一般来说，目前混沌密码大致可以分为两种，混沌保密通信系统(大多数是基于混沌同步技术)和数字化混沌密码。混沌保密通信系统方式包括混沌掩盖技术、混沌参数调制技术、混沌键控技术以及混沌扩频技术。而数字化混沌密码的应用，以常规密码学为基础，可扩展至常规密码学的所有领域，如对称密钥密码(序列密码和分组密码)、公钥密码、Hash函数等具有深远的应用前景。下面分别对它们目前的发展状况予以介绍。

1. 混沌保密通信系统

从20世纪90年代开始，非线性科学界开启了一个新篇章，将混沌理论和保密通信相结合，使混沌保密通信成为信息安全领域的热点问题。保密通信是指在发送端通过某些方式将信息加密后通过信道传输给接收端的一种具有一定安全性的通信方式。混沌信号由于具有对初始条件的敏感性、非周期性、类噪声性、连续宽带频谱等固有属性，特别适合作为保密通信中的传输载体，为保密通信的发展开辟了一个新的生长点。

混沌保密通信技术的基本思想是,在发送端将原始信息通过一些方法表示成混沌信号,通过信道传递给接收端,在接收端通过一些方法将原始信息恢复出来。在这种通信方案中,混沌信号作为信息的载体,在公共信息中传输的只是混沌信号。生成混沌信号的混沌系统由于对不同的初始条件非常敏感,初始条件的微小变化都将会导致混沌系统轨迹的巨大差别,因此同一个混沌系统由于初始条件不同,将会生成数量众多的、不相关的、伪随机的混沌序列。除此之外,混沌信号的非周期性,还使其存在迅速衰减的自相关性以及很弱的互相关性,很容易满足正交性。

基于混沌同步的保密通信方案属于信道加密的范畴,而混沌密码学则属于信源加密的范畴。基于混沌同步的保密通信方案中对信息的处理属于一种动态加密的方法,即实时进行保密通信。它的处理速度与密钥长度无关,因此这种混沌保密通信方法效率很高,既适合于实时信号处理,又适合于静态加密处理。它的安全性依赖于混沌系统对参数和初始状态的高度敏感性以及混沌信号的类噪声形态。在这个方案中,混沌同步的作用使得接收端的响应系统在发送端发出的混沌信号驱动下逐渐与发送端状态一致。尽管在这个过程中,混沌密文也参与了密钥的生成,但是如果传输过程中出现错误,短时间内还不会得到快速地扩散。相比于传统密码学中的同步密码系统,混沌同步的加密过程受传输错误的影响要小得多,因此基于混沌同步的保密通信方案非常适合实时多媒体流的保密传输,例如保密网络会议、加密的视频播放等。

接下来首先回顾混沌保密通信领域经典的信息编码技术。

(1) 混沌掩盖技术(chaotic masking)

混沌掩盖技术是最早在混沌保密通信中用来调制信息的方法。它是基于混沌同步方法,将原始信息隐藏在发送端混沌系统产生的混沌信号中,在实现了同步的接收端去掉掩盖信息的混沌信号,提取出原始信息。这里通过一个示意图来具体说明混沌掩盖技术的工作原理。如图3.7所示,其中$c(t)$为混沌信号,$m(t)$为原始信息,$s(t)$为发送端发出的混沌掩盖信号,$r(t)$为接收端通过信道收到的信号,$\tilde{c}(t)$为接收端通过混沌同步后得到的混沌信号,$\tilde{m}(t)$为接收端恢复出来的信息。发送端中的加号和接收端中的减号分别表示掩盖的方式和去掩盖的方式,掩盖的方式主要有三种:相加、相乘、相加相乘结合,去掩盖的方式为上述计算的逆运算。

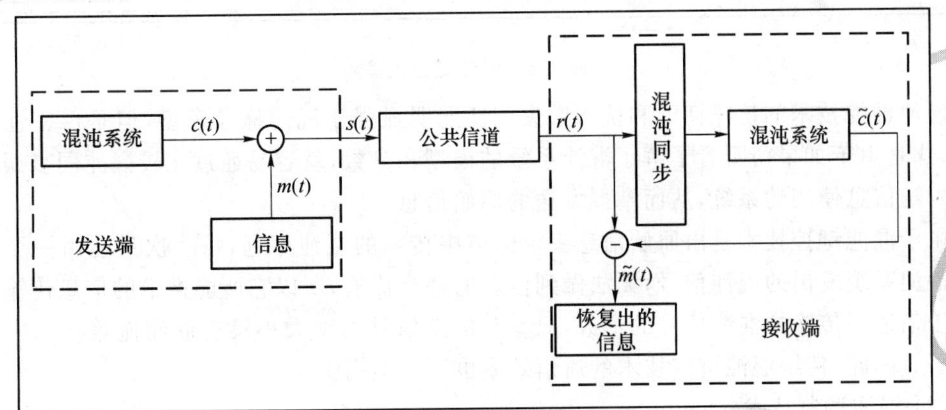

图3.7　混沌掩盖模型

由图 3.7 可以发现，混沌掩盖方法模型非常简单，易于实现。但是它的工作原理是先生成混沌信号再加载原始信息，而接收端收到的加载了信息的信号要与发送端没有加载信息的混沌信号实现同步，受这个原因的限制，为了实现同步，这个方案要求原始信息的信号功率要远小于混沌信号的功率。由于所加载信息已经类似于同步方案中混沌信号的额外“干扰”信号，这个保密通信模型对于公共信道中噪声的抵抗能力就更低了，因此存在抗噪和抗干扰性能差的缺点，并且保密性较低。

混沌掩盖技术携带的信息传输量等同于信道中传输的混沌信号的个数，单个信号只能携带单个信息，而且受上述同步限制，所能携带的信息信号功率大小和类型非常有限，显然基于混沌掩盖技术的通信模型通信工作效率不高。从资源利用率角度来看，由于混沌系统中加载信息的信号个数少并且功率小，这种通信方案的传输效率也不高。

(2) 混沌键控技术(chaotic shift keying)

混沌键控技术的工作原理是利用不同的混沌信号分别代表二进制信息的 0 和 1，随着原始信息的不同，公共信道中传输着不同的混沌序列，接收端是由和发送端相同类型和相同数目的混沌系统构成的，在每一个码元周期内，通过寻找与信道中传输的混沌序列相同步的接收端系统，从而实现确定发送端发送信息的目的。同样这里也通过一个示意图来具体说明混沌键控保密通信的工作原理。如图 3.8 所示，其中 $c_1(t)$ 和 $c_2(t)$ 分别为代表不同二进制的不同混沌信号，$m(t)$ 为原始信息，$s(t)$ 为发送端发出的混沌信号，$r(t)$ 为接收端通过信道收到的信号，$e_1(t)$ 和 $e_2(t)$ 为接收端与发送端不同混沌系统之间的同步误差，$\tilde{m}(t)$ 为接收端根据判断混沌同步情况而确定的恢复出来的信息。

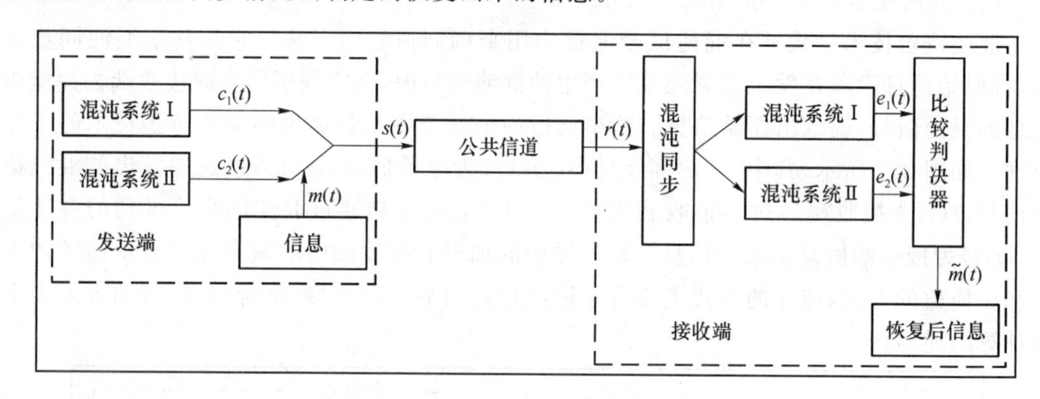

图 3.8 混沌键控模型

混沌键控技术的抗噪性能和抗参数失配性能明显强于混沌掩盖模型，但是保密性仍然不高，这是由于如果窃听者了解了混沌系统的模型和参数，就容易通过比较混沌同步误差来判断发送信息使用的系统，从而掌握发送的原始信息。

由于混沌键控技术是由原始信息决定信道中传输的混沌序列，每一次只能由一个信息决定混沌系统发出的混沌信号，无法做到信息的并行传输，所以它所能携带的信息传输量也等同于信道中传输的混沌信号的个数，只是对信息信号功率大小没有混沌掩盖技术中那些限制了。因此，传统混沌键控技术的通信效率也不是很高。

(3) 混沌调制技术(chaotic modulation)

混沌调制技术主要分为两种，一种是混沌参数调制技术，另一种是混沌非自治调制技术。混沌参数调制的主要工作原理是，用原始信息来调制发送端混沌系统的参数，利用混沌同步方法，在接收端实现同步之后通过恢复系统参数来提取信息。混沌非自治调制则是指将原始信息直接加载在混沌信号中，类似于混沌系统中额外的扰动信号。相比之下，混沌参数调制的方法应用更广一些。混沌参数调制方法使得发送端的混沌状态在不同吸引子之间转换，充分利用了混沌相空间复杂性这一优势，使得窃听者即使了解了混沌系统中的部分系统参数，也难以确定参数的调制方法，因而很难恢复出信息。

在实际应用中，混沌调制方法对原始信息的类型没有任何限制，类似于传统密码学中的自同步流密码，因此具有更广阔的应用前景。从安全性角度来说，相比于上述两种通信技术，混沌调制方法保密性最强，它的宽带伪随机特性使其更加适合作为加密方案。同样这里也给出混沌调制模型的工作原理图。如图3.9所示，$m(t)$为原始信息，$m(t)$被调制在发送端混沌系统参数中，$s(t)$为参数调制后发送端发出的混沌信号，$r(t)$为接收端通过信道收到的信号，$\tilde{s}(t)$为接收端同步后的混沌信号，$e(t)$为混沌同步误差，$\tilde{m}(t)$为接收端利用自适应控制器对系统参数解调恢复出来的信息（这里采用自适应控制器对系统参数进行恢复，还可以采用其他方法，例如观测器的方法等）。

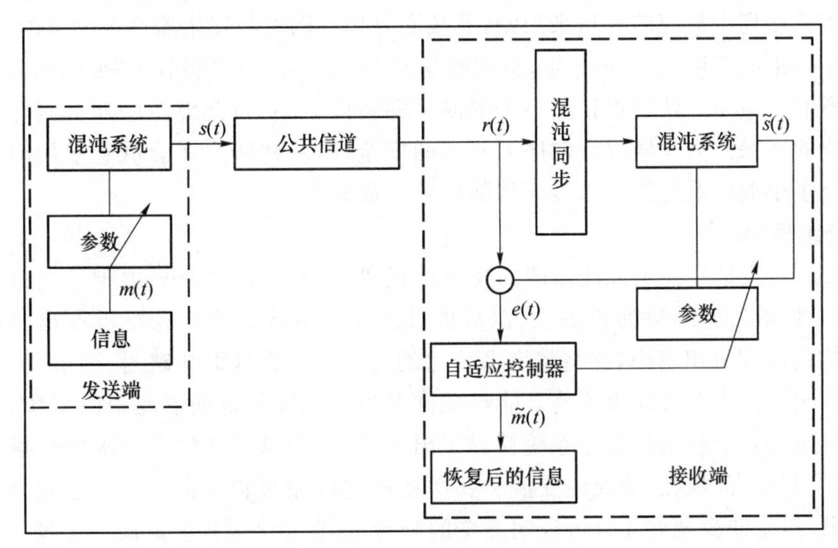

图3.9 混沌调制模型

从信息传输数目的角度来看，混沌参数调制技术所能加载的信息量取决于混沌系统的维度和系统参数的个数，比前两种技术的信息传输量大。但是如果希望在混沌系统中加载大量信息，势必要以牺牲系统简单结构作为代价，要求系统维度更高，系统参数个数也要更多，这样将会给混沌同步带来困难，同时对参数调制的方法要求更高，如何实现高维混沌系统中信息的调制和解调将是随之而来的问题。

2. 混沌密码学

混沌密码学是一种新的密码加密算法，具有简单、高效、安全等优点。混沌密码学是混沌理论的一个重要的应用领域。混沌用于密码学主要依据混沌的基本特性，即随机性、遍历性、确定性和对初始条件的敏感性，混沌密码体系在结构上与传统密码学理论中的混淆（Confhainn）和扩散（Diffusion）概念联系起来，混沌理论和纯粹密码学之间的必然联系形成了混沌密码学。

(1) 混沌噪声源与伪随机数发生器

传统噪声多由模拟噪声源产生,易受温度和其他环境因素影响而发生漂移,且可控性差,难于对其进行加工和复制。随着数字电路的发展,数字化噪声逐渐取代模拟噪声,但现有的多种产生方法都有其缺陷:m 序列的随机性较差,数量有限;多频选择调相方式和直接序列移相键控方式产生的信号频谱不满足白噪声的要求。另外,随着混沌学在电子领域的发展,出现了 Chua、Rossler、Lorenz 等电路,生成的混沌序列具有伪随机性、类噪特性,比传统的物理噪声源易于控制和实现。

在伪随机数发生器方面,主要涉及混沌系统的选择和二值量化混沌信号的方法。Sloane 于 1983 年首次提出混沌系统可以用于产生伪随机序列。在之后的混沌流密码研究中,出现了很多混沌系统设计的伪随机数生成器,常用的有 Logistic 映射、Tent 映射、Chebyshev 映射、Henon 映射、时空混沌映射等。

(2) 序列密码

序列密码将明文和密钥都划分为比特位或字符的序列,对明文序列中的每一比特位或字节都用密钥序列中对应的分量来加密,其核心是用伪随机数发生器产生大量的伪随机数,作为密钥序列来掩盖明文。1989 年,英国数学家 Matthews 首次提到了“混沌密码”的概念,并利用变形的 Logistic 映射设计了一个混沌序列密码方案,自此混沌序列密码方面涌现了很多有价值的成果。为了增强混沌序列密码的安全性,一些研究者尝试着采用时空混沌系统或者混合多个混沌系统级联来设计伪随机数生成器等。

(3) 分组密码

Habutsu 等人最早使用混沌系统的逆向迭代机制构造分组密码,由于逆向过程中存在着量化噪声,影响解密结果的正确性,以后的几年中几种改进方案相继被提出。例如基于 Feistel 结构的混沌分组密码,它将整个系统化的过程分成选择混沌映射、离散化、密钥编排和密码分析四步。为了设计出快速且能够抵抗差分和线性分析的混沌密码系统,另一种基于离散斜帐篷(Tent)映射的加密系统被提了出来,其核心思想是将混沌函数转换为有限状态空间,直接利用有限状态的混沌变换和其逆变换进行加密和解密。尽管混沌分组取得大量研究成果,但是缺少全面并且可证明安全的分析,这也是今后需要解决的关键问题。

(4) 混沌公钥

相对于混沌对称密码,混沌公钥研究得较少,但是近些年来还是有一些新的进展。利用 Chebyshev 映射的半群特性和混沌特性,以数学上离散对数求解的难题作为安全保证,以 ElGamal 公钥密码算法为蓝图,基于 Chebyshev 映射的类 ElGamal 公钥密码算法被提出。该算法不需要产生大素数作为私钥,运算效率较高,缺陷是由于 Chebyshev 多项式的强周期性存在着很严重的安全隐患,因此该算法刚提出就很快被破解。为了抵抗这些攻击,一些改进算法和相关协议被提出。

(5) 混沌 Hash 函数

Hash 函数分为带秘密密钥的 Hash 函数和不带秘密密钥的 Hash 函数两类,具有压缩性、不可逆性、抗弱碰撞性和抗碰撞性等。随着著名的 MD5、SHA-1 等被有效分析,研究新型 Hash 函数成为密码学界的一大热点。混沌系统的初值敏感性适合于构造 Hash 函数,目前已有一系列基于混沌的 Hash 函数相继被提出来。

(6) 混沌压缩感知

混沌压缩感知是最近在传统压缩感知基础上结合混沌理论发展起来的一门新学科，是一种基于混沌系统的压缩感知理论。混沌压缩感知可以有效解决传统压缩感知在测量矩阵构造与信号重构算法设计等方面存在的问题，同时增强压缩感知的安全性及鲁棒性，而且还可进一步提高压缩感知的计算速度、降低存储需求、促进其硬件实现及大规模的广泛应用。

3.2.3 混沌保密通信模型实例分析

1. 问题提出

前面已经介绍了，混沌信号由于具有对初值非常敏感、由确定性系统产生不可预测的行为、连续宽带频谱等固有的属性，使其非常适合作为保密通信技术中的传输载体。对于用户量和信息量越来越大的时代需求，传统混沌保密通信技术显然无法满足海量信息传输的要求。那么，混沌信号到底能传输多少信息呢？这些信息是否安全呢？下面将着重探索一个标量混沌系统可以传递的最大信息量的问题。

为了能够在一个单一的标量混沌系统中尽可能多地加载信息，首先设计一个带有多个时延的混沌系统作为这个方案的通信模型。在发送端，随着增加系统中时延的个数，逐渐增加调制在发射系统参数中的信息的个数；在接收端，通过自适应参数辨识的方法将信息恢复出来。对于一个给定带宽并且存在噪声的真实通信信道来说，根据香农信道容量的定理，存在一个最大无差错信息传送速率，即在实际信道中，系统所能携带的最大信息量是有上限的。通过一系列的仿真实验，得到了能够在接收端准确恢复出来的最大信息传输量。从工程实现的角度来看这个问题，对于一个系统来说，同时传输多个信息的能力将带来系统运行开销的大大降低，提高通信资源的利用率。除此之外，在仿真实验中还讨论了噪声对这个模型的影响，以及这个通信方案的抗噪性能。接着为了进一步增加系统传输的信息，基于码分多址技术和沃尔什函数，从而实现了系统信息总量的进一步增加。

2. 基于自适应参数辨识的混沌通信模型

这里的目标是探索混沌保密通信方案中所能携带的最大信息量问题，带着这样的目标出发，首先需要设计一个系统模型作为这个通信方案的发送端，寻找到一种方式使这个发送系统中能够尽可能多地加载信息。基于这一想法，考虑一个带有多个时滞的标量混沌系统作为驱动系统，形如

$$\dot{x}(t)=cx(t)+bf[x(t-\tau)]+\sum_{i=1}^{m}a_i x(t-\tau_i)(i=1,2,\cdots,m),\tag{3.7}$$

其中，$x(t)$是系统状态向量，b、c 是常数系数，τ、τ_i 表示时延，f 是一个非线性函数。$a_1,a_2,\cdots,a_m$ 是系统的参数，被传输的原始信息就调制在这些参数中，因此系统参数的个数 m 也就代表原始信息的个数。在这个模型中，通过调整时延 τ、τ_i 的大小和数量来调整系统参数的数目，从而调整系统携带的信息数目。对于不同的 i，τ_i 彼此不同并且逐渐增大，即不存在 $\tau_i=\tau_j\ (i\neq j)$ 这种情况，不同信息的发送时间 τ_i 不同，保证了信号间的无关性。

为了更直观地描述这个混沌保密通信模型中携带的信息总量，引入一个评估模型：

$$N=\frac{L}{l}m=\frac{t_t-t_{\mathrm{tr}}}{l}m,\tag{3.8}$$

其中，N 代表整个通信系统传输的信息总量(运行时间内传输的总比特数)，L 代表在运行

时间内发送端发出的混沌信号的有效时间长度，l 是每比特信息的传输时间长度，m 是单位时间内加载在系统中的信息数量。由于系统从初始状态运行到稳定状态需要一个过程，花费一段时间，在这段时间内传输的信息不能在接收端被准确地恢复出来，这段时间被称为系统的暂态时间 t_{tr}。混沌信号的有效长度 L 可以理解成稳定状态开始以后的长度，即从接收端能够恢复出信息时开始，也就是系统总的运行时间 t_t 与暂态时间 t_{tr} 的差。因此这个评估模型可以描述成式(3.7)及式(3.8)的两种形式。

根据式(3.7)所描述的发送系统，构造一个完整的混沌通信模型，包括四个步骤，分别为分块、调制、传输和恢复。①分块：为了将信息实现并行传输，首先将原始信息进行分块，分为 m 块，并将每一块信息转换成相应的二进制序列；②调制：将每一块信息转换成的二进制序列调制到发送系统中的每个参数 a_i 中，不同信息的调制时间不同；③传输：发送端将一个标量混沌信号 $x(t)$ 通过信道传送给接收端；④恢复：基于自适应参数辨识的方法，在接收端将加载在混沌信号中的原始信息解调出来，再将恢复出来的二进制序列转换为原信息的形式。

接下来，着重研究第二步到第四步这个过程，从而讨论如何使这个通信模型能够尽可能多地传递信息。

这里把式(3.7)中的发送端作为驱动系统，由于原始信息被调制在系统参数中，本章将利用自适应参数辨识的方法来实现接收端信息的解调和恢复。根据混沌同步的基本原理，为了通过辨识接收端系统中未知参数的估计值来实现恢复信息的目的，首先设计接收端的接收系统，即响应系统，和相应的控制器及其自适应准则如下：

$$\dot{y}(t) = cy(t) + bf[x(t-\tau)] + \sum_{i=1}^{m} \hat{a}_i x(t-\tau_i) + u, \tag{3.9}$$

$$u = -(k+c)e, \tag{3.10}$$

$$\dot{\hat{a}}_i = -ex(t-\tau_i), \tag{3.11}$$

其中，$\hat{a}_i$ 是未知参数的估计值，即被解调出来的信息，u 是控制器，k 是一个正常数。对于式(3.7)中驱动系统和式(3.9)中的响应系统，定义系统同步误差的形式为 $e=y-x$，参数估计误差(信息恢复误差)$\overline{a}_i=\hat{a}_i-a_i$。

为了证明接收端恢复出来的信息能够收敛到原始信息的真值，这里将给出具体的数学推导过程。首先，系统同步误差可以改写为

$$\dot{e} = -ke + \sum_{i=1}^{m} \overline{a}_i x(t-\tau_i). \tag{3.12}$$

相应的李雅普诺夫函数可以描述为

$$V = \frac{1}{2}e^2 + \frac{1}{2}\sum_{i=1}^{m} \overline{a}_i^{\,2}. \tag{3.13}$$

对这个函数求导得到

$$\begin{aligned} \dot{V} &= e\dot{e} + \sum_{i=1}^{m} \overline{a}_i \dot{\overline{a}}_i \\ &= e\left[-ke + \sum_{i=1}^{m} \overline{a}_i x(t-\tau_i)\right] - e\sum_{i=1}^{m} \overline{a}_i x(t-\tau_i) \\ &= -ke^2 \leqslant 0. \end{aligned} \tag{3.14}$$

很明显当且仅当 $e=0$ 时,$\dot{V}=0$。根据 Barbalat 引理,可以容易地得到随着时间 $t\to\infty$时系统的同步误差 $e\to 0$。

相应地,最大不变集为 $M=\{e\in\mathbf{R}^n,\bar{a}_i\in\mathbf{R}^m\mid e=0,-e+\sum_{i=1}^{m}\bar{a}_i x(t-\tau_i)=0\}$ 。在这种情况下,就可以得到

$$\sum_{i=1}^{m}\bar{a}_i x(t-\tau_i)=0. \tag{3.15}$$

采用和前几章中类似的判定条件,令 $D(x)=\{x(t-\tau_1),x(t-\tau_2),\cdots,x(t-\tau_m)\}$,用 $\boldsymbol{G}$ 表示 $\int_s^{s+\sigma}D^{\mathrm{T}}[x(t)]D[x(t)]\mathrm{d}t$,$\boldsymbol{G}$ 为 $D(x)$的格拉姆矩阵。这样,式(3.9)就可以改写为

$$D(x)\bar{\mathbf{A}}=0, \tag{3.16}$$

其中,$\bar{\mathbf{A}}=(\bar{a}_1,\bar{a}_2,\cdots,\bar{a}_m)^{\mathrm{T}}$.

接着在式(3.10)左右两边同时左乘上 $D(x)^{\mathrm{T}}$ 再对整个公式在任意时间 $\sigma\geqslant 0$ 内求积分

$$\int_s^{s+\sigma}D^{\mathrm{T}}(x)D(x)\mathrm{d}t\bar{\mathbf{A}}=0, \tag{3.17}$$

从而可以得到 $\boldsymbol{G}\bar{\mathbf{A}}=0$。

如果 $D(x)$满足长时间持续激励条件或者长时间线性无关条件,即对于任何 $t\geqslant 0$,格拉姆矩阵 $\boldsymbol{G}$ 都是满秩的,那么式(3.10)就只有唯一的一组全零解。于是就可以得到$\hat{a}_i=a_i$。未知参数将会收敛到真值,也就是说系统所传输的信息能够被准确地恢复出来。从而说明这个混沌保密通信模型能够实现准确的信息传输和信息复原。

接下来提出长时间持续激励条件和长时间线性无关条件。

长时间持续激励条件:一个连续函数 $F:\mathbf{R}_{\geqslant 0}\to\mathbf{R}^{m\times n}$ 能够被称为长时间持续激励,就是对于任意时间 $t\geqslant 0$ 都存在两个严格正的数 μ 和 τ 使得式(3.18)成立。

$$\int_t^{t+\tau}F^{\mathrm{T}}[x(s)]F[x(s)]\mathrm{d}s\geqslant\mu I \tag{3.18}$$

长时间线性无关条件:一个函数 $l_i(t)$ 能够被称为长时间线性无关,就是对于任意时间 $t\geqslant 0$都不存在非零的常数 $k_i(k=1,2,\cdots,m)$使得式(3.19)成立。

$$k_1l_1(t)+k_2l_2(t)+\cdots+k_ml_m(t)=0 \tag{3.19}$$

在多数情况下,混沌信号可以满足以上这两个条件。由于混沌信号是非周期性的,以 $x(t-\tau_1),x(t-\tau_2),\cdots,x(t-\tau_m)$为例,很容易发现它们当中任意两个不同的信号相乘再求积分都是零,从而说明它们满足正交性。非零的正交向量之间都是线性无关的,因此它们可以满足长时间持续激励和长时间线性无关条件。当这些信号变成非混沌的时候,上述两个条件很可能就不再满足了。

为了进一步验证所提出的混沌通信模型和上述方法的可行性,考虑在这个模型中采用一些经典的混沌系统作为发送和接收系统。现有的许多经典混沌系统都可以被描述成式(3.7)和式(3.9)的形式。首先,基于 Mackey-Glass 系统,构造驱动系统的形式为

$$\dot{x}=-\gamma x+\frac{cx(t-\tau)}{1+x^b(t-\tau)}+\sum_{i=1}^{m}a_ix(t-\tau_i)(i=1,2,\cdots,m), \tag{3.20}$$

其中,γ、b、c 是常数系数,τ、$\tau_i>0$ 表示时延。原始信息被加载在系统的参数 $\boldsymbol{A}=(a_1,a_2,\cdots,a_m)^{\mathrm{T}}$ 中。

相应地，响应系统和自适应准则可以表示为

$$\dot{y}=-\gamma y+\frac{cx(t-\tau)}{1+x^{b}(t-\tau)}+\sum_{i=1}^{m}\hat{a}_{i}x(t-\tau_{i})+u, \tag{3.21}$$

$$\dot{\hat{a}}_{i}=-ex(t-\tau_{i}), \tag{3.22}$$

其中，$\hat{a}_i$ 是未知参数的估计值，即被解调出来的信息。

接下来，再考虑另一个经典系统带入这个通信模型，时滞 Logistic 系统，针对这个系统发送端可以写成式(3.23)的形式

$$\dot{x}=\gamma x+cx(t-\tau)[1-x(t-\tau)]+\sum_{i=1}^{m}a_{i}x(t-\tau_{i})(i=1,2,\cdots,m). \tag{3.23}$$

类似地，也可以用相同的方法构造它的响应端和自适应准则，这里就不再赘述了。

对于上述由两个经典系统构造的混沌通信模型，可以应用式(3.17)中的推导方法构造相应的李雅普诺夫函数，最终得到随着时间 $t\to\infty$ 时系统的同步误差 $e\to 0$，再得到相应的最大不变集。之后通过计算格拉姆矩阵的秩，来判断那些参数辨识的判定条件能否被满足，最终得到未知参数的估计值收敛到真值的结论。换句话说，只要判断条件能够被满足，由 Mackey-Glass 系统和 Logistic 系统等类似系统构造的混沌保密通信模型都可以在接收端实现对于调制在发送系统中的有效信息准确地恢复。

建立了模型并给出了相关方法和步骤，紧接着将深入研究这个通信模型的最大信息量问题。由于这个模型是由一个带有时滞的标量微分方程描述的，因此所有的信息都加载在一个标量时间序列里。这个问题也就转换为探索一个标量混沌时间序列所能携带的最大信息量的问题。

根据式(3.8)所描述的评估模型，本节将定量地对评估模型中的每个变量进行逐一的分析，从而研究影响标量混沌时间序列中信息总量的因素。首先考虑每比特信息的传输时间长度 l 的值。如果在接收端能够实现信息的准确恢复，理论上未知参数的估计值(即接收端被恢复出来的信息)是随着时间 $t\to\infty$ 逐渐收敛到真值(原始信息)，而实际系统中这个收敛过程往往只是一个暂态过程，只需要一个暂态时间，并不需要无限长的时间后才收敛。换句话说，未知参数的估计值在有限时间(暂态时间)内就已经收敛到一个值，在达到这个值之后就保持不变了。除此之外，由于传递的信息是由二进制序列所表示的，在接收端解调的时候，往往仅仅需要在两个值中对被恢复出来的信息进行判决，因此只要被恢复出来的信息曲线能够呈现出明确的二值变化，以便明确地在两个值之间进行判决即可。因此不需要等待时间 $t\to\infty$，只要这个暂态时间足够长以确保实现明确的二值区分。为了阐述这个过程，这里引入一个门限机制：

$$\begin{array}{ll}\text{if } \hat{a}_{i}|_{t_{j}}\geqslant a^{*}, & \text{output}=1,\\ \text{else}, & \text{output}=0,\end{array} \tag{3.24}$$

其中，$a^{*}=\frac{a_{\max}+a_{\min}}{2}$($a_{\max}$ 和 $a_{\min}$ 分别表示原始信息中的最大值和最小值)作为门限的参考值，$t_j=jl(j=1,2,\cdots)$是采样时间，由每比特信息的传输时间长度 l 来决定多久采样一次。在每个采样时间 t_j 时进行采样得到$\hat{a}_i|_{t_j}$，然后根据式(3.24)中的门限机制对$\hat{a}_i$ 的值进行判决，并输出$\hat{a}_i$ 的最终结果。当系统从初始状态运行到平稳状态以后，只要最终的输出结果能够准确对应原始信息，就可以认为传输的信息能够准确地被恢复出来。l 作为传输每比特信息的时间长度也可以被看作是接收端信息收敛过程所需要的最短收敛时间。根据式

(3.8)中评估模型的形式，这里希望 l 的值越小越好。在其他变量保持不变的情况下，l 的值越小，N 的值就越大，也就是说整个通信系统传输的信息总量越大。因此，在保证准确恢复出所有信息的前提下，希望 l 的值能够尽可能的小。接着，本小节将讨论运行时间内发送端发出的混沌信号的有效时间长度 L 和单位时间内加载在系统中的信息数量 m 这两个值之间的关系。由于 $L=t_t-t_{tr}$，这个问题就转变为分析 t_{tr} 和 m 这两个值之间的关系。随着 m 的值逐渐增大，系统从初始状态到稳定状态的时间也会随之变长，也就是说系统运行过程中的暂态时间 t_{tr} 会随之增大。因此，m 的值正比于 t_{tr} 的值。

接下来，比较了几种不同混沌保密通信模型携带的信息总量。在混沌掩盖模型中，只有一个很小信息被加载在发送端，也就是说 $m=1$。在混沌键控模型中，信息的二值变化使得发送端在不同混沌系统间切换，因此 $m=1$。在混沌调制模型中，信息可以加载在系统的参数上也可以直接加载在系统中，由此 m 取决于系统的维度和参数个数。在本章提出的混沌保密通信模型中，由于采用了一个带有多个时滞的标量混沌系统，随着时滞个数的增加，m 的值也随之增加，因此 m 的值将会远大于传统混沌保密通信模型中所能携带的信息数量。除此之外，本章提出的这个模型不仅提高了系统承载的信息数量，而且把传统混沌通信模型中多维复杂的发送系统和接收系统简化为一维系统。

下一节将给出实验中通信模型加载的信息数目 m 的最大值，并用式(3.8)中的评估模型分析数值仿真实验中通信模型所能携带的最大信息量问题。

3. 系统携带最大信息量分析

本节将通过多个数值仿真实验来探索基于自适应参数辨识技术的混沌系统加载的最大信息数和最大信息总量。

基于 Mackey-Glass 系统，首先构造一个混沌通信模型如下：

$$\begin{cases} \dot{x} = -700x + \dfrac{50\,000x(t-\tau)}{1+x^{30}(t-\tau)} + \displaystyle\sum_{i=1}^{m} a_i x(t-\tau_i), \\ \dot{y} = -700y + \dfrac{50\,000x(t-\tau)}{1+x^{30}(t-\tau)} + \displaystyle\sum_{i=1}^{m} \hat{a}_i x(t-\tau_i) + u, \end{cases} \tag{3.25}$$

其中，$\gamma=700$，$b=50\,000$，$c=30$，$\tau=0.5$，$\tau_i=1+0.1i$，a_i 是一个二进制序列，$\hat{a}_i$ 是 a_i 的估计值(用来表示接收端被恢复出来的信息)，并且自适应准则形如 $\dot{\hat{a}}_i=-ex(t-\tau_i)(i=1,2,\cdots,m)$。$\tau_i$ 表示时滞，它是一个非常重要的参数，可以通过调整它的大小来实现携带更多信息的目的并且保证在接收端准确地恢复出来。对于不同的 i，τ_i 彼此不同并且逐渐增大来保证格拉姆矩阵满秩，因为如果存在 $\tau_i=\tau_j(i\neq j)$ 这种情况，不满足信息信号之间的无关性，显然不满足格拉姆矩阵满秩条件，即，增强 $x(t-\tau_i)$ 间的线性无关性。针对这个系统，格拉姆矩阵的形式是

$$\begin{aligned} \boldsymbol{G} &= \int_s^{s+\sigma} D^{\mathrm{T}}(x)D(x)\mathrm{d}t \\ &= \int_s^{s+\sigma} \begin{pmatrix} x(t-\tau_1)^2 \cdots x(t-\tau_1)x(t-\tau_m) \\ x(t-\tau_2)x(t-\tau_1) \cdots x(t-\tau_2)x(t-\tau_m) \\ \vdots \\ x(t-\tau_m)x(t-\tau_1) \cdots x(t-\tau_m)^2 \end{pmatrix} \mathrm{d}t. \end{aligned} \tag{3.26}$$

在仿真中,仿真精度被设置为1×10^{-4}。为了使系统中的信息个数m尽可能的大,这里逐渐增加系统参数个数m的值,并观察和计算仿真结果。当$m=50$时相应的仿真过程和结果如图3.10所示。图3.10(a)展现了作为发送系统的混沌系统的吸引子图;图3.10(b)展现了发送端和接收端之间的同步误差$e=y(t)-x(t)$的变化曲线;图3.10(c)展现了发送端发出的一维混沌信号的轨迹。从图3.10中可以发现系统从初始状态运行到稳定状态是一个暂态过程,在这个例子中系统暂态过程经历的暂态时间为$t_{tr}=6$ s,加载在系统中的原始信息在系统进入稳定状态之后才能够在接收端被准确恢复出来,因此可以认为发送的混沌信号的有效长度$L=24$ s(仿真总时间为30 s);单位时间(即1 s)传输1 bit信息,即$l=1$ s;系统参数的个数$m=50$,也就是说,单位时间内50个信息同时传输。根据式(3.8)中定义的评估模型,可以计算得到这个通信模型中系统所携带的信息总量$N=1\ 200$。从图3.10(e)中可以发现经过$t_{tr}=6$ s之后,就可以清晰地区分出曲线中的两个值,根据式(3.24)中定义的门限机制,在采样时间$t_j=jl(j=1,2,\cdots,30)$对$\hat{a}_i$进行采样,通过门限参考值进行判决,得到最终的输出结果。恢复出的信息与图3.10(d)中原始信息的取值一致。图3.10(f)展示了估计误差$\bar{a}_i=\hat{a}_i-a_i$的变化曲线,容易发现在$t_{tr}=6$ s之后,这个误差在每个采样间隔时间段内都收敛到零,说明被恢复出来的信息值与原始值之间的误差能够收敛到零。接着根据一个MATLAB的程序,定量地计算了信息的误比特率,得到的结果为零。因此系统传输的所有信息能够在接收端被准确地恢复出来,当$m=50$时,这个混沌保密通信模型实现了信息准确地传输。

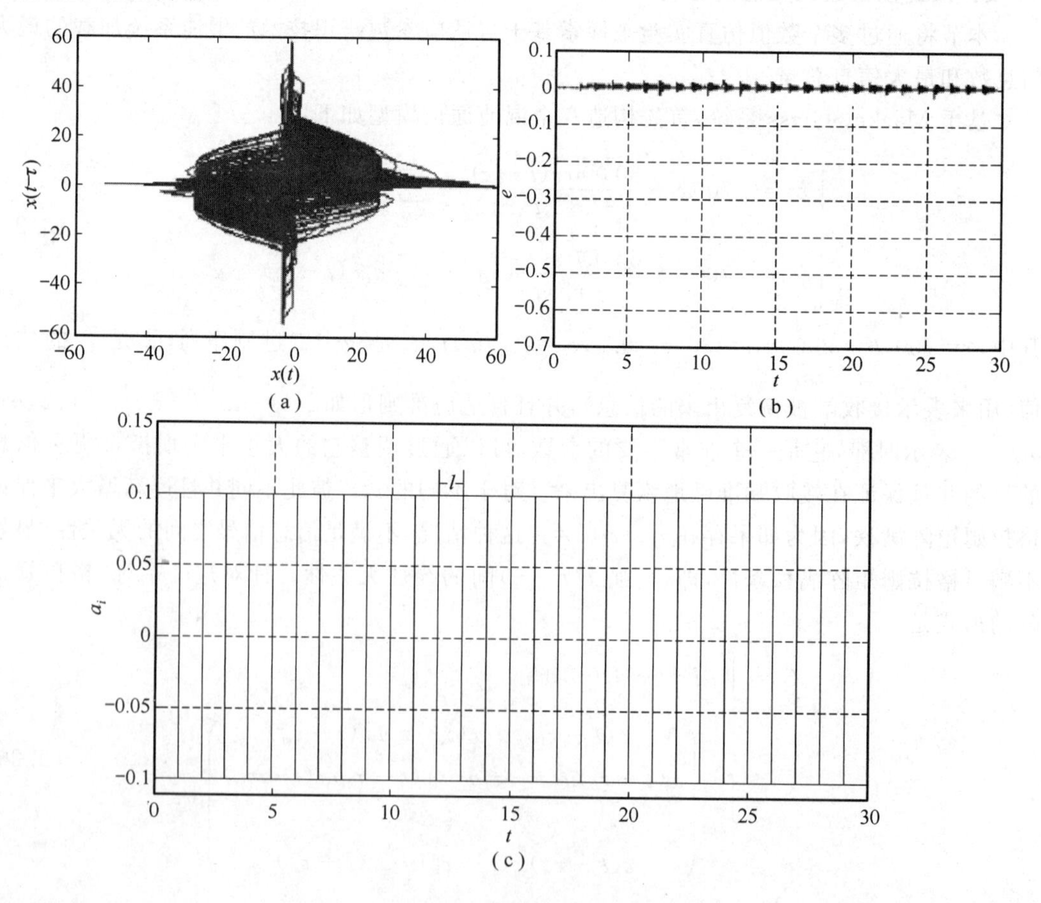

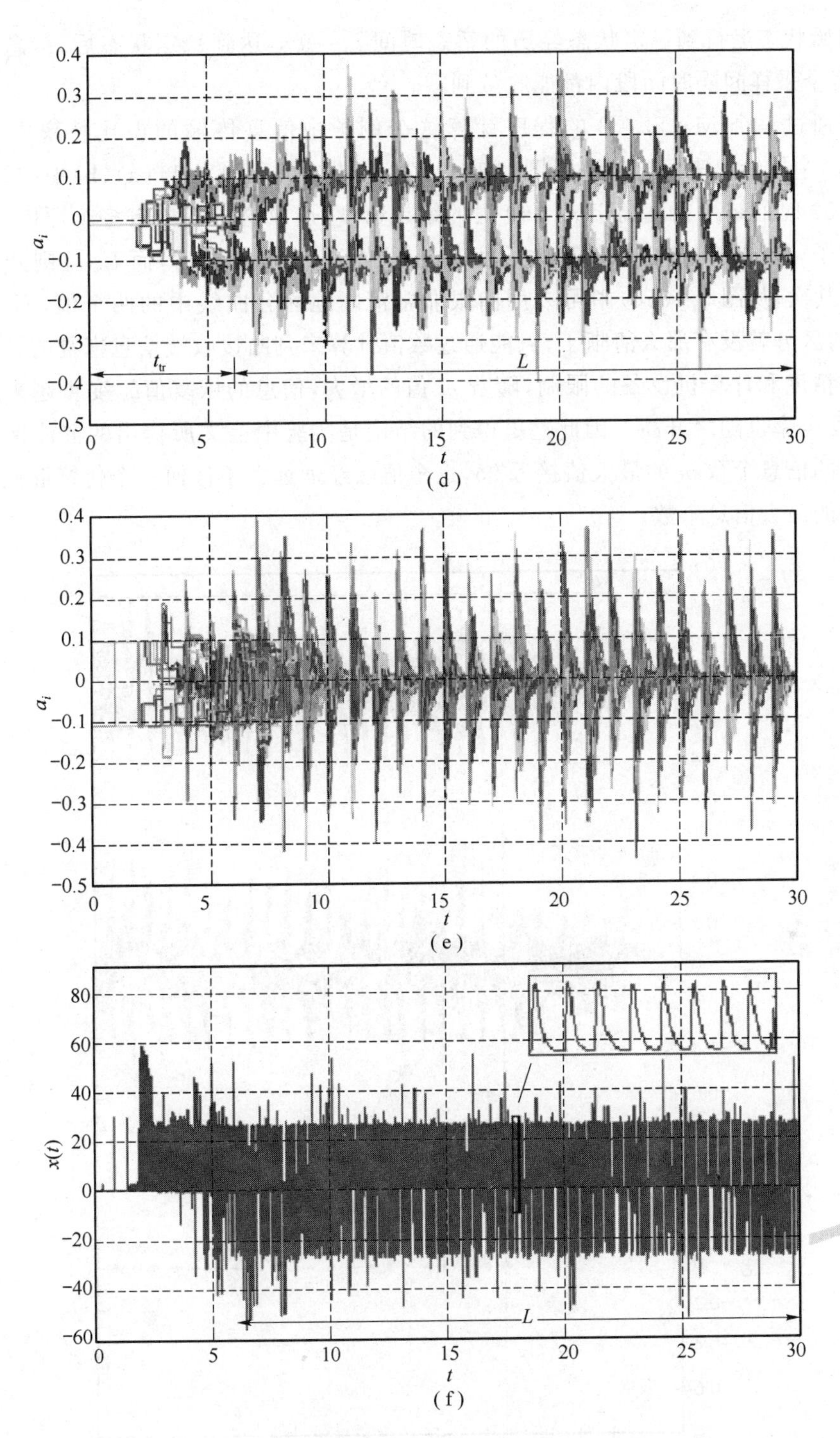

图 3.10　当 $m=50$ 时，通信模型中发送端和接收端中相应的系统演变过程

接着把 m 提高到 90，具体的仿真过程和结果在图 3.11 和图 3.12 中展示出来。图 3.11(a)～(c)在一个时间窗内描绘了接收端中信息的恢复值$\hat{a}_i$、信息的恢复误差 $\bar{a}_i=\hat{a}_i-a_i$和误比特率。图 3.12 则描绘了这个系统的同步误差 $e=y(t)-x(t)$，可以观察到这个

系统从初始状态运行到稳定状态经历的暂态时间 $t_{tr}=9$ s，达到稳定状态后，信息的恢复误差 $\bar{a}_i$ 在每个采样间隔时间段内都能收敛到零。

同样通过一个 MATLAB 的程序计算这个例子中信息传输的误比特率并把结果在图 3.11(c)中描绘出来。比较一下图 3.10(e)(f)中的结果和图 3.11(a)(b)中的结果，不难发现 $m=50$ 时的结果精度高于 $m=90$ 时的结果精度，造成这一现象有多个原因。首先，对于两个例子，传输的混沌信号的有效长度 $L_{m=90}$ 开始于 $t_{tr}=9$ s 之后，而 $L_{m=50}$ 则开始于 $t_{tr}=6$ s 之后；其次，从图 3.10(e)中可以用肉眼非常清晰地区分曲线中的两个值，而在图 3.11(a)二值的区分就没有那么清晰了，只能通过数值计算来判断接收端信息恢复的结果。受到仿真软件精度和计算机设备的限制，随着 m 值的增大，信息的恢复值 $\hat{a}_i$ 变得越来越难以辨识出来，误码率也随之升高。因此这里得到的结论是实验中上文所提出的混沌保密通信模型中携带的信息个数 m 的最大值接近 95，这个值已经远远大于任何一个传统混沌通信模型所能携带的最大信息个数。

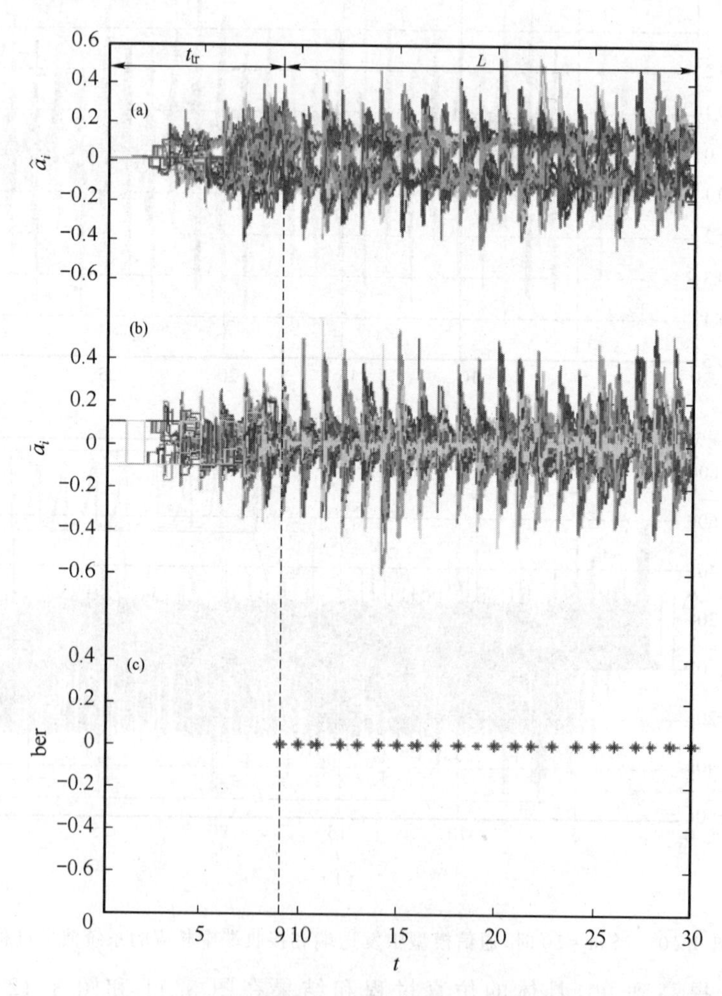

图 3.11　当 $m=90$ 时，在一个时间窗内描绘通信模型中发送端和接收端中相应的系统演变过程

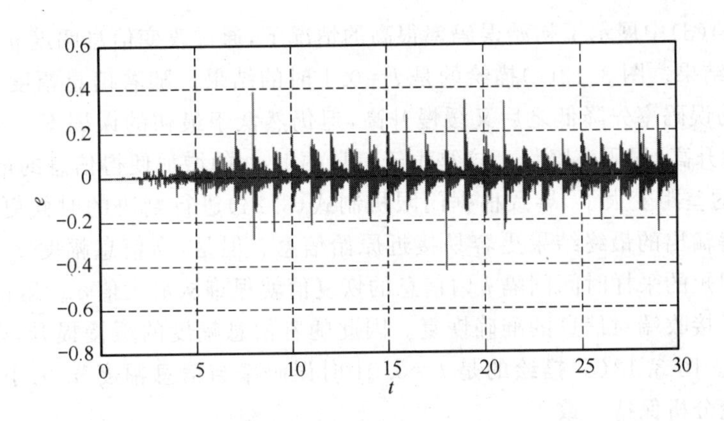

图 3.12　当 $m=90$ 时，误差系统 $e=y(t)-x(t)$ 的轨迹

表 3.3　不同信息个数 m 的情况下最短比特信息传输时间 l 及系统的信息总量 N

m	10	50	90
l	0.2	0.8	1
a	1	1	1
t_{tr}	5	6	9
t_t	30	30	30
N	1 250	1 500	1 890

在接下来的实验中，根据 MATLAB 程序，这里分别计算并比较了在不同比特信息传输时间 l、不同信息个数 m 和不同信息幅度 a_i 情况下系统的信息传输误码率。从图 3.13(a)中，容易发现，对于一个给定的信息幅度 $a_i=1$，在不同的信息个数 m 情况下，随着比特信息传输时间 l 的降低，误码率增大。根据式(3.8)中的评估模型，可以知道比特信息传输时间 l 越小，系统所携带的信息总量 N 越大。但是在实际应用中，系统达到稳定状态之后，每比特信息传输的时间要足够长来确保在接收端信息恢复值能够有时间来收敛到真值，即采样间隔 $t_j=jl$ 要足够长使得信息的恢复值能够恢复到原值。根据式(3.8)，表 3.3 给出了不同信息个数 m 的情况下，保证误码率为零的最短比特信息传输时间 l 以及相应的系统携带的信息总量 N。容易发现，即使 $l_{m=90}>l_{m=50}>l_{m=10}$，当 $m=90$ 时 $N=1\,890$，是表 3.3 中系统所能携带的最大信息总量。根据不同通信模型对比特信息传输时间 l 不同的要求，可以采用不同的信息个数 m，使得系统所能携带的最大信息总量尽可能的大。图 3.13(b)描绘了在给定信息幅度 $a_i=1$ 情况下，在不同的比特信息传输时间 l 情况下，误码率和信息个数 m 之间的关系。随着比特信息传输时间 l 不断的减小和信息个数 m 的不断增长，误码率也不断增长。同样，根据不同通信模型对于误码率的不同要求，可以通过调整比特信息传输时间 l 和信息个数 m 的大小，来实现信息总量 N 的增长。由于比特信息传输时间 l 的减小将会造成误码率的增大，但是可以提高系统信息总量 N，所以希望可以采取一些措施在不减少信息总量的前提下，尽可能地降低误码率。在实验中，尝试了适当地增大信息幅度 a_i 的方法，结果表明，这个方法在维持信息总量 N 不变的情况下，一定程度地降低了信息传输的误码

率。图 3.13(c)(d)中展示了初始误码率很高的情况下，通过改变信息幅度 a_i 的大小对误码率造成的影响结果。图 3.13(c)描绘的是 $l=0.1$ 时的结果。随着信息幅度 a_i 从 1 增加到 20，信息传输的误码率先降低之后又缓慢升高，但仍然低于最初的误码率。总的来说，随着信息幅度 a_i 的升高，误码率降低。这是由于信息幅度 a_i 的增加使得信息的最大值 a_{max} 和最小值 a_{min} 之间的差距变大了，导致根据门限机制式(3.24)进行判决的时候更容易区分出这两个值来，使得输出的最终结果更容易接近原始信息。但是，当信息幅度 a_i 增加到一定程度时，在一个很短的采样时间间隔 l 内信息的恢复值就很难从最大值 a_{max} 运行到最小值 a_{min} 了，同样阻碍了接收端对信息的准确恢复。因此随着信息幅度的缓慢提升，误码率先降低，之后又升高了。图 3.13(d)描绘的是 $l=0.01$ 时误码率与信息幅度 a_i 大小之间的变化规律，与上述理论分析保持一致。

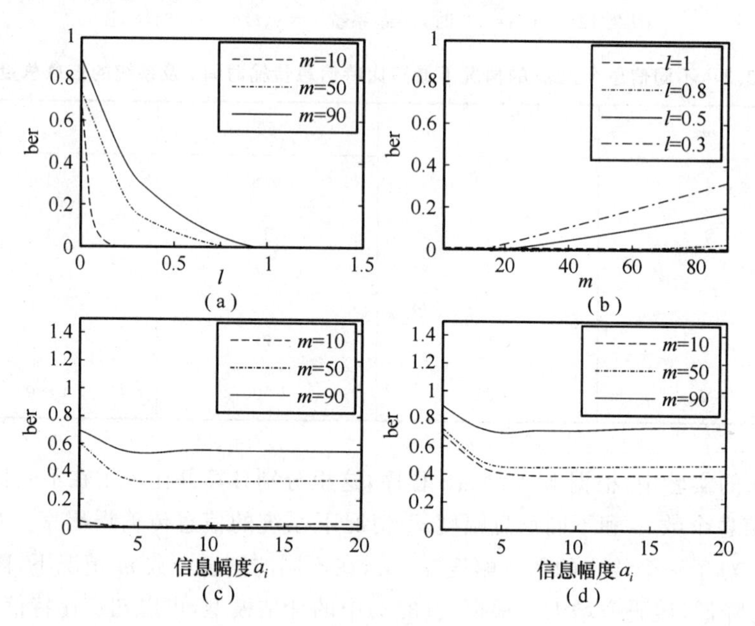

图 3.13　不同比特信息长度 l、不同信息数量 m 和不同信息幅度 a_i 情况下的误码率变化曲线

除了上述比较之外，本节还具体地给出了当 $l=0.5$，$m=50$ 时的实验结果，结果表明误码率为 0.07。图 3.14(a)描绘了这个通信模型的同步误差 $e=y(t)-x(t)$；图 3.14(b)描绘了这个通信模型的信息恢复误差 $\bar{a}_i=\hat{a}_i-a_i$，可以发现图中的曲线非常密集，采样时间间隔 $t_j=0.5j$ 内几乎不能通过肉眼直观地判断误差的收敛性。在系统达到稳定状态之后在每次采样时间对曲线进行采样，并通过一个 MATLAB 程序计算出的系统误码率为 0.07。从图 3.14(a)(b)、图 3.11(b)～(f)、图 3.12(b)及图 3.13 中，可以明显地发现当误码率为零和不为零时，同步误差 e 的变化曲线和信息恢复误差 $\bar{a}_i$ 的变化曲线有着明显的区别。

如果考虑系统中每个 a_i 中都调制了任意长度的文本信息，提出的通信模型通过一个标量混沌信号就可以同时传输 m 个最大值的信息。这个模型的提出相比于传统的混沌通信模型极大地提高了系统所能携带的信息总量，同时降低了系统的维度。接下来，本节会通过另一个加载了文本信息的实例来进一步验证这个模型的可行性。

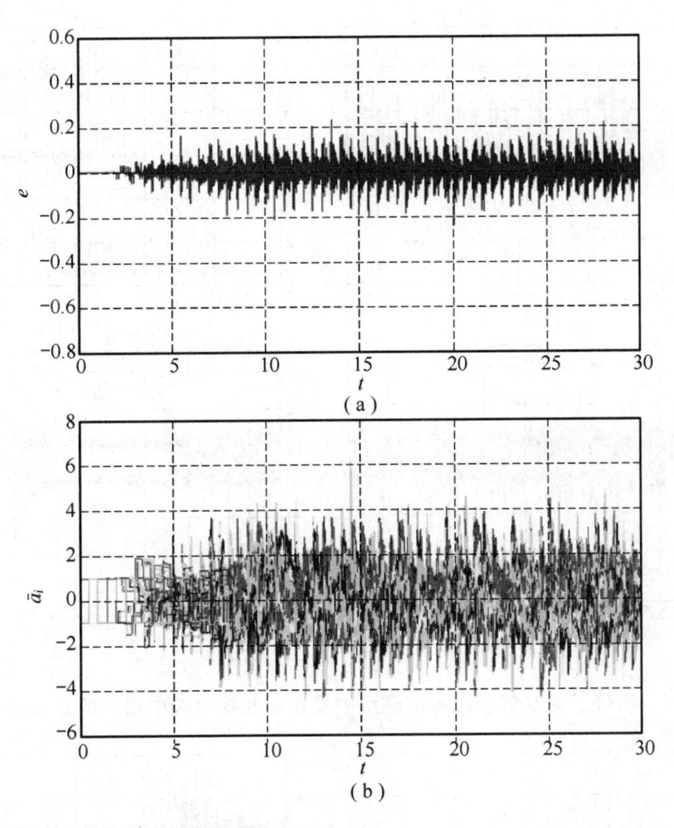

图 3.14　当 $l=0.5$，$m=50$ 情况下，(a)同步误差 e 的曲线(b)信息恢复误差 $\bar{a}_i$ 的曲线

在接下来的例子中考虑系统的信息个数 $m=90$，使用同式(3.25)中相同的系统作为发送端的驱动系统和接收端的响应系统来传递一个文本文件。这个文本文件的内容取自莎士比亚的经典名著《哈姆雷特》：

"To be, or not to be that is the question… lose the name of action."

首先把这段文字进行分块，分成 m 块。然后把每个单词或标点都转换成二进制序列加载在系统参数 a_i 中。仿真的具体过程和结果如图 3.15 所示。

图 3.15(a)描绘了信道中传输的一维混沌序列 $x(t)$。图 3.15(b)(c)描绘了系统中加载的原始文本信息和在接收端恢复出来的结果。图 3.15(d)则描绘了每比特信息时间长度内接收端恢复出的信息的轨迹。从图 3.15 中可以直观地发现恢复信息和原始信息变化趋势保持一致。接着通过程序在采样时间对接收端恢复的信息曲线进行采样，通过门限机制进行判决，再将所得到的二进制序列转换为 ASCII 码。最终结果表明，接收端能够完全准确地恢复出最初在系统中加载的文本文件信息。

在以上的实验中还未考虑实际信道中存在的各种因素对于本章提出通信模型的影响，接下来考虑噪声对这个模型的影响。在驱动系统中加入噪声使其变为

$$\dot{x}=-700x+\frac{50\,000x(t-\tau)}{1+x^{30}(t-\tau)}+\sum_{i=1}^{m}a_i x(t-\tau_i)+\eta(t),(i=1,2,\cdots,90),\quad(3.27)$$

其中，$\eta(t)$是增益为$[-5,5]$的有界白噪声。具体的仿真过程和结果如图 3.16 所示，其中图(a)为噪声信号 $\eta(t)$的轨迹，图(b)为噪声下传输信号 $x(t)$的轨迹，图(c)为噪声下接收端恢复出的信息$\hat{a}_i$ 的轨迹($i=1,2,\cdots,90$)，图(d)为原始信息 a_1 和其恢复值$\hat{a}_1$ 的轨迹。

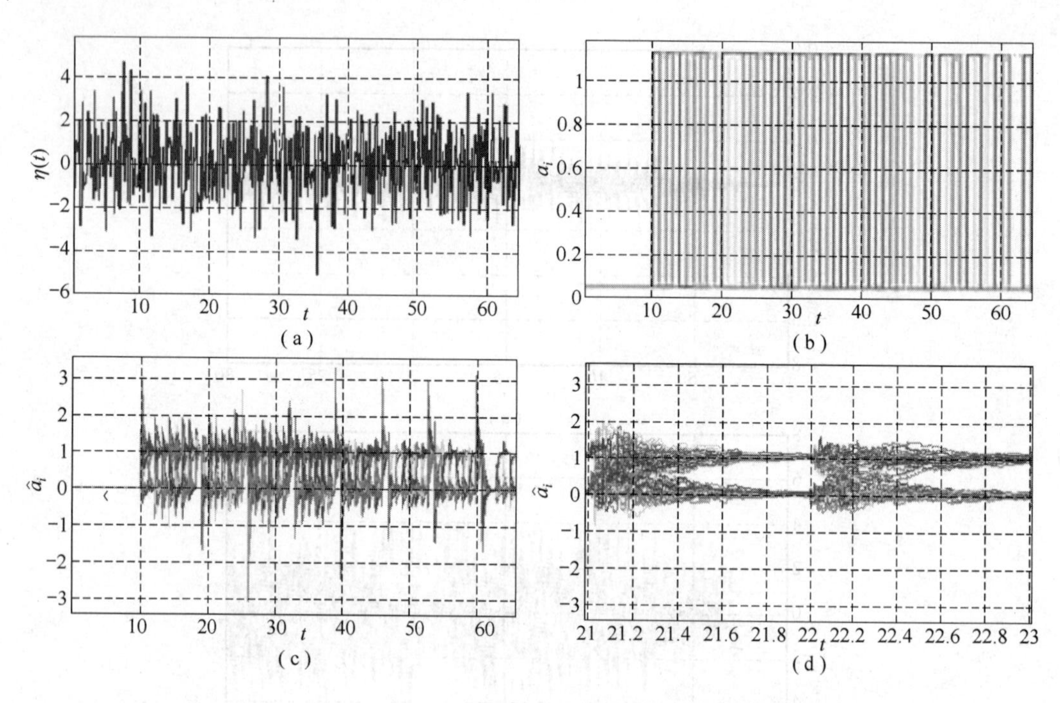

图 3.15　携带了文本信息的通信模型中发送端和接收端中相应的系统演变过程

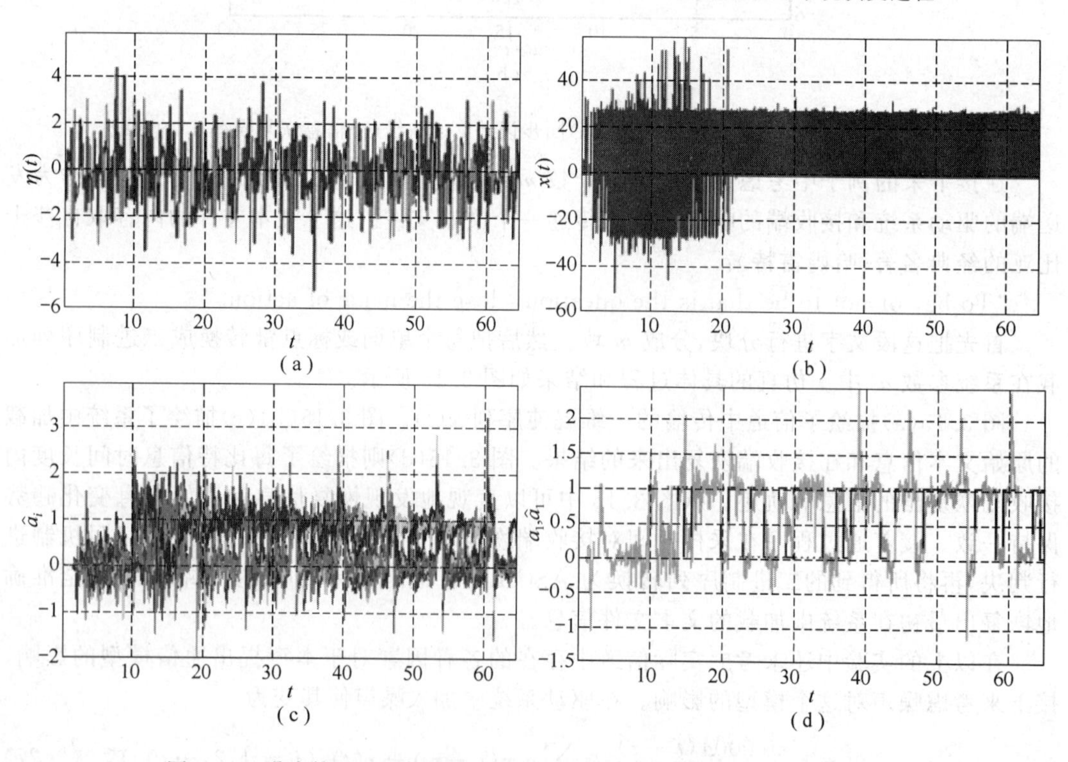

图 3.16　噪声情况下通信模型中发送端和接收端中相应的系统演变过程

从图 3.16 中可以发现，在这种情况下，接收端依然可以准确地恢复出加载在系统中的原始信息。换句话说，这个系统对于这种幅度的噪声有很好的抗噪性能。当噪声幅度超过这个范围的时候，接收端对信息的恢复精度可能会有一定影响。

4. 基于沃尔什函数的码分多址混沌保密通信模型

如果考虑继续增加系统的信息数目,这里可以引入通信领域中的码分多址技术。码分多址技术是通过将不同用户传输的信息信号映射成为一个正交的或准正交的码序列集合实现多个信息并行传输的技术。在发送端,将信息映射为码序列,在接收端,则要根据码序列的正交性或准正交性进行逆映射操作恢复出原始信息。

码分多址技术的关键在找到具有良好正交性的码序列集合,设计出相应的方法实现原始信息到这个码序列的映射,并且在接收端能够准确地恢复出原始信号。码分多址方法中常用的码序列集有 Walsh 序列、m 序列、Gold 序列等。这里将采用 Walsh 序列,在发送端将原始信息与 Walsh 序列进行正交调制,将不同的多路信息调制为一路信息,再将这一路信息加载在发射系统的参数中,在接收端首先通过自适应参数辨识的方法将系统参数恢复出来,再通过 Walsh 逆映射将原始的多路信息解调出来。

沃尔什(Walsh)函数:定义 K 阶沃尔什函数为满足如下几个性质的函数集合$\{W_k(t);t\in(0,T),k=1,2,\cdots,K\}$。

(1) $W_k(t)$仅在±1中取值;

(2) 对于任意 k 值,$W_k(0)=1$;

(3) 在码元周期$(0,T)$内,$W_k(t)$有 k 次从$+1$到-1的符号变换;

(4) 在码元周期$(0,T)$内的点,$W_k(t)$要么是奇函数要么是偶函数;

(5) $\int_0^T W_j(t)W_k(t)\mathrm{d}t=\begin{cases}0, & j\neq k\\1, & j=k\end{cases}$,这里令码元周期 $T=1$。

以上性质表明沃尔什函数是一种非正弦型的正交完备函数系。沃尔什函数有多种不同的定义方式和编号方式。例如,可以用哈达马(Hadamard)矩阵来生成沃尔什函数。哈达马矩阵是一个方阵,它的每个元素的取值为$+1$或-1,矩阵中各行(或各列)之间是正交的。哈达马矩阵的各行(或各列)构成的序列对应着沃尔什函数集合中的序列。这里给出由哈达马矩阵构成的4阶沃尔什函数,如图3.17所示。

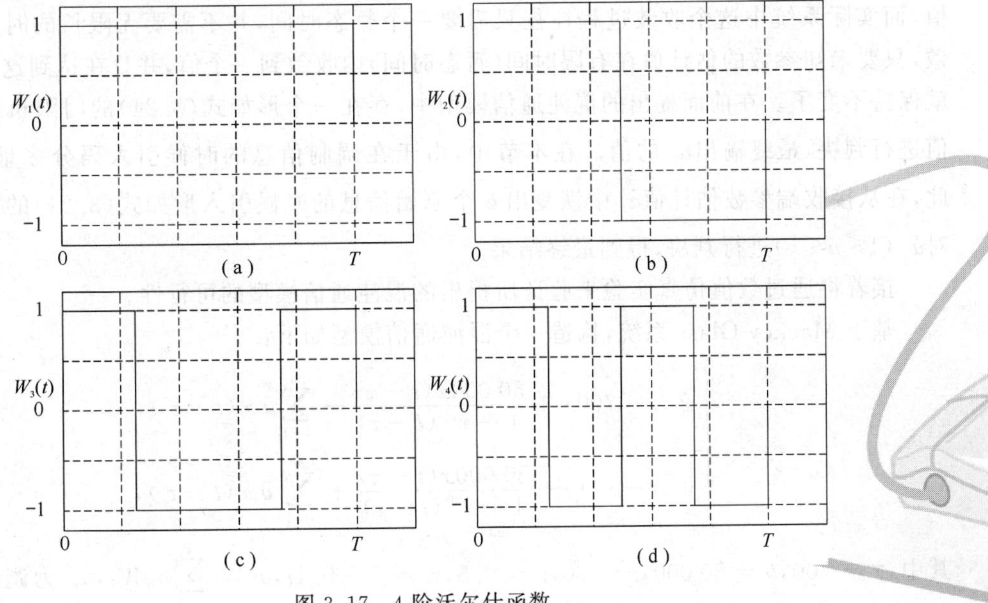

图3.17　4阶沃尔什函数

从图 3.17 中很容易发现，该函数满足沃尔什函数定义中的所有条件，是一组正交函数集。沃尔什函数集的互相关性能良好，充分地保证了码分信道的正交化程度，并且函数集中可用序列数目非常多，以满足多信息量的需求。

本部分在前面提出的混沌通信模型基础上，融入码分多址技术，使系统携带的信息数目进一步增加。考虑形如式(3.7)的系统作为发送端的驱动系统，其中 $x(t)$ 是系统状态向量，b、c 是常数系数，τ、τ_i 表示时延，f 是一个非线性函数，定义都与式(3.7)相同。本章选用 k 阶沃尔什函数作为正交基，因此唯一不同的是，系统中未知参数表示为 $a_i(t)=\sum_{j=1}^{k}a_{ij}W_j(t)(j=1,2,\cdots,k)$，其中 W_j 为 k 阶沃尔什函数集合中的第 j 个函数，a_{ij} 为需要传输的第 j 个原始信息，$(j-1)T\leqslant t\leqslant jT$，这里令码元周期 $T=1$，这样每个系统参数 a_i 中就调制了 k 个原始信息，这个系统所携带的信息数目由原来的 m 个提高到 $m\times k$ 个。

同样应用式(3.9)中描述的系统作为接收端的响应系统，以及相应的控制器和自适应准则，具体的通信过程如本节第 2 部分所述。通过码分多址技术调制在系统参数中的多路信息并不影响这个通信过程，因此这里同样通过构造李雅普诺夫函数判断系统的同步误差，再采用和本节第 2 部分相同的参数辨识方法判断系统是否满足类似线性无关、持续激励或格拉姆满秩的条件，从而得到对系统未知参数的估计值 $\hat{a}_i=a_i$ 的结论。接下来需要利用沃尔什函数的正交性通过逆映射的方法从 $\hat{a}_i$ 中恢复出来原始调制的 k 个信息。例如，如果想从 $\hat{a}_i$ 中恢复出来其中第 $n(1\leqslant n\leqslant k)$ 个信息 $\hat{a}_{in}$，具体的运算如下：

$$
\begin{aligned}
\int_{(j-1)T}^{jT}\hat{a}_iW_n\,\mathrm{d}t &= \int_{(j-1)T}^{jT}\Big(\sum_{j=1}^{k}a_{ij}W_j\Big)W_n\,\mathrm{d}t \\
&= a_{in}\int_{(j-1)T}^{jT}W_n^2\,\mathrm{d}t+\sum_{\substack{j=1\\ j\neq n}}^{k}a_{ij}\int_{(j-1)T}^{jT}W_jW_n\,\mathrm{d}t=\hat{a}_{in}.
\end{aligned}
\tag{3.28}
$$

由此，可以得到一个结合了码分多址技术和自适应参数辨识技术的混沌保密通信模型。

在接收端恢复信息的过程中，理论上未知参数的估计值是随着时间 $t\to\infty$ 逐渐收敛到真值，而实际系统中这个收敛过程往往只需要一个暂态时间，并不需要无限长的时间后才收敛，只要未知参数的估计值在有限时间（暂态时间）内收敛到一个值，并且在达到这个值之后就保持不变了。在前面提出的混沌通信模型中，存在一个形如式(3.24)的门限机制对 $\hat{a}_i$ 的值进行判决，最终输出 $\hat{a}_i$ 的值。在本节中，由于在调制信息的时候引入码分多址技术，因此，在从接收端参数估计值 $\hat{a}_i$ 中恢复出 k 个原始信息的时候引入形如式(3.24)的门限机制对 $\hat{a}_{in}(1\leqslant n\leqslant k)$ 进行判决，得到最终结果。

接着将通过数值仿真实验来验证所提出的混沌通信模型的可行性。

基于 Mackey-Glass 系统，构造一个混沌通信模型如下：

$$
\begin{cases}
\dot{x}=-700x+\dfrac{50\,000x(t-\tau)}{1+x^{30}(t-\tau)}+\sum\limits_{i=1}^{m}a_ix(t-\tau_i), \\
\dot{y}=-700y+\dfrac{50\,000x(t-\tau)}{1+x^{30}(t-\tau)}+\sum\limits_{i=1}^{m}\hat{a}_ix(t-\tau_i),
\end{cases}
\tag{3.29}
$$

其中，$\gamma=700$，$b=50\,000$，$c=30$，$\tau=0.5$，$\tau_i=1+0.1i$，$a_i=\sum_{j=1}^{k}a_{ij}W_j$，$a_{ij}$ 为调制在发送

端系统参数 a_i 中的第 j 个原始信息 a_{ij}，W_j 为 k 阶沃尔什函数集合中的第 j 个函数，$\hat{a}_i$ 是接收端对 a_i 的估计值，自适应准则为 $\dot{\hat{a}}_i=-ex(t-\tau_i)$。时滞 τ_i 是一个非常重要的参数，可以通过调整它的大小和数目来实现携带多个信息传输的目的并且保证在接收端准确地恢复出来。由于这个模型中先采用了码分多址技术，沃尔什函数的正交性首先满足资源划分的正交条件，接着对于不同的 i，时滞 τ_i 彼此不同，即不存在 $\tau_i=\tau_j(i\neq j)$，并且逐渐增大，进一步保证了 $x(t-\tau_i)$ 间的线性无关性，根据计算，可以得到上述系统的格拉姆矩阵满秩，即满足长时间持续激励条件或长时间线性无关条件。

在仿真中，仿真精度同样为 1×10^{-4}，采用16阶的沃尔什函数作为正交基，与原始信息进行调制，也就说每个系统参数中调制了16个原始信息。当 $m=10$ 时相应的仿真过程和结果如图3.18所示。图3.18(a)描述了这个通信模型中发送端发出的一维混沌信号的轨迹；图3.18(b)描述了发送端和接收端之间的同步误差 $e(t)=y(t)-x(t)$ 的变化曲线；图3.18(c)描述了发送端混沌系统中第 i 个未知参数 $a_i=\sum_{j=1}^{16}a_{ij}W_j$，其中 a_{ij} 为需要传输的原始信息，通过16阶沃尔什函数调制在发送系统的参数中；图3.18(d)描述了接收端恢复出的未知参数 $\hat{a}_i$ 的变化曲线；图3.18(e)描述了发送端第 i 参数 a_i 中调制的第 j 个原始信息 a_{ij} 和接收端恢复出来的 $\hat{a}_i$ 中解调出来的原始信息 $\hat{a}_{ij}$ 的曲线，其中 $\hat{a}_{ij}$ 根据式(4.28)的步骤解调出来，根据一个MATLAB程序对门限机制的判决，可以得到 $\hat{a}_{ij}$ 与 a_{ij} 一致的结果。

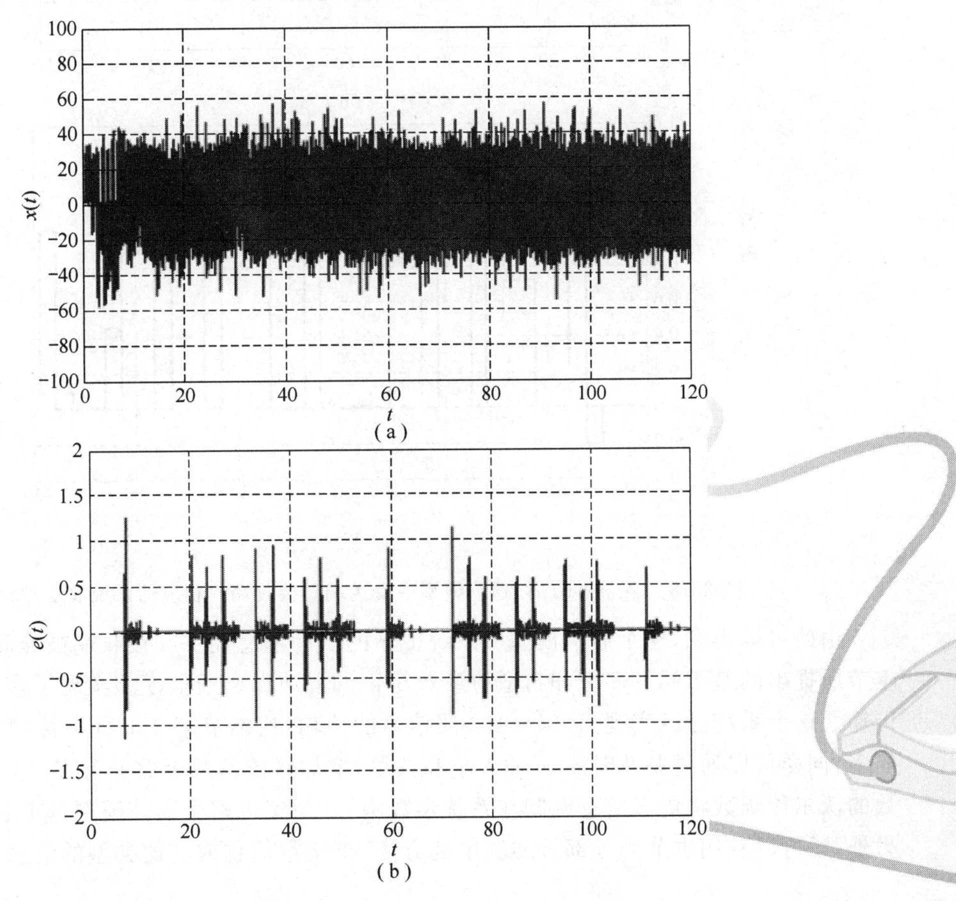

(a)

(b)

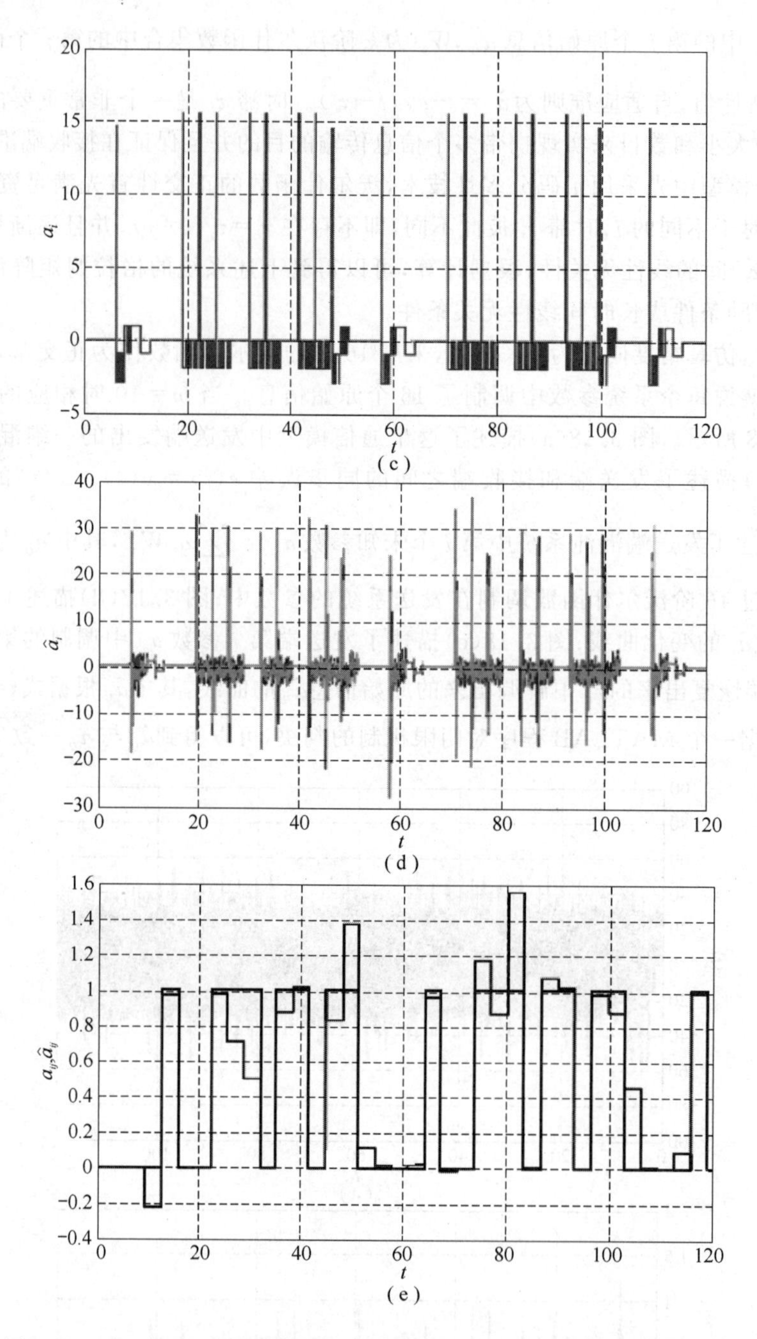

图 3.18　当 $m=10$ 时，通信模型中发送端和接收端中相应的系统演变过程

由此可以得到，这个通信模型中系统传输的所有信息能够在接收端被准确地恢复出来，本节所提出的基于码分多址和自适应参数辨识的混沌保密通信模型实现了多路信息准确的传输。这个系统已经实现 $m\times k=160$ 路信息的传输，比本节第 3 部分中传输的信息数目还要多，同样可以通过调节时滞 τ_i 的大小和数目，增加系统参数个数 m 的值，或者采用更高阶数的沃尔什函数将更多信息调制在系统参数中，从而实现整个通信模型携带更多的信息量。另外，还可以利用本节第 3 部分实验中的方法，将文本信息或其他类型的信息转换成二进制

序列，先通过码分多址技术进行调制，再通过本节第 2 部分提出的模型进行传输，实现多路文本信息的传输。

根据本节第 2 部分和第 3 部分的分析，可以得到提出的混沌通信系统比传统的任何一种混沌通信系统所能携带的信息数目都要多，而本节结合了码分多址技术，系统传输的信息数目进一步增加。

5. 安全性分析

接下来将对所提出混沌保密通信模型的安全性进行简要分析。

混沌保密通信方案中主要分为基于混沌同步的保密通信模型和利用混沌构造密码的混沌密码系统，前者属于信道加密，而混沌密码学则属于信源加密。本章提出的基于自适应参数辨识的保密通信方案属于基于混沌同步的保密通信，因此属于信道加密的范畴，它对信息的处理属于一种动态加密的方法，不同于利用混沌构造密码的混沌密码系统，关于它的安全性分析目前国际上还没有相关的较为严谨的理论证明。这里仅对其安全性做定性地分析。它的安全性依赖于混沌系统对参数和初始状态的高度敏感性以及混沌信号的类噪声形态。混沌信号由系统方程、参数和初始条件这三个因素共同决定，同一个系统在不同参数和初始条件下能够产生数量众多的非相关的混沌序列。因此攻击者在未知系统参数的情况下，无法从截获的混沌信号中破译系统方程并解调密文信息。如果攻击者同样采用参数估计的方法对系统参数进行估计，针对式(3.7)中的系统，可以采用系统中的时滞作为密钥。攻击者需要准确掌握每个时滞 τ_i 的值，才能实现对系统每个参数的准确估计。在仿真实验中，系统中不同时滞的个数最多达到 90 个，时滞的精度可以达到10^{-4}，密钥空间就可以达到$10^{90\times4}$，将给攻击者的参数估计和系统破译带来巨大的困难。因此，所提出的带有多个时滞的混沌保密通信系统能够抵抗参数估计方法的攻击，具有一定的安全性。

6. 在激光混沌领域的潜在应用分析

众所周知，混沌激光通信在最近几年迅猛地发展起来。现有的混沌激光通信模型中大多采用传统的混沌保密通信技术加载信息，例如混沌掩盖的方法，而混沌掩盖的方法只能携带很小的信息并且安全性不高，存在一定缺陷。比较本章提出的两种混沌保密通信模型和混沌掩盖模型所能携带的信息量，不难发现传统混沌掩盖模型只能携带一路信息，即 $m=1$，而本节第 2 部分和第 4 部分所提出的模型实验中最大可承载的信息路数接近 95 和 160。因此，在保持其他因素不变的情况下，单位时间内本文所提出模型传递的信息量是传统混沌掩盖模型传递信息量的 m 倍。从这个角度来看，可以把单位时间信息传输量转换为传输速率，信息总量增加 m 倍，那么传输速率也相应地增加了。这里只是在不考虑实际信道的有限带宽和噪声对信息传输总量和传输速率的影响，定性地给出了所提出模型与混沌激光通信模型中的信息总量的比较。

接着从真实信道的角度出发，依据香农的信道容量公式，具体地分析信号功率与信息传输速率之间的关系。在实验中，根据第 2 部分提出的混沌通信模型，依照式(3.30)计算信道中所传输的混沌信号 $x(t)$在 $m=1,10,50,90,160$ 时的功率：

$$P=\lim_{T\to\infty}\frac{1}{T}\int_{-\infty}^{\infty}x\,(t)^2\,\mathrm{d}t. \tag{3.30}$$

计算的结果表明在实验中其他因素都不变的情况下，混沌信号的功率 $P_{m=1}<P_{m=10}<P_{m=50}<P_{m=90}<P_{m=160}$。

香农信道容量公式是如下定义的

$$C=H\log_2\left(1+\frac{P}{N_\circ H}\right), \tag{3.31}$$

它表明了每单位时间的信道容量，是信道中信息的最大传输速率的度量。在这里用它来描述对于一个给定带宽和存在噪声的实际通信信道中信息所能传输的最大速率。对于给定的带宽 H 和噪声功率 $N_\circ$，随着传输信息信号功率 P 的增长，信息传输速率 C 也随之增长。但是当信号功率 P 无限增长时，信息传输速率 C 增长的速度也在减小，即当 $P\to\infty$时，$\frac{dC}{dP}\to 0$。除此之外，基于式(3.31)，信噪比表示为$\frac{P}{N_\circ H}$，对于给定的带宽 H 和噪声功率 $N_\circ$，信噪比也随着信号功率 P 的增长而增长。因此可以得到当其他因素不变的情况下，$C_{m=1}<C_{m=10}<C_{m=50}<C_{m=90}<C_{m=160}$。

根据上述分析，如果用所提出的通信模型来替换传统混沌激光通信模型中所采用的混沌掩盖模型，系统所能携带的信息总量会大大提升，从而提高整体模型的效率。2005 年在希腊商业光纤信道中实现的混沌保密通信模型中当时采用的就是混沌掩盖的方法进行信息调制，而实际传输速率已达到 1 Gbit/s。由于在相同实验条件下传输速率 $C_{m=1}<C_{m=160}$，试想一下，如果混沌激光通信模型中采用了本文所提出的信息加载模型，那么整体的传输速率将进一步大幅度地提高。在未来的工作中，将就这一问题展开进一步的讨论和研究。

7. 小结

探索了混沌保密通信模型所能携带的最大信息数目的问题。设计了一个带有多个时滞的混沌系统，将原始信息调制在系统参数中，在接收端采用自适应参数辨识的方法对信息进行恢复。接着将上述混沌通信模型与码分多址技术相结合，将多个原始信息先通过沃尔什函数构成的正交基调制在发送端混沌系统中的每个参数内，再通过上述系统进行传输，进一步地增加了单一混沌信号中携带的信息量。最后讨论了上述通信模型在混沌激光通信领域中的潜在应用价值。

3.2.4 混沌密码存在的问题

虽然经过了多年的研究，当前混沌密码理论仍然存在着诸多尚未解决的问题，如高度的非线性使得混沌系统很难具有合适的数学结构。对数学结构的过分依赖也可能造成对算法安全性的威胁，因为数学结构也会被密码分析人员所利用进行密码分析和攻击。总的来说，存在如下三个方面的问题。

(1) 域-域转换性能退化

混沌系统定义在实数域上，密码系统定义在有限域上。当混沌系统由实数域转换为有限域时，系统的某些特性发生退化。混沌映射在域-域转换后表现出短周期等退化行为，使得基于数字混沌的密码系统存在安全隐患；混沌保密通信领域权威 Kocarev 教授指出："连续混沌在数字世界会发生坍塌，即当连续混沌在计算机上实现时，诸如非周期、初值敏感性等混沌行为都会失效。"因此，需要研究有限域上关于混沌系统初值敏感性和周期分析的数学工具，提出一些有效的解决方法。

(2) 混沌源指标待完备

研究表明，具有大量正的 Lyapunov 指数的超混沌系统在多个方向上表现出良好的混淆和扩散特性。然而,目前的研究还没有明确正的 Lyapunov 指数的个数和安全性之间的关系(如 9 个正的 Lyapunov 指数的系统一定比 8 个的安全吗)。另外,混沌源的频谱特征也是判断其随机性的一个重要指标,然而其在混淆和扩散方面的分析没有引起足够的重视。众所周知,白噪声是最好的密码源,其功率谱是平谱(常数)。然而,混沌的功率谱是连续衰减的,其衰减的强度与混淆和扩散程度之间关系并不清楚,也就是混沌功率谱接近平谱的程度与安全性的关系尚不明确。所以,综合考虑 Lyapunov 指数,功率谱以及经典伪随机数发生器评价指标来判断混沌源的安全特性是一个重要的科学问题。

(3) 安全评价缺乏标准

传统对称流密码要求密钥量足够大、周期足够大、良好的统计特性以及好的线性复杂度稳定性。Kocarev 等曾给出了选择合适的混沌映射来构建对称密码算法的必要条件,即混合特性、敏感性以及具有大的参数集。那么,混沌对称密码体制的安全层级与混沌的一些指标(如 Lyapunov 指数和 Kolmogorov 熵)存在何种关系?进一步,如何建立一套完整的混沌对称密码安全评价标准?一般可用的公钥密码方案的安全性是基于一些数学上的困难问题,采用可证明安全性的方法,在标准模型下(或随机谕示模型下)能够达到选择明文安全或选择密文安全。在混沌公钥密码方面,利用混沌来构造公钥密码系统的研究还相对较少,缺乏安全性证明理论。因此,研究混沌公钥系统的评价标准对于公钥密码的构建与发展具有十分重要的意义。

3.3 量子密码

近年来,随着量子信息技术的快速发展,传统经典密码的安全性受到了一次又一次的冲击。与传统经典密码基于困难数学问题的难解性不同,量子密码的安全体制主要依赖于量子力学的物理特性,即量子态的叠加性,测不准原理和不可克隆定理。因此,量子密码在满足经典密码计算安全的同时,还实现了物理安全,即理论上的无条件安全。

量子密码的发展可以从两个方面来介绍,量子保密通信和量子计算。1984 年,首个量子密钥分发(QKD)方案问世,由于它实现了一次一密解决了经典信息论中数据传输的完全保密问题,从而受到了众多科学家的关注并取得了飞速的发展。在理论上,基于量子态的纠缠性设计了量子密码体系特有的量子隐形传态方案,同时实现了与经典密码学相对应的量子身份认证、量子信息隐藏、量子秘密共享等保密通信方案。在实验上,量子保密通信技术特别是量子密钥分发技术的实现一直是国内外学者的重点研究课题,而我国在量子保密通信技术的实现上也已经取得了重大的突破。特别是,2016 年 8 月 16 日以潘建伟院士为首席科学家的世界首颗量子科学实验卫星“墨子号”成功发射,也标志着我国量子保密通信技术的研究进入新的阶段。在量子计算方面,Shor 在 1994 年证明了量子计算机可以在多项式时间内利用量子并行算法解决大整数因数分解问题,从而对传统的 RSA 公钥密码系统的安全性带来了挑战。1996 年 Grover 提出的量子搜索算法又解决了经典密码中的离散对数问题。因此,一旦量子计算机研制成功,目前许多的密码系统将无法抵抗量子攻击。作为一种新型的密码技术,量子密码的研究和应用必将促进密码学的发展和完善。

3.3.1 量子比特及其属性

比特(bit)是香农信息理论中的基本概念之一,最初作为经典信息的度量单位。相应的,量子比特是量子信息和量子计算中的基本概念,并用于量子系统的描述。一个经典比特只能处于一个状态,要么为0要么为1。类似地,一个量子比特也有两种可能状态$|0\rangle$和$|1\rangle$。其中,"$|*\rangle$"为Dirac符号,是量子态的标准符号,称为右矢,它的共轭转置"$\langle *|$"称为左矢。与经典比特不同,量子比特还可以处于二者之间的状态,即叠加态,记为

$$|\psi\rangle=\alpha|0\rangle+\beta|1\rangle, \tag{3.32}$$

其中,α,β为复数,满足$|\alpha|^2+|\beta|^2=1$。

1. 数学性质

量子比特也可以用图形表示,式(3.32)可以改写为

$$|\psi\rangle=\mathrm{e}^{-i\gamma}\left(\cos\frac{\theta}{2}\bigg|0\rangle+\mathrm{e}^{i\varphi}\sin\frac{\theta}{2}\bigg|1\rangle\right), \tag{3.33}$$

其中,γ,φ,θ均为实数,并且$0\leqslant\theta\leqslant\pi$,$0\leqslant\varphi\leqslant 2\pi$。由于相位因子不具任何可观测效应,因此式(3.33)可简写为

$$|\psi\rangle=\cos\frac{\theta}{2}\bigg|0\rangle+\mathrm{e}^{i\varphi}\sin\frac{\theta}{2}\bigg|1\rangle. \tag{3.34}$$

可以验证,式(3.34)中的参数θ,φ定义了三维单元球面上的一个点,这个三维单元球面称为Bloch球,如图3.19所示。由图3.19可知,球面上的每个点代表二维Hilbert空间中的一个矢量,即一个基本量子比特。

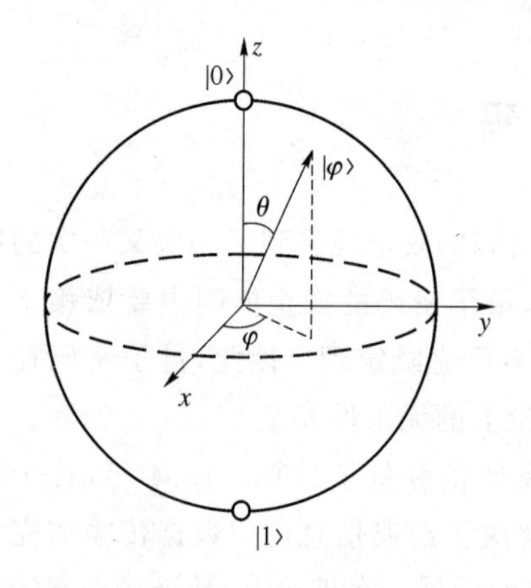

图 3.19 量子比特的Bloch球表示

Bloch球位量子比特的数学意义提供了一个可视化的解释:量子比特的基矢是球的两极,而任意量子比特是Bloch球上的一个几何点,该几何点与z轴间的夹角为θ,而该几何点在xy平面上的投影与x轴间的夹角为φ。图3.19中画出了几个特殊的量子比特对应的几何点,容易算出这些几何点(量子比特)所对应的参数θ和φ的值。如$\theta=0°$时,$|\psi\rangle=|0\rangle$位于球面顶部;$\theta=90°$时,$|\psi\rangle=|1\rangle$位于球面底部。Bloch球在量子计算中起着重要的作用,常常作为测试量子通信和量子计算新思想的一个有效工具。然而,由于Bloch球只能提供三维可视化方法,因此它只能用来描述基本单量子比特,对复合量子比特和高维量子系统的描述显得无能为力。

将$|0\rangle$和$|1\rangle$作为二维Hilbert空间的基矢,量子比特还可以用向量表示,即$|0\rangle=\begin{pmatrix}1\\0\end{pmatrix}$,$|1\rangle=\begin{pmatrix}0\\1\end{pmatrix}$,$|\psi\rangle=\begin{pmatrix}\alpha\\\beta\end{pmatrix}$。若选取不同的基矢,则同一个量子比特就会有不同的表示形式。例如,选取$|+\rangle=\frac{1}{\sqrt{2}}(|0\rangle+|1\rangle)$和$|-\rangle=\frac{1}{\sqrt{2}}(|0\rangle-|1\rangle)$作为二维Hilbert空间的一组基矢,量

子比特$|\psi\rangle$可以表示为

$$|\psi\rangle=\frac{1}{\sqrt{2}}(\alpha+\beta)|+\rangle+\frac{1}{\sqrt{2}}(\alpha-\beta)|-\rangle. \tag{3.35}$$

复合量子比特是指由n个量子复合而成的量子比特，量子态的复合可以用张量积来表示。以$|00\rangle=|0\rangle\otimes|0\rangle$为例，它的矩阵表示如下：

$$|00\rangle=\begin{pmatrix}1\\0\end{pmatrix}\otimes\begin{pmatrix}1\\0\end{pmatrix}=\begin{pmatrix}1\otimes\begin{pmatrix}1\\0\end{pmatrix}\\0\otimes\begin{pmatrix}1\\0\end{pmatrix}\end{pmatrix}=\begin{pmatrix}1\times1\\1\times0\\0\times1\\0\times0\end{pmatrix}=\begin{pmatrix}1\\0\\0\\0\end{pmatrix}. \tag{3.36}$$

复合量子比特包含两种情况：纠缠态和直积态。以两粒子为例，若两个粒子的状态可分，则为直积态，如：

$$|\psi\rangle=\alpha|00\rangle+\beta|01\rangle=|0\rangle\otimes(\alpha|0\rangle+\beta|1\rangle). \tag{3.37}$$

若两个粒子的状态不可分，则这种状态称为纠缠态，如：

$$|\psi\rangle=\alpha|10\rangle+\beta|01\rangle. \tag{3.38}$$

由于多粒子量子纠缠态的描述和表示较为复杂，本书仅列举量子密码中典型的二粒子和三粒子纠缠态。其中，四个 Bell 态是最为典型和重要的二粒子纠缠态：

$$|\psi^+\rangle=\frac{1}{\sqrt{2}}(|0\rangle_1|1\rangle_2+|1\rangle_1|0\rangle_2), \tag{3.39}$$

$$|\psi^-\rangle=\frac{1}{\sqrt{2}}(|0\rangle_1|1\rangle_2-|1\rangle_1|0\rangle_2), \tag{3.40}$$

$$|\varphi^+\rangle=\frac{1}{\sqrt{2}}(|0\rangle_1|0\rangle_2+|1\rangle_1|1\rangle_2), \tag{3.41}$$

$$|\varphi^-\rangle=\frac{1}{\sqrt{2}}(|0\rangle_1|0\rangle_2-|1\rangle_1|1\rangle_2). \tag{3.42}$$

容易验证，它们构成一组正交基，其中$|\psi^-\rangle$为单重态，其他为三重态。三粒子纠缠态中较为典型的是 Green-Horne-Zeilinger(GHZ)三重态，它有多种可能态，常表示为

$$|\psi\rangle=\frac{1}{\sqrt{2}}(|000\rangle+|111\rangle). \tag{3.43}$$

此外，与经典通信中的多进制编码的字符相对应，量子通信中也存在多进制量子比特，常称为高阶量子比特。例如，n阶单量子比特可以表示为

$$|\psi^n\rangle=\alpha_0|0\rangle+\alpha_1|1\rangle+\cdots+\alpha_n|n-1\rangle, \tag{3.44}$$

其中，$|\alpha_1|^2+|\alpha_2|^2+\cdots+|\alpha_n|^2=1$。一个三进制量子比特可表示为

$$|\psi^3\rangle=\alpha_1|0\rangle+\alpha_2|1\rangle+\alpha_3|2\rangle. \tag{3.45}$$

类似地，可以定义高阶复合量子系统，本书中不再介绍。

2. 物理性质

量子的物理特性包括量子态叠加原理、测不准原理和不可克隆定理，而这些物理特性都是基于量子力学的三个基本假设才能成立的。因此，在介绍量子的物理性质之前，首先介绍量子力学的三个基本假设。

假设1 量子力学系统的态由 Hilbert 空间的矢量完全描述。

假设 2　一个封闭量子系统的演化可以由一个幺正变换来刻画。

假设 3　量子系统的可观测量可以用一组线性 Hermite 算子(测量算子)完全描述。

(1)量子态叠加原理

根据前面的介绍,通常把量子态对应于 Hilbert 空间的向量称为态矢量,而由量子态张成的空间叫作态矢空间。量子态的叠加原理在量子密码中具有非常重要的作用,量子并行计算以及量子态的相关性等都依赖于量子态叠加原理。具体描述如下:

态叠加原理:设$|\psi_1\rangle$和$|\psi_2\rangle$是量子力学系统中的任意两个量子态,则它们的线性组合也是系统中的一个可能态,构成线性叠加态$|\psi\rangle=\alpha_1|\psi_1\rangle+\alpha_2|\psi_2\rangle$,其中$\alpha_1$和$\alpha_2$为任意复数。

以$\{|0\rangle,|1\rangle\}$基张成的量子系统为例,量子系统既可能处在$|0\rangle$态,也可能处在$|1\rangle$态,或者其叠加态$|\psi\rangle=\alpha|0\rangle+\beta|1\rangle$,观测到的结果有测量算子决定,以概率$|\alpha|^2$处于状态$|0\rangle$,以概率$|\beta|^2$处于状态$|1\rangle$。例如,设用水平偏振的光子代表$|0\rangle$,垂直方向偏振的光子代表$|1\rangle$,对于量子态$|\psi\rangle$,若用沿水平方向的偏振片测量该光子的状态,测量的结果可能是光子通过偏振片,也可能是光子不通过偏振片,二者概率均为50%。但是$|\psi\rangle$经测量后只可能有一个测量结果,即光子要么通过,要么不通过。同样,纠缠比特也具有量子叠加性,要获得最终结果,同样需要测量。

(2) 量子测不准性

不同于经典物理,测量行为也是量子力学不可分割的一部分,因此,利用一个光子的量子性质来编码信息使得任何的窃听都会被察觉。这就是著名的海森堡测不准原理。

这个原理在于量子的密码系统能在检测窃听起到很重要的作用。对任何物体的一些成对的性质,如质量与动量,有

$$\left\langle\langle\Delta A^2\rangle\right\rangle\left\langle\langle\Delta B^2\rangle\right\rangle\geqslant\frac{1}{4}\left\|\langle[A,B]\rangle\right\|^2, \tag{3.46}$$

其中,$\Delta A=A-\langle A\rangle$,$\Delta B=B-\langle B\rangle$,$[A,B]=AB-BA$。

根据这个原理,不可能同时精密测定两个任何物体的一些成对的性质,因为不能把一个光子分成两半来测量它的值。因此,在量子密码中,任何人试图测量分发者发送给参与者的光子态都可以被检测到。

(3) 不可克隆性

不克隆定理可以看作是测不准原理的一个推论。Wootters 和 Zurek 已证明在量子世界,一个未知的量子态不能被完全复制。

一个理想机器工作如下:

$$\varphi\otimes|b\rangle\otimes|0\rangle\rightarrow\varphi\otimes\varphi\otimes|f_\varphi\rangle, \tag{3.47}$$

其中,$|f_\varphi\rangle$表示攻击者的机器依赖于φ的最终态。相应的用式(3.48)、式(3.49)表示:

$$|\uparrow,b,0\rangle\rightarrow|\uparrow,\uparrow,f_\uparrow\rangle, \tag{3.48}$$

$$|\downarrow,b,0\rangle\rightarrow|\downarrow,\downarrow,f_\downarrow\rangle. \tag{3.49}$$

依据量子动力学的线性性质可得:

$$|\rightarrow b,0\rangle=\frac{1}{\sqrt{2}}(|\uparrow\rangle+|\downarrow\rangle)\otimes|b,0\rangle, \tag{3.50}$$

$$\rightarrow\frac{1}{\sqrt{2}}(|\uparrow,\uparrow,f_\uparrow\rangle+|\downarrow,\downarrow,f_\downarrow\rangle). \tag{3.51}$$

但是不管$|f_{\varphi}\rangle$是什么，这个后者的态与理想机复制的态$|\rightarrow,\rightarrow,f_{\rightarrow}\rangle$都不同。

因为理想的量子复印机不存在，攻击者就不能像在经典密码中那样完全复制一个量子态，这就是为什么经典密码不能检测窃听而量子密码可以检测窃听。从而，量子密码很可能更安全。

下面介绍量子密码中几个重要的量子门，也称量子操作。

(1) 恒等操作

$$I=\begin{pmatrix}1 & 0\\0 & 1\end{pmatrix}, \tag{3.52}$$

恒等操作不改变量子原有的状态，即$I|0\rangle=|0\rangle$，$I|1\rangle=|1\rangle$。

(2) Pauli 算子

X 操作是 Pauli 矩阵的 x 分量，又称为量子非门，记为σ_x。与经典非门相对应，X 操作使量子态翻转，即 $X|0\rangle=|1\rangle$，$X|1\rangle=|0\rangle$，它的矩阵表示为

$$\boldsymbol{X}=\begin{pmatrix}0 & 1\\1 & 0\end{pmatrix}. \tag{3.53}$$

Z 操作是 Pauli 矩阵的 z 分量，记为σ_z。Z 操作使量子比特的相位发生翻转，即 $Z|0\rangle=|0\rangle$，$Z|1\rangle=-|1\rangle$，它的矩阵表示为

$$\boldsymbol{Z}=\begin{pmatrix}1 & 0\\0 & -1\end{pmatrix}. \tag{3.54}$$

Y 操作是 Pauli 矩阵的 y 分量，记为σ_y。它的矩阵表示为

$$\boldsymbol{Y}=\begin{pmatrix}0 & -i\\i & 0\end{pmatrix}. \tag{3.55}$$

容易验证，$i\boldsymbol{Y}=\boldsymbol{ZX}$。由于全局相位可以忽略，$Y$ 操作可以看作 X 操作和 Z 操作和复合。

(3) Hadamard 门

Hadamard 操作简称 H 操作，它可以实现$\{|0\rangle,|1\rangle\}$基和$\{|+\rangle,|-\rangle\}$基之间的变换。它的矩阵表示为

$$\boldsymbol{H}=\frac{1}{\sqrt{2}}\begin{pmatrix}1 & 1\\1 & -1\end{pmatrix}. \tag{3.56}$$

(4) CNOT 门

CNOT 门，即控制非操作，是一个二量子比特门，以第一个粒子为控制位，第二个粒子为目标位。第一个粒子处于$|0\rangle$态时，第二个粒子不发生改变；第一个粒子处于$|1\rangle$态时，第二个粒子发生翻转，即$|00\rangle\xrightarrow{\text{CNOT}}|00\rangle$，$|01\rangle\xrightarrow{\text{CNOT}}|01\rangle$，$|10\rangle\xrightarrow{\text{CNOT}}|11\rangle$，$|11\rangle\xrightarrow{\text{CNOT}}|10\rangle$。它的矩阵表示为

$$\text{CNOT}=\begin{pmatrix}1 & 0 & 0 & 0\\0 & 1 & 0 & 0\\0 & 0 & 0 & 1\\0 & 0 & 1 & 0\end{pmatrix}. \tag{3.57}$$

3. 量子测量

根据假设，量子测量可以用一个测量算子集合$\{M_m\}$来表示，它作用于量子系统的

Hilbert空间上，其中 m 表示可能得到的测量结果。设量子系统在测量前处于状态 $|\psi\rangle$，则测量后得到 m 的概率为

$$p(m)=\langle\psi|M_m^+M_m|\psi\rangle. \tag{3.58}$$

测量后的系统变为

$$\frac{M_m|\psi\rangle}{\sqrt{\langle\psi|M_m^+M_m|\psi\rangle}}. \tag{3.59}$$

由于测量算子满足完备性公式 $\sum_m M_m^+M_m=I$，因此所有测量结果的概率之和为1，即 $\sum_m p(m)=\sum_m\langle\psi|M_m^+M_m|\psi\rangle=1$。

量子密码协议通常是基于量子测量来实现的，包括信息的传输、窃听检测以及信息恢复等都可能用到量子测量。本书重点介绍两类常用的量子测量方式，投影测量和 POVM 测量。

(1) 投影测量

在投影测量中，测量算子相互正交，满足 Hermite(厄米)性以及完备性。这里称一个算子 P 是厄米的，当它满足 $P=P^+$，$P^2=P$。例如，定义两个测量算子M_0和M_1为

$$M_0=|0\rangle\langle 0|=\begin{pmatrix}1&0\\0&0\end{pmatrix},\ M_1=|1\rangle\langle 1|=\begin{pmatrix}0&0\\0&1\end{pmatrix}. \tag{3.60}$$

简单验证可知它们为投影算子。利用该组测量基对量子态 $|\psi\rangle=\alpha|0\rangle+\beta|1\rangle$进行测量，测量得到$|0\rangle$的概率为

$$p(0)=\langle\psi|M_0^+M_0|\psi\rangle. \tag{3.61}$$

由于$|0\rangle$和$|1\rangle$正交，易知$\langle 0|0\rangle=\langle 1|1\rangle=1$，$\langle 0|1\rangle=\langle 1|0\rangle=0$。于是，可得

$$p(0)=(\alpha^*\langle 0|+\beta^*\langle 1|)|0\rangle\langle 0|(\alpha|0\rangle+\beta|1\rangle)=|\alpha|^2. \tag{3.62}$$

测量后的系统状态为

$$|\psi'\rangle=\frac{M_0|\psi\rangle}{\sqrt{\langle\psi|M_0^+M_0|\psi\rangle}}=\frac{|0\rangle\langle 0|(\alpha^*|0\rangle+\beta^*|1\rangle)}{\sqrt{|\alpha|^2}}=\frac{\alpha}{|\alpha|}|0\rangle. \tag{3.63}$$

类似地，测量得到$|1\rangle$的概率为 $p(1)=|\beta|^2$，测量后系统的状态为$|\psi'\rangle=\frac{\beta}{|\beta|}|1\rangle$。特别地，当待测量的量子态为$|+\rangle$时，测量得到$|0\rangle$和$|1\rangle$的概率均为 1/2。也就是说，量子态$|+\rangle$在测量基$\{|0\rangle\langle 0|,|1\rangle\langle 1|\}$下是不能准确测量的。

由于量子系统可以映射到不同基下的 Hilbert 空间，因此，也可以选择不同的测量基进行测量。例如，定义两个测量算子M_0和M_1为

$$M_0=|+\rangle\langle +|=\frac{1}{2}\begin{pmatrix}1&1\\1&1\end{pmatrix},\ M_1=|-\rangle\langle -|=\frac{1}{2}\begin{pmatrix}1&-1\\-1&1\end{pmatrix}. \tag{3.64}$$

计算可知，在该组测量基下测量量子态$|+\rangle$，测量得到$|+\rangle$态的概率为 1。因此，可以准确测量该量子态而不引起扰动。也就是说，量子态$|+\rangle$在测量基$\{|+\rangle\langle +|,|-\rangle\langle -|\}$下是可观测量。

由于 X 门和 Z 门的特征向量分别为$\{|+\rangle,|-\rangle\}$和$\{|0\rangle,|1\rangle\}$，因此以上两种定义测量基的方式通常也称为 X 基测量和 Z 基测量。

(2) POVM 测量

POVM 测量又称为正定测量，测量算子需满足$E_i\equiv M_i^+M_i$，以及完备性 $\sum_i E_i=I$。它

的特点是每一个测量分量都是正算符，主要用于非正交量子态的区分而设计，在量子密码中有着非常重要的作用。下面举例说明。

Alice 从量子态集合$\{|\psi_1\rangle=|0\rangle,|\psi_2\rangle=\frac{1}{\sqrt{2}}(|0\rangle+|1\rangle)\}$中任选一个量子态发送给 Bob。由于这两个量子态是非正交的，因此 Bob 无法选择合适的投影测量准确判断接收到的量子态是哪一个。但是可以选取 POVM 测量，在特定条件下进行精确区分，测量算子如下：

$$E_1=\frac{\sqrt{2}}{1+\sqrt{2}}|1\rangle\langle 1|, \tag{3.65}$$

$$E_2=\frac{\sqrt{2}}{2(1+\sqrt{2})}(|0\rangle-|1\rangle)(\langle 0|-\langle 1|), \tag{3.66}$$

$$E_3=I-E_1-E_2. \tag{3.67}$$

容易验证，这些测量算子均为正算符，并且满足完备性。下面计算采用 POVM 测量后得到各个结果的概率：

$$p_1(1)=\langle\psi_1|E_1|\psi_1\rangle=0, \tag{3.68}$$

$$p_1(2)=\langle\psi_1|E_2|\psi_1\rangle=\frac{\sqrt{2}}{2(1+\sqrt{2})}, \tag{3.69}$$

$$p_2(1)=\langle\psi_2|E_1|\psi_2\rangle=\frac{\sqrt{2}}{2(1+\sqrt{2})}, \tag{3.70}$$

$$p_2(2)=\langle\psi_2|E_2|\psi_2\rangle=0. \tag{3.71}$$

根据以上计算结果，当 Bob 接收到量子态$|\psi_1\rangle$时，他用E_1进行测量后输出结果的概率为 0。因此，当 Bob 用进行测量后得到结果E_1时，他可以判定收到的量子态为$|\psi_2\rangle$。类似地，如果 Bob 用进行测量后得到结果E_2时，他可以判定收到的量子态为$|\psi_1\rangle$。但是，如果测量得到的结果为E_3，则 Bob 无法确定他接收到的量子态是哪一个，也就是说 POVM 测量仍然会引起扰动错误。由此可知，在一定条件下，POVM 测量可以概率性区分一对非正交向量，相比一般测量仍具有更好的特性。

3.3.2　量子密码经典模型

量子密码协议通常包括四个基本步骤：信息传输、窃听监测、纠错、保密增强。在信息的传输过程中需要用到量子信道和经典信道。通常量子信道用于传输量子载体，如光纤、自由空间等，允许窃听者对传输的量子消息进行任意窃听和篡改。经典信道用于传输经典消息，如测量基、测量结果等，在经典信道中窃听者只能窃听经典消息而不能篡改它们。通常用经典信道传输的信息都是可以公开的。下面介绍两个经典的量子密码协议，量子密钥分发(BB84)协议和量子隐形传态。

1. BB84 协议

BB84 协议是量子密码中的第一个量子密钥分发协议，它由美国 IBM 公司的 Bennett 和加拿大 Montreal 大学的 Brassard 于 1984 年共同提出的。由于该协议采用了单量子比特$\{|0\rangle,|1\rangle,|+\rangle,|-\rangle\}$以量子互补性为基础，协议简单易实现并且具有无条件安全性，因此，受到了国内外学者的广泛关注。具体的协议描述如下：

(1) Alice 随机制备一串量子比特，记为$S=\{S_1,S_2,\cdots,S_n\}$，其中$S_i\in\{|0\rangle,|1\rangle,|+\rangle,$

$|-\rangle\}(i=1,2,\cdots,n)$。

(2) Alice 利用量子信道将量子比特串 S 发送给 Bob，发送过程中任意相邻两个量子比特的时间间隔相同。

(3) Bob 任意选取 $\{|0\rangle,|1\rangle\}$ 基或 $\{|+\rangle,|-\rangle\}$ 基测量所接收到的量子比特串，并记录所选取的测量基和测量结果。

(4) Bob 利用经典信道告知 Alice 他所选取的测量基序列。

(5) Alice 同样利用经典信道告知 Bob 测量基序列中哪些是正确的，哪些是错误的。

(6) Alice 和 Bob 均保存测量基正确的测量结果，将不正确的测量结果丢弃。

(7) Alice 和 Bob 任意选取部分测量结果进行对比，根据出错率判断是否存在攻击，若存在攻击，则协议中止；否则，继续下一步。

(8) Alice 和 Bob 按照约定将量子态进行编码：$|0\rangle\to 0$，$|1\rangle\to 1$，$|+\rangle\to 0$，$|-\rangle\to 1$，得到原密钥。

(9) Alice 和 Bob 通过密钥协商对原密钥进行纠错。

(10) 经保密增强，得到最终密钥。

值得注意的是，在量子通信协议中，利用经典信道传递的信息都是可以被公开的，而不会影响协议的安全性。因为 Bob 是随机选取的测量基，最后得到的测量结果并没有公开，而测量结果又与测量基的选择有关，窃听者无法获取 Bob 手中的信息。在协议的进行中，窃听者 Eve 仅能在第二步传送量子态时进行窃听。由于 Eve 不知道 Alice 发送的量子处于什么状态，因此他有 1/2 的可能选取错误的测量基。Eve 将错误的量子态发送给 Bob，Bob 重新测量后，在编码过程中又有 1/2 的可能出现错误。因此，理论上 Eve 的窃听行为会以 1/4 的概率引起错误。在 Alice 和 Bob 进行对比测量结果时，必然会发现存在窃听，从而中止协议。在该协议中，一方面，由于任何攻击者的测量都会引入错误，从而被合法通信者检测出窃听行为；另一方面，由于所选取的量子态不可区分，因此窃听者不能精确测量所截获的每一个量子态。因此，该协议的安全性是由测不准原理和量子不可克隆定理保证的，是无条件安全的。严格的证明过程较为复杂，本书不再详细介绍。

2. 量子隐形传态

量子隐形传态是 1993 年 Bennett 和 Brassard 等六位科学家联合提出的。量子隐形传态基于量子的纠缠特性，可以实现在不发送任何量子态的情况下，传递一个量子态给对方。它的协议背景和具体步骤可以描述如下：

Alice 和 Bob 很久以前相遇过，但现在住得很远，在一起时他们产生了一个 EPR 对，分开时每人带走 EPR 对中的一个量子比特。许多年后，Bob 躲起来。设想 Alice 有一项使命，是要向 Bob 发送一个量子比特 $|\varphi\rangle$，她不知道该量子比特的状态，而且只能给 Bob 发送经典信息。Alice 应该接受这项使命吗？

假设 Alice 和 Bob 共享一对 Bell 态，$|\psi^-\rangle=\frac{1}{\sqrt{2}}(|01\rangle-|10\rangle)$，Alice 希望发送一个未知量子态 $|\varphi\rangle=\alpha|0\rangle+\beta|1\rangle$ 给 Bob，即量子的初态为

$$\begin{aligned}|\varphi\rangle\otimes|\psi^-\rangle&=(\alpha|0\rangle+\beta|1\rangle)\otimes\frac{1}{\sqrt{2}}(|01\rangle-|10\rangle)\\&=\frac{1}{\sqrt{2}}(\alpha|001\rangle+\beta|101\rangle-\alpha|010\rangle-\beta|110\rangle),\end{aligned}\tag{3.72}$$

其中,1、2 粒子属于 Alice,粒子 3 属于 Bob。

Alice 对前两个粒子做 Bell 测量,即对原量子态进行基变换如下:

$$|\varphi\rangle\otimes|\psi^-\rangle=\frac{1}{2}[|\Phi^+\rangle\otimes(\alpha|1\rangle-\beta|0\rangle)+|\Phi^-\rangle\otimes(\alpha|1\rangle+\beta|0\rangle) \\ +|\psi^+\rangle\otimes(-\alpha|0\rangle+\beta|1\rangle)+|\psi^-\rangle\otimes(-\alpha|0\rangle-\beta|1\rangle). \tag{3.73}$$

易知 Alice 测量后 Bob 手中的粒子会相应地发生变化。特别地,当 Alice 的测量结果为 $|\psi^-\rangle$时,由于全局相位可以忽略,Bob 不用做任何操作就可得到量子态$|\varphi\rangle$。而对于 Alice 其他的测量结果,Bob 只需对自己手中的粒子进行相应的操作即可。为了更加清晰地表示,将量子态做如下表示:

$$|\varphi\rangle\otimes|\psi^-\rangle=\frac{1}{2}[|\Phi^+\rangle\otimes XZ|\varphi\rangle+|\Phi^-\rangle\otimes X|\varphi\rangle-|\psi^+\rangle\otimes Z|\varphi\rangle-|\psi^-\rangle\otimes|\varphi\rangle]. \tag{3.74}$$

从而,Alice 将测量结果告知 Bob,Bob 采用上式中相应的逆变换作用于自己手中的粒子即可以得到量子态$|\varphi\rangle$。

需要说明的是,量子隐形传态利用的是量子纠缠变换的特性,并不能实现"超光速"传输信息。因为信息的传输需要 Alice 向 Bob 发送经典信息,而经典信息的传输是依赖于现有技术的。

3.3.3 量子密码应用举例

量子秘密共享协议是量子密码学的一个重要分支,(k, n)门限量子秘密共享协议可以描述为:n 个参与者共享一个秘密信息,在 n 个参与者中任意 k 个参与者相互合作就可以恢复秘密信息,而任意 $k-1$ 个参与者相互合作得不到任何秘密信息。本节主要讨论量子秘密共享中的安全直接通信的量子秘密共享协议。本节的第 2 部分,证明了利用同 BB84 相同的装置,(2,3)门限的离散变量的安全直接通信的量子秘密共享协议可以实现。第 3 部分,提出一个更一般的安全直接通信的量子秘密共享协议及其安全分析。

1. 问题提出

量子安全直接通信(QSDC)是通信双方以量子态为信息载体,利用量子力学原理和各种量子特性,通过量子信道传输,在通信双方之间安全无泄漏地直接传输有效信息。与量子密钥分配不同的是它可用来直接传输不能更改的信息,并且目前已证明 QSDC 可以在某些特定环境中实施。

将 QSDC 的思想推广到量子秘密共享就产生了另一个新的概念——安全直接通信的量子秘密共享(QSS-SDC)。最近,Li 等人提出了(t,n)门限的安全直接通信的量子秘密共享协议,在他们的协议中,任意 t 个或以上的参与者都可以恢复一个给定的秘密。然而,这 t 个或以上的参与者需要提前指定并不是真正意义上的"任意"。其实,早在 2000 年,Cleve 等就指出,实现(t,n)门限的量子态秘密共享协议是很困难的,甚至是最简单平凡的情况,即(2,3)门限的量子态秘密共享协议。这是因为它依赖于三光子态和它的万能转换的能力,而量子位和高阶量子位难以生成和操作。但是,Tyc 和 Sanders 已证明(2,3)门限的连续量子态秘密共享协议可以实现。

本节用生成喷泉码的方式制备的控制码和回归方法分享已知的秘密信息,提出一个(2,

3)门限的离散变量安全直接通信的量子秘密共享协议,然后推广到一般的量子直接秘密共享协议,它们(如图 3.20 所示)具有同 BB84 协议相同的安全性。喷泉码可以在线生成,所使用的源码数目可以是相当小的但却可以生成任意多编码。用这些源码来编码的方法也非常简单,并且编码根据需要生成可多可少。由于用分布式喷泉码的方法产生控制码,故这种控制码具有良好的随机性和灵活性,协议可以由一个更简单有效的方法来实现。具体的,将用喷泉码思想产生的控制码插入非正交状态的粒子中,可同时检测窃听和验证参与者的身份,并有效地抵御各种攻击。在(2,3)门限的离散变量安全直接通信的量子秘密共享协议中,每一个粒子可以平均携带最多 1.5 bit 的消息,参与者可以不交换经典信息自己检测窃听。在推广的量子直接秘密共享协议中,由于用的是纠缠态粒子,每个光子可携带 2 bit 信息。

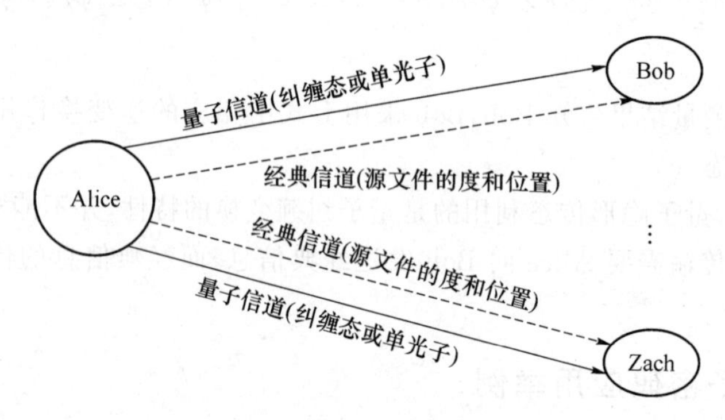

图 3.20 基于喷泉码的量子直接秘密共享

2. 回归的(2,3)门限量子直接秘密共享协议

这个协议是通过将小块秘密信息的秘密份额隐藏在大块秘密信息的秘密份额中,然后把最大秘密块的秘密份额转化为相应的量子态序列,再将用于检测窃听的非正交量子态粒子插入到这些量子态序列中,最后发送由非正交量子态粒子和用于产生秘密的量子态组成的新序列给三个参与者。为了满足安全要求,应充分利用通过 BB84 方法产生的安全源码生产喷泉码的灵活随机方法来产生控制码,以使参与者知道插入的非正交量子态粒子的位置和在窃听检测时如何选择测量基并验证参与者的身份。而且,由于回归方法的使用,每个用于产生秘密信息的光子可以平均携带 1.5 bit 信息而非最多 1 bit 信息,且接受者无须向分发者发送经典信息。首先给出如下三个假设。

① 攻击者 Eve 可以拦截任何量子信道上的量子数据并对传送的量子数据进行任何处理,但她只能窃听不能修改经典信道上的经典数据。

② Alice 打算在三个参与者 Bob_1,Bob_2,Bob_3 之间分享秘密 $s=\{s^{[1]},s^{[2]},\cdots,s^{[l]}\}$,其中 $s^{[n]}\in\{0,1\}$,$n=1,2,\cdots,l$,$s^{[n]}$表示 s 中的第 n 个比特信息。而且,任意两个或三个参与者都能恢复这个秘密 s。

③ Alice 用 $p_1=0$,$p_2=1$,$p_3=3$ 去编码 s。Alice 和 Bob_1,Bob_2,Bob_3 提前协定若 $p_1=p_2=p_3$,则 p_1,p_2,p_3 可用来编码 s 中的比特值 0,若 $p_1\neq p_2\neq p_3$,则 p_1,p_2,p_3 可用来编码 s 中的比特值 1。具体地说,000,111,222 可用来编码比特值 0,021,012,102,120,210,201 可用来编码比特值 1。注意$(p_1+p_2+p_3)\bmod 3=0$,同时,不同的粒子态$|0\rangle$,$|1\rangle$,$|2\rangle$用来表示相应的经典数字 0,1,2。

(1) 协议的准备工作和提前计算

在(2,3)门限协议中,假设分享秘密的长度满足 $l=\sum_{i=1}^{k}3^{i-1}, k\in \mathbf{N}_{+}$ 以便用回归的方法来编码这个秘密。不过,当这个假设不成立时,协议也同样可以执行,因为总可以把秘密分成 $l_1=1, l_2=\sum_{i=1}^{2}3^{i-1}, l_3=\sum_{i=1}^{3}3^{i-1}$ 的块来满足要求。这样 Alice 和 Bob_1,Bob_2,Bob_3 就可以利用后面的回归的方法来编码秘密了。

在制备量子秘密份额 $p_{s_k,1}, p_{s_k,2}, p_{s_k,3}$ 之前,Alice 按如下方式准备经典份额 $s_{k,1}, s_{k,2}, s_{k,3}$。首先,每个秘密份额 $s_j, j=1,2,3$ 是 $s_{i,1}, s_{2,1}, \cdots, s_{k,1}$ 串起来的结果。

方法如下:

$$s_j=\overset{k}{\underset{i=1}{\|}} s_{i,j}, j=1,2,3. \tag{3.75}$$

根据假设③有:

$$\left(\sum_{i=1}^{3}s_i^{[n]}\right)\bmod 3=0, n=1,2,\cdots,l, \tag{3.76}$$

其中,$s_i^{[n]}$ 表示 s_i 中的第 n 个比特信息。

编码过程:

基本情况。当 $i=1$,第一个秘密比特按照假设③被编码成 $s_{1,1}, s_{1,2}, s_{1,3}$。

回归情况。当 $i>1$,假设 $s_{i-1,1}, s_{i-1,2}, s_{i-1,3}$ 已经用作秘密的编码,则 $s_{i,1}, s_{i,2}, s_{i,3}$ 将会被编码成

$s_{i,1}=s_{i-1,1}\ \|\ 3^{i-2}\text{values}\ \|\ 3^{i-2}\text{values}$;

$s_{i,2}=3^{i-2}\text{values}\ \|\ s_{i-1,2}\ \|\ 3^{i-2}\text{values}$;

$s_{i,3}=3^{i-2}\text{values}\ \|\ 3^{i-2}\text{values}\ \|\ s_{i-1,3}$。

更直观地说,对秘密 s 中的每一比特,都可以由前面 $(i-1)^{\text{th}}$ 步来决定。若比特值为 0,Alice 就复制相同的编码符号(0,1 或 2)到另两个。若比特值为 1,Alice 则依据已经编码的符号和总的编码符号的和为 3 来编码另外两个。

解码过程:

假设 Bob_1,Bob_2,Bob_3 的量子份额 $p_{s_k,1}, p_{s_k,2}, p_{s_k,3}$ 转化为经典份额 $s_{k,1}, s_{k,2}, s_{k,3}$,然后任意两个参与者,如 Bob_2,Bob_3 可以用 $s_{k,2}, s_{k,3}$ 恢复秘密 s,过程如下。

当 $n=1,\cdots,3^{k-1}$ 时,

$$s_{k,1}^{[n]}=x\in\{0,1,2\}, \tag{3.77}$$

其中,$(s_{k,2}^{[n]}+s_{k,3}^{[n]}+x)\bmod 3=0$。

现在,Bob_2,Bob_3 就可得到 $s_{k,1}$,并把它们对齐排成三行,根据每一列读出一个秘密比特。他们可以利用如下的回归方法逆向读出所有的秘密比特值。

当 $2\leqslant i\leqslant k$ 时,

$$s_{i-1,1}=s_{i,1}^{[1\to 3^{i-2}]}, \tag{3.78}$$

$$s_{i-1,2}=s_{i,2}^{[(3^{i-2}+1)\to 2\times 3^{i-2}]}, \tag{3.79}$$

$$s_{i-1,3}=s_{i,2}^{[(2\times 3^{i-2}+1)\to 3\times 3^{i-2}]}, \tag{3.80}$$

其中,符号 $s^{[m\to n]}$ 表示从第 m 个比特到第 n 个比特的一个子串。每一步,它们被对齐排成三行,Bob_2,Bob_3 就可以根据假设③读出它们的每一列代表的秘密比特。

(2) (2,3)门限的量子直接秘密共享协议

用一个具体的例子来说明如何分享一个秘密信息 s,其长度 $l=\sum_{i=1}^{4}3^{i-1}=3^0+3^1+3^2+3^3$ 。

① 当 $i=1$ 时,按如下方式编码第 1 个秘密比特:

$s=1010110101101011011010111011001 1$

$s_{1,1}=0$

$s_{1,2}=2$

$s_{1,3}=1$

② 当 $i=2$ 时,按如下方式编码第 2~4 个秘密比特:

$s=10101101011010110110101110110011$

$s_{2,1}=011$

$s_{2,2}=021$

$s_{2,3}=001$

③ 当 $i=3$ 时,按如下方式编码第 5~13 个秘密比特:

$s=10101101011010110110101110110011$

$s_{3,1}=011122102$

$s_{3,2}=121021200$

$s_{3,3}=201220001$

④ 当 $i=4$ 时,按如下方式编码最后 27 个秘密比特:

$s=1010110101101011011010110110011100101101$

$s_{4,1}=011122102\ 011101221001121202$

$s_{4,2}=020101122121021200101022100$

$s_{4,3}=002110112201211212201220001$

然后,Alice 结合 $s_{4,1}$,$s_{4,2}$,$s_{4,3}$ 编码量子比特份额并将它们发给 Bob_1,Bob_2,Bob_3,过程如下:

⑤ Alice 把 $s_{4,1}$,$s_{4,2}$,$s_{4,3}$ 转化成相应的量子份额 $p_{s_k,1}$,$p_{s_k,2}$,$p_{s_k,3}$,且 $p_{s_k,1}=\{|0\rangle,|1\rangle,\cdots,|0\rangle,|2\rangle\}$;$p_{s_k,2}=\{|0\rangle,|2\rangle,\cdots,|0\rangle,|0\rangle\}$;$p_{s_k,3}=\{|0\rangle,|0\rangle,\cdots,|0\rangle,|1\rangle\}$。

⑥ 对于 Bob_1,Alice 首先与 Bob_1 利用同 BB84 一样的方法来建立一小串秘密信息用来作为产生控制码的源码。然后,Alice 用这些源码产生控制码,再根据控制码产生基为 B_1 值为 V_1 的非正交态粒子作为诱导粒子。在 B_1 中,0 表示基$\oplus$,1 表示基$\otimes$。在基$\oplus$,0 表示态$|\rightarrow\rangle$,1 表示态$|\downarrow\rangle$;在基$\otimes$,0 表示态$|\nearrow\rangle$,1 表示态$|\searrow\rangle$。例如,若 $B_1=01100101$,$V_1=10110100$,则非正交态粒子是$|\downarrow\rangle|\nearrow\rangle|\searrow\rangle|\downarrow\rangle|\rightarrow\rangle|\searrow\rangle|\rightarrow\rangle|\nearrow\rangle$。Alice 和 Bob_1 协定在控制码中,"0"表示用测量基$\oplus$,"1"表示用测量基$\otimes$。

⑦ Alice 将在⑥中生成的非正交态粒子插入到 $p_{s_k,1}$ 组成新的粒子序列 $p'_{s_k,1}$,并记录插入的非正交态粒子的位置。然后 Alice 通过量子信道将 $p'_{s_k,1}$ 发送给 Bob_1,同时所有源码的位置和度数通过经典信道发送给 Bob_1,用来得到插入的非正交态粒子的位置和生成控制码。

⑧ Bob_1 收到 $p'_{s_k,1}$ 和用来生成控制码及知道插入的非正交态粒子位置的源码的位置与度数后,他首先得到控制码。然后利用控制码和插入的非正交态的位置来检测窃听和验证身份,若错误率高于提前设定的阈值,则放弃这次通信,重新依据假设③编码。否则,继续下一步。

⑨ Bob_1 筛除非正交态粒子并得到量子份额 $p_{s_k,1}=\{|0\rangle,|1\rangle,\cdots,|0\rangle,|2\rangle\}$。

⑩ Alice 用同样的方法将 $p_{s_k,2}=\{|0\rangle,|2\rangle,\cdots,|0\rangle,|0\rangle\}$,$p_{s_k,3}=\{|0\rangle,|0\rangle,\cdots,|0\rangle,$

$|1\rangle\}$发送给 Bob_2,Bob_3。

消息恢复：

三个参与者的任何两个，如 Bob_2,Bob_3 就可以恢复秘密消息。他们首先将量子份额 $p_{s_k,2}=\{|0\rangle,|2\rangle,\cdots,|0\rangle,|0\rangle\}$，$p_{s_k,3}=\{|0\rangle,|0\rangle,\cdots,|0\rangle,|1\rangle\}$转化成编码符号 $s_{4,2}=020101122121021200101022100$，$s_{4,3}=002110112201211212201220001$。然后根据编码规则，$Bob_2$,$Bob_3$ 就可以得到 Bob_1 的量子份额 $p_{s_k,1}=\{|0\rangle,|1\rangle,\cdots,|0\rangle,|2\rangle\}$和它的相应的编码符号 $s_{4,1}=011122102011101221001121202$。$Bob_2$,$Bob_3$ 有了 $s_{4,1}$,$s_{4,2}$,$s_{4,3}$后就可用逆向的回归方法得到秘密了。

① Bob_2,Bob_3 将 $s_{4,1}$,$s_{4,2}$,$s_{4,3}$对齐排成三行，可得到第14～40的秘密信息。

$s_{4,1}=011122102\ 011101221001121202$

$s_{4,2}=020101122121021200\ 101022100$

$s_{4,3}=002110112201211212201220001$

$s^{[14\text{-}40]}=011011010110110011100101101$

② Bob_2,Bob_3 提取出 $s_{3,1}$,$s_{3,2}$,$s_{3,3}$：

$s_{3,1}=011122102$

$s_{3,2}=121021200$

$s_{3,3}=201220001$

$s^{[5\text{-}13]}=110101101$

③ Bob_2,Bob_3 提取出 $s_{2,1}$,$s_{2,2}$,$s_{2,3}$：

$s_{2,1}=011$

$s_{2,2}=021$

$s_{2,3}=001$

$s^{[2\text{-}4]}=010$

④ Bob_2,Bob_3 提取出 $s_{1,1}$,$s_{1,2}$,$s_{1,3}$：

$s_{1,1}=0$

$s_{1,2}=2$

$s_{1,3}=1$

$s^{[1]}=1$

此时，Bob_2,Bob_3 就恢复出秘密 $s=1010110101101011011010111011001 1$。

尽管是通过一个具体的例子来给出协议的，但一个更一般的(2,3)门限的量子直接秘密共享方案可以用完全一样的方法给出。

效率与安全性分析：

a. 效率分析

在这节分析协议的效率。证明由于回归方法的使用，协议的效率有了显著地提高。首先定义量子比特效率：

$$\eta_E=\frac{q_s}{q_t},$$

其中，q_s 表示 Alice 分享的秘密的比特数，q_t 表示每个参与者在分享 Alice 的秘密时所需的光子数。对一个长度为 $l=\sum_{i=1}^{k}3^{i-1}$，$k\in\mathbf{N}_+$，当 $l\to\infty$时，协议的量子比特效率为

$$\eta_E=\frac{q_s}{q_t}=\lim_{k\to\infty}\frac{1+3+3^2+\cdots+3^{k-1}}{3^{k-1}}=\lim_{k\to\infty}\frac{3^k-1}{2\cdot 3^{k-1}}=\frac{3}{2},\tag{3.81}$$

也就是说,每个粒子平均可携带 1.5 bit 信息而非最多 1 bit 信息。

值得注意的是,若秘密的长度不满足 $l=\sum_{i=1}^{k}3^{i-1},k\in\mathbf{N}_+$,可以通过把这个秘密分成满足要求的小块。同样当 $l=18$ 时,可以把它分成三块,$s^{[1]}$,$s^{[2\text{-}5]}$,$s^{[6\text{-}18]}$,然后就可以用同样的方法来编码。这时,比特效率为 $\frac{18}{1+3+9}=\frac{18}{13}$。因此,可以得到如下定理。

定理 3.1 对一个长度为 $l=\sum_{i=1}^{k}x_i\sum_{j=1}^{i}3^{j-1},k\in\mathbf{N}_+$ 的秘密,其中,$\sum_{i=1}^{k}3^{i-1}\leqslant l\leqslant\sum_{i=1}^{k+1}3^{i-1}$,用同样的方法编码后,其量子比特效率为 $1\leqslant\eta_E<\frac{3}{2}$。

证明:① 当 $x_i=1,2,3$,根据 η_E 的定义,$\eta_E=1$。

② 当 $x_i=0,i=1,2,\cdots,k-1,x_k=1$,回归的方法就起作用了,且可以得到最大的 η_E,

$$\eta_E=\lim_{k\to\infty}\frac{1+3+3^2+\cdots+3^{k-1}}{3^{k-1}}=\lim_{k\to\infty}\frac{3^k-1}{2\cdot3^{k-1}}=\frac{3}{2}.$$

③ 这里考虑一般的情况

$$\begin{aligned}
\eta_E&=\frac{\sum_{i=1}^{k}x_i\sum_{j=1}^{i}3^{j-1}}{\sum_{j=1}^{k}3^{j-1}}\\
&=\frac{x_1+(1+3)x_2+\cdots+(1+3+\cdots+3^{k-1})x_k}{x_1+3x_2+\cdots+3^{k-1}x_k}\\
&=\frac{x_1+\cdots+3^{k-1}x_k+[x_2+\cdots+(1+3+\cdots+3^{k-2})x_k]}{x_1+3x_2+\cdots+3^{k-1}x_k}\\
&=1+\frac{x_2+\cdots+(1+3+\cdots+3^{k-2})x_k}{x_1+3x_2+\cdots+3^{k-1}x_k}\\
&=1+\frac{x_2+\cdots+(1+3+\cdots+3^{k-2})x_k}{x_2+\cdots+(1+\cdots+3^{k-2})x_k+(x_1+\cdots+\frac{3^{k-1}+1}{2}x_k)}\\
&=1+\frac{1}{1+\dfrac{x_1+\cdots+\frac{3^{k-1}+1}{2}x_k}{x_2+\cdots+(1+3+\cdots+3^{k-2})x_k}}\\
&=1+\frac{1}{1+\dfrac{x_2+\cdots+(1+3+\cdots+3^{k-2})x_k+x_1+\cdots+x_k}{x_2+\cdots+(1+3+\cdots+3^{k-2})x_k}}\\
&=1+\frac{1}{1+1+\dfrac{x_1+\cdots+x_k}{x_2+\cdots+(1+3+\cdots+3^{k-2})x_k}}\\
&=1+\frac{1}{1+1+\dfrac{x_2+\cdots+3^{k-1}x_k+x_1+\sum_{i=2}^{k}\frac{3-3^{i-1}}{2}x_i}{x_2+\cdots+3^{k-1}x_k}}\\
&=1+\frac{1}{1+1+1+\dfrac{x_1+\sum_{i=2}^{k}\frac{3-3^{i-1}}{2}x_i}{x_2+\cdots+3^{k-1}x_k}}
\end{aligned}$$

当 $x_i=2$ 时，令 $M=\dfrac{x_1+\sum\limits_{i=2}^{k}\dfrac{3-3^{i-1}}{2}x_i}{x_2+\cdots+3^{k-1}x_k}$，则 $M_{\max}=\dfrac{x_1}{x_2}$。因此 $(\eta_E)_{\min}=1+\dfrac{1}{3+\dfrac{x_1}{x_2}}$。

综上可得 $1\leqslant\eta_E<\dfrac{3}{2}$。

此外，由于 Alice 与 Bobs 提前建立了很少的安全秘密信息，这些信息作为用喷泉码的方法生成控制码的源码，使得 Bobs 在检测窃听和密钥生成阶段无须发送经典信息给 Alice，所以协议更有效，而且协议可以很容易地推广在 $(2,n)$ 门限的量子直接秘密共享。当有更多的参与者，就可以节约更多的光子。最重要的是，协议是动态的，允许量子份额的自由变动。

b. 安全分析

协议的安全性是建立在量子不可克隆定理和用诱导粒子打乱用于生成密钥份额的光子的顺序。量子不可克隆定理保证窃听者(Eve)不能确定从 Alice 那里发送出来的粒子所处的状态。与 BB84 不同的是，BB84 是通过随机选取测量基来检测窃听，而这里提出的协议是通过插入非正交态粒子作为诱导粒子来检测窃听的。假设 Eve 拦截到了从 Alice 那里发去 Bob_i，$i=1,2,3$ 的光子并重新发送她制备的光子给 Bob_i，$i=1,2,3$，但是她不仅不能提取出 Alice 要分享的秘密，还会扰乱整个发送过程。这是因为，一方面，她不知道插入非正交态粒子的位置，这个位置是通过提前用 BB84 建立的很少的源码来生成的，通过源码的位置和度数来确定的，而他没有这个源码，就不知道该怎样来选择测量基和分不清哪些是诱导粒子，哪些是信息携带光子；另一方面，在提出的协议中，任何两个或三个参与者都可以恢复秘密，但是单个的参与者却得不到任何信息，因为每个参与者的秘密份额是一个由 $|0\rangle$，$|1\rangle$，$|2\rangle$ 组成的随机量子态。不像在 BB84 中，随机猜中的概率是 1/2，而在提出的协议中，随机猜中的概率是 1/3。最重要的是，最普通的木马攻击在这里提出的协议中是没用的。所谓木马攻击是指在发送的光子里隐藏一个不可见光子并试图通过这个不可见光子截获信息。具体的就是，Eve 提前准备一系列具有特殊波长的不可见光子，与发送方的光子非常相近。在这种情况下，她可以添加这些不可见光子到 Alice 发送的光子中去并在 Alice 之前发送给 Bob，但这里的协议是单向的，即 Bob 不需要发回光子，所以木马攻击无效。

3. 基于分配的喷泉码上量子直接秘密共享

在此将前面的 $(2,3)$ 门限量子直接秘密共享协议推广到一个一般的量子直接秘密共享协议。与 $(2,3)$ 门限量子直接秘密共享协议一样，用非正交态粒作为诱导粒子，同时要用 BB84 的方法提前生成一个比特序列作为生成控制码的源码。但这节用纠缠态而非单光子来携带秘密信息，同样将非正交态粒子插入纠缠态粒子，然后通过量子信道发送给接收方。

(1) 三个假设

① 攻击者 Eve 可以拦截任何量子信道上的量子数据并对传送的量子数据进行任何处理，但她只能窃听不能修改经典信道上的经典数据。

② Alice 打算在 n 个参与者之间 $\mathrm{Bob}_1,\mathrm{Bob}_2,\cdots,\mathrm{Bob}_n$ 分享秘密 $s_A=\{s_A^1,s_A^2,\cdots,s_A^l\}$，其中 $s_A^k\in\{0,1\}$，$k=1,2,\cdots,l$。她将 s_A 分成 n 个秘密份额 $s_{B_1},s_{B_2},\cdots,s_{B_n}$，其中 $s_{B_i}=\{s_{B_{i,1}},s_{B_{i,2}},\cdots,s_{B_{i,l}}\}$，$i=1,2,\cdots,n$，$s_{B_i}^k\in\{0,1\}$。

③ Alice 和 $Bob_1, Bob_2, \cdots, Bob_n$ 协定每个酉算子表示两个经典比特信息，即 U_0, U_1, U_2, U_3 分别代表经典信息 00,01,10,11。

(2) 协议的主要步骤

① $Bob_i, i=1,2,\cdots,n$ 制备 $l/2$ 对 EPR 对，假设它们的态都处于 $|\Phi^+\rangle_{h_{i_1}t_{i_1}} = \frac{1}{\sqrt{2}}(|0\rangle_{h_{i_1}}|0\rangle_{t_{i_1}} + |1\rangle_{h_{i_1}}|1\rangle_{t_{i_1}})$。每个 EPR 对的第一个粒子组成一个有序序列 $H_i, i=1,2,\cdots,n$，同时每个 EPR 对的第二个粒子组成一个有序序列 $T_i, i=1,2,\cdots,n$。

② $Bob_i, i=1,2,\cdots,n$ 首先与 Alice 利用同 BB84 一样的方法来建立一小串秘密信息序列 $s_i, i=1,2,\cdots,n$ 用来作为产生控制码的源码。然后，$Bob_i, i=1,2,\cdots,n$ 用这些源码产生控制码，再根据控制码产生基为 $B_i, i=1,2,\cdots,n$，值为 $V_i, i=1,2,\cdots,n$ 的非正交态粒子作为诱导粒子。在 B_i 中，0 表示基$\oplus$，1 表示基$\otimes$。在基$\oplus$，0 表示态$|\rightarrow\rangle$，1 表示态$|\downarrow\rangle$；在基$\otimes$，0 表示态$|\nearrow\rangle$，1 表示态$|\searrow\rangle$。例如，若 $B_1=01100101$，$V_1=10110100$，则非正交态粒子是$|\downarrow\rangle|\nearrow\rangle|\searrow\rangle|\downarrow\rangle|\rightarrow\rangle|\searrow\rangle|\rightarrow\rangle|\nearrow\rangle$。$Bob_i$ 和 Alice 协定在控制码中，“0”表示用测量基$\oplus$，“1”表示用测量基$\otimes$。

③ $Bob_i, i=1,2,\cdots,n$ 将在②中生成的非正交态粒子插入 $T_i, i=1,2,\cdots,n$ 组成新的粒子序列 $T_i', i=1,2,\cdots,n$，并记录插入的非正交态粒子的位置。然后 $Bob_i, i=1,2,\cdots,n$ 通过量子信道将 $T_i', i=1,2,\cdots,n$ 发送给 Alice，同时所有源码的位置和度数通过经典信道发送给 Alice，用来得到插入的非正交态粒子的位置，检测窃听并验证身份。

④ Alice 收到 $T_i', i=1,2,\cdots,n$ 产生控制码和知道插入的非正交态粒子源码的位置、度数后，她首先通过控制码的位置、度数和提前生成的源码得到控制码。然后用同样的方法可以知道插入的非正交态粒子的位置后再利用控制码选用的测量基来检测窃听和同时验证 $Bob_i, i=1,2,\cdots,n$ 是否是合法的参与者，若错误率高于提前设定的阈值，则放弃这次通信。否则，继续下一步。

⑤ Alice 筛除非正交态粒子得到 $T_i, i=1,2,\cdots,n$，首先，将 $s_{B_i}=\{s_{B_{i,1}}, s_{B_{i,2}}, \cdots, s_{B_{i,l}}\}, i=1,2,\cdots,n$ 利用 U_0, U_1, U_2, U_3 编码到 $T_i, i=1,2,\cdots,n$ 上。这个被编码的序列记作 $T_i'', i=1,2,\cdots,n$。然后，Alice 用③中的方法产生非正交态粒子并把它们插入 $T_i'', i=1,2,\cdots,n$，称加入非正交态粒子的 $T_i'', i=1,2,\cdots,n$ 为 $T_i''', i=1,2,\cdots,n$。最后，Alice 将 $T_i''', i=1,2,\cdots,n$ 通过量子信道发送给 $Bob_i, i=1,2,\cdots,n$。同时所有源码的位置和度数通过经典信道发送给 Alice，用来得到插入的非正交态粒子的位置和控制码。

⑥ $Bob_i, i=1,2,\cdots,n$ 收到 $T_i''', i=1,2,\cdots,n$ 后，首先他通过控制码的位置、度数和提前生成的源码得到控制码。然后利用控制码可以知道插入的非正交态粒子的位置和选用的测量基来检测窃听和同时验证 Alice 是否是合法的参与者。若错误率高于提前设定的阈值，则放弃这次通信。否则，继续下一步。

⑦ 最后，$Bob_i, i=1,2,\cdots,n$ 得到 $T_i'', i=1,2,\cdots,n$，并用他们自己的 $H_i, i=1,2,\cdots,n$ 来得到 Alice 进行的密集编码，最后得到 $s_{B_i}=\{s_{B_{i,1}}, s_{B_{i,2}}, \cdots, s_{B_{i,l}}\}, i=1,2,\cdots,n$。所有参与者 $Bob_1, Bob_2, \cdots, Bob_n$ 合作可以恢复秘密 $s_A = s_{B_1} \oplus s_{B_2} \oplus \cdots \oplus s_{B_n}$。

(3) 安全性分析和特征描述

① 安全性分析

这部分将从内部和外部攻击以及噪声信道和丢失信道来说明这里提出的协议是安全的。

a. 木马攻击

对于这种攻击，假设 Eve 是任意一个参与者，如 Bob_1，想立即在 Alice 操作之前或之后估计出所发光子的状态后提取出信息。她可以通过在 Alice 发送 n 个光子到参与者之前嵌入不可见光子来实现。然而，在这里提出的协议里，这种攻击是无效的。一方面，Bob_2，…，Bob_n 和 Alice 都插入了非正交态粒子在这些光子中来打乱原序列的顺序；另一方面，这些插入的非正交态粒子位置是通过 Bob_2，…，Bob_n 和 Alice 提前用 BB84 方法建立的安全序列以产生喷泉码的方法知道的，但 Bob_1 是不知道 $s_{i'}$，$i'=2,\cdots,n$ 的，从而就不知道插入的非正交态粒子的正确位置，而且选择的测量基也是通过 $s_{i'}$，$i'=2,\cdots,n$ 来产生的。因此，没有 $s_{i'}$，$i'=2,\cdots,n$，Bob_1 就不能用这些不可见光子来得到任何有用的信息。

b. 外部攻击

假设 Eve 是一个企图偷 Alice 秘密消息的外部攻击者。在这种情况下，Eve 想立即在 Alice 操作之前或之后估计出所发光子的状态后提取出信息。她可以通过在 Alice 发送 n 个光子到参与者之前嵌入不可见光子来实现。与内部分析一样，Eve 不能用这些不可见光子来得到任何有用的信息。

c. 窃听攻击

人们利用 BB84 中不可克隆定理来检测窃听，也就是说，只要 Eve 选用的量子态不是测量设备的特征态就会扰乱发送的量子态从而被发现。这里的协议专门用非正交态粒子来检测窃听，故窃听攻击对协议的攻击也是无效的。

d. 拦截测量重放攻击

在这个攻击中，Eve 想立即在 Alice 操作之前或之后估计出所发光子的状态后提取出信息。因此，她首先拦截 Alice 发送给 Bob_i，$i=1,2,\cdots,n$ 的光子，测量后再发送给 Bob_i，$i=1,2,\cdots,n$。但是，Eve 不能从截得的光子中提取出有用的信息，因为里面混有作为诱导粒子的非正交态粒子，而且他不知道插入的非正交态粒子的正确位置。此外，她事先不知道 Bob_i，$i=1,2,\cdots,n$怎样选择测量基，就只能随机选，出错的概率是 1/2，一旦错了，就会扰乱量子态，从而 Bob_i，$i=1,2,\cdots,n$ 就可以发现有人在窃听。

e. 欺骗攻击

由于提前生成的源码，Alice 和 Bob_i，$i=1,2,\cdots,n$ 可以生成控制码来确定所有的测量基，在理想的情况下，测得的结果应该与控制码下得到的结果一致，从而也可以起到身份验证的作用。Eve 得不到源码，就无法冒充合法的参与者进行欺骗攻击。

f. 有噪声和会丢失的量子信道

在大多数的量子密码协议中，量子信道被假设为无噪声无丢失的信道。但是，在这里的协议下有噪声和会丢失的量子信道仍然是鲁棒的。假设 Eve 是非常强大的攻击者以至于她可以和 Bob_i，$i=1,2,\cdots,n$ 建立一个理想的信道。有噪声和会丢失的量子信道的情况分别讨论如下。

有噪声的量子信道：

Eve 企图通过噪声信道来隐藏她的攻击行为。显然，若预先设置的窃听门限值 ε 小于量子比特错误(QBER)τ(据文献[128]在 2%～8.9%这个范围内，这得依赖于信道的具体状况，如距离等)是不能有效地检测到窃听的。但是，在协议的第四步，可以把门限值 ε 设为 0.1～0.2，因为每个诱导光子(非正交态粒子)窃听检测率为 1/4，它明显高于 τ，所以在协议中，攻击者不能在噪声信道中隐藏他们的窃听行为。

会丢失的量子信道：

实际上，在量子信道上传送光子时会有丢失的。具体地说，在光子的传送过程中，有些光子是不能到达接收方的。幸好有控制码，对应着每一个光子，就可以知道哪些光子收到了，哪些光子没有收到。然后再重发丢失的光子，直到所有的光子都被接收到，但 Eve 无法从丢失的光子中得到信息，因为她不知道诱导粒子的正确位置。

② 特征描述

相比现有的量子直接秘密共享协议，这里提出的协议有如下特征：

由于控制码的使用，$\text{Bob}_i, i=1,2,\cdots,n$ 可以不交换经典信息，自己检测窃听和验证身份，而且效率从 50%提高到了 100%。因此，协议更有效。

不用经典的方法来传送经典信息，结合非正交态粒子和控制码来验证参与者的身份，它结合了经典密码和量子密码的优势。

由于使用喷泉码的编码方法，源码可以很少，可以更容易地利用 BB84 的方法生成安全的源码。

4. 小结

在这节提出用喷泉码的生成方法来制备控制码，这些控制码可用来与单光子、纠缠态和非正交态粒子一起实施。第 2 部分提出的安全有效的(2,3)门限量子直接秘密共享协议和第 3 部分提出的更一般的量子直接秘密共享协议。在(2,3)门限量子直接秘密共享协议中，每个光子平均可最多携带 1.5 bit 信息。在第二个量子直接秘密共享协议，每个纠缠粒子可携带 2 bit 信息。而且将经典的方法和量子的方法相结合起来，用于验证参与者的身份。本章中用到的源码很少，这就使得在实际中更容易实施，控制码的生成既随机又灵活，使得协议更安全。

3.3.4 结论与展望

量子密码术是近年来国际学术界的一个前沿研究热点。面对未来具有超级计算能力的量子计算机，现行基于解自然对数及因子分解困难度的加密系统、数字签章及密码协议都将变得不安全，而量子密码术则可达到经典密码学所无法达到的两个最终目的：一是合法的通信双方可察觉潜在的窃听者并采取相应的措施；二是使窃听者无法破解量子密码，无论企图破解者有多么强大的计算能力。可以说，量子密码是保障未来网络通信安全的一种重要的技术。随着对量子密码体制研究的进一步深入，越来越多的方案被提出来，近年来无论在理论上还是在实验上都在不断取得重要突破，相信不久的将来量子密码将会在网络通信上得到广泛的应用，即将进入量子信息时代。

3.4 格 密 码

为了迎接量子计算技术的挑战，经典密码学界掀起了以抵抗量子计算攻击为目标的公钥密码学研究热潮，因此，“后量子密码学”(Post-quantum cryptography)应运而生。在密码学的各个重要会议上和顶尖期刊上，发表了一大批后量子密码学的相关论文。当前后量子密码学的研究内容主要包括：基于 Hash 的密码系统、基于编码的公钥密码、基于格的公钥密码体制。虽然密码方案的构造存在一些并不是基于数学上的困难问题，如量子密码体制、DNA 密码体制等，但是，在后量子密码学的研究中，基于数学上的困难问题而建立的密码体制依然收到广泛的认可和关注，其中格基密码体制成为后量子时代公钥密码的代表，受到密码研究者的广泛关注。

3.4.1　格密码的研究热点和方向

作为后量子时代公钥密码的代表，格密码具有以下几个特点：首先，格密码的安全性可以基于平均情况下格问题的困难性。Ajtai 已经从理论上证明了最差情况下的格基困难问题可以规约到随机情况下格基困难问题，这个结果已经成为格基密码发展的一个重要理论基础；其次，格密码算法主要使用有限域上的加和乘运算，无须使用传统密码学复杂的运算，如指数、对数等运算，计算复杂度较低，因此格密码算法便于计算机软件或硬件实现；最后，格密码属于线性密码，其结构更适合全同态加密，因此也更适用于云计算等新的需求。

目前来看，格密码研究的热点领域和研究方向主要有以下几个方面。

1. 基于格的高效公钥加密方案。目前一些格加密方案的主要缺点是相关参数生成过程复杂、参数数据量大、密码算法运行效率较低。设计高效格基加密方案的主要思路是对已证明安全性但效率较低的加密算法进行改进，如降低参数大小从而节省其存储空间。目前已有许多针对 LWE(Learning with Errors)问题的方案进行改进，或基于理想格(或者 R-LWE 问题)设计既安全又高效的加密方案。

2. 基于格的全同态加密与全同态签名体制。由于全同态体制能够实现数据的匿名计算和认证，因此近几年来在云安全、云存储、大数据等方面都有着重要而实际的意义。2009年，Gentry[36]首次在理想格上设计出了一个全同态加密方案。紧接着，2011年，Boneh 和 Freeman[54,55]首次给出了一个格基全同态数字签名方案。此后，密码学界掀起了一阵研究格基同态密码体制的热潮。

3. 基于格的身份密码体制。基于身份的密码方案简化了传统的 PKI(Public Key Infrastructure)公钥体系中证书授权中心 CA(Certificate Authority)对各用户证书的管理，使得用户的公钥直接是任意的与用户身份相关联的比特串，用户的私钥可通过可信第三方 TTP(Trusted Third Party)或者私钥生成中心 PKG(Private Key Generator)来生成，具有密钥撤销简单，不需要公钥证书和证书机构等许多优点，不仅可以用来构造加密和签名方案，还可用于构造密钥协商协议、零知识证明协议、广播加密协议、数字签名方案、陷门承诺方案等。由于格密码具有运算速度快、抗量子计算机攻击等优点，因此在格上设计基于身份的密码方案具有非常广阔的前景。

4. 基于格具有特殊性质的数字签名方案。随着电子商务、电子政务以及办公自动化的快速发展，一般的数字签名方案已不能满足实际生活的各种需要，因此设计具有某种特殊性质的数字签名方案显得尤为重要。由于目前特殊性质的数字签名方案绝大部分都是基于传统数论难题设计的，这些都有可能在未来量子环境下变得不再安全。目前格上具有特殊性质的数字签名方案屈指可数，因此基于格上困难问题设计具有特殊性质的数字签名方案还需要很多工作要进行。

5. 基于格的抵抗边信道攻击的密码方案。边信道攻击 SCA(Side-Channel Attack)技术是针对现实密码算法的电子设备在运行过程中的时间消耗、功率消耗或电磁辐射之类的信息泄露进行攻击的方法。为了抵抗各种各样的边信道攻击,人们开始越来越关注能否设计在存在密钥泄露(部分泄露)条件下依然安全的密码方案。在格密码方面,已有一些基于LWE问题能抵抗边信道攻击的方案。基于LWE问题或者R-LWE(Ring Learning with Errors)问题设计出实际需要的抵抗边信道攻击的密码方案,是一个非常有意义的研究课题。

3.4.2 格密码基础

接下来将介绍格密码相关基本概念,包括格、格上的高斯分布以及困难随机格,这些内容是后边内容的基础。

1. 格相关的定义

首先介绍向量范数的概念。

定义 3.1 l_p 范数:设有向量 $\boldsymbol{b}=(b_1,b_2,\cdots,b_n)$,$\boldsymbol{b}$ 的 l_p 范数定义 $\|\boldsymbol{b}\|_p=\sqrt[p]{\sum_{i=1}^{n}(b_i)^p}$,$l_\infty$ 范数的定义为 $\|\boldsymbol{b}\|_\infty=\max\{b_i\}$。

当 $p=2$ 时,称为欧几里得范数,本书中使用的均为欧几里得范数 l_2,记为 $\|\cdot\|$。

定义 3.2 定义在集合 Ω 上的两个随机变量 $X=X(\lambda)$ 和 $Y=Y(\lambda)$ 之间的统计距离为

$$\Delta(X,Y)=\frac{1}{2}\sum_{s\in\Omega}|\Pr(X=S)-\Pr(Y=S)|.$$

如果随机变量的统计距离是一个关于 λ 可忽略的函数,则称这两个随机变量 $X=X(\lambda)$ 是统计不可区分的(或称统计接近的)。

定义 3.3 设有 $\boldsymbol{B}=\{b_1,b_2,\cdots,b_i,\cdots,b_k\}\subset\mathbf{R}^n$,其中 b_i,$i=1,2,\cdots,k$ 是 k 个线性无关的向量,则 $\Lambda=\mathrm{L}(b_1,b_2,\cdots,b_k)=\left\{\sum_{i=1}^{k}x_ib_i,x_i\in\mathbf{Z}\right\}$ 称为格 L。

格是由一组线性无关向量所有整数的线性组合构成的集合,其中 $\{b_1,b_2,\cdots,b_k\}$ 是格的一组基,基向量的维数 n 称为格 Λ 的维数,k 称为格 Λ 的秩。当格的维数等于秩时,则称为满秩格。当格的维数大于秩时,则称为超秩格。如果格中所有向量元素都是整数,则称为整数格。如果格 Λ 的一个子集 Λ_1 依然构成格,则称 Λ_1 为 Λ 的子格。下面介绍一些基本概念,包括格的基、对偶格以及连续极小值。

定义 3.4 行列式绝对值 $|\det(\boldsymbol{U})|=1$ 的整数方阵 $\boldsymbol{U}\in\boldsymbol{M}_{k\times k}$ 称为幺模矩阵。

定理 3.2 格基 $\boldsymbol{B}=\{b_1,b_2,\cdots,b_k\}\subset\mathbf{R}^{n\times k}$,矩阵 $\boldsymbol{B}'\in\mathbf{R}^{n\times k}$ 是格 $\mathrm{L}(\boldsymbol{B})$ 的一组基的充要条件是:$\boldsymbol{B}'=\boldsymbol{BU}$。

定义 3.5 格 $\mathrm{L}(\boldsymbol{B})$ 的生成空间的定义为:$\mathrm{span}[\mathrm{L}(\boldsymbol{B})]=\mathrm{span}(\boldsymbol{B})=\{\boldsymbol{B}y\mid y\in\mathbf{R}^n\}$。

当 $\mathrm{L}(\boldsymbol{B})$ 为满秩格时,$\mathrm{span}(\boldsymbol{B})$ 为整个实数空间。

定义 3.6 格 $\mathrm{L}(\boldsymbol{B})$ 的基础平行多面体的定义为:$P[\mathrm{L}(\boldsymbol{B})]=\{\boldsymbol{B}x\mid x\in\mathbf{R}^n,\forall i:0\leqslant x_i\leqslant 1\}$。

格的基础平行多面体能反映出格基的形状,对于维数 n 的格 $\mathrm{L}(\boldsymbol{B})$,格中任意 n 个线性无关向量 $b_1,b_2,\cdots,b_k$ 构成一组基当且仅当 $P(b_1,b_2,\cdots,b_n)\cap\mathrm{L}=\{0\}$。

定义 3.7:$\mathbf{R}^n$ 中 $\mathrm{L}(\boldsymbol{B})$ 的对偶格 L^* 的定义如下:$\mathrm{L}^*=\{y:\langle x,y\rangle\in\mathbf{Z},x\in\mathrm{L}\}$。

求解一个对偶格就是求解一个非齐次线性方程组的解,这个解空间的维数是 $n-\mathrm{rank}(\mathrm{L})$,对偶格有如下性质:

1. 格及其对偶格维数满足：$\text{Dim}(L)+\text{Dim}(L^*)=n$。

2. 格及其对偶格互为对偶，即$(L)=(L^*)(L^*)^*=L$。

定义 3.8 连续最小量(Successive minimal)：和维数为 m 的格 L 相关的 m 个基本常量，记为 $\lambda_1,\lambda_2,\cdots,\lambda_m$，其中 $\lambda_i(i\in[m])$表示以原点为中心的包含 i 个格 L 中线性无关的最小的球半径(长度)。形式化定义为：$\lambda_1(L)=\inf\{r:\dim[L\cap B(0,r)]\geqslant i\}$。

其中，$B(0,r)=\{x\in\mathbf{R}^n:\|x\|<r\}$表示 n 维的以原点为中心，半径长度 r 维的未封闭球。

由定义可知，λ_1 是格 L 的最短向量长度，且有 $\lambda_1\leqslant\lambda_2\leqslant\cdots\leqslant\lambda_m$。

2. 离散高斯分布

随着格密码研究的深入，格上的离散高斯分布成为格基密码研究的一个重要的工具。本节主要介绍离散高斯分布的基本概念。

定义 3.9 $\mathbf{R}^m$ 上以 $s>0$ 为方差，以 $c\in\mathbf{R}^m$ 为中心的离散高斯分布的密度函数为 $\rho_{s,c}=\exp(\pi\|x-c\|^2/s^2)$。格 $\Lambda_q^\perp(A)$上的离散高斯分布的定义为

$$D_{\Lambda_q^\perp(A),s,c}(x)=\frac{\rho_{s,c}(x)}{\rho_{s,c}[\Lambda_q^\perp(A)]},\tag{3.82}$$

当 s,c 分别取 1 和 0 时，可以省略不写。

下面介绍平滑参数的概念。它是一个临界值，当格上离散高斯分布中 s 的取值大于这个临界值时，使得从此分布中选取的点在模格的单元平行多面体后服从近乎均匀随机分布。而当格上离散高斯分布中 s 的取值小于此值时，所得的分布在单元平行多面体中的分布不是均匀随机的。

定义 3.10 平滑参数(Smoothing Parameter)：给定 n 维格 Λ 和一正实数 $\varepsilon>0$，它的平滑参数 $\eta_\varepsilon(\Lambda)$是使得 $\eta_{1/s}(\Lambda^*\backslash\{0\})\leqslant\varepsilon$ 成立的最小的 s 值。

平滑参数的上界可以根据下面的定理界定。

定理 3.3 对任意 n 维格 Λ 和实数 $\varepsilon=2^{-n}$，$\eta_\varepsilon(\Lambda)\leqslant n/\lambda_1(\Lambda^*)$。

定理 3.4 对任意秩为 k 的 n 维格 Λ 和实数 $\varepsilon>0$，

$$\eta_\varepsilon(\Lambda)\leqslant\lambda_k(\Lambda)\cdot\sqrt{\lg[2k(1+1/\varepsilon)]/\pi},\tag{3.83}$$

对任意函数 $\omega(\sqrt{\lg n})$，存在一个可忽略的 $\varepsilon(n)$，满足 $\eta_\varepsilon(\Lambda)\leqslant\lambda_k(\Lambda)\cdot\omega(\sqrt{\lg n})$。

定理 3.5 对任意秩为 k 的 n 维格 Λ 和实数 $\varepsilon>0$，

$$\eta_\varepsilon(\Lambda)\leqslant\frac{\sqrt{\lg[2k/(1+1/\varepsilon)]/\pi}}{\lambda_k^\infty(\Lambda^*)},\tag{3.84}$$

对任意函数 $\omega(\sqrt{\lg n})$，存在一个可忽略的 $\varepsilon(n)$，满足 $\eta_\varepsilon(\Lambda)\leqslant\omega(\sqrt{\lg n})/\lambda_k(\Lambda^*)$。

定理 3.6 对任意 n 维格 Λ，以 $c\in\mathbf{R}^n$ 为中心，给定实数 $\varepsilon>0$ 和 $s\geqslant2\eta_\varepsilon(\Lambda)$，则对任意的 $x\in\Lambda$ 都满足

$$D_{\Lambda,s,c}(x)\leqslant\frac{1+\varepsilon}{1-\varepsilon}\cdot2^{-n},\tag{3.85}$$

尤其是当 $\varepsilon<1/3$，$D_{\Lambda,s,c}$ 的最小熵是 $n-1$。

定理 3.7 对任意 n 维格 Λ，$c\in\text{span}(\Lambda)$，$\varepsilon\in(0,1)$以及 $s>\eta_\varepsilon(\Lambda)$，有

$$\Pr_{x\sim D_{\Lambda,s,c}}[\|x-c\|>s\sqrt{n}]\leqslant\frac{1+\varepsilon}{1-\varepsilon}\cdot2^{-n}.\tag{3.86}$$

3. 困难随机格

在格基公钥密码的构造中，有两类整数格十分重要。在这两种类型的格中，每个向量 $\boldsymbol{x}$

的元素都是定义在有限域 F_q 上，所以称之为 q 模格。

定义 3.11 设有 $\boldsymbol{A}\in \boldsymbol{Z}_q^{n\times m}$，整数 n,m,q，则有 q 模格定义为

$$\Lambda_q(\boldsymbol{A})=\{\boldsymbol{x}\in \boldsymbol{Z}_q^m:\boldsymbol{x}=\boldsymbol{A}^{\mathrm{T}}\boldsymbol{s} \bmod q,\ \forall s\in \boldsymbol{Z}^n\},\tag{3.87}$$

$$\Lambda_q^{\perp}(\boldsymbol{A})=\{\boldsymbol{x}\in \boldsymbol{Z}_q^m:\boldsymbol{A}\boldsymbol{x}=0 \bmod q\}.\tag{3.88}$$

从式(3.87)及式(3.88)中可以看出 $\Lambda_q^{\perp}(\boldsymbol{A})$，$\Lambda_q(\boldsymbol{A})$都为 m 维整数格，而且互为对偶格。有时将 q、$\boldsymbol{A}$ 省略，记为 Λ 和 $\Lambda^{\perp}$。

q 模格也称为困难随机格(由 Ajtai 提出)，因为任意格上的困难问题都可以规约为此类格上困难问题，所以可以将此类格的实例作为构造密码方案来使用。Regev 指出 LWE 问题实际上可以被看作 $\Lambda_q(\boldsymbol{A})$上的有界距离解码问题。鉴于此，很多基于格的密码方案都使用 q 模格来构造。下边介绍关于这两类格的一些重要定理。

定理 3.8 给定正整数 n,m,q，其中 q 为素数，$m\geqslant 2n\lg q$。对矩阵 $\boldsymbol{A}\in \boldsymbol{Z}_q^{n\times m}$(最多有 q^{-n} 部分的 $\boldsymbol{A}\in \boldsymbol{Z}_q^{n\times m}$ 除外)，由 $\boldsymbol{A}$ 的列向量构成的子集可以张成整个 $\boldsymbol{Z}_q^n$，即对每一个 $u\in \boldsymbol{Z}_q^n$，都存在向量 $\boldsymbol{e}\in \boldsymbol{Z}^m$，满足 $u=\boldsymbol{A}\boldsymbol{e} \bmod q$。

定理 3.9 给定正整数 n,m,q，其中 q 为素数，$m\geqslant 2n\lg q$。对随机矩阵 $\boldsymbol{A}\in \boldsymbol{Z}_q^{n\times m}$(最多有 q^{-n}部分的 $\boldsymbol{A}\in \boldsymbol{Z}_q^{n\times m}$ 除外)以及任意高斯参数 $s\geqslant\omega(\sqrt{\lg n})$，从离散高斯分布 $D_{Z^m,s}$ 中抽取的向量 $\boldsymbol{e}$，$u=\boldsymbol{A}\boldsymbol{e} \bmod q$ 的分布和 $\boldsymbol{Z}_q^n$ 上的均匀分布是统计接近的。进一步，给定 $u\in \boldsymbol{Z}_q^n$ 和满足 $\boldsymbol{A}t=u \bmod q$ 的任一变量 $t\in \boldsymbol{Z}_q^m$，那么服从离散高斯分布 $D_{Z^m,s}$ 且满足 $\boldsymbol{A}\boldsymbol{e}=u \bmod q$ 的条件分布是 $t+D_{\Lambda^{\perp},s,-t}$。

3.4.3 困难问题

接下来将介绍格上的一些困难问题：最短向量问题、最近向量问题、小整数解问题。然后介绍著名的 LWE 问题，最后以半张量积运算为基础构建 LWE 问题的一个变种问题：STP-LWE，并证明其困难性。

1. 格上的困难问题

最短向量问题(Shortest Vector Problem，SVP)和最近向量问题(Closest Vector Problem，CVP)是在格上定义的两个基础的困难问题。SVP 被证明在随机规约下是 NP-hard 问题，而 CVP 被证明在确定性规约下是 NP-C 问题。

定义 3.12 (SVP)设 $\boldsymbol{B}$ 是格 Λ 的一组基，$d\in \mathbf{R}$，SVP 问题是在格 Λ 上寻找一个非零向量 $\boldsymbol{u}$ 满足：对任意格上的向量 $\boldsymbol{v}\in\Lambda$，有 $\|\boldsymbol{v}\|\geqslant\|\boldsymbol{u}\|$ 成立。

定义 3.13 (CVP)给定 $\boldsymbol{B}$ 是格 Λ 的一组基，$\boldsymbol{t}$ 为目标向量。CVP 问题是在格 Λ 上寻找一个非零向量 $\boldsymbol{u}$ 满足：对任意格上的向量 $\boldsymbol{v}\in\Lambda$，有 $\|\boldsymbol{v}-\boldsymbol{t}\|\geqslant\|\boldsymbol{u}-\boldsymbol{t}\|$ 成立。

定义 3.14 (Shortest Independent Vector Problem，SIVP)在给定的一个 n 维格 Λ 及其一组基 $\boldsymbol{B}$，有理数 r，SIVP 问题要求输出 n 个线性无关的格向量 $\boldsymbol{S}$，使得 $\|\boldsymbol{S}\|\leqslant r\lambda_n$，其中 $\|\boldsymbol{S}\|=\max_i\|s_i\|$。

小整数解 SIS(Small Integer Solution)是求解模 q 的齐次线性方程组的小整数解问题，也是在模 q 格 $\Lambda_q^{\perp}(\boldsymbol{A})$上寻找短的非零向量问题。

定义 3.15 (SIS 问题)给定整数 q，均匀随机的矩阵 $\boldsymbol{A}\in \boldsymbol{Z}_q^{n\times m}$ 和实数 β，求解满足 $\boldsymbol{A}\boldsymbol{e}=0 \bmod q$ 的整数向量 $\boldsymbol{e}\in \boldsymbol{Z}^m$，且 $\|\boldsymbol{e}\|\leqslant\beta$。

Ajtai证明了求解一般情况下SIS问题的困难性和求解最差情况下的近似最短向量长度问题、Unique-SVP和近似SIVP的困难性是相同的。随后不少研究者着力对以上近似问题中的近似因子进行研究。

非齐次小整数解问题ISIS(Inhomogeneous Small Integer Solution)是SIS问题的一个变体,它是求解模q的非齐次线性方程组的小整数解问题。

定义3.16 (ISIS问题)给定整数q,均匀随机的矩阵$\boldsymbol{A}\in \mathbf{Z}_q^{n\times m}$,$\boldsymbol{u}\in \mathbf{Z}_q^m$和实数$\beta$,求解满足$\boldsymbol{Ae}=\boldsymbol{u} \bmod q$的整数向量$\boldsymbol{e}\in \mathbf{Z}^m$,且$\|\boldsymbol{e}\|\leqslant\beta$。

2. LWE问题

本节介绍带差错的学习问题(Learning with Errors,LWE),它包括查找Decision型和判定Search型两种。

先作如下定义,设有整数$q\geqslant 2$,满足$\mathbf{Z}_q$上的概率分布χ和一个向量$\boldsymbol{s}\in \mathbf{Z}_q^n$,其中$n\in \mathbf{Z}^+$表示维数,定义$A_{s,x}$是一个通过计算$\{\boldsymbol{a},\boldsymbol{a}^{\mathrm{T}}\boldsymbol{s}+x(\bmod q)\}$得到的在$\mathbf{Z}_q^n\times\mathbf{Z}_q$上的分布,其中$\boldsymbol{a}\leftarrow\mathbf{Z}_q^n$和$x\leftarrow\chi$都是均匀的且独立的。

定义3.17 (Decision型LWE问题)对于任意给定的整数$q=q(n)$和$\mathbf{Z}_q^n$上的分布χ,在平均情况下Decision型LWE问题是要区分$A_{s,x}$分布和$\mathbf{Z}_q^n\times\mathbf{Z}_q$上的均匀分布。

定义3.18 (Search型LWE问题)对于任意给定的整数$q=q(n)$和$\mathbf{Z}_q^n$上的分布χ,通过给定分布$A_{s,x}$的多项式个抽样,以不可忽略的概率求解出向量$\boldsymbol{s}$。

Regev指出LWE问题可以看作q模格上的有界距离解码问题(对每个系数加上一个符合概率分布χ的混淆值)。Regev使用量子归约算法证明了一般情况下$\mathrm{LWE}_{q,x}$问题和最坏情况下任意n维格上的SVP和SIVP的困难等价性。Peikert使用传统归约算法证明了一般情况搜索LWE问题和最差情况GapSVP困难性是等同的。

3. STP-LWE问题

本节将半张量积运算引入LWE问题,提出了基于原来LWE的新的难问题STP-LWE问题。下面先介绍半张量积的概念。

半张量积(semi-tensor product,STP)是一种新型的矩阵乘法,它可以进行行列不相等时的矩阵乘法运算,是对传统矩阵乘法的扩展。半张量积运算是进行NFSR周期问题研究的主要数学工具。本书中半张量积运算使用符号“â”表示。

定义3.19 设$\boldsymbol{a}$是一个kl维的行向量,$\boldsymbol{b}$是一个l维的列向量。把$\boldsymbol{a}$分解为相同大小的块$\boldsymbol{a}^1,\boldsymbol{a}^2,\cdots,\boldsymbol{a}^l$,每一块的大小为$1\times k$行。半张量积的运算方法为

$$\begin{cases} \boldsymbol{a}\,\hat{a}\,\boldsymbol{b} = \sum_{i=1}^{l}\boldsymbol{a}^i b_i \in \mathbf{R}^k \\ \boldsymbol{b}^{\mathrm{T}}\,\hat{a}\,\boldsymbol{a}^{\mathrm{T}} = \sum_{i=1}^{l} b_i\,(\boldsymbol{a}^i)^{\mathrm{T}} \in \mathbf{R}^k \end{cases}. \tag{3.89}$$

定义3.20 设$\boldsymbol{P}\in \boldsymbol{M}_{r\times l}$和$\boldsymbol{Q}\in \boldsymbol{M}_{s\times t}$,当$s$是$l$的整数倍时,即$kl=s$,设$\boldsymbol{P}\prec_k\boldsymbol{Q}$;当$l$是$s$的整数倍时,即$l=ks$,设$\boldsymbol{P}\succ_k\boldsymbol{Q}$;那么$\boldsymbol{P}$与$\boldsymbol{Q}$之间的半张量积运算可以定义为:$\boldsymbol{W}=\boldsymbol{P}\,\hat{a}\,\boldsymbol{Q}$,$\boldsymbol{W}$矩阵由$r\times t$块组成,那么每一块是:

$$\boldsymbol{W}^{ij}=\boldsymbol{P}^i\,\hat{a}\,\boldsymbol{Q}_j,\ i=1,\cdots,r,\ j=1,\cdots,t, \tag{3.90}$$

其中,$\boldsymbol{P}^i$是$\boldsymbol{P}$矩阵的第i行,$\boldsymbol{Q}_j$是$\boldsymbol{Q}$矩阵的第j列。

STP-LWE 问题 LWE 将计算$\{\boldsymbol{a},\boldsymbol{a}^{\mathrm{T}}\boldsymbol{s}+x(\bmod q)\}$扩展 $\boldsymbol{a}^{\mathrm{T}}$ 的列数与 $\boldsymbol{s}$ 的行数不相等的情况，并证明了 STP-LWE 问题的安全性。

设有整数 $q\geqslant 2$，满足 $\mathbf{Z}_q$ 上的概率分布 χ，和一个向量 $\boldsymbol{s}\in\mathbf{Z}_q^{n/k}$，其中 $n\in\mathbf{Z}^+$ 表示维数，再定义 $A_{s,\underbrace{\chi,\chi,\cdots,\chi}_{k}}$ 是一个通过计算$\{\boldsymbol{a},\boldsymbol{a}^{\mathrm{T}}\ \hat{\mathrm{a}}\boldsymbol{s}+(x_1,x_2,\cdots,x_k)(\bmod q)\}$得到的在 $\mathbf{Z}_q^n\times\underbrace{\mathbf{Z}_q\times\mathbf{Z}_q\times\cdots\times\mathbf{Z}_q}_{k}$上的分布，其中 $\boldsymbol{a}\leftarrow\mathbf{Z}_q^n$ 和 $x_1,x_2,\cdots,x_k\leftarrow\chi$ 都是均匀的且独立的。所有的操作都在 $\mathbf{Z}_q$ 上进行。

定义 3.21 （n/k 维的 Decision 型 STP-LWE 问题）对于任意给定的整数 $q=q(n)$和 $\mathbf{Z}_q^n$ 上的分布 χ，在 average-case 条件下 n/k 维的 Decision 型 STP-LWE$_{q,\underbrace{\chi,\chi,\cdots,\chi}_{k}}$问题是要区分 $A_{s,\underbrace{\chi,\chi,\cdots,\chi}_{k}}$分布上一个均匀的秘密 $\boldsymbol{s}\leftarrow\mathbf{Z}_q^{n/k}$ 和 $\mathbf{Z}_q^n\times\underbrace{\mathbf{Z}_q\times\mathbf{Z}_q\times\cdots\times\mathbf{Z}_q}_{k}$上的均匀分布。

定义 3.22 （n/k 维的 Search 型 STP-LWE 问题）对于任意给定的整数 $q=q(n)$和 $\mathbf{Z}_q^n$ 上的分布 χ，在 average-case 条件下 n/k 维的 Search 型 STP-LWE$_{q,\underbrace{\chi,\chi,\cdots,\chi}_{k}}$问题定义为：通过给定分布 $A_{s,\underbrace{\chi,\chi,\cdots,\chi}_{k}}$的多项式个抽样，以不可忽略的概率求解出向量 $\boldsymbol{s}\in\mathbf{Z}_q^{n/k}$，其中 $\boldsymbol{s}$ 为给定的一个实例$\{\boldsymbol{a},\boldsymbol{a}^{\mathrm{T}}\ \hat{\mathrm{a}}\boldsymbol{s}+(x_1,x_2,\cdots,x_k)(\bmod q)\}$。

从上述定义可以看出 STP-LWE 问题是对 LWE 问题的扩展。当 $k=1$ 时，n/k 维的 Decision 型 STP-LWE 问题就退化成了原始的 Decision 型 LWE 问题。同理当 $k=1$ 时，n/k 维的 Search 型 STP-LWE 问题就退化成了原始的 Search 型 LWE 问题。因为 STP-LWE 问题是由多个向量构成的，所以 STP-LWE 问题可以表示成为矩阵的形式：$\{\boldsymbol{A},\boldsymbol{A}^{\mathrm{T}}\ \hat{\mathrm{a}}\boldsymbol{s}+(x_1,x_2,\cdots,x_k)(\bmod q)\}$，其中 $\boldsymbol{A}\in\mathbf{Z}_q^{n\times m}$，$\boldsymbol{s}\in\mathbf{Z}_q^{n/k}$ 是一个秘密向量，$x_1,x_2,\cdots,x_k$ 来自服从 χ^m 的分布。下边来证明求解 Search 型 STP-LWE 问题的困难性。

定理 3.10 假设 LWE$_{q,\chi}$是困难问题，则 n/k 维的 Search 型 STP-LWE$_{q,\underbrace{\chi,\chi,\cdots,\chi}_{k}}$问题也是困难问题。

证明：用反证法来证明。

情况 1：当 $k=2$ 时，Search 型 STP-LWE$_{q,\chi,\chi}$问题可以表示为：$(b_1,b_2)=\boldsymbol{A}^{\mathrm{T}}\ \hat{\mathrm{a}}\boldsymbol{s}+(x_1,x_2)$，其中 $b_1,b_2\in\mathbf{Z}_q^m$，$x_1,x_2\in\chi^m$。假设能够找到向量 $\boldsymbol{s}\in\mathbf{Z}_q^{n/2}$ 不是一个难问题。

由半张量积的性质，有 $\boldsymbol{A}^{\mathrm{T}}\ \hat{\mathrm{a}}\boldsymbol{s}=\boldsymbol{A}^{\mathrm{T}}(\boldsymbol{s}\otimes I_2)=\boldsymbol{A}^{\mathrm{T}}(s_1,s_2)$，其中，

$$s_1=\boldsymbol{s}\otimes\begin{pmatrix}1\\0\end{pmatrix}=\begin{pmatrix}s_1\\0\\\vdots\\s_{n/2}\\0\end{pmatrix},s_2=\boldsymbol{s}\otimes\begin{pmatrix}0\\1\end{pmatrix}=\begin{pmatrix}0\\s_1\\\vdots\\0\\s_{n/2}\end{pmatrix}. \tag{3.91}$$

因此，$(b_1,b_2)=\boldsymbol{A}^{\mathrm{T}}\ \hat{\mathrm{a}}\boldsymbol{s}+(x_1,x_2)$。

也可以表示成$\begin{cases}\boldsymbol{A}^{\mathrm{T}}s_1+x_1=b_1\\\boldsymbol{A}^{\mathrm{T}}s_2+x_2=b_2\end{cases}$.

很明显这就是两个 LWE$_{q,\chi}$的实例。从前边的假设可知，如果在 STP-LWE$_{q,\chi,\chi}$求解 $\boldsymbol{s}\in$

$\mathbf{Z}_q^{n/2}$ 不是一个难问题，则等式 $(b_1, b_2) = \mathbf{A}^{\mathrm{T}} \hat{a} \mathbf{s} + (x_1, x_2)$ 就可以被求解，那么方程组 $\begin{cases} \mathbf{A}^{\mathrm{T}} s_1 + x_1 = b_1 \\ \mathbf{A}^{\mathrm{T}} s_2 + x_2 = b_2 \end{cases}$ 也可以被求解，则 $\mathrm{LWE}_{q,\chi}$ 就不是困难问题。

情况2：当 $k>2$ 时，n/k 维的 Search 型 $\text{STP-LWE}_{q,\underbrace{\chi,\chi,\cdots,\chi}_{k}}$ 问题也成立，其证明方法与情况1相同。命题得证。

随着 k 值的增加，n/k 维的 Search 型 $\text{STP-LWE}_{q,\underbrace{\chi,\chi,\cdots,\chi}_{k}}$ 问题中的 $\mathbf{s} \in \mathbf{Z}_q^{n/k}$ 的维数将会减小。为防止因为 $\mathbf{s}$ 的值过小而导致困难问题不能够抵抗量子攻击，有必要确定 n/k 的下界，根据 GPV08 算法的要求困难问题要满足如下要求：$(n/k) > 2n\lg q$。同理，可知 n/k 维的 Decision 型 STP-LWE 问题也需要满足：$(n/k) > 2n\lg q$ 才能确保抵抗量子攻击。

3.4.4 STP-GPV 算法

接下来将介绍 GPV 对偶密码系统的一个变种。首先，回顾一下 GPV08 对偶密码系统；其次，根据 n/k 维的 STP-LWE 问题提出了 STP-GPV 加密系统，并证明它的正确性和安全性。

1. GPV 对偶密码系统

首先选定一个离散高斯分布 $D_{Z^m,r}$，满足参数 $r \geqslant \omega(\sqrt{\lg m})$，密钥需要在这个分布中选取。所有用户共享一个公共参数矩阵 $\mathbf{A} \in \mathbf{Z}_q^{n \times m}$，其中 $\mathbf{A}$ 为随机均匀生成的矩阵，$\mathbf{A}$ 中的每一个元素都是整数。定义函数 $f_{\mathbf{A}}(\mathbf{e}) = \mathbf{A}\mathbf{e} (\bmod q)$，以下所有的操作都在 $\mathbf{Z}_q$ 下进行。GPV 系统的加解密过程共分为三步。

DualKeyGen：选择一个错误向量 $\mathbf{e} \leftarrow D_{Z^m,r}$ 作为私钥，则公钥为：$\mathbf{u} = f_{\mathbf{A}}(\mathbf{e})$。

DualEnc$(\mathbf{u}, \mathbf{b})$：要加密的明文为 $\mathbf{b} \in \{0,1\}$，$\mathbf{b}$ 只有 1 bit，均匀随机选取向量 $\mathbf{s} \leftarrow \mathbf{Z}_q^n$，计算向量 $\mathbf{p} = \mathbf{A}^{\mathrm{T}} \mathbf{s} + \mathbf{x} \in \mathbf{Z}_q^m$，其中 $\mathbf{x} \leftarrow \chi^m$。输出的密文为：向量 $\mathbf{p}$ 和 1 bit 的密文 $\mathbf{c}$，$(\mathbf{p}, \mathbf{c} = \mathbf{u}^{\mathrm{T}} \mathbf{s} + x + \mathbf{b} \cdot \lfloor q/2 \rfloor) \in \mathbf{Z}_q^m \times \mathbf{Z}_q$，其中 $x \leftarrow \chi$。

DualDec$[\mathbf{e}, (\mathbf{p}, \mathbf{c})]$：计算 $\mathbf{b}' = \mathbf{c} - \mathbf{e}^{\mathrm{T}} \mathbf{p} \in \mathbf{Z}_q$，当 $\mathbf{b}'$ 相比于 $\lfloor q/2 \rfloor$ 更接近于 0，则令 $\mathbf{b}' = 0$；否则 $\mathbf{b}' = 1$。

2. STP-GPV 对偶密码系统

依据 n/k 维的 STP-LWE 问题提出了 STP-GPV 加密系统，这里令 $k=2$，与 GPV 加密系统类似，作如下的定义。首先，选定一个离散高斯分布 $D_{Z^{m/2},r}$，满足参数 $r \geqslant \omega(\sqrt{\lg m})$，密钥需要在这个分布中选取。所有用户共享一个公共参数矩阵 $\mathbf{A} \in \mathbf{Z}_q^{n \times m}$，其中 $\mathbf{A}$ 为随机均匀生成的矩阵，$\mathbf{A}$ 中的每一个元素都是整数。定义函数 $f_{\mathbf{A}}(\mathbf{e}) = \mathbf{A} \hat{a} \mathbf{e} (\bmod q)$，以下所有的操作都在 $\mathbf{Z}_q$ 下进行。STP-GPV 系统的加解密过程共分为三步。

DualKeyGen：选择一个错误向量 $\mathbf{e} \leftarrow D_{Z^{m/2},r}$ 作为私钥，则公钥为 $\mathbf{u} = f_{\mathbf{A}}(\mathbf{e}) = \mathbf{A} \hat{a} \mathbf{e}$。所以有 $\mathbf{u} = (u_1, u_2)$，其中 $u_1, u_2 \leftarrow \mathbf{Z}_q^n$。

DualEnc(u_1, u_2, b_1, b_2)：要加密的明文为 $b_1, b_1 \in \{0,1\}$，b_1, b_2 为 2 bit 的明文，均匀随机选取向量 $\mathbf{s} \leftarrow \mathbf{Z}_q^n$，计算向量 $\mathbf{p} = \mathbf{A}^{\mathrm{T}} \mathbf{s} + \mathbf{x} \in \mathbf{Z}_q^m$，其中 $\mathbf{x} \leftarrow \chi^m$。输出的密文为：$(\mathbf{p}, c_1 = u_1^{\mathrm{T}} \mathbf{s} + x_1 + b_1 \cdot \lfloor q/2 \rfloor, c_2 = u_2^{\mathrm{T}} s + x_2 + b_2 \cdot \lfloor q/2 \rfloor) \in \mathbf{Z}_q^m \times \mathbf{Z}_q \times \mathbf{Z}_q$，其中 $x_1, x_2 \leftarrow \chi$，向量 $\mathbf{p}$ 和 2 bit 的密文 c_1, c_2。

DualDec$[e, (\mathbf{p}, c_1, c_2)]$：计算 $(b_1', b_2')^{\mathrm{T}} = (c_1, c_2)^{\mathrm{T}} - \mathbf{e}^{\mathrm{T}} \hat{a} \mathbf{p} \in \mathbf{Z}_q$，当 b_1' 相比于 $\lfloor q/2 \rfloor$ 更接近

于 0,则令 $b_1'=0$,否则 $b_1'=1$;当 b_2' 相比于 $\lfloor q/2 \rfloor$ 更接近于 0,则令 $b_2'=0$,否则 $b_2'=1$。

根据上面的介绍可知,当 $k=2$ 时,n/k 维的 STP-GPV 加密系统可以实现一次加密2 bit的明文,一次解密 2 bit 的密文。类似的当 $k>2$ 时,STP-GPV 加密系统就可以一次加密 k bit明文,一次解密 k bit 密文。k 的值越大,一次加解密的 bit 越多,但同时密钥长度就越短,在相同的安全参数 A 下,系统的安全性就越低,但系统的效率就越高。所以 STP-GPV 加密系统可以在同一个的安全参数下,实现多种安全级别的加解密。下面来证明STP-GPV 加解密的正确性。

$$
\begin{aligned}
&(b_1,b_2)^{\mathrm{T}}\\
&=(c_1,c_2)^{\mathrm{T}}-\boldsymbol{e}^{\mathrm{T}}\hat{\mathrm{a}}\boldsymbol{p}\in \boldsymbol{Z}_q\\
&=(u_1^{\mathrm{T}}\boldsymbol{s}+x_1+b_1\cdot\lfloor q/2\rfloor,u_2^{\mathrm{T}}\boldsymbol{s}+x_2+b_2\cdot\lfloor q/2\rfloor)^{\mathrm{T}}-\boldsymbol{e}^{\mathrm{T}}\hat{\mathrm{a}}(\boldsymbol{A}^{\mathrm{T}}-\boldsymbol{s}+\boldsymbol{x})\\
&=(u_1^{\mathrm{T}}s,u_2^{\mathrm{T}}\boldsymbol{s})^{\mathrm{T}}+(x_1,x_2)^{\mathrm{T}}+(b_1\cdot\lfloor q/2\rfloor,b_2\cdot\lfloor q/2\rfloor)^{\mathrm{T}}-(\boldsymbol{e}^{\mathrm{T}}\hat{\mathrm{a}}\boldsymbol{A}^{\mathrm{T}}\boldsymbol{s})-(\boldsymbol{e}^{\mathrm{T}}\ \ \boldsymbol{x}).
\end{aligned}
\tag{3.92}
$$

式(3.92)中的

$$
(\boldsymbol{e}^{\mathrm{T}}\hat{\mathrm{a}}\boldsymbol{A}^{\mathrm{T}}\boldsymbol{s})=(\boldsymbol{A}\ \ \boldsymbol{e})^{\mathrm{T}}\boldsymbol{s}=(u_1,u_2)^{\mathrm{T}}\boldsymbol{s}=\begin{pmatrix}u_1^{\mathrm{T}}\\u_2^{\mathrm{T}}\end{pmatrix}\boldsymbol{s}=\begin{pmatrix}u_1^{\mathrm{T}}\boldsymbol{s}\\u_2^{\mathrm{T}}\boldsymbol{s}\end{pmatrix}=(u_1^{\mathrm{T}}\boldsymbol{s},u_2^{\mathrm{T}}\boldsymbol{s})^{\mathrm{T}},\tag{3.93}
$$

$$
(x_1,x_2)^{\mathrm{T}}-(\boldsymbol{e}^{\mathrm{T}}\hat{\mathrm{a}}\ \ \boldsymbol{x})=(x_1,x_2)^{\mathrm{T}}-(\boldsymbol{e}^{\mathrm{T}}\otimes I_2)\boldsymbol{x}.\tag{3.94}
$$

令:$\delta_1=\begin{pmatrix}1\\0\end{pmatrix},\delta_2=\begin{pmatrix}0\\1\end{pmatrix}$则有

$$
(x_1,x_2)^{\mathrm{T}}-(\boldsymbol{e}^{\mathrm{T}}\hat{\mathrm{a}}\ \ \boldsymbol{x})=(x_1,x_2)^{\mathrm{T}}-(\boldsymbol{e}^{\mathrm{T}}\delta_1\boldsymbol{x},\boldsymbol{e}^{\mathrm{T}}\delta_2\boldsymbol{x},)^{\mathrm{T}}=(x_1-\boldsymbol{e}^{\mathrm{T}}\delta_1\boldsymbol{x},x_2-\boldsymbol{e}^{\mathrm{T}}\delta_2\boldsymbol{x})^{\mathrm{T}}.\tag{3.95}
$$

根据 GPV08,有 $x_1-\boldsymbol{e}^{\mathrm{T}}\delta_1\boldsymbol{x}\ \|\leqslant\frac{q}{5}$,$x_2-\boldsymbol{e}^{\mathrm{T}}\delta_2\boldsymbol{x}\ \|\leqslant\frac{q}{5}$,因此有如下结论:

$$
(x_1,x_2)^{\mathrm{T}}-(\boldsymbol{e}^{\mathrm{T}}\hat{\mathrm{a}}\ \ \boldsymbol{x})\ \|_{\infty}=\max\{\ \|\ x_1-\boldsymbol{e}^{\mathrm{T}}\delta_1\boldsymbol{x}\ \|,\|\ x_2-\boldsymbol{e}^{\mathrm{T}}\delta_2\boldsymbol{x}\ \|\ \}\leqslant\frac{q}{5},
$$

所以加解密的正确性得证。

算法的安全性等同于原来的 GPV 对偶加密系统,n/k 维的 STP-GPV 加密方案在 n/k 维的 $\mathrm{LWE}_{q,\chi}$ 问题下 CPA 是安全而且是匿名安全的。

3.4.5 实验仿真

本节从理论和实践两个方面对 STP-GPV 加密系统的安全性与效率做了分析。首先讨论了 STP-GPV 加密系统在选取不同的 k 值时,公钥规模、私钥规模和密文扩张率的情况,对比效果如表 3.4 所示。

表 3.4 STP-GPV 加密系统公钥规模、私钥规模和密文扩张率对比

	k 值	公钥大小	私钥大小	密文扩张率
GPV08	$k=1$	$n\lg q$	$m\lg q$	$m+1$
STP-GPV	$k=2$	$2n\lg q$	$m/2\lg q$	$m/2+1$

从表 3.4 中发现,相同的安全参数下,随着 k 值的增大,公钥规模逐渐增大、私钥规模逐渐减小和密文扩张率逐渐减小。具体来说,在满足基本安全需求的前提下,k 值增大后,私钥的规模缩小为原来的 $1/k$,可用于加密明文的公钥扩展为原来 k 倍,进行一次加密运算可以同时加密 k bit 明文。这样,随着私钥规模的缩小,整个安全性降低,但同时系统在效率方

面的优势开始逐渐体现，进行一次加密运算可以加密的明文随着 k 值的增大而逐渐增多。但需要强调的是，k 值不可能无限的大，系统需要满足最低的安全需求，关于 k 值的范围会在后边根据具体的参数进行讨论。

这里使用 Matlab 2010 实现 STP-GPV 加密系统，并做了实验仿真。具体的实验条件如下：Windows 7，64 位操作系统，Service Pack 1；台式机的硬件配置为：4 核 3.30G，Intel(R)Core(TM)i3-2120 处理器，2G 内存。

STP-GPV 加密系统中的主要参数为：$n=250$，$m=8\,000$，$q=127$，令程序运行 100 次求相关计算过程的平均值，达到如表 3.5 所示的结果。

表 3.5 STP-GPV 加密系统运行效率

	k 值	密钥生成时间/s	加密时间/s	解密时间/s
GPV08	$k=1$	7.746	0.464 1	0.001 225
STP-GPV	$k=2$	3.860	0.236 9	0.000 817

从表 3.5 中可以看出，$k=2$ 时系统的密钥生成时间、加密时间和解密时间都只是 $k=1$ 时相应时间的一半。需要注意的是，当 $k=2$ 时，系统一次加密可以加密 2 bit 的明文，一次解密也可以解密 2 bit 的密文。所以当 $k=2$ 时，系统效率提升为原来的 2 倍以上。实验效果和表 3.4 中理论推导相互印证，可见 STP-GPV 加密系统实现了灵活的加密，它可以在同一套安全参数下，让用户在效率和安全性之间进行选择。

下面讨论 k 值的范围，显然当 $k=1$ 时，STP-GPV 加密系统就退化成了原来的 GPV08 加密系统，也就是说 k 的最小值取 $k=1$。另外，k 的最大值一定是与系统选取的其他安全参数有关，这里还是确定：$n=250$，$m=8\,000$，$q=127$，随着 k 值的逐渐增大，m/k 的值逐渐变小，也就是说密钥的规模逐渐变小，系统的安全性逐渐降低。在目前的安全需求下，要求密钥长度大于 80 bit，即：$q^{m/k}>2^{80}$。通过前面的参数值可以确定，要满足现有的安全需求 k 值要满足：$k<700$。在此基础上，在 $k\in(1,700)$ 选取 5 个不同 k 值。表 3.6 展示了 k 值不同时，系统的密钥生成时间、一次加密的时间、加密 1 bit 明文的时间、一次解密的时间和解密 1 bit 密文的时间。

表 3.6 5 个安全级别下 STP-GPV 加密系统运行效率

k	密钥生成时间/s	一次加密的时间/s	加密 1 bit 明文的时间/s	一次解密的时间/s	解密 1 bit 密文的时间/s
5	1.396	0.155 2	0.031 04	8.17E-4	1.634E-4
10	0.736 1	0.144 8	0.014 48	1.14E-3	1.14E-4
50	0.225 3	0.143 8	0.002 876	7.201E-3	1.44E-4
100	0.067 97	0.146 5	0.001 465	1.330 5E-2	1.331E-4
500	0.015 94	0.155 5	0.000 311	6.364 6E-2	1.273E-4

从表 3.6 中可以看出，随着 k 值的增大，系统的密钥生成时间、一次加密的时间、加密 1 bit明文的时间、一次解密的时间都相应的减少。只有解密 1 bit 密文的时间变化不大，这主要是因为原来 GPV08 算法的解密流程相对简单，STP-GPV 算法对原来系统的影响不大。

第4章 大数据安全

由硬件摩尔定律、云计算、数据挖掘作为技术推动,移动计算、社交网络作为业务推动,催生了大数据技术的产生,并建立了迅猛发展的生态体系。大数据已经逐渐成为当今时代最关键的生产要素和商品形态,也是当前社会从工业经济向知识经济转变的重要特征。大数据将代表着信息技术未来发展的战略走向,以大数据为代表的数据密集型科学将成为新一代技术变革的基石。

大数据带来的不仅是数据体量的变化,更是思维的变革,是静态存储数据向动态流处理数据的变革。在大量数据产生、收集、存储和分析的过程中,会涉及一些传统的安全问题,也涉及一些新的安全问题,并且这两类问题会随着数据规模、处理过程、安全要求等因素而被放大。同时,大数据的 4V+1C 特性,即 Volume(大量)、Velocity(高速)、Variety(多样)、Veracity(真实)及 Complexity(复杂),也使得大数据在技术和管理等方面面临新的安全威胁与挑战。

本章介绍了从大数据到大数据安全的基本概念,同时阐述了一些关于大数据安全保障的关键技术,并结合其发展现状对大数据安全进行了典型案例的分析。

4.1 大数据概述

4.1.1 大数据的时代背景

随着信息技术的飞速发展,移动互联网、云计算、物联网等技术相继进入人们的日常工作和生活,以博客、社交网络、基于位置服务为代表的新型信息发布方式不断涌现,全球数据信息量呈指数式爆炸增长之势。根据国际数据公司(International Data Corporation,IDC)发布的研究报告显示,2011 年全球数据总量为 1.8 ZB(1ZB 等于 1 万亿 GB),预计到 2020 年,全球数据总量将超过 40 ZB,估计是地球上所有海滩上沙粒数量的 57 倍,平均下来相当于地球上每个人产生 5 200 GB 的数据。

各领域新技术、新工艺的不断出现,引领着新思维的产生,改变着人们的生活。智能终端的快速普及、通信网络的升级换代、应用程序的丰富多彩、海量数据的深入分析使得移动互联网的发展速度正在逐步超过传统互联网,这些新技术的产生与发展,客观上为大数据的产生奠定了基础。

如今,大数据已经发展成为全社会的资源,各个行业既是大数据的创造者,也是大数据的消费者。面向未来,各个行业和领域都应积极盘活大数据资产,发挥大数据的社会价值和经济价值,为拉动信息消费、形成以大数据服务产业为核心的高黏性信息服务产业生态做出应有的贡献。图4.1描述了大数据在各领域潜在的广泛应用。

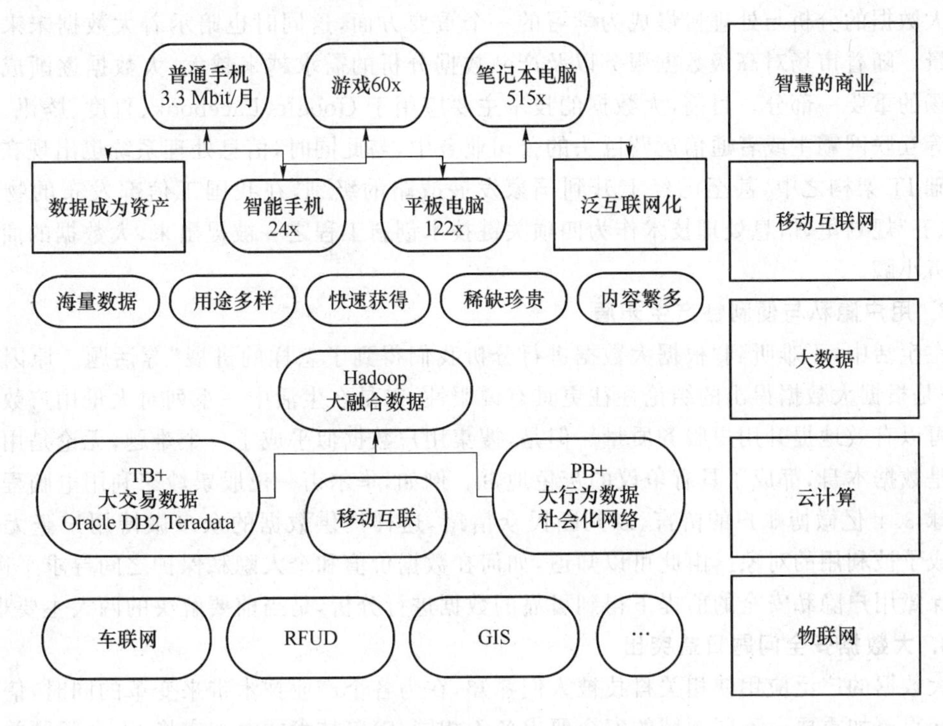

图4.1 大数据在各领域潜在的广泛应用

4.1.2 大数据的基本概念

大数据或称巨量资料，是指一些使用目前现有数据库管理工具或传统数据处理应用很难处理的大型而复杂的数据集。具有5大特征：海量的数据规模、快速的数据流转、动态的数据体系、多样的数据类型和巨大的数据价值。目前人们谈论最多的是大数据技术和大数据应用，而大数据基于工程和科学的问题尚未被重视。

前文提及，大数据具有4V+1C特性，它的体量十分大，PB级已是常态，产生速度与生长速度都非常大，要求极高的实时性。同时，它的种类繁多，一般包括结构化、半结构化和非结构化等多类数据，另外，它的真实性是大数据走向权威的必要保障，而其复杂性则使得大数据的处理与分析任务变得十分艰巨。

4.1.3 大数据的机遇与挑战

大数据在带来众多机遇的同时，也带来了一系列不可忽视的挑战。

1. 数据挖掘广泛应用于市场

大数据的热潮改变了人们的生活方式，人们对于大数据的使用也不再仅限于存储或者传输，而是过渡到数据的挖掘与应用。大数据可以有效地针对不同业务部门的具体需求，基于数据逻辑建立合理的模型，按照需求采用合并、汇总业务数据等方法，以满足业务分析、数据挖掘和查询需求的变化。消费者的需求不再笼统，而具有个性化。大数据针对不同人群和领域，在各行各业的应用逐步显现，正改变着市场的运作方式。

2. 大数据的商业价值持续增长

大数据的分析与处理慢慢成为学习的一个重要方面，这同时也暗示着大数据未来的广阔前景。随着市场对高级数据服务以及产品数据分析的需求越来越大，大数据逐渐成为新型市场的重要一部分。目前，大数据的技术主要应用于Google、Facebook、百度、腾讯、中国移动等互联网霸主或者通信运营巨头的公司业务中，与此同时，信息处理系统也出现在企业的基础IT架构之中，甚至已经上升到国家发展战略的级别，在我国工信部发布的物联网"十二五"规划里，信息处理技术作为四项关键技术创新工程之一被提出来，大数据的商业价值不可小觑。

3. 用户隐私与便利性产生矛盾

在生活中，不难听到"根据大数据进行分析我们得到了怎样的进展"等话题。原因有两个：一是根据大数据得出的结论往往更具有说服性；二是在生活中一系列对大量用户数据的分析可以有效地提升用户服务质量。但是，搜集用户数据似乎成了一个难题，无论是用户隐私还是数据本身，都成了具有争议的灰色地带。例如，华尔街一位股票炒家利用电脑程序分析全球3.4亿微博账户的留言，以判断民众情绪，这样提供数据的众多微博用户毫无疑问地就成了被利用的对象。由此可以知道，如何在数据价值和个人隐私保护之间寻求平衡，如何在保障用户隐私安全的前提下得到可靠的数据进行分析，是当前要解决的两大主要难题。

4. 大数据安全问题日益突出

大数据的广泛应用使相关科技被人们熟知，在为各个产业技术带来变革的同时，信息安全也变得更加重要。不同领域的安全要求各不相同，随着技术的叠加交换，安全问题并不是简单的随之相加，信息安全所面临的各种挑战层出不穷。安全问题不仅关系到财产安全，更加关系到每个人的人身安全。

4.1.4 大数据与云计算

谈到大数据，不可避免地要提及云计算技术，云计算技术是大数据处理的基础，它是一种基于互联网的新型计算方式，通过互联网异构、自治的服务为个人和企业用户提供按需即取的计算、软件和信息。

大数据与云计算的关系包括两个层面：一是云计算的资源共享、高可扩展性、服务特性可以用来搭建大数据平台，数据管理和运营是大数据挖掘及知识生产的基础；二是大数据技术对存储、分析、安全的需求，促进了云计算架构、云存储、云安全技术的快速发展和演进，推动了云服务与云应用的落地。

4.2 大数据安全

4.2.1 大数据安全定义

数据的不断增多使得数据安全和隐私保护问题日渐突出，各种安全事件给企业和组织敲响了警钟。在数据的整个生命周期里，企业需要遵守比以往更严格的合规标准和保密规定。随着数据存储和分析使用的安全性和隐私保护要求越来越高，传统的数据保护方法常常无法满足需求。网络和数字化生活使得黑客更容易获得他人的相关信息，有了更多不易被追踪和防范的犯罪手段。因此,大数据对于数据安全和隐私保护是一个重大挑战。

大数据安全(Big Data Security)通常是指研究如何保护大数据的安全,包括针对大数据计算和大数据存储的安全性,因此可以认为大数据安全应该包括两个层面的含义:保障大数据安全和大数据用于安全,如图 4.2 所示。前者是指保障大数据计算过程、数据形态、应用价值的处理技术安全,涉及大数据自身安全问题;后者则是利用大数据技术提升信息系统安全效能和能力的方法,涉及如何解决信息系统安全问题。

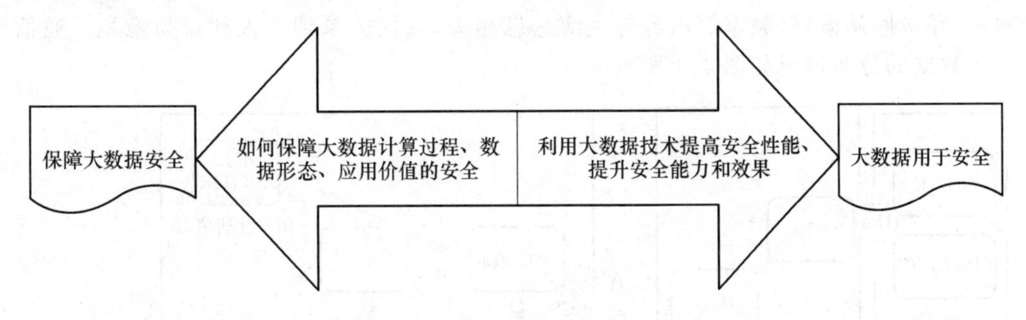

图 4.2　大数据安全内涵

4.2.2　不同领域的大数据安全要求

1. 互联网行业

互联网是近年的热门行业,也是产生大数据的主力,云计算和物联网也进一步推动了数据的暴涨。互联网公司基于大数据分析技术提升自身服务的主要情况如图 4.3 所示。360 董事长兼 CEO 周鸿祎在数博会演讲时明确提到,如果没有一个好的对大数据安全的保护,我们今天所有设想的大数据可能都会变成空中楼阁。

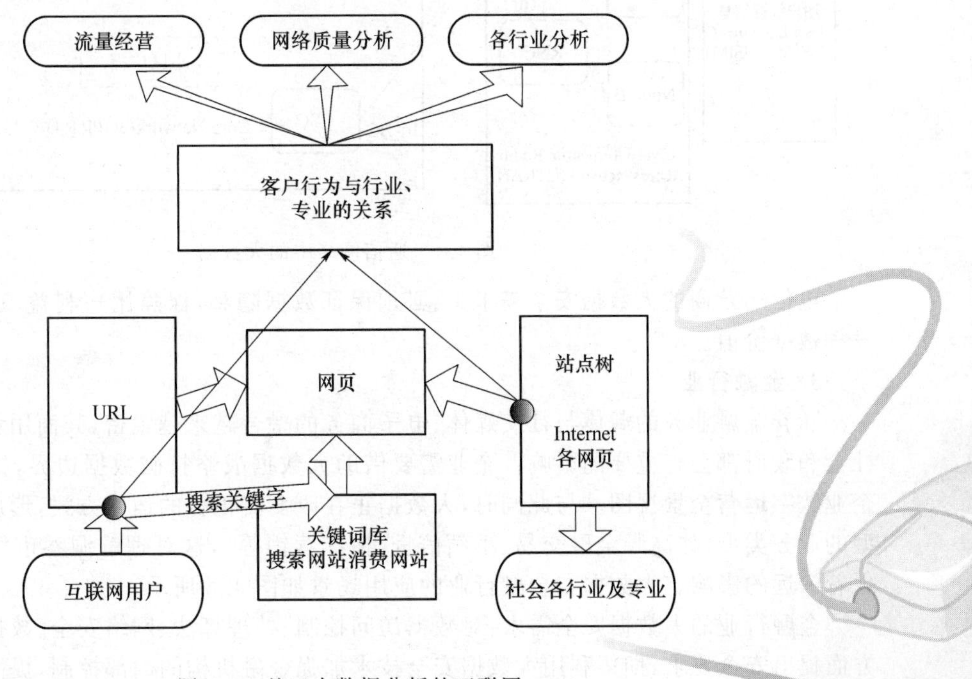

图 4.3　基于大数据分析的互联网

互联网企业的大数据安全需求是:保证用户在互联网上个人信息不被别人私自盗用,在对大数据进行有效的安全存储基础上,利用智能挖掘技术在海量数据中合理发现和发掘商业机会与商业价值,执行过程中严格执行大数据安全监管和审批管理。目前迫切需要针对用户隐私保护的安全标准、法律法规、行业规范。

2. 电信行业

运营商记录了大量的用户信息,这些数据和信息,如用户属性、通信消费数据、GPS 行走轨迹、登录网站偏好、频率等内容与生活息息相关,直接关系到个人利益与隐私。通信网络中大数据的分布情况如图 4.4 所示。

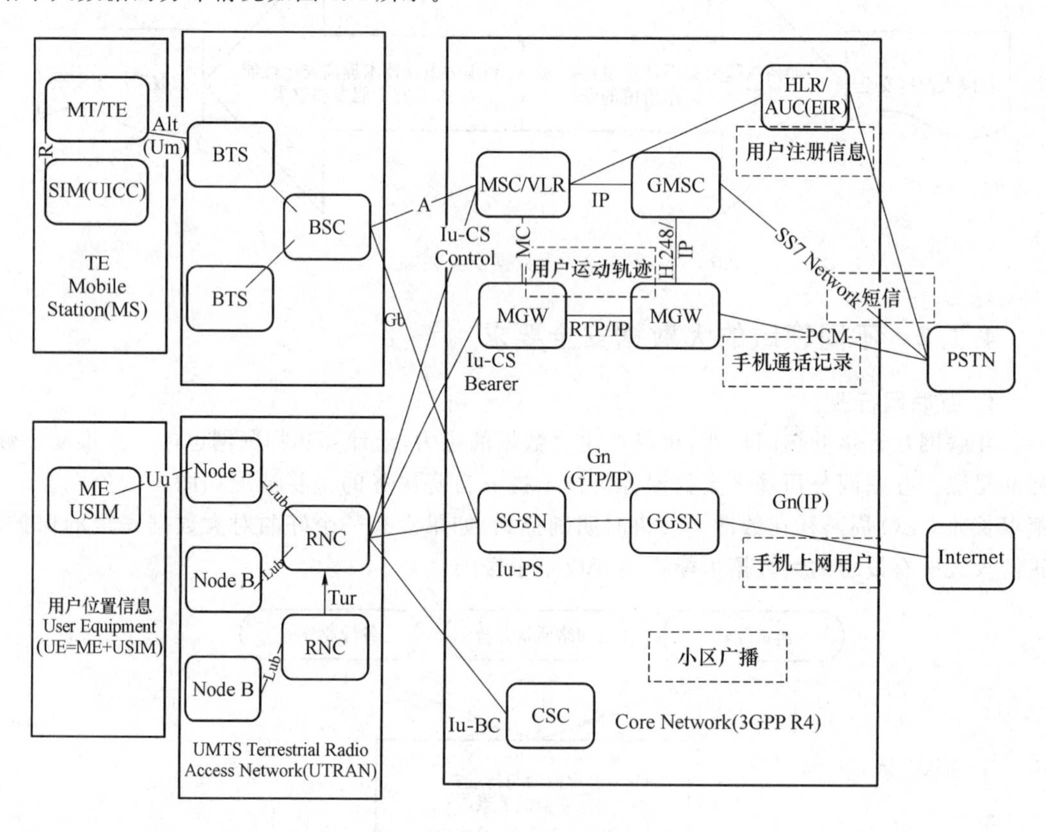

图 4.4　通信网络中的大数据

电信运营商的大数据安全需求是:必须保证数据隐私,保障用户利益,在此基础上充分发挥数据价值。

3. 金融行业

随着金融业务的载体与社交媒体、电子商务的融合越来越紧密,其商用价值对企业甚至社会和政府都会有重要的影响。企业需要借助大数据战略打破数据边界,构建更为全面的企业数字运营全景视图。与此同时,大数据正在改变着银行的运作方式,形成了一些较为典型的业务类型(如高频金融交易、小额信贷、精准营销等),这对理解洞察市场和客户方面产生着深远的影响。大数据在金融行业的应用场景如图 4.5 所示。

金融行业的大数据安全需求:对数据访问控制、处理算法、网络安全、数据管理和应用等方面提出安全要求,期望利用大数据安全技术加强金融机构的内部控制,提高金融监管和服务水平,防范和化解金融风险。

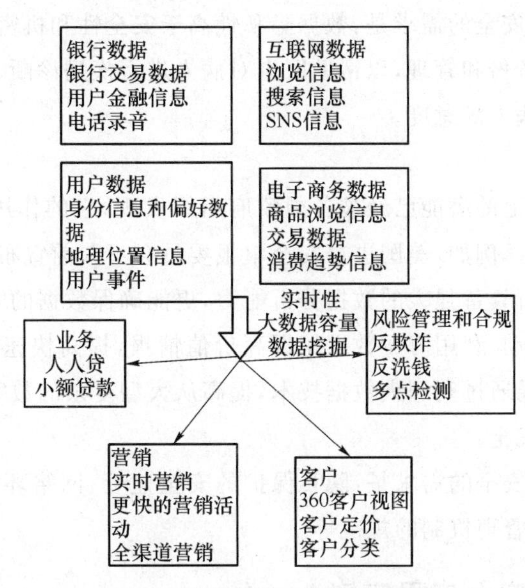

图 4.5　金融业的大数据应用场景

4. 医疗行业

医疗和大数据结缘始于医疗数字化，病历、影像、远程医疗等都会产生大量的数据，在医疗服务行业上，大数据可应用于临床诊断、远程监控、药品研发、防止医疗诈骗、分析由生活方式和行为引发的疾病等方面。据麦肯锡研究报告显示，医疗大数据的分析会为美国产生 3 000 亿美元的价值，可减少 8% 的国家医疗保健的支出。医疗离不开数据，数据用于医疗，大数据的基础为医疗服务行业提出的“生态”概念的实现提供了有力的保障。医疗大数据在不同层面的相关解决方案如图 4.6 所示。

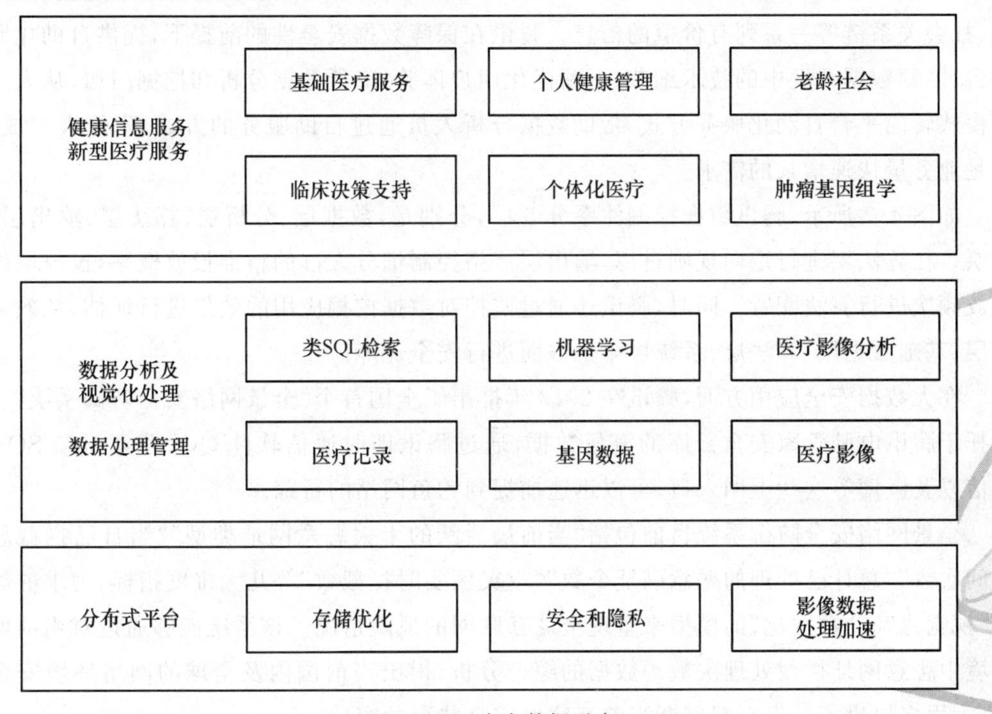

图 4.6　医疗大数据平台

医疗行业对大数据安全的需求是:数据隐私性高于安全性和机密性,同时要安全可靠的数据存储、完善的数据备份和管理,以帮助医生对病人进行疾病诊断、药物开发、管理决策和完善医院服务等,提高病人满意度。

5. 政府组织

大数据分析在安全上的潜能已经被各国政府组织发现,它的作用在于能够帮助国家构建更加安全的网络环境。例如,美国进口安全申报委员会不久前宣布,通过 6 个关键性的调查结果证明,大数据分析具备强大的数据分析能力,更能确保数据的安全性。美国国防部已经在积极部署大数据行动,利用海量数据挖掘高价值情报,提高快速响应能力,实现决策自动化,而美国中央情报局通过利用大数据技术,提高从大型复杂的数字数据集中提取知识和观点的能力,加强国家安全。

政府组织对大数据安全的需求是:隐私保护的安全监管、网络环境的安全感知、大数据安全标准的制定和安全管理机制的规范等。

4.2.3 大数据安全应用实例

大数据环境中的数据保护和隐私保护是国内外政府、企事业单位以及研究机构重点关注的问题。国内外研究机构在大数据环境中的数据保护和隐私保护方面已取得了一定的研究成果。接下来就国内几个典型案例进行分析。

1. 腾讯大数据安全

作为中国大型互联网综合服务提供商,腾讯在全球拥有大量的 QQ、微信、微博以及视频用户。腾讯公司将这些海量的用户信息汇聚在一起,通过分析得到用户的兴趣爱好、归属地、社会关系链等一系列有价值的信息。腾讯在保障数据安全性的前提下,提供自助化服务平台,隐藏数据开发中的技术细节,不断优化用户体验,降低数据分析和挖掘门槛,从人工服务模式转向平台自动化服务方式,帮助数据分析人员通过自助服务的方式,降低人工成本,满足业务量快速增长的需求。

如图 4.7 所示,腾讯数据挖掘体系分 5 层,分别是:数据层、分析层、算法层、输出层、投放层。在算法层进行定向规则过滤,输出层严格控制细分人群的精准投放概率,投放层控制投放频次进行算法配置。同时,腾讯还通过监控对数据挖掘应用的效果进行评估,从效果分析层、基础数据层、算法层、系统层 4 个方面进行安全保障。

在大数据安全应用方面,腾讯在 2013 年推出了全国首个“全景网络安全防御系统”。它依托于腾讯电脑管家安全云库的海量数据,通过腾讯即时通信软件 QQ、搜索引擎 SOSO、微信以及微博等这些上网入口,可以迅速捕捉到钓鱼网站的行踪。

全景网络安全防御系统目前包括“当前最活跃的十大恶意网址类型”“当日已拦截恶意访问次数”“总计已处理的恶意网址个数”“重灾区实时拦截数”等几大维度指标,力求能够通过“视觉化”和“数据化”的模型来呈现全球互联网的风险情况。该系统能够通过对当前网络环境中恶意网址拦截处理次数等数据的综合分析,得出当前国内及全球的网络环境安全评级,为用户提供了一扇直观判断当前互联网安全状况的窗口。

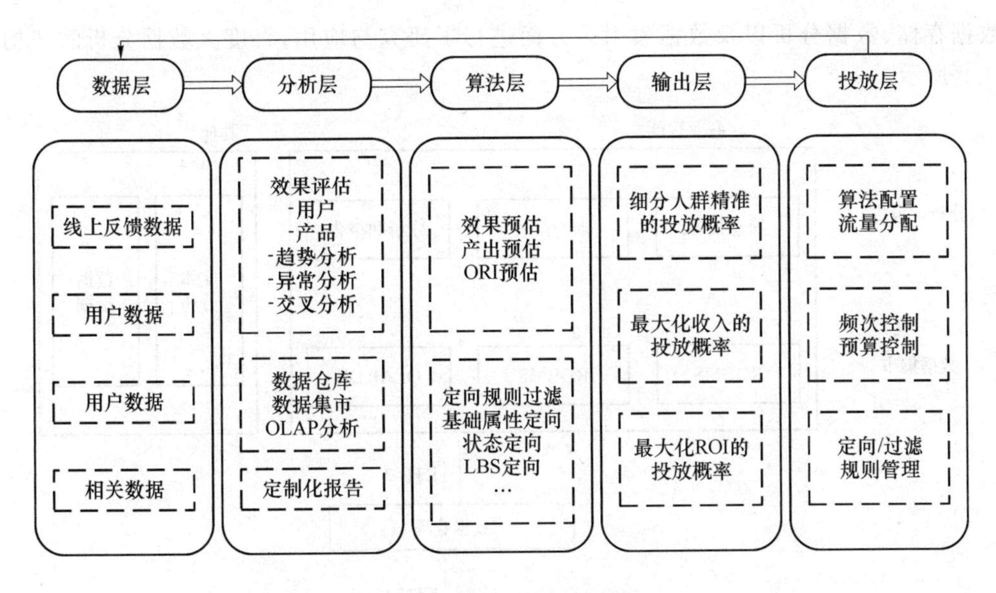

图 4.7　腾讯数据挖掘处理流程

2. 阿里巴巴大数据安全

阿里云梯 Hadoop 集群采用了 HDFS 和 MapReduce 技术，承载着淘宝、天猫、一淘、聚划算、CBU、支付宝等应用与服务。为了实现原始表、中间表、元数据共享，避免重复计算和存储，在阿里云梯 Hadoop 集群上构建了阿里巴巴数据交换中心，平台架构如图 4.8 所示。

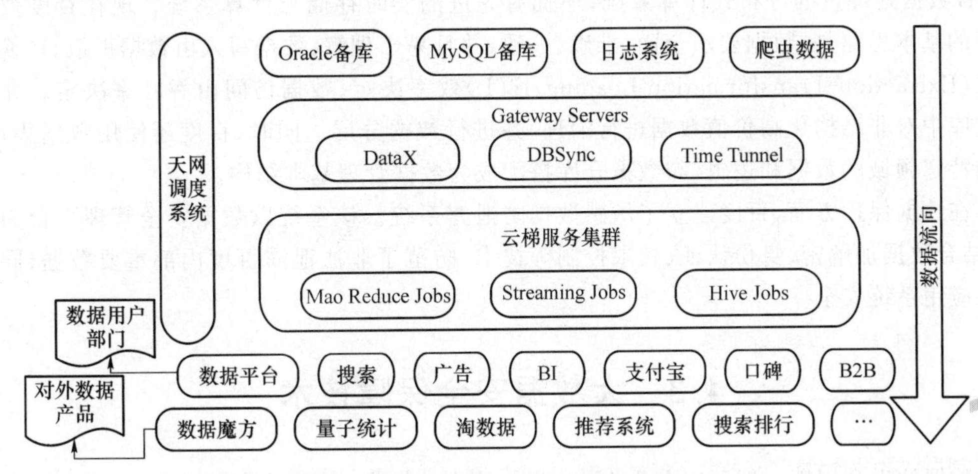

图 4.8　阿里集群核心业务数据平台架构

阿里巴巴数据交换平台的功能是打通、整合集团数据，为用户提供个性化服务，构建统一的大数据开发平台。交换平台的安全防护策略主要有：数据作为资产进行管理和开放，在数据管理层，采用了安全预警、质量监控、元数据、逻辑以及生命周期管理等策略；在数据开放层，采用了审计、计量、监控等策略。

3. 百度基础大数据的防护

作为全球最大的中文搜索引擎之一，百度也在数据处理领域进行积极的探索。自 2011 年开始，百度的思路逐渐从以计算为中心转变为以数据为中心。2013 年，百度重点在大规模数据存储、数据分析以及数据索引等方面进行了研究与应用,百度大数据分析的架构如图 4.9 所示。

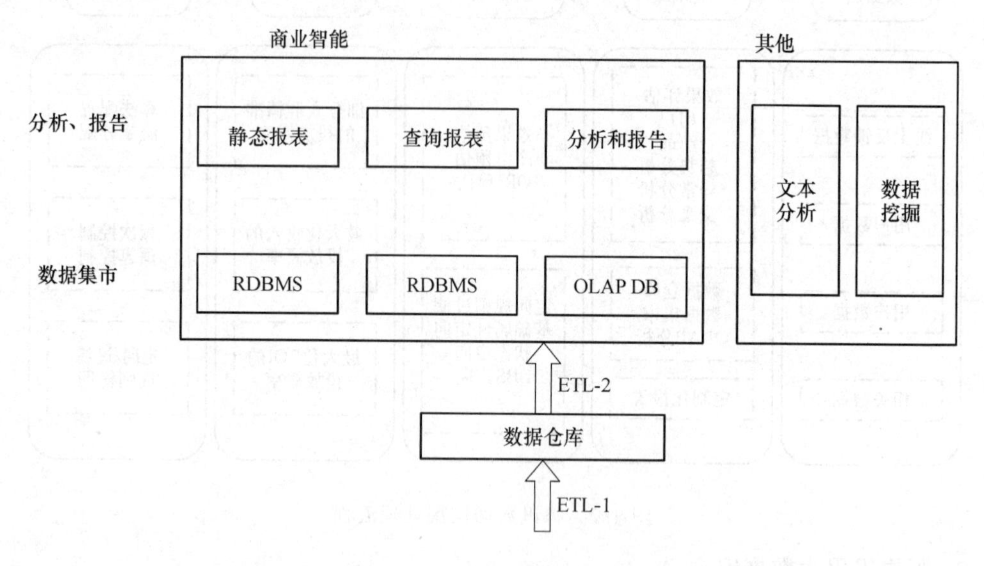

图 4.9　百度大数据分析架构

百度认为基础架构能力的强弱会影响分析速度,进而影响迭代速度,目前支撑着百度快速迭代的正是其强大的基础架构能力。百度不仅建立了统一的分布式存储系统,可支持上百 PB 数据处理量的分布式计算系统,还拥有先进的实时存储与计算系统。现在百度数据仓库的基本思路是:数据要求全面、准确、一致,并且易于理解;数据写入由数据提取、转换和加载(Extraction-Transformation-Loading,ETL)效率决定;数据访问由吞吐率决定。在数据仓库中对非结构化高价值数据进行治理,并进行数据分层。同时,百度还使用数据集市,增加特定领域的数据和逻辑,与数据仓库搭配成为数据管理基本结构。

在数据保护方面,百度建立了敏感数据防泄露系统。该系统以数据安全管理平台为基础,结合数据加解密、身份认证、权限控制等技术,防范了非法泄露百度内部重要数据,同时确保应用系统安全。

4.3　大数据安全保障技术

数据的生命周期一般可以分为生成、变换、传输、存储、使用、归档、销毁 7 个阶段,现在将这些阶段进行合并精简,可以将其应用过程划分为采集、存储、挖掘、发布 4 个环节。

数据采集环节是指数据的采集与汇聚、清洗与集成,其主要的安全问题是数据汇聚过程中的传输安全问题;数据存储环节是指数据汇聚完毕后大数据的存储,需要保证数据的机密性和可用性,提供隐私保护;数据挖掘是指从海量数据中抽取出有用信息的过程,需要认证挖掘者的身份、严格控制挖掘的操作权限,防止机密信息的泄露;数据发布是指将有用信息输出给应用系统,需要进行安全审计,并保证对可能的机密泄露进行数据溯源。

本节以大数据的生命周期为主线,针对大数据在各个应用阶段面临的安全风险,阐述大数据安全保障的关键技术。

4.3.1 数据采集安全技术

大数据的数据来源十分多样,包括数据库、文本、图片、视频、网页等各类结构化、非结构化及半结构化数据。因此,大数据处理的第一步是从数据源采集数据并对其进行预处理操作,为后继流程提供统一的高质量的数据集。由于大数据的来源不一,可能存在不同模式的描述,甚至存在矛盾。因此,在数据集成过程中对数据进行清洗,以消除相似、重复或不一致的数据是非常必要的。

本节将首先介绍关于数据清洗和集成的知识,继而讨论数据采集过程中的传输安全要求,再简要介绍虚拟专用网在大数据传输过程中的应用。

1. 大数据清洗框架

大数据技术的核心是数据分析,在真正解决大数据问题时,三分之二的工作量是大数据清洗,大数据清洗是大数据处理的基础,所以,高效的大数据清洗技术不仅能有效地提高大数据质量,也可以加快大数据处理的整体流程。

首先,介绍一套基于 Spark 的大数据清洗框架,其原理是通过利用 Spark 分布式计算能力,将弹性分布式数据集的操作,封装成大数据清洗的任务单元,再通过组合,串联成完整的大数据清洗流水线,实现大数据清洗。

该框架能够重用大数据清洗功能组件,灵活配置清洗流程,充分利用 Spark 的高速计算性能,实现高可扩展性,满足实际环境中复杂的大数据清洗需求,彻底解决大数据清洗问题,加快大数据整体处理流程。

众所周知,大数据清洗是指对于数据内容的降噪、转换,从而提高数据质量,为后续大数据分析做铺垫。大数据清洗代表数据的基本操作,一方面,大数据清洗包含了对于数据基本操作的实现;另一方面,大数据清洗为大数据分析提供准确高质量的数据,是大数据起始阶段的主要工作内容。

大数据清洗与传统数据清洗的概念一致,都是对于数据的基本操作变换,输入低质量的噪声数据,输出符合格式需要的高质量数据,不仅仅提高了数据分析的效率,也极大提高了数据分析的正确性。但是,在具体的技术实现上,大数据技术与传统数据完全不同,在数据规模、数据处理速度以及数据的多样性上都有本质的不同,与传统数据清洗相比,两者最明显的区别是,大数据技术已经是在分布式计算领域的技术范畴,而传统数据处理,依然处于单个计算节点的软件模式。

在大数据处理技术领域,目前已经形成了两套基于分布式计算框架的生态系统,一套基于 Hadoop MapReduce,包括 Storm(伪实时数据流处理系统)、Hive(实现 HQL 语言的处理系统)与 Pig(侧重数据分析算法的处理系统),另外一套就是 Spark。

大数据清洗技术的进一步提高,主要是因为传统的基于 Hadoop 的系统无法满足业务需求及设备成本过高这两方面因素。在业务需求方面,从历史数据分析与实时数据流处理来看,Hadoop 虽然能够处理大数据,但是效率较低,设备成本过高,根据一项 Spark 官方实验数据对比,对于 100 TB 数据量的排序算法实验中,Spark 使用 206 个亚马逊 EC2 配置的集群,需要花费 206 分钟才完成了 100 TB 数据的排序,而 Hadoop 需要 2 100 个计算节点仅仅花费 72 分钟就能完成。

下面,具体介绍一下基于 Spark 的大数据清洗框架。

目前基于 Spark 的 ETL 还处于比较原始的阶段，针对一个具体的大数据清洗任务，往往需要编写对应的大数据清洗 Spark 程序，打包之后，通过 Spark 提供的脚本或者 Launcher 接口提交到集群上运行，Spark 程序之间无法进行数据共享，只能独立地清洗数据。所以，基于 Spark 实现大数据清洗，其实也就是依赖于原始编程实现，在扩展性方面受到极大的限制，也不利于高效地完成复杂的大数据清洗任务。

为了避免重复构建 Spark 程序，通过大数据清洗流水线的概念，将一个大数据任务细分，通过一些已有的大数据清洗操作单元组合，完成大数据清洗。这种方式能够使得大数据清洗更加灵活，极大增强扩展性，复杂的大数据清洗也能快速完成。

Spark-ETL 是为了解决大数据清洗而设计的技术框架，框架核心，即大数据清洗系统，提供众多细分的大数据清洗操作单元，将这些单元组合成完整的大数据清洗流水线，即可完成大数据清洗。大数据清洗操作单元是独立的 Spark 任务单元，实现了由框架预定义的大数据清洗函数接口，通过 RDD 实现了不同单元之间数据内存层面的共享传递，单元功能从原始数据获取，到最终高质量的清洁数据存入大数据仓库，或者继续进行大数据分析。构建的大数据清洗流水线主要包括提取、转换、验证以及装载等数据处理步骤，这些步骤各自含有一个或多个大数据清洗单元。

该框架具有以下特性：

(1) 高处理性能，基于 Spark 实现高效的分布式数据清洗系统，以 RDD 为数据封装对象，建立大数据清洗流水线；

(2) 兼容不同的数据源，能够处理不同数据格式，解决大数据多样性问题；

(3) 高可扩展性与高易用性，允许编写自定义大数据清洗单元，大数据清洗任务之间数据共享，能够通过组合已有的大数据清洗操作，完成复杂的数据清洗任务。

2. 大数据集成方法

前面介绍了对数据进行清洗、整理，接下来介绍数据集成的方法。如何把“大数据”时代产生的海量、分散、异构的结构化、半结构化、非结构化的数据信息资源集成起来，分析和挖掘出其潜在的价值，是现阶段所面临的主要问题。因为数据结构由结构化转向无固定结构，数据存储开始采用新的数据存储方式来应对数据爆炸，这导致传统的异构数据集成方法无法适应在海量数据条件下对数据的集成。

由于数据量的急速增加，尤其是非结构化数据的增长使得数据的存储规模不断增长，数据量远远超过了单机所能容纳的数据量，因此就必须采用分布式的存储方式。而在大数据时代很多数据无法事先确定模式，只有在数据出现后才能确定数据的模式，随着数据的增长和演变数据的模式会越来越多。传统的关系数据库不能适应这种数据量大、模式不固定的数据存储，所以提出了基于 No-SQL 解决元数据异构的方法。

非关系型数据库(No-SQL＝Not Only SQL)最早可以追溯到 1991 年 Berkeley DB 的第一版，Berkeley DB 是一个键值存储的 Hash 数据库。No SQL 真正被关注是 2007 年 Google 和 Amazon 的工程师发表的关于 Big Table 和 Dy-namo 的数据库论文，论文描述了这两种新型数据库的设计思想。

Info Sys Technonlgies 的首席技术架构师 SouravM azumder 提出对“非关系型数据库”的一个较为全面的描述：可以用可扩展的松耦合类型数据模式对数据进行逻辑建模；为跨多节点数据分布模型而设计，支持水平伸缩；拥有在磁盘或者内存中的数据持久化的能力；

支持多种“Non-SQL”接口来访问数据。

No-SQL 对比关系型数据库有两个主要的改变：一是数据模式，No-SQL 使用松耦合、可扩展的数据结构，如 Key-Value 键值对、文档、图标等，同样也可以使用关系型数据库的二维表，数据结构在系统运行中动态地更改，这样有利于数字图书馆的非结构化和半结构化数据集成；二是横向的伸缩。No-SQL 就是为分布式系统设计的，支持横向扩展，能够很好地适应飞速增长的海量数据，并且可以在分布式架构下达到较高的性能，例如，新浪的微博系统采用 Redis 作为非关系数据的存储系统，通过 400 多台服务器的分布式运算支撑大量用户的并发数据访问；优酷网根据功能需求采用多种 No-SQL 解决方案，在用户评论系统上使用了 Mongo DB，在运营数据分析及数据挖掘系统中使用了 HBase。数据整合的技术也在日益进步，此处不更多地展开介绍。

3. 大数据传输要求

大数据传输也是大数据安全的一个重要方面，数据传输包括以下几点安全要求。

(1) 机密性：只有预期的目的端才能获得数据。

(2) 完整性：信息在传输过程中免遭未经授权的修改，即接收到的信息与发送的信息完全相同。

(3) 真实性：数据来源的真实可靠。

(4) 防止重放攻击：每个数据分组必须是唯一的，保证攻击者捕获的数据分组不能重发或者重用。

而要达到上述安全要求，一般采用的技术手段如下。

(1) 目的端认证源端的身份，确保数据的真实性。

(2) 数据加密以满足数据机密性要求。

(3) 密文数据后附加 MAC(消息认证码)，以达到数据完整性保护的目的。

(4) 根据分组中加入时间戳或不可重复的标识来保证数据抵抗重放攻击的能力。

目前，虚拟专用网技术常用来保证数据传输安全。虚拟专用网技术(Virtual Private Network，VPN)将隧道技术、协议封装技术、密码技术和配置管理技术结合在一起，采用安全通道技术在源端和目的端建立安全的数据通道，通过将待传输的原始数据进行加密和协议封装处理后再嵌套装入另一种协议的数据报文中，像普通数据报文一样在网络中进行传输。经过这样的处理，只有源端和目的端的用户对通道中的嵌套信息能够进行解释和处理，而对于其他用户而言只是无意义的信息。因此，采用虚拟专用网技术，可以满足安全传输的要求。

4.3.2　数据存储安全技术

大数据环境下，云服务商、数据合作厂商的引入增加了用户隐私数据泄露、企业机密数据泄露、数据被窃取的风险。大数据存储给隐私保护带来了新的挑战，主要包括：大数据中更多的隐私信息存储在不可信的第三方中，极易被不可信的存储管理者偷窥；大数据存储的难度增大，存储方有可能无意或有意地丢失数据或篡改数据，从而使得大数据的完整性得不到保证。为解决上述挑战，应用的技术主要包括加密存储、审计和灾备等，具体介绍如下。

1. 大数据加密存储技术

下面从加密算法和密钥管理两个方面进行介绍。

(1) 加密算法

对于含有敏感信息的大数据来说，将其加密后存储在云端能够保护用户的隐私，然而若使用传统的 DES、AES 等对称加密手段，虽能保证对存储的大数据隐私信息的加解密速度，但其密钥管理过程较为复杂，难以适用于有着大量用户的大数据存储系统。而使用传统的 RSA、Elgamal 等非对称加密手段，虽然其密钥易于管理，但算法计算量太大，不适用于对不断增长的大数据隐私信息进行加解密。数据加密加重了用户和云平台的计算开销，同时限制了数据的使用和共享，造成了高价值数据的浪费。

实际工程中常采取的解决办法是将对称和非对称加密算法结合起来，利用非对称密钥系统进行密钥分配，利用对称密钥加密算法进行数据的加密，尤其是在大数据环境下，加密大量数据时，这种结合尤其重要。当有新的隐私数据文件需要加密时，先通过非对称加密方法(AES 或 RC4)对该文件内容进行快速加密，并将其分布式存储于每个 HDFS 节点上，然后使用对称加密方法对用于加密该文件内容的密钥进行加密，并将结果存储于该数据的头文件中，以此提供对密钥的有效管理。该方法能够很好地实现对大数据隐私信息的存储保护，但是这些加密后的隐私信息需要先经过解密才能在大数据平台中进行运算，其运算结果在存储到大数据平台时同样需要重新加密，这个加解密过程会造成很大的时间开销。

同态加密算法可以允许人们对密文进行特定的运算，而其运算结果解密后与用明文进行相同运算所得的结果一致。全同态加密算法则能实现对明文所进行的任何运算都转化为对相应密文进行恰当运算后的解密结果。将同态加密算法用于大数据隐私存储保护，可以有效省略存储的加密数据在进行分布式处理时的加解密过程。

同态加密是基于数学难题的计算复杂性理论的密码学技术。对经过同态加密的数据进行处理得到一个输出，将这一输出进行解密，其结果与用同一方法处理未加密的原始数据得到的输出结果是一样的。记加密操作为 E，明文为 m，加密得 e，即 $e=E(m)$，$m=E'(e)$。已知针对明文有操作 f，针对 E 可构造 F，使得 $F(e)=E[f(m)]$，这样 E 就是一个针对 f 的同态加密算法。关于同态加密，在其他章节有较详细的介绍。

(2) 密钥管理方案

密钥管理方案主要包括密钥粒度的选择、密钥管理体系以及密钥分发机制。

密钥是数据加密不可或缺的部分，密钥数量的多少与密钥的粒度直接相关。密钥粒度较大时，方便用户管理，但不适合于细粒度的访问控制。密钥粒度小时，可实现细粒度的访问控制，安全性更高，但产生的密钥数量大，难于管理。

适合大数据存储的密钥管理办法主要是分层密钥管理，即“金字塔”式密钥管理体系。这种密钥管理体系就是将密钥以金字塔的方式存放，上层密钥用来加/解密下层密钥，只需将顶层密钥分发给数据节点，其他层密钥均可直接存放于系统中。考虑到安全性，大数据存储系统需要采用中等或细粒度的密钥，因此密钥数量多，而采用分层密钥管理时，数据节点只需保管少数密钥就可对大量密钥加以管理，效率更高。

可以使用基于 PKI 体系的密钥分发方式对顶层密钥进行分发，用每个数据节点的公钥加密对称密钥，发送给相应的数据节点，数据节点接收到密文的密钥后，使用私钥解密获得密钥明文。

2. 大数据审计技术

当用户将数据存储在云服务器中时，就丧失了对数据的控制权。如果云服务提供商不可信,其可能对数据进行篡改、丢弃,却对用户声称数据是完好的。为了防止这种危害,云存储中的审计技术被提出。云存储审计指的是数据拥有者或者第三方机构对云中的数据完整性进行审计。通过对数据进行审计,确保数据不会被云服务提供商篡改、丢弃,并且在审计过程中用户的隐私不会被泄露。当前云存储中的审计主要在以下三个方面进行了研究。

(1) 静态数据的审计模型

可证明的数据持有(Provable Data Possession,PDP)模型,可以对服务器上的数据进行完整性验证。该模型先从服务器上随机采样相应的数据块,并生成持有数据的概率证据,客户端维持着一定数量的元数据,并利用元数据来对证据进行验证。在该模型中,挑战应答协议传输的数据量非常少,因此所耗费的网络带宽较小。

可恢复证明(Proof of Retrievability,POR)模型,主要利用纠错码技术和消息认证机制来保证远程数据文件的完整性和可恢复性。在该模型中,原始文件首先被纠错码编码并产生对应标签,编码后的文件及标签被存储在服务器上。当用户选择服务器上的某个文件块时,可以采用纠错码解码算法来恢复原始文件。POR 模型面临的挑战在于需要构建一个高效和安全的系统来应对用户的请求。

(2) 动态数据的审计模型

上述模型都只能适用于静态数据的审计,无法支持对动态数据的审计。Ateniese 等人改进了 PDP 模型,该模型基于对称密钥加密算法,并且支持数据的动态删除和修改。Wang Q 等改进了 POR 模型,通过引入散列树来对文件块标签进行认证。同时,他们的方法也支持对数据的动态操作,但是此方案无法对用户的隐私进行有效的保护。

(3) 第三方审计方案

在云计算环境下,一个基本的云存储数据审计协议的系统模型,主要包括三个部分:用户、云服务器以及审计人,如图 4.10 所示。第三方审计人,拥有用户没有的能力并且能够代表用户的利益被信任地审计云服务器中存储的文件数据。在这样一个系统模型中,第三方审计(Third Party Auditor,TPA)应该满足如下要求:一是第三方审计能够高效地完成对数据的审计,并且不为用户带来多余的负担;二是第三方审计不能为用户隐私带来脆弱性,基于公钥加密和同态认证,能够在保护用户隐私的情况下完成公开审计。

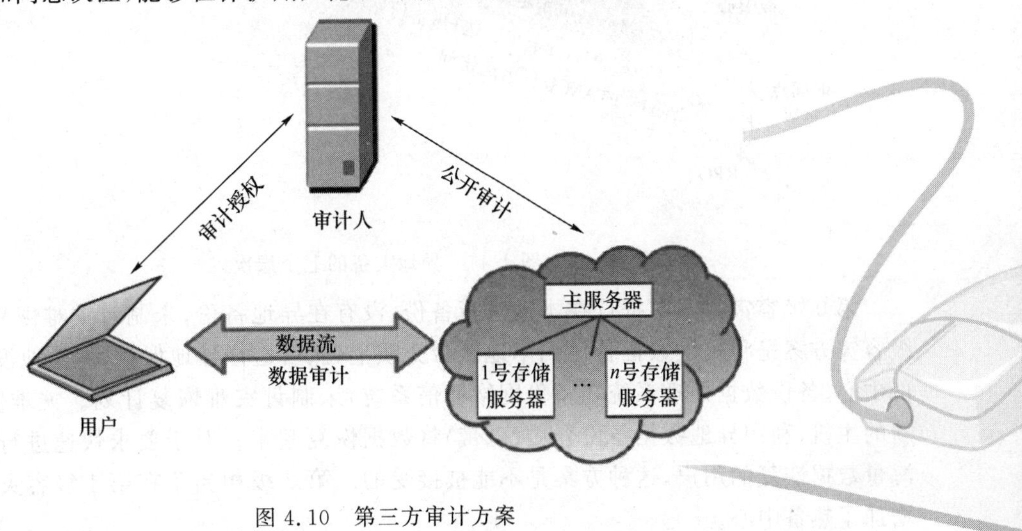

图 4.10 第三方审计方案

随着大数据时代的发展,可以预见到,未来存储在云中的数据会越来越多,这也为大数据审计技术带来了巨大的挑战。在未来的研究中,以下几个方向也许值得研究者关注:一是云中数据量越来越大、数据种类越来越丰富,如何提供更加高效、安全的审计服务;二是随着人们在线上的交互越来越频繁,云中数据动态操作可能更加频繁,如何应对如此频繁的数据动态操作。

3. 数据灾备技术

数据存储系统应提供完备的数据备份和恢复机制来保障数据的可用性和完整性。一旦发生数据丢失或破坏,可以利用备份来恢复数据,从而保证在故障发生后数据不丢失。灾难备份行业的历史性标志是 1979 年在美国宾西法尼亚州的费城(Philadelphia)建立的 SunGard Recovery Services。目前,随着网络带宽不断增加,以及业务系统和备援系统之间的数据传输能力和传输成本不断降低,灾备系统越来越表现出基于网络存储系统技术和宽带网络传输技术的高可靠、高可用和高性能的特点。

从最简单的仅在本地进行磁带备份,到将备份的磁带存储在异地,再到建立应用系统实时切换的异地备份系统,恢复时间也可以从几天级到小时级再到分钟级、秒级或零数据丢失等。异地灾备的定义分 7 个级别,如图 4.11 所示。

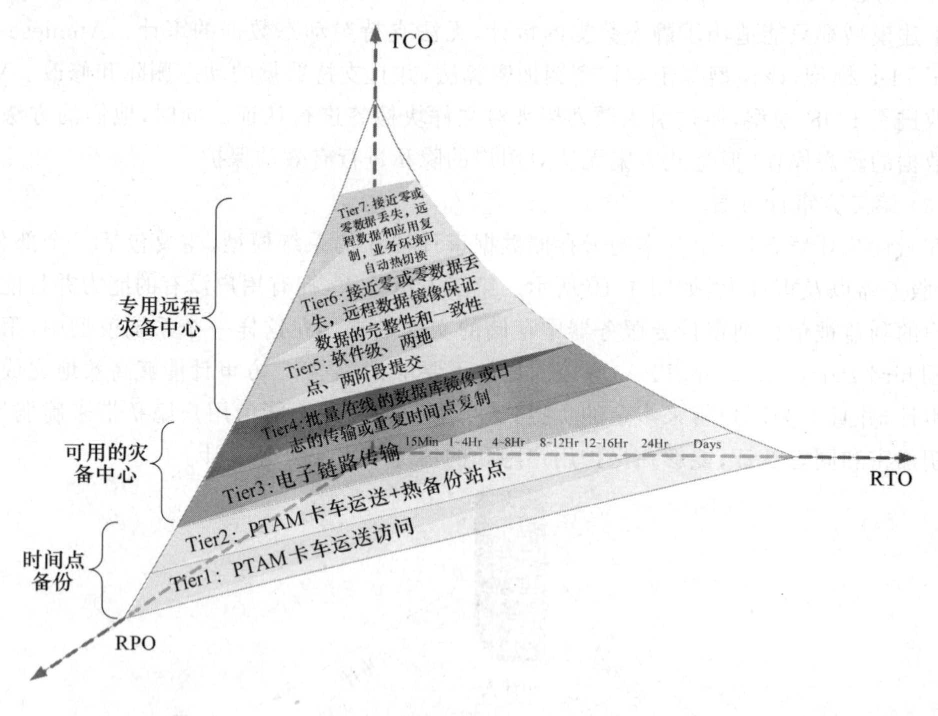

图 4.11 异地灾备的七个层次

第 0 级容灾方案数据仅在本地进行备份,没有在异地备份,未制订灾难恢复计划。第 1 级容灾方案是将关键数据备份到本地磁带介质上,然后送往异地保存,但异地没有可用的备份中心、备份数据处理系统和备份网络通信系统,未制订灾难恢复计划。灾难发生后,使用新的主机,利用异地数据备份介质(磁带)将数据恢复起来。对于要求快速进行业务恢复和海量数据恢复的用户,这种方案是不能被接受的。第 2 级相当于在第 1 级容灾方案基础上增加了热备中心。

上述三种方式目前在大中型企事业等单位中的使用已经趋于淘汰，3 级以上的容灾技术是目前使用较为广泛的技术。

第 3 级容灾方案是通过网络将关键数据进行备份并存放至异地，制订有相应灾难恢复计划，有备份中心，并配备部分数据处理系统及网络通信系统。该等级方案特点是用电子数据传输取代交通工具传输备份数据，从而提高了灾难恢复的速度。利用异地的备份管理软件将通过网络传送到异地的数据备份到主机系统。一旦灾难发生，需要的关键数据通过网络可迅速恢复，通过网络切换，关键应用恢复时间可降低到一天级或小时级。这一等级方案由于备份站点要保持持续运行，对网络的要求较高，因此成本相应有所增加。

第 4 级容灾方案是在第 3 级容灾方案的基础上，利用备份管理软件自动通过通信网络将部分关键数据定时备份至异地，并制订相应的灾难恢复计划。一旦灾难发生，利用备份中心已有资源及异地备份数据恢复关键业务系统运行。

这一等级方案特点是备份数据是采用自动化的备份管理软件备份到异地，异地热备中心保存的数据是定时备份的数据，根据备份策略的不同，数据的丢失与恢复时间达到天级或小时级。但由于该级别备份的特点，业务恢复时间和数据的丢失量还不能满足关键行业对关键数据容灾的要求。

第 5 级容灾方案在前面几个级别的基础上使用了硬件的镜像技术和软件的数据复制技术，也就是说，可以实现在应用站点与备份站点的数据都被更新。数据在两个站点之间相互镜像，由远程异步提交来同步，因为关键应用使用了双重在线存储，所以在灾难发生时，仅仅很小部分的数据丢失，恢复的时间被降低到了分钟级或秒级。

这一等级的方案由于既能保证不影响当前交易的进行，又能实时复制交易产生的数据到异地，所以这一层次的方案是在大中型企业中应用最广泛的一类。许多厂商都有基于自己存储产品的容灾解决方案，如 IBM、EMC 等存储厂商推出的基于远程数据复制技术的解决方案、软件提供商 Veritas 等提供的基于系统软件的数据远程复制技术，以及数据库厂商 Oracle 和 Sybase 提供的数据库复制方案等。但这些方案有一个不足之处就是异地的备份数据是处于备用状态而不是实时可用的数据，这样灾难发生后需要一定时间来进行业务恢复。

第 6 级容灾方案是灾难恢复中最昂贵的方式，也是速度最快的恢复方式，它是灾难恢复的最高级别，利用专用的存储网络将关键数据同步镜像至备援中心，数据不仅在本地进行确认，而且需要在异地（备援中心）进行确认。因为，数据是镜像地写到两个站点，所以灾难发生时异地容灾系统保留了全部的数据，实现零数据丢失。这一方案在本地和远程的所有数据被更新的同时，利用了双重在线存储和完全的网络切换能力，不仅保证数据的完全一致性，而且存储和网络等环境具备了应用的自动切换能力。

第 7 级容灾方案在第 6 级基础上实现，二者之间的区别是，当一个工作中心发生灾难时，第 7 层实现能够提供一定程度的跨站点动态负载平衡和自动系统故障切换功能。

数据量比较小的时候，备份和恢复数据比较简单，随着数据量达到 PB 级别，备份和恢复如此庞大的数据成为一个棘手的问题。目前，Hadoop 是应用最广泛的大数据软件架构，Hadoop 分布式文件系统 HDFS 可以利用其自身的数据备份和恢复机制来实现数据可靠保护。

大数据环境下，数据的存储一般都使用了 HDFS 自身的备份与恢复机制，但对于核心的数据，远程的容灾备份仍然是必需的。其他额外的数据备份和恢复策略需要根据实际需求来制订，例如，对于统计分析来说，部分数据的丢失并不对统计结果产生重大影响，但对于细节的查询，例如用户上网流量情况的查询，数据的丢失是不可接受的。

4.3.3 数据挖掘安全技术

数据挖掘是大数据应用的核心部分，是发掘大数据价值的过程，即从海量的数据中自动抽取隐藏在数据中有用信息的过程。数据挖掘融合了数据库、人工智能、机器学习、统计学、高性能计算、模式识别、神经网络、数据可视化、信息检索和空间数据分析等多个领域的理论和技术。

数据挖掘者即从发布的数据中挖掘知识的人或组织，他们往往希望从发布的数据中尽可能多地分析挖掘出有价值的信息，这很可能会分析出用户的隐私信息。在大数据环境下，由于数据存在来源多样性和动态性等特点，在经过匿名等处理后的数据，经过大数据关联分析、聚类、分类等数据挖掘方法后，依然可以分析出用户的隐私。针对数据挖掘的隐私保护技术，就是在尽可能提高大数据可用性的前提下，研究更加合适的数据隐藏技术，以防范利用数据挖掘方法引发的隐私泄露。现在的主要技术包括基于数据失真和加密的方法，例如数据变换、隐藏、随机扰动、平移、翻转等技术。

对数据挖掘者的身份认证和访问管理是首先需要解决的安全问题，本节在介绍这两类技术机制的基础上，总结其在大数据挖掘过程中的应用方法。

1. 身份认证

身份认证是指计算机及网络系统确认操作者身份的过程，也就是证实用户的真实身份与其所声称的身份是否符合的过程。根据被认证方能够证明身份的认证信息，身份认证技术可以分为3种。

(1) 基于秘密信息的身份认证技术

所谓秘密信息指用户所拥有的秘密知识，如用户ID、口令、密钥等。基于秘密信息的身份认证方式包括基于账号和口令的身份认证、基于对称密钥的身份认证、基于密钥分配中心(KDC)的身份认证、基于公钥的身份认证、基于数字证书的身份认证等。

(2) 基于信物的身份认证技术

基于信物的身份认证技术主要有基于信用卡、智能卡、令牌的身份认证等。智能卡也叫令牌卡，实质上是IC卡的一种。智能卡的组成部分包括微处理器、存储器、输入/输出部分和软件资源。为了更好地提高性能，通常会有一个分离的加密处理器。

(3) 基于生物特征的身份认证技术

基于生理特征(如指纹、声音、虹膜)的身份认证和基于行为特征(如步态、签名)的身份认证等。

本节简要介绍四种常用的认证机制。

(1) Kerberos认证

Kerberos是一种基于可信任第三方的网络认证协议，其设计目标是解决在分布式网络环境下，服务器如何对某台工作站接入的用户进行身份认证的问题。除了服务器和用户以外，Kerberos还包括可信任第三方密钥发放中心(KDC)，它包括两部分：认证服务器(AS)，用于在登录时验证用户的身份；凭据发放服务器(TGS)，发放“身份证明许可证”。

Kerberos 协议的前提条件：用户与 KDC，KDC 与服务器在协议工作前已经有了各自的共享密钥，Kerberos 协议的工作流程如图 4.12 所示。

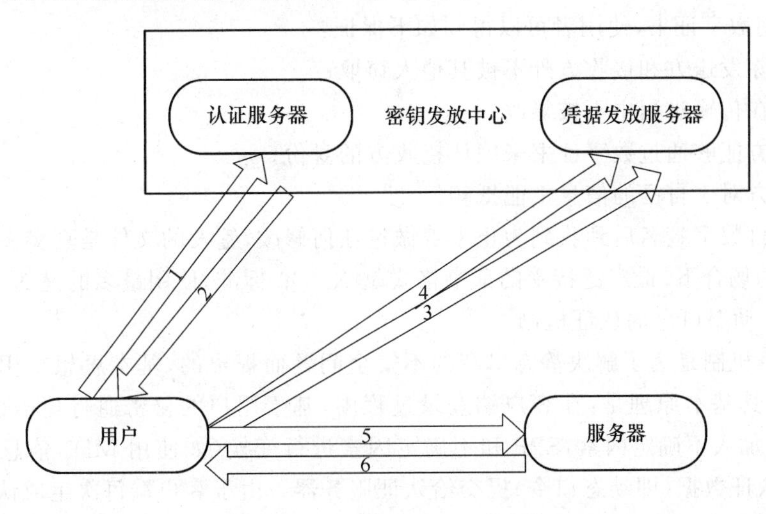

图 4.12 Kerberos 协议的工作流程

① Client 向 KDC 发送 TGT(Ticket-Granting Ticket)请求信息(其中包含自己的身份信息)；

② KDC 从 TGS 得到 TGT，并用协议开始前 Client 与 KDC 之间的密钥将 TGT 加密回复给 Client；

③ Client 将之前获得 TGT 和要请求的服务信息发送给 KDC，TGS 为 Client 和 Server 之间生成一个 Session Key 用于 Server 对 Client 的身份鉴别，生成 Ticket 用于服务请求；

④ KDC 将密文的 Session Key 和服务 Ticket 发送给 Client；

⑤ Client 将刚才收到的 Ticket 和密文的 Session Key 转发 Server；

⑥ Server 验证 Client 的身份；

⑦ 如果 Server 有返回结果，将其返回给 Client。

概括起来说，Kerberos 协议主要做了两件事：一是 Ticket 的安全传递；二是 Session Key 的安全发布，再加上时间戳的使用就很大程度上保证了用户鉴别的安全性，并且利用 Session Key，在通过鉴别之后，Client 和 Server 之间传递的消息也可以获得机密性和完整性的保证。

(2) 基于公共密钥的认证机制

公钥基础设施 PKI，是一种运用非对称密码技术来实施并提供安全服务的具有普适性的网络安全基础设施。它采用了证书管理公钥，通过第三方的可信任机构认证中心，把用户的公钥和用户的其他标识信息捆绑在一起，在 Internet 上验证用户的身份，保证网上数据的安全传输。

PKI 最基本的元素是数字证书，所有安全操作主要是通过数字证书来实现，而核心的实施者是认证中心 CA，它是 PKI 中不可缺少的一部分，具有权威性，是一个普遍可信的第三方，主要向用户颁发数字证书。PKI 体制的基本原理是利用"数字证书"这一静态的电子文件来实施公钥认证。

数字证书是一段包含用户身份信息、用户公钥信息以及身份验证机构数字签名的数据。

身份验证机构的数字签名可以确保证书信息的真实性,用户公钥信息可以保证数字信息传输的完整性,用户的数字签名可以保证数字信息的不可否认性。

通过使用数字证书,使用者可以得到如下保证:

① 信息除发送方和接收方外不被其他人窃取;

② 信息在传输过程中不被篡改;

③ 发送方能够通过数字证书来确认接收方的身份;

④ 发送方对于自己的信息不能抵赖;

⑤ 信息自数字签名后到收到为止未曾做过任何修改,签发的文件是真实文件。

在多数的场合下,最广泛接受的证书格式是 X.509 标准,使用最多的是 X.509v3 标准。

(3) 基于动态口令的认证机制

动态口令机制是为了解决静态口令的不安全问题而提出的,基本思想是用动态口令代替静态口令,其基本原理是:在客户端登录过程中,基于用户的秘密通行短语(Secure Pass Phrase,SPP)加入不确定因素,SPP 和不确定因素进行变换(如使用 MD5 信息摘录),所得的结果作为认证数据(即动态口令)提交给认证服务器。由于客户端每次生成认证数据都采用不同的不确定因素值,保证了客户端每次提交的认证数据都不相同,因此动态口令机制有效地提高了身份认证的安全性。

基于时间同步(Time Synchronization)的动态口令机制的特点是选择单向散列函数作为认证数据的生成算法,以种子密钥和时间值作为单向散列函数的输入参数。由于时间值是不断变化的,因此散列函数运算所得的认证数据也在不断变化,保证了每次产生的认证数据不相同。时间同步方式的关键在于认证服务器和客户端的时钟要保持同步,只有在两端时钟同步的情况下才能做出正确的判断。一旦发生了时钟偏移,就需要进行时钟校正。

(4) 基于生物识别技术的认证方式

为了解决用户身份认证过程的安全问题,目前业界已经提出了一种生物特征识别技术用于识别人类真实身份。用户可以利用自身的生物特征,如指纹、声纹、人脸、虹膜等,无须记忆密码。采用生物特征识别技术用于用户身份登录可以克服传统密码认证手段存在的缺点。这种认证方式具有如下优点:

① 采用用户的生物特征作为用户的唯一身份标识取代传统密码进行登录,由于生物特征属于人体的自然属性,因此无须用户记忆;

② 由于生物特征属于与生俱来的自然属性,所以不涉及记录到纸张上失窃的情况,安全性大大提升;

③ 相对于传统密码登录,生物特征更难以被复制、分发、伪造、破坏,以及被攻击者破解;

④ 生物特征属于私人的自然属性,因此不可能出现一个账号被共享的情况,避免法律纠纷。

Kerberos 认证技术是基于对称密码机制的,运算效率高,因此对于只要求数据机密性,不需要完整性和不可否认性需求的场合,可使用 Kerberos 认证。基于 PKI 的身份认证机制相对完善复杂,因此,对于既要求数据机密性,又要求完整性和不可否认性的场合,需要采用基于 PKI 体系的认证机制来进行用户身份认证。随着身份管理技术的发展,融合生物识别技术的强用户认证和基于 Web 应用的单点登录技术被广泛应用。基于用户的生物特征身份认证比传统输入用户名和密码的方式更安全。用户可以利用终端配备中的生物特征采集设备(如摄像头、MIC、指纹扫描器等)输入自身具有唯一性的生物特征,进行用户登录。多因素认证则将生物认证与密码技术相结合,提供给用户安全性更高的用户登录服务。

2. 访问控制

访问控制是指主体依据某些控制策略或权限对客体或其资源进行授权不同的访问,限制对关键资源的访问,防止非法用户进入系统及合法用户对资源的非法使用。访问控制是进行数据安全保护的核心策略,为有效控制用户访问数据存储系统,保证数据资源的安全,可授予每个系统访问者不同的访问级别,并设置相应的策略保证合法用户获得数据的访问权。

大数据访问控制的特点与难点如下。

(1) 难以预设角色,实现角色划分。由于大数据应用范围广泛,它通常要被来自不同组织或部门、不同身份与目的的用户所访问,实施访问控制是基本需求。然而,在大数据的场景下,有大量的用户需要实施权限管理,且用户具体的权限要求未知。面对未知的大量数据和用户,预先设置角色十分困难。

(2) 难以预知每个角色的实际权限。由于大数据场景中包含海量数据,安全管理员可能缺乏足够的专业知识,无法准确地为用户指定其可以访问的数据范围,而且从效率角度讲,定义用户所有授权规则也不是理想的方式。以医疗领域应用为例,医生为了完成其工作可能需要访问大量信息,但对于数据能否访问应该由医生来决定,不应该需要管理员对每个医生做特别的配置,但同时又应该能够提供对医生访问行为的检测与控制,防止医生对病患数据的过度访问。

访问控制一般可以是自主或者非自主的,最常见的访问控制模式有如下4种。

(1) 自主访问控制(Discretionary Access Control,DAC)

自主访问控制是指对某个客体具有拥有权(或控制权)的主体能够将对该客体的一种访问权或多种访问权自主地授予其他主体,并在随后的任何时刻将这些权限回收。这种控制是自主的,也就是指具有授予某种访问权力的主体(用户)能够自己决定是否将访问控制权限的某个子集授予其他的主体或从其他主体那里收回他所授予的访问权限。自主访问控制中,用户可以针对被保护对象制订自己的保护策略。这种机制的优点是具有灵活性、易用性与可扩展性,缺点是控制需要自主完成,这带来了严重的安全问题。

(2) 强制访问控制(Mandatory Access Control,MAC)

强制访问控制是指计算机系统根据使用系统的机构事先确定的安全策略,对用户的访问权限进行强制性的控制。也就是说,系统独立于用户行为强制执行访问控制,用户不能改变他们的安全级别或对象的安全属性。强制访问控制进行了很强的等级划分,所以经常用于军事用途。强制访问控制在自主访问控制的基础上,增加了对网络资源的属性划分,规定不同属性下的访问权限。这种机制的优点是安全性比自主访问控制的安全性高,缺点是灵活性要差一些。

(3) 基于角色的访问控制(Role Based Access Control,RBAC)

数据库系统可以采用基于角色的访问控制策略,建立角色、权限与账号管理机制。基于角色的访问控制方法的基本思想是在用户和访问权限之间引入角色的概念,将用户和角色联系起来,通过对角色的授权来控制用户对系统资源的访问。这种方法可根据用户的工作职责设置若干角色，不同的用户可以具有相同的角色，在系统中享有相同的权力，同一个用户又可以同时具有多个不同的角色，在系统中行使多个角色的权力。基于角色的访问控制的基本概念包括：许可也叫权限(privilege)，就是允许对一个或多个客体执行操作；角色(role)，就是许可的集合；会话(session)，一次会话是用户的一个活跃进程，它代表用户与系统交互。标准上说，每个会话是一个映射，一个用户到多个角色的映射。当一个用户激活他所有角色的一个子集的时候，建立一个会话。活跃角色(active role)：一个会话构成一个用户到多个角色的映射，即会话激活了用户授权角色集的某个子集，这个子集称为活跃角色集。其基本模型如图 4.13 所示。

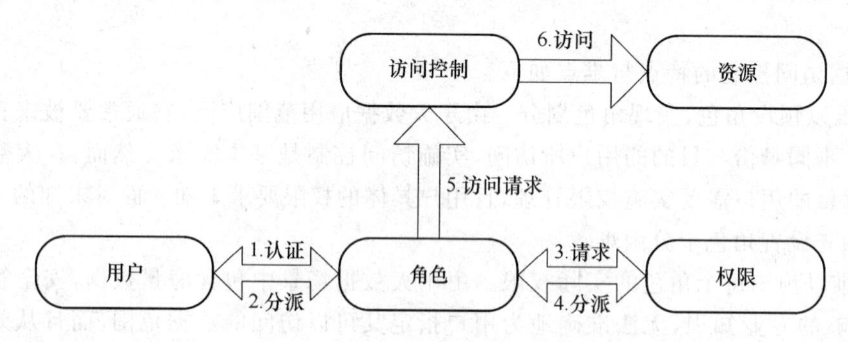

图 4.13 RBAC 的基本模型

由于基于角色的访问控制不需要对用户一个一个地进行授权，而是通过对某个角色授权来实现对一组用户的授权，因此简化了系统的授权机制，可以很好地描述角色层次关系，能够很自然地反映组织内部人员之间的职权、责任关系。利用基于角色的访问控制可以实现最小特权原则，基于角色的访问控制机制可被系统管理员用于执行职责分离的策略。

(4) 基于属性的访问控制(Attribute Based Access Control，ABAC)

基于属性的访问控制将各类属性，包括用户属性、资源属性、环境属性等组合起来用于用户访问权限的设定。基于角色的访问控制以用户为中心，而没有对额外的资源信息，如用户和资源之间的关系、资源随时间的动态变化、用户对资源的请求动作(如浏览、编辑、删除等)以及环境上下文信息进行综合考虑。而基于属性的访问控制 ABAC 通过对全方位属性的考虑，以实现更加细粒度的访问控制。大数据环境下，越来越多的信息存储在云平台上。根据云平台的特点，基于属性集加密访问控制、基于密文策略属性集的加密、基于层次式属性集合的加密等相继被提出。这些模型都以数据资源的属性加密作为基本手段，采用不同的策略增加权限访问的灵活性，如通过层次化的属性加密，可以实现云平台上数据的更加细粒度的访问控制，层次化也使得模型更加灵活，具有更好的可扩展性。除了提供属性加密访问控制之外，ABAC 也被当作云基础设施上访问控制中的一项服务。

虽然这 4 种访问模式在底层机制上不同，但它们本身却可以相互兼容，并以多种方式组合使用。自主访问控制一般包括一套所有权代表(在 UNIX 中：用户、组和其他)、一套权限(在 UNIX 中：可读、可写、可执行)以及一个访问控制列表(Access Control List，ACL)，访问控制列表列出了个体及其对目标、组合其他对象的访问模式。自主访问控制比较容易设置，如果出现人员调整或者当个体列表增长时，自主访问控制就会变得难以处理，难以维护；相对而言，基于强制访问控制的执行可以扩展到巨大的用户群；基于角色的访问控制可以结合其他方案，以相同的角色管理用户池。

4.3.4 数据发布安全技术

数据发布是指大数据在经过挖掘分析后，向数据应用实体输出挖掘结果数据的环节，也就是数据“出门”的环节，其安全性尤其重要。数据发布前必须对即将输出的数据进行全面的审查，确保输出的数据符合“不泄密、无隐私、不超限、合规约”等要求。与传统针对隐私保护进行的数据发布手段相比，大数据发布会因其动态的数据发布过程而面临更大的风险，且针对同一用户的数据来源众多，总量巨大。在这种情况下，如何在数据发布时不仅保证用户数据可用，而且还要高效、可靠地去掉可能泄露用户隐私的内容，是亟待解决的问题。本节介绍了数据输出环节必要的安全审计技术。

当然，再严密的审计手段，也难免有疏漏之处，在数据发布后，一旦出现机密外泄、隐私泄露等数据安全问题，必须要有必要的数据溯源机制，确保能够迅速定位到出现问题的环节和实体，以便对出现泄露的环节进行处理，追查责任者，杜绝类似问题的再次发生。

1. 安全审计

安全审计是指在记录一切(或部分)与系统安全有关活动的基础上，对其进行分析处理、评估审查，同时查找安全隐患，对系统安全进行审核和计算，追查造成事故的原因，并做出进一步的处理。目前常用的审计技术有如下几种。

(1) 基于日志的审计技术

通常SQL数据库和No-SQL数据库均具有日志审计的功能，通过配置数据库的自审计功能，即可实现对大数据的审计。

日志审计能够对网络操作及本地操作数据的行为进行审计，由于依托于现有数据存储系统，兼容性很好。但这种审计技术的缺点也比较明显，首先，在数据存储系统上开启自身日志审计对数据存储系统的性能有影响，特别是在大流量情况下，损耗较大；其次，日志审计在记录的细粒度上较差，缺少一些关键信息，如源IP、SQL语句等，审计溯源效果不好；最后，日志审计需要到每一台被审计主机上进行配置和查看，较难进行统一的审计策略配置和日志分析。

(2) 基于网络监听的审计技术

基于网络监听的审计技术过程大致要经历两步，首先对数据存储系统的访问流镜像到交换机某一个端口；然后通过专用硬件设备对该端口流量进行分析和还原，从而实现对数据访问的审计，其典型部署示意如图4.14所示。

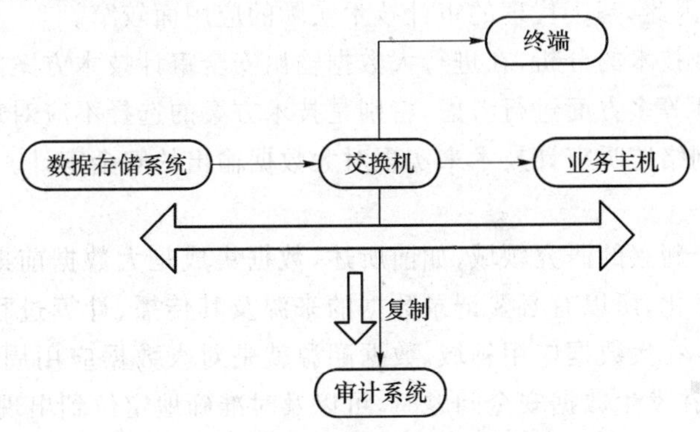

图4.14 网络监听审计技术部署示意

基于网络监听的审计技术最大的优点就是与现有数据存储系统无关，部署过程不会给数据库系统带来性能上的负担，即使是出现故障也不会影响数据库系统的正常运行，具备易部署、无风险的特点；但是，其部署的实现原理决定了网络监听技术在针对加密协议时，只能实现到会话级别审计，即可以审计到时间、源 IP、源端口、目的 IP、目的端口等信息，而没法对内容进行审计。

(3) 基于网关的审计技术

基于网关的审计技术通过在数据存储系统前部署网关设备，在线截获并转发到数据存储系统的流量而实现审计，其典型部署示意如图 4.15 所示。

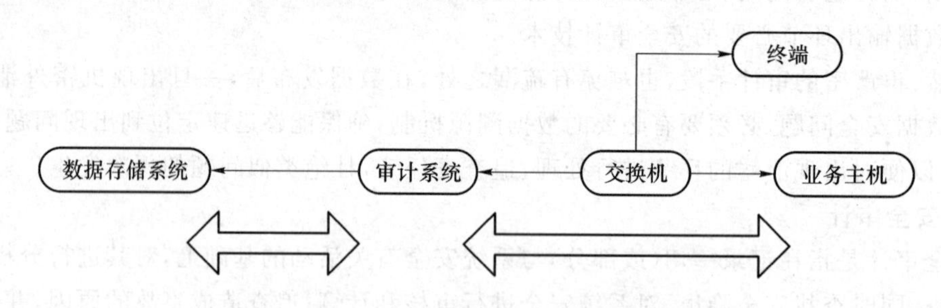

图 4.15　基于网关审计技术部署示意

该技术起源于安全审计在互联网审计中的应用，在互联网环境中，审计过程除了记录以外，还需要关注控制，而网络监听方式无法实现很好的控制效果，故多数互联网审计厂商选择通过串行的方式来实现控制。不过，数据存储环境与互联网环境大相径庭，由于数据存储环境存在流量大、业务连续性要求高、可靠性要求高的特点，在应用过程中，网关审计技术往往主要运用于一种情况，即在对数据运维审计的情况下，不能完全覆盖所有对数据访问行为的审计情况。

(4) 基于代理的审计技术

基于代理的审计技术是通过在数据存储系统中安装相应的审计代理，在代理上实现审计策略的配置和日志的采集，该技术与日志审计技术比较类似，最大的不同是需要在被审计主机上安装代理程序。代理审计技术从审计粒度上要优于日志审计技术，但是，因为代理审计不是基于数据存储系统本身的，性能上的损耗大于日志审计技术。在大数据环境下，数据存储于多种数据库系统中，需要同时审计多种存储架构的数据，基于代理的审计，存在一定的兼容性风险，并且在引入代理审计后，对原数据存储系统的性能、稳定性和可靠性或多或少都会有一些影响，因此，基于代理的审计技术实际的应用面较窄。

通过对以上 4 种技术的分析，在进行大数据输出安全审计技术方案的选择时，需要从稳定性、可靠性、可用性等多方面进行考虑，特别是技术方案的选择不应对现有系统造成影响，因此可以优先选用网络监听审计技术来实现对大数据输出的安全审计。

2. 数据溯源

数据溯源是一个新兴的研究领域，如前所述，数据集成是大数据前期处理的步骤之一。由于数据的来源多样化，所以有必要记录数据的来源及其传播、计算过程，为后期的挖掘与决策提供辅助支持。在大数据应用领域，数据溯源就是对大数据应用周期的各个环节的操作进行标记和定位，在发生数据安全问题时，可以及时准确地定位到出现问题的环节和责任者，以便于数据安全问题的解决。

目前学术界对数据溯源的理论研究主要基于数据集溯源的模型和方法展开，主要方法有标注法和反向查询法，这些方法都是基于数据操作来记录的，对于恶意窃取、非法访问者来说，很容易破坏数据溯源信息，在应用方面，包括数据库应用、工作流应用和其他方面的应用，目前都处在研究阶段，没有成熟的应用模式。大多数溯源系统都是在一个独立的系统内部实现溯源管理，数据如何在多个分布式系统之间转换或传播，没有统一的业界标准。随着云计算和大数据环境的不断发展和改变，数据溯源问题变得越来越重要，逐渐成为研究的热点。

3. 数字水印

数字水印是指将标识信息以难以察觉的方式嵌入数据载体内部且不影响其使用的方法，多见于多媒体数据版权保护，也有部分针对数据库和文本，可以达到确认内容创建者、购买者、传送隐秘信息或者判断载体是否被篡改等目的。

数字水印的主要特征有如下几方面。

(1) 不可感知性(imperceptible)：包括视觉上的不可见性和水印算法的不可推断性。

(2) 健壮性(robustness)：嵌入水印难以被一般算法清除，抵抗各种对数据的破坏。

(3) 可证明性：对嵌有水印信息的图像，可以通过水印检测器证明嵌入水印的存在。

(4) 自恢复性：含有水印的图像在经受一系列攻击后，水印信息也经过了各种操作或变换，但可以通过一定的算法从剩余的图像片段中恢复出水印信息，且不需要整改原始图像的特征。

(5) 安全保密性：数字水印系统使用一个或多个密钥以确保安全，防止被擦除和修改。

数字水印利用数据隐藏原理使水印标志不可见，既不损害原数据，又达到了对数据进行标记的目的。利用这种隐藏标识的方法，标识信息在原始数据上是看不到的，只有通过特殊的阅读程序才可以读取。基于数字水印的篡改提示是解决数据篡改问题的理想技术。

基于数字水印技术的以上性质，可以将数字水印技术引入大数据应用领域，解决数据溯源问题。在数据发布出口，可以建立数字水印加载机制，在进行数据发布时，针对重要数据，为每个访问者获得的数据加载唯一的数字水印。当发生机密泄露或隐私问题时，可以通过水印提取的方式，检查发生问题的数据是发布给哪个数据访问者的，从而确定数据泄露的源头，及时进行处理。

4.4　大数据安全应用技术

4.4.1　位置大数据隐私保护

随着移动定位技术和无线通信技术的发展，位置大数据已成为社会各界关注的热点问题，虽然它给人们的生产、生活等方面带来了积极的影响，但也带来了信息泄露的风险。图4.16是据美国《纽约时报》等媒体报道，苹果公司通过iPhone手机和3G版iPad跟踪并储存用户行踪信息，可能侵犯用户隐私；图4.17是美国德克萨斯州的学区计划，强制要求学生佩戴装有微芯片的ID卡，以跟踪学生的动向，却泄露了学生的位置隐私。

图 4.16　苹果侵犯用户地理位置隐私

图 4.17　校园定位 ID 卡

如果将移动社交网络中的用户作为节点，将用户与用户之间的关系作为边，移动社交网络可抽象为一个拓扑结构图，如图 4.18 所示。同时，位置共享是一种日益流行的基于位置服务（Location Based Services，LBS），它能够帮助使用手机等移动通信设备的用户向亲朋好友即时通报自己所处的位置，例如微博中的地理位置发布，如图 4.19 所示。

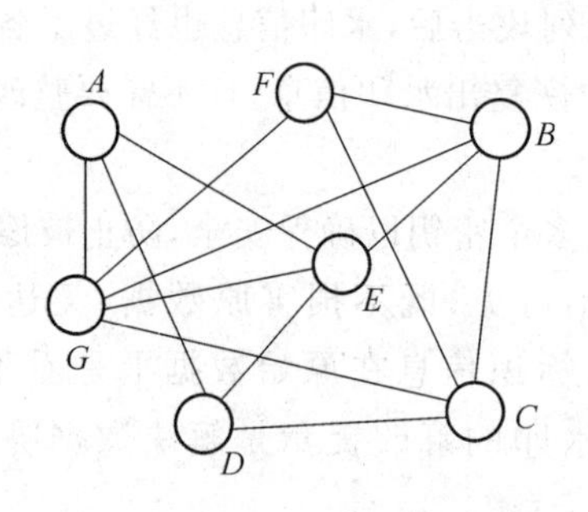

图 4.18　社交网络拓扑结构图

图 4.19　位置图

LBS 能够获取用户所在位置的相关信息，而并不能保证服务器不泄露或不滥用用户的位置信息，所以，用户位置隐私的泄露是 LBS 应用的重要威胁。攻击者可以使用用户位置信息或相关的时空推理攻击来推测用户的隐私信息。尤其是当用户的一系列历史位置信息被有恶意的攻击者获取时，攻击者可以通过对这些敏感数据的分析和研究，从而掌握用户曾经去过的地方，了解用户的行为轨迹，推断出用户所从事的职业以及家庭地址，甚至挖掘出用户的行为习惯和兴趣爱好等更加私密的信息。

如果攻击者知道特定用户 A 住在特定区域 P，并且发现所有来自 P 区域的服务请求都来自同一个用户 ID，那么攻击者可以推断请求服务的用户可能就是 A。通过这些信息，攻击者可以通过简单连接点的方式来跟踪用户，这种攻击被称为受限空间识别。例如，某宾馆某个房间的客户在房间里发送了一条消息，那么就可以通过这条消息中确切的位置坐标信息(x,y)，并利用外部相关的知识来确定该房间的住户。攻击者便可推断出该用户发送的其他服务请求。

另一种攻击方法是通过服务请求信息和接收的定位信息来显示用户标识。如果 LBS 提供商收到报告，用户 M 准备在某段时间访问某一地点，并且发现所有该地点在这个时间段的服务请求均由同一个用户发出，那么攻击者就可以推断出请求服务的用户就是 M，这种攻击被称为观察识别。例如，某用户如果在前一个消息中泄露了其位置信息和标识，那么该用户如果仍然在同一个位置发送消息，即使将后面的这些消息匿名，攻击者依然可以通过消息中的位置信息来推断和识别出后面这些消息的来源。

目前，位置隐私保护研究需要解决以下两个问题。

(1) 基于 LBS 的位置隐私保护：由于 LBS 服务商的不可信性，用户将位置发送时将面临个人隐私泄露的风险。如何在充分利用位置服务提供的便利的同时，保证用户隐私安全是应用中亟待解决的问题。

(2) 基于定位服务的位置隐私保护：移动互联网环境下，研究位置隐私保护的另一个重要驱动要素，来源于位置信息采集。随着定位技术趋于多样化，定位功能本身也已经成为一种第三方服务，该过程中位置信息会被定位服务的提供者获得，因此也产生了位置隐私问题。2013 年爆发的 Google 协同美国 NSA 棱镜计划利用其定位服务追踪用户位置的丑闻足以说明这一点。如何保护用户在使用定位服务过程中的位置隐私同样是实际应用中亟待解决的问题。

1. 基于 LBS 的位置隐私保护方法

下面介绍基于 LBS 的两类位置隐私保护方法：第一类是基于匿名的保护，也就是通过隐藏用户真实身份的标识信息保护用户的位置隐私；第二类方法是对用户所在的位置进行模糊化，使得攻击者不能确定用户精确的位置。

(1) 基于匿名机制的隐私保护

由于每个移动终端设备都具有唯一的标识，当攻击者不能识别其标识信息时，便无法确定攻击对象的具体位置。目前，基于用户匿名机制的隐私保护方法主要有两种。

① 假名隐私保护方法

假名保护法原理是用一个虚假的用户名替换真实的用户身份标识，混淆攻击者的视线，使之无法识别 LBS 查询的真实来源。

假名隐私保护方法的匿名过程如下：移动用户借助可信赖第三方与服务器进行通信，在通信过程中，可信赖第三方帮助用户去掉身份标识符，用假名进行替代，每个用户可拥有一系列的假名。假名的更换是在一个被称为 MIX-ZONE 的混淆区域中完成的，用户一旦进入该区域，即停止与外界的通话联系，用户离开混淆区域前完成假名的替换工作。如图 4.20所示，目标用户以“张三”的假名进入混淆区域，在混淆区域中目标用户的假名更换为“李四”，由于混淆区域中其他用户的存在，使得攻击者无法辨别出“李四”的真实身份。

② 混合区域机制

该方法中，首先将用户的运动区域分为两类，第一类为用户应用区域，在该区域内，用户可以随意提出位置服务请求；第二类为混合区域，在该区域内没有用户提出任何的请求，服务器也不进行任何的响应，即在该区域内不进行任何的通信。混合中通信时，在用户进入时进行假名替换，而当用户退出时用户通过假名技术使用另一个未曾使用过的假名。因此，攻击者无法将用户在进出混合区域前后的假名联系起来，从而达到了保护用户位置隐私的目的。图 4.21 是该混合区域机制的一个具体实例，该混合区域由三个路口组成。用户在进入混合区域时更换假名，从任意一个出口离开混合区域时也更换假名(在混合区域两次更换假名)，攻击者无法将用户的身份联系起来更不知道用户去了哪里。

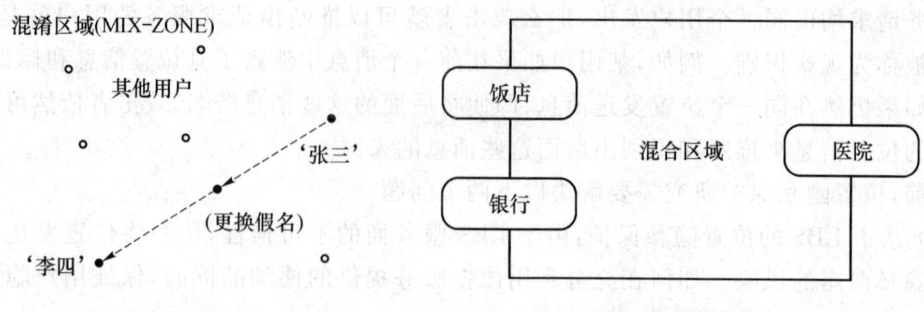

图 4.20 更换假名示意图　　图 4.21 混合区域(MIX ZONE)模型

(2) 基于位置模糊化机制(位置匿名技术)

基本思想就是通过掩盖、模糊用户的准确位置来保护用户的位置隐私，主要分以下3种。

① 虚假地址隐私保护方法

虚假地址隐私保护方法的基本思想是：移动用户或代理向 LBS 服务器请求服务时，伴随查询请求发送的是一个地址集合，除了用户自身地址信息外，还附加多个虚假的地址信息，以达到混淆攻击者、保护用户真实位置信息的目的。根据匿名区域的不同，虚假地址主要有两种构造方式：第一种的匿名区域是圆形，以水平坐标向右为正方向轴，则匿名区域中的点的位置可以用(角度 t，距圆心距离 r)表示，根据匿名度 k 把区域划分为等 k 份，构造的每个虚假地址距圆心距离 r 也要随机化，如图 4.22(a)所示；第二种的匿名区域是矩形，根据匿名度 K 值把矩形区域网格化，构造的每个假地址位于网格线的交点上，如图 4.22(b)所示。构造虚假地址的一个关键点是目的节点在匿名区域中的位置一定要随机化。与标志对象位置方法不同，虚假地址隐私保护法引入了 K-匿名的概念。用户向 LBS 服务器发送的不是单一的用户地址，而是一个包含用户地址和其他 $K-1$ 个虚假地址的位置集合，使得攻击者从地址集合中识别出用户真实位置的可能性降到 $1/K$。虚假地址隐私保护方法也有缺点，它没有利用周围环境中的其他用户信息。如果攻击者可以探测目标用户所在区域的无线通信情况，则构造的虚假地址可以被识别，从而泄露了用户的位置隐私。

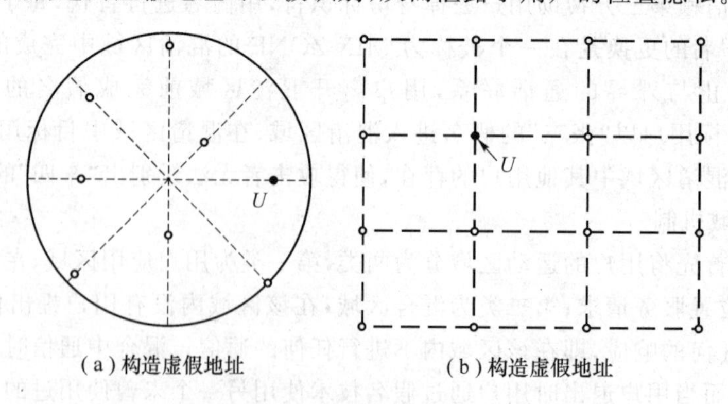

图 4.22 虚假地址构造方法

② 空间匿名方法

空间匿名方法的主要思想是：为了降低用户的空间粒度，使用一个包含用户位置的空间区域来表示用户真实位置，该空间区域可以是任意形状，通常情况下使用的是圆形和矩形，将这个匿名的区域称之为匿名框(CR)。如图 4.23 所示,圆点为用户查询的对象,小圆圈为用户真实位置,用户 P 的真实位置在经过空间匿名后扩展为一个虚线圆区域,在该区域内的任一位置用户出现的概率相同。这样攻击者便无法确定用户在虚线区域中的具体位置,从而保护了用户的位置隐私。其中,匿名框的大小决定了用户的 QoS。

③ 时空匿名

时空匿名也就是在空间匿名的基础之上增加一个时间轴,这不仅增大了用户的位置区域,而且延迟了服务响应的时间。由于延迟了服务响应时间,所以在该时间段内可能有更多的用户,更多的查询,用户在匿名的时空区域中任一位置出现概率相同,从而用户的位置匿名程度将更高。

2. 基于定位服务的位置隐私保护

基于定位服务的位置隐私保护的研究仍处于起步阶段,现有的主要技术和方法有:基于隐私政策的位置隐私保护和位置欺诈防御技术两类。

(1) 基于二元选择的用户隐私协议

当用户开启其移动设备的定位服务时,可以选择同意或拒绝定位服务的提供者采集用户周边的各类接入点信息,用户必须明确地同意定位服务的提供者采集其相关数据后,他才能够进行数据采集,这从一定程度上保护了用户的位置隐私,安卓系统下百度定位服务的请求提示如图 4.24 所示。

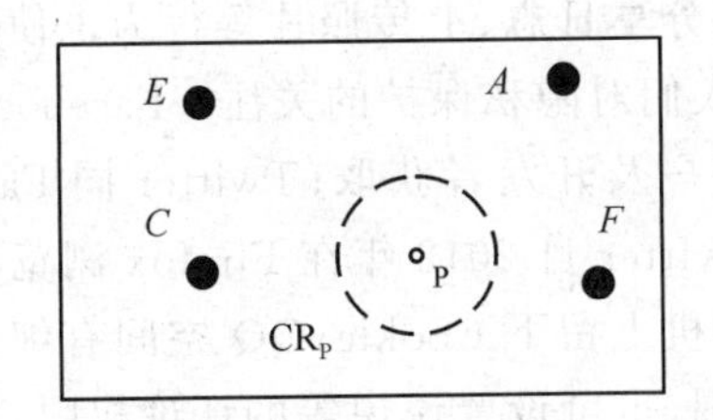

图 4.23　空间匿名

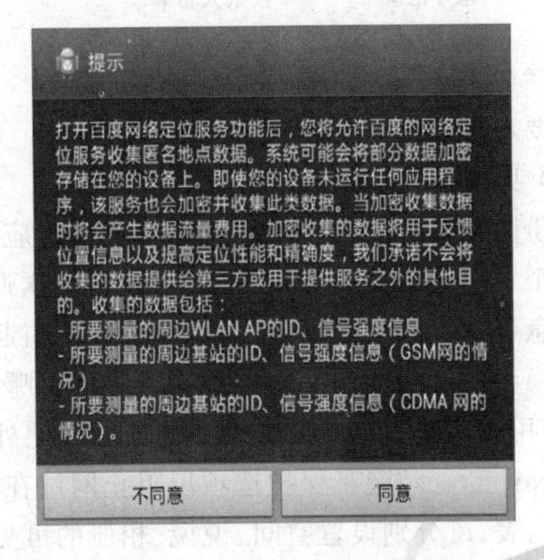

图 4.24　百度定位服务的隐私政策

(2) 位置欺诈防御技术

针对位置欺诈攻击,利用空间和时间概率模型,评测移动设备在真实场景下接收 RSS 的概率特性,并以此分辨真实用户的位置请求和攻击者发送的虚假位置请求。

移动互联网时代的来临,使基于位置的服务成为人们最为常用的信息服务类型,未来也势必进一步改变人类的生活方式。在移动互联网中,保护用户的位置隐私,是移动互联网能够进一步普及和发展的重要安全保证。当前的各类相关研究向人们展示了位置大数据隐私保护的可行性,以及技术上的不断进步。相信随着位置大数据隐私保护技术的不断发展和进步,移动互联网将能够更加深入地融入人类生活的各个领域。

4.4.2 社交网络的隐私保护

近年来，随着信息技术的飞速发展，兴起了各种各样的在线社交网络服务。它们在改变人们工作和生活方式的同时，也对社会、经济和科技的发展产生着重要的影响。社交网络如同一面面镜子反映着现实社会的方方面面，为人们研究人类社会中的各种现象提供了宝贵而丰富的资源。为了挖掘社交网络中蕴藏的价值，人们展开了各种各样的社交网络分析。与此同时，作为真实社会的写照，社交网络数据也包含了大量的个人信息。

因为用户的个性化信息与用户隐私密切相关，所以互联网服务提供商一般会对用户数据进行匿名化处理之后再提供共享或对外发布。表面上看，活跃于社交网络上的信息并不泄露个人隐私；但事实上，几乎任何类型的数据都如同用户的指纹一样，能够通过辨识找到其拥有者。在当今社会，一旦用户的通话记录、电子邮件、银行账户、信用卡信息、医疗信息等大规模数据被无节制地搜集、分析与交易，那么用户都将“被透明”，不仅个人隐私荡然无存，还将引发一系列社会问题。图 4.25 描绘了曾经发生在美国马萨诸塞州的一个真实案例，一份匿名的医疗记录被通过邮编、生日、性别等三个公开属性与一份投票人名单关联起来，导致投票人健康状况泄露。因此，社交网络的匿名化与去匿名化是一对互相依存的博弈过程。

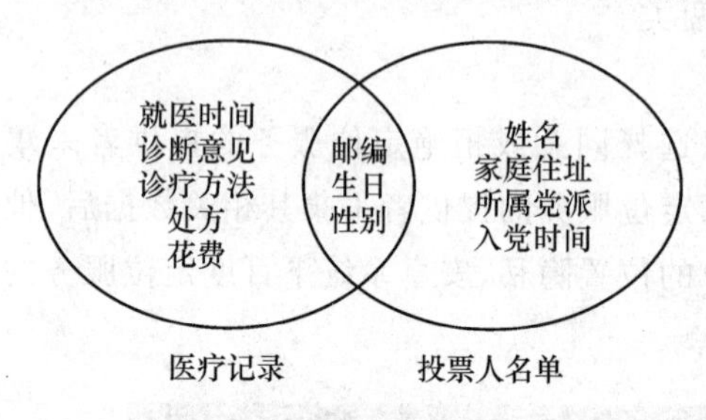

图 4.25 美国马萨诸塞州的一个真实案例

在社交网络模型中，需要匿名及隐私保护的主要对象包括以下三种。

(1) 身份隐私

身份隐私指社交网络中的虚拟节点所对应的真实身份信息。在社交网络中，人们发布真实的个人信息以达成交友目的，因此备受欢迎，但分享日志、上传照片等行为也使越来越多的信息暴露在社交网络中，信息的公开化引起了人们对隐私保护的关注。Facebook 为用户提供隐私设置功能，由用户决定信息可由哪些用户及开发者获取；Twitter 同 Facebook 一样，为用户提供个性化的隐私保护设置，此外，Twitter 自 2012 年在 Firefox 浏览器上提供“Do Not Track”隐私保护选项以阻止网站在计算机上留下 Cookie；QQ 空间有细分的权限管理列表，可分别设置空间、说说、相册的可见范围，也可设置说说等的评论权限，通过这些细粒度访问控制实现隐私保护。但是分析者一旦将虚拟节点和真实的用户身份相关联，就会造成用户身份信息泄露(也称为“去匿名化”)。用户身份隐私保护的目的是降低攻击者从虚拟节点中识别出某特定用户的可能性。

(2) 社交关系隐私

社交网络中不仅含有用户身份数据，还包含用户与其他用户的关系数据，这些关系数据是现实社会在网络上的虚拟映射，反映现实社会的组织结构。社交关系数据本身蕴含了巨大价值，在工业界，各大经营性公司通过挖掘社会关系进行社会化营销、拓展业务，如 Facebook以社交网络为核心打造一个面向 10 亿用户的广告平台。互联网服务提供商可基于用户现有的社交结构分析用户的交友倾向、向用户推荐朋友等。在学术界，研究人员可利用复杂网络理论的方法分析技术来揭示社交网络中潜在的社会模式和活动规律，如在传染病防治方面，医学人员可利用社交关系数据预测传染病的传播趋势，这样便可采取更有效的预防措施。但与此同时，分析者也可以挖掘出用户不愿公开的社交关系、交友群体特征等，从而导致用户的社交关系隐私泄露。为此，社交关系隐私保护要求节点对应的社交关系保持匿名，使攻击者无法确认特定用户拥有哪些社交关系。

(3) 属性隐私

随着社交网络的日益发展，越来越多的个人信息被网络记录储存下来。在信息交流过程中，每个人的社会属性，包括社会关系、社会行为等都得以显性或隐性地展现，这逐渐形成了如即时通信聊天网、电信网、微博网络等社交网络。用户主动或者被动提交的好友互动记录、兴趣爱好标签、签到信息、消费记录等包含了大量社交结构信息和属性信息。但是，随着用户网络形象的进一步丰富，能够用于确定用户真实身份的信息也越来越多，用户隐私泄露的担忧也日益加重。其中，尤其值得关注的是属性-社交网络场景中用户敏感属性信息泄露的问题。例如，用户观看私密视频的记录被曝光，会对用户的网络形象造成最直接的破坏，甚至影响用户的正常生活。因此，属性-社交网络的数据在发布时，必须同时考虑到社交结构信息对属性分布的影响以及属性分布自身具有的特征，才能更好地实现属性隐私保护的目的。然而，用户往往不希望将所有属性信息都对外公开。属性隐私保护要求对社交网络的属性数据进行匿名化处理，从而阻止攻击者对用户的属性隐私进行窥探。

在社交网络中，用户的上述三类隐私信息之间往往互相关联、互相影响，增大了隐私保护的难度。用户的身份隐私泄露会立即导致当前节点已标记的社交关系和属性信息泄露；同时，虚拟节点对应的社交关系和属性数据越丰富、越个性化，就越容易被攻击者识别，导致节点身份暴露。现有研究表明，在社交网络中，用户的社交关系和属性具有相关性，可通过用户的社交关系推测其可能具有的属性；反之亦然。因此，进行多特征联合匿名，是当前社交网络隐私保护的重要方向。

近年来，研究者们针对社交网络的匿名问题进行了深入的研究，随着社交网络的发展，其隐私保护问题成了近年来的研究热点，下面介绍了三类匿名化方案和两种隐私保护方案。

(1) 朴素匿名化方案

朴素匿名化方案又称节点 k 匿名化方案，其通过对原始网络图中相似节点进行操作，使得具有背景知识的攻击者命中率下降至 $1/k$。为了保护隐私，朴素匿名化方法直接删除诸如用户名、姓名、身份证号等敏感信息，同时完全保留其他的描述信息和社交关系结构图（以下简称“图”）的结构。目前此方法应用最为广泛，但也最不安全。例如，图 4.26 中的匿名数据包括公司的社交关系等，而职员的姓名都被替换成了随机数字或者字母。

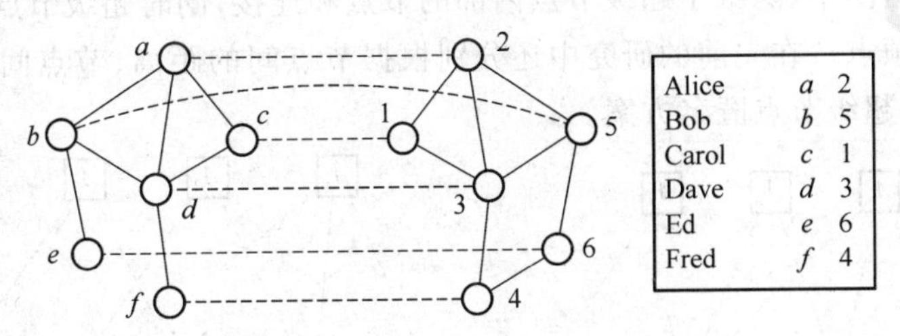

图 4.26　节点 k 匿名样例

在很多实际应用的场景中，可以假定攻击者有途径获取少量真实用户的部分信息（辅助信息），例如用户对应节点的度数（朋友数量）、邻居节点间的拓扑结构（朋友之间的关系）或节点附近任意范围的子图。攻击者利用这些辅助信息，在发布的数据中匹配此类信息以定位目标用户。例如,若攻击者知道 Dave 至少有 4 个朋友,Bob 有 3 个相互认识的朋友,则攻击者可以发现,匿名数据中的 3 号节点其实就是 Dave,他的其他相关隐私也会被攻击者进一步发现,这应该是他不想看到的。Bob 必然在节点{2,5}中,而且可以确定 Bob 和 Dave 一定是朋友。

(2) 基于结构变换的匿名方案

基于结构变换的匿名方案是最为典型的社交网络匿名方案,其特点是对社交网络中的边、节点进行增、删、交换等变换来实现匿名。该方案的基本思想是使部分虚拟节点尽可能相似,隐藏各个节点个性化的特征,从而使得攻击者无法唯一地确定其攻击对象。

最典型的是度匿名方案,该方案通过调整度数相似节点的度数,增加或删除边、噪声节点等,使得每个节点至少与其他 $k-1$ 个节点的度数相同,使攻击者无法通过节点度数唯一地识别出其攻击目标(这里的 k 是指隐私保护机制"k-匿名"中的参数,用来控制隐私保护的强度)。在此方案的基础上,还有多种变体,逐步将匿名考量的参数范围扩大,包括相邻节点的度数、邻居结构等。

另一种是图匿名方案,该方案通过变换使匿名化的图具备自同构性。通过该方案变换之后,目标图中可以找到至少 k 个不同的子图与攻击者所掌握的图同构,这样任何基于图结构的攻击都将失效。还有一类算法可以进一步确保边的匿名性:攻击者甚至不能推测出两个节点之间是否有边,此类算法可以看作是基于图结构的"终极"防护。

从基本的度匿名到图匿名,节点在更多社交结构特征上更加近似,攻击者识别出某特定节点的难度也随之增大,因此可以有效地保护用户的隐私。但需要指出的是,随着匿名方案的安全性增强,对图的改动也越来越大,这可能会影响数据的可用性。

(3) 基于超级节点的匿名方案

基于超级节点的匿名方案将社交网络的结构实施了分割和聚集的操作,其中分割操作如图 4.27 所示,这种方案实现了用户身份的隐藏,也实现了隐私属性的匿名,减少了不必要的信息损失。分割操作是形成两个新的独立节点,并根据属性间的相关性对原节点的属性进行对应分割。新节点分别继承原节点的部分属性连接和社交连接,从而实现节点的分割,进而实现隐私属性的匿名,并保证节点的分布特征稳定;但是进行匿名分割操作后社交网络的关系结构图与原来的社交网络结构图存在较大的区别。在这个方案中将节点分为多个类,然后将同一类型的节点压缩为一个超级节点,两个超级节点之间的边压缩为一条边,因此在展示出的匿名图中,隐藏了超级节点内部的节点和连接,同时超级节点间的连接也无法确定连接的真实顶点。在先前的研究中还分别根据节点间的距离、节点间属性的差异等特征,实现了不同的超级节点匿名方案。

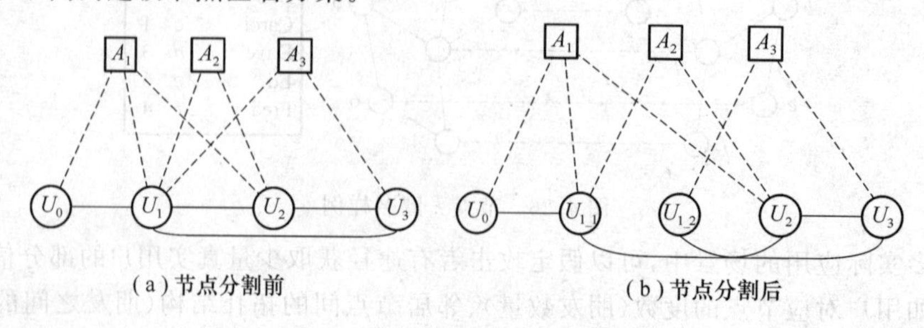

图 4.27 社交网络的分割操作

这类匿名方案基于聚类节点信息的统计发布，能够避免攻击者识别出超级节点内部的真实节点，从而实现用户隐私保护，但很大程度上改变了图数据的结构，使得数据的可用性大为降低。

(4) 差分隐私保护方案

微软研究院的辛西娅·德沃柯(Cynthia Dwork)针对统计数据库的隐私泄露问题提出差分隐私的保护方案。差分隐私，对数据集的计算处理结果对于具体某个记录的变化是不敏感的，单个记录在数据集中或者不在数据集中，对计算结果的影响微乎其微。所以，一个记录因其加入到数据集中所产生的隐私泄露风险被控制在极小的、可接受的范围内，攻击者无法通过观察计算结果而获取准确的个体信息。该方法关注社交网络中一个元素的增加或缺失是否对查询结果产生显著影响，通过向查询过程或者查询结果插入噪声来进行干扰，从而实现隐私保护，差分隐私的一般性方法示意图如图4.28所示。

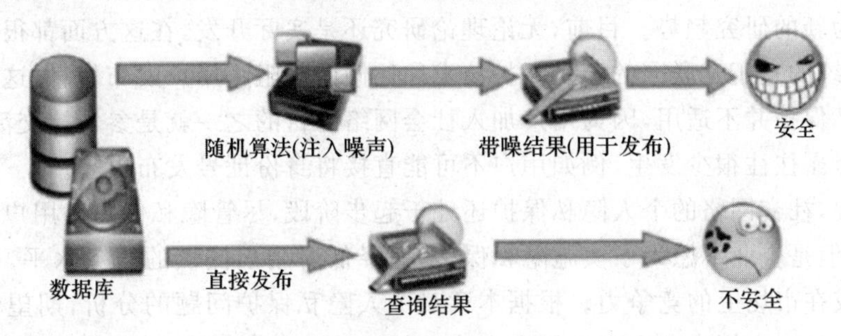

图4.28 差分隐私的一般性方法示意图

差分隐私保护在大大降低隐私泄露风险的同时，极大地保证了数据的可用性。差分隐私保护方法的最大优点是，虽然基于数据失真技术，但所加入的噪声量与数据集大小无关，因此对于大型数据集，仅通过添加极少量的噪声就能达到高级别的隐私保护。

差分隐私保护的重点是隐私预算的分配和噪声机制的大小，此外，差分隐私保护模型在社交网络领域的应用还有图挖掘、图发布等。

(5) 基于聚类的隐私保护方案

聚类技术是把一些特定节点与边归于相应的集合，这些集合分别被称为超点和超边，个体的细节将被隐藏在相应的集合中，聚类方法已被很好地应用于隐私保护。而且，经聚类隐私保护后，仍可利用聚类后的图形特征来考察原始图的宏观特性。基于聚类的隐私保护技术主要有以下几种。

① 顶点聚类隐私保护方法

顶点聚类隐私保护技术利用图形结构的相似性原理，通过对顶点及其结构施加变换而使顶点间的结构具有很高的相似性，这样可把顶点间的结构差异性隐藏在等价类中，具体算法包括 *T*-均值聚类算法和集合分割聚类算法。由于利用了图形结构的相似性原理，使得即使社交网络图经过匿名操作后才发布，社交网络用户仍可以很好地对其进行宏观分析。这类方法可以很好地对抗攻击者对图施加诸如节点细化查询、子图查询和hub指纹查询等解匿名攻击。

② 边聚类隐私保护方法

边聚类隐私保护问题是针对具有多类型边、单一类型顶点的社交网络隐私保护问题。

假定在众多类型的网络边中，某些边的类型是敏感的，需要被保护，而隐私破坏的程度与被解匿名的敏感边的条数成正比。通常使用贝叶斯模型和马尔科夫模型进行预测敏感边，对敏感边采取两种策略：一是仅移除敏感边，而保留所有的非敏感边；二是移除部分非敏感边，移除的原则是当非敏感边有助于让攻击者利用其对敏感边的存在性进行有效预测时，这类非敏感边要首先被删除。

③ 顶点属性映射聚类隐私保护方法

在一些应用中，实体和实体间的关系可被模型化为二分图，而二分图的边通常被看作隐私。社交网络数据也可以被模型化为二分图。顶点属性映射聚类方法可以对该模型进行隐私保护，该方法可以屏蔽从实体到节点的映射而精确地保持图形结构，无须屏蔽或者改变图形结构本身。

随着社会网络的进一步发展，用户数量和信息交流的增加，对用户隐私泄露的实时监测和保护将成为新的研究趋势。目前，无论理论研究还是实际开发，在这方面都很有限。值得一提的是，传统的基于互联网的隐私保护技术往往倾向于阻止用户发布信息，这种方法对社会网络的隐私保护并不适用，因为用户加入社会网络的目的之一就是参与社交活动。另外，直接的隐私泄露往往很少发生，例如用户不可能直接将身份证号发布出来。

总的来说，社交网络的个人隐私保护还处于起步阶段，尽管隐私保护对用户来说是一个重要的问题，但是企业不愿为了实施隐私保护，而降低对用户提供的服务水平，以至于限制企业的发展或在市场上的竞争力。根据本章对个人隐私保护问题的分析，期望将来有一个完整和可理解的安全解决方案来满足个人隐私保护的需求。

第5章 复杂网络安全

自然界和社会中的网络既不是规则网络,也不是随机网络,他们具有很多复杂的特性,蕴含着复杂的拓扑结构和非线性动力学特征,这些网络被统称为复杂网络。目前,复杂网络已经取得了非常丰富的研究成果,是很多复杂系统的重要研究工具。而与此同时,复杂网络同样面临着各种安全威胁。因此,复杂网络上的安全问题已经越来越成为人们关注的焦点。本章重点讨论复杂网络上的安全模型以及安全机制等问题。

5.1 复杂网络安全概述

随着网络化程度的提高,用户对网络的使用越来越频繁,各种网络行为随之出现,而由异常行为导致的网络安全问题一直是一个重要的研究热点。一方面,目前各种各样的应用网络(如 Internet、IP 网、通信网、无线网络)日益开放,在网络的使用过程中随时都会面临包括黑客攻击、DoS 攻击、计算机病毒、网络流量劫持等多种传统意义上的网络安全威胁;另一方面,人们越来越依赖于关键基础设施网络,如电力供应系统、通信网络、计算机网络、交通网络、金融网络等,这些广泛应用的关键基础设施网络也同样面临安全威胁。研究发现,这些网络在异质性、鲁棒性和脆弱性等特征并存的同时,网络内部的动态关联使得其动力学行为特征更为复杂,这无疑增加了网络系统崩溃的可能性。因此,在面临网络攻击、战争、人为疏忽、随机干扰等多种情况下,网络中一个小的异常行为往往导致一系列的“连锁反应”,造成大规模的网络系统破坏、业务中断。

2003 年 8 月 14 日,美国俄亥俄州北部三条超高压输电线突然发生故障。由于警报系统失灵,控制人员没有及时发现故障并采取有效措施,导致输电系统出现连锁反应,并在一个小时之内蔓延到纽约及加拿大的多伦多,造成大面积停电事故,即“北美大停电事故”。该事故影响到了美国 8 个州及加拿大部分地区,共使大约 5 000 万居民受到影响,损失了 62 000 MW的发电量,给美国公司造成了 40 亿~100 亿美元的经济损失。此外,加拿大在 2003 年 8 月国内生产总值也因停电下降了 0.7%。而且,大停电造成了一系列的连锁反应:地铁运输全部停顿,地面交通也全面停止,民航业、空中旅行陷入一片混乱,美国电信网络通话量骤然增加,严重冲击了无线通信运营商。

2008 年 1 月底,我国南方地区遭遇大范围的暴雪天气,一方面雪灾使各个基础设施受到重大的直接破坏,公路、铁路、航空、电力等基础设施功能严重下降甚至瘫痪,同时由于基础设施之间的相互关联,使得在某个基础设施功能下降的同时,与其关联的其他基础设施的功能也出现下降现象;另一方面,雪灾使交通受限,不仅煤等燃料不能及时运送至火电厂,造成供电更加紧张,也影响了应急系统,使得参与救援的人力和物资不能及时到位。截至

2008 年 2 月 12 日，这次雪灾已造成多达 2 千亿元的经济损失。由此可见，因为复杂系统子系统之间关联关系的存在，初始扰动所造成的影响常常被放大。

这些大规模级联事故频频发生，引起了科学家们的高度重视：在自然灾害、网络攻击、重大突发事故的情况下，现实世界中的电力网络、通信网络、Internet 等关键基础网络到底有多可靠？一个微小的随机故障是否会导致整个网络系统的级联崩溃？在敌对势力的蓄意攻击下，网络是否还能正常发挥作用？为什么某个单一网络中的事故会扩散传导至其他相关网络，引起其他网络的相继故障，从而导致一连串的“级联反应”？随着网络在国家安全、社会稳定和人民生活等诸多方面发挥着越来越大的作用，这些问题与国家安全和发展战略的关系变得越来越密切。

当前关键基础设施网络之间高度的相互依存和相互融合、子网络系统之间日益紧密的关联关系、各个子网络系统内部不同的负载分布、拓扑结构的多层次异构性、网络的动态演化……如此多的因素交织在一起使得网络中的灾变行为变得异常复杂，这需要人们知道关键基础设施网络到底有多可靠，明确网络中灾变动力学的传播形式以及灾变的时空特征，同时掌握如何采取正确措施对网络灾难进行控制。要了解以上信息，需要了解网络灾变动力学的基本性质、规律分析，以及网络灾变管控相关知识。

1. 网络灾变行为的形成条件和机理

通过对网络负载分布、结构连接形式及网络流挖掘、安全能力分布的观察，了解重大网络灾变行为的形成机理和条件，是研究重大网络灾变行为的基础。

(1) 网络负载分布

实际网络中是有负载的，如电力网中的电流、Internet 中传输的信息数据、交通网络中的车流、航空网中的座位数，这些统称为网络负载。不同的网络具有不同的负载分布，例如对于通信网，网络稳定时呈正态分布，而非常规突发事件必然导致网络流的分布异常。但是，在网络从正常状态突变为异常状态的过程中，网络负载的变化形式是未知的，它的变化规律也是未知的，尤其是融合网络中网络负载是多元异构的，并且各个子网络系统上的负载也是多模态的。因此，研究重大网络中灾变事件信息的实时采集、清洗及分析机制，可以揭示这些负载分布特征及负载变化导致重大网络灾变行为的形成机理和条件，同时，对于非常规突发事件下关键网络中的非完备信息与异构数据的灾备存储具有重要意义。

(2) 网络结构的连接形式

网络拓扑结构对于网络的灾变行为有着重要影响，也是网络安全研究中的一个重要组成部分。目前，对于这方面的研究绝大部分关注于单一网络拓扑结构。然而，在融合网络中，其拓扑结构呈现高度异构特征，并且融合网络之间的重要连接呈现不同的分布规律，具有不同的地理分布特征，例如我国台湾地区与地中海地震导致光纤中断的现象，进而形成灾变，对整个网络形成了巨大的影响。因此，需要研究这些异构网络拓扑结构的多样化连接形式对于网络灾变行为形成的影响。

(3) 安全能力分布

网络安全能力是自然分布、隐性的，而且这些安全能力是独立操作、各自为政的。如在信息网络中，漏洞扫描器、入侵检测系统和杀毒软件等安全产品并不交换数据，安全政策不一致。网络内部个体硬件设施的不同,造成个体间安全能力的差异性,必然存在潜在的安全隐患,一旦灾变发生,隐性、脆弱性的安全设施就会发生问题。因此,从系统整体性角度出发,研究网络安全能力中的"木桶原理"以及由此引发的潜在安全问题,挖掘出关键网络中的骨干网络和脆弱部件,能够揭示网络级联行为的形成机理,进而引出研究网络安全能力的集群协调机制和"狼群策略"。

2. 网络灾变动力学的基本性质与规律分析

研究一个事物,重要的是能够分析该事物,在对事物进行观察了解之后,需要对其现象进行分析。那么,第二个基本问题就是,通过对事物的正确了解,分析事物在发展过程中的特征,探索事物发展的规律,从而为引导控制事物提供重要的理论依据。因此,针对融合网络,研究网络灾变在突现、涌现、暴发、蔓延等不同发展过程中的所呈现的动力学演化规律是一个重要内容,将为在重大灾变情况下关键基础设施网络的应急处理策略的制订和灾难控制机制提供重要的理论依据。

(1) 引起灾变行为的多样化诱因

网络灾变行为的诱导因素是多样化的,既有外部因素,又有内部因素。外部因素如重大自然灾害(地震、极端天气)、恶意攻击等,内部因素如随机故障、人为操作失误,这种多样性的诱导因素对网络的灾变级联动力学行为过程有着重要影响。对于相互依存的、融合异构的关键基础设施网络而言,不同诱导因素是如何综合影响这些网络的灾变动力学行为,这仍然是未知的。因此,这迫切需要探索在多种诱导因素下重大网络灾变行为的动力学规律,包括探索关键基础设施网络中的重大灾变动力学行为的生命周期、稳态特征、暂态特征和临界相变规律,分析在生命周期内每一个过程阶段的特征,探索多种诱导因素对关键网络的振荡和冲激响应机制问题。

(2) 网络灾变形式多模态

网络灾变行为有多种模式,造成损失的形式也不一样。例如2008年发生在四川的大地震,在很短时间内使得四川及周边地区的电子政务系统、金融系统、通信系统等多种信息系统数据丢失、系统瘫痪;2008年中国南方大部分地区遭遇大范围冰雪天气,恶劣的天气在较长时间内逐渐破坏电力系统、通信系统等设施,最终使基础设施严重受损,信息系统的服务被迫中断。所幸相关的机器设备在室内并没有被破坏,与地震相比要好得多,但是从信息角度来讲,仍然造成大量重要数据的丢失,并使得很多系统处于瘫痪状态。显然,突发性的灾变事故和持续性的灾变造成的损失不同,所引起的网络灾变行为规律也不同。因此,极有必要探索多模式的灾变形式与关键基础网络的灾变行为动力学规律之间的内在相关性问题。

(3) 融合网络灾变级联动力学

现实世界中的各类网络交叉渗透,动态交互机制作用而形成相互依存的融合网络,在自然灾害、网络攻击、重大突发事故情况下,往往某个单一网络中的事故会传导至其他相关网络,引起其他网络的失效,从而导致一连串的"级联反应"。典型的例子如2003年意大利电网崩溃导致其Internet、通信网络及交通系统崩溃,2008年我国南方雪灾引起的电力网和通信网崩溃事故。目前,对于这种相互融合网络上的级联动力学行为所经历的涌现、发展及演变等不同阶段过程的研究较少,尤其是对于网络动态级联事件行为所经历的生命周期、暂态与稳态响应的变化规律、级联的时空特性或时空斑图等缺少关注。从融合网络的异构、多层次、跨级结构出发,探索融合网络中的灾变行为在各个子网络系统之间的迁移规律,探索各个子网络中的灾变行为动力学过程中的次生、衍生及耦合的动力学演化规律与特征,将对于保护关键基础设施网络具有重大的战略意义。

3. 网络灾变管控

按照研究事物的三个方面，在对事物观察分析之后，对事物的解决是人们研究事物的最终目的。而开展对网络灾变行为规律的研究和分析，其最终目的是对网络重大灾变行为进行预报、管理和控制，以使关键网络能安全可靠的为国家社会服务。

（1）基于态势分析的安全预警

当网络中发生灾难故障时，能够实时、准确地显示整个网络态势状况，追踪检测出恶意攻击行为的多个或单个信息源头，对于缓解攻击造成的危害、提高系统的应急响应能力等十分重要。因此，需要综合利用统计学、动力学、计算机科学等多学科交叉的研究方法，建立起融合网络中重大灾变行为的态势感知分析方法，掌控当前的网络状况，以便能够准确、快速地得到整个动态网络的直观态势图，进而建立起针对关键基础设施网络的早期安全预警机制。同时，需要建立起追踪溯源技术，追踪到事故的单个或多个源头信息。其中，在当前数据规模大、异构复杂的条件下，如何能够全面而客观地显示态势，并保证良好的视觉效果是一个亟待解决的科学问题。

（2）最优化管理机制

关键基础设施网络由动态交互作用形成，网络间交叉渗透、相互依存，因此其灾难故障形式是多样的。面对网络安全问题时，各个子网络安全能力比较分散，不能够协同保证网络的安全；不同的故障需要考虑不同的管理、控制、应急措施；应对级联故障需要考虑到成本的问题，优化资源调度配置。这些管理和控制必须建立起基于网络整体的协同控制和协同处理机制，把安全保障问题作为一个整体来协同解决。这就需要研究解决网络灾变的优化方案，重点是针对灾变的不同级别和不同进程提出优化可控的应对模式，确保网络风险在各级协调应对，网络事件在响应周期的所有阶段协调处理。

5.2 复杂网络安全模型

本节讨论不同网络拓扑结构在不同攻击策略下的鲁棒性，下一节讨论复杂网络的鲁棒性增强策略。要深入了解网络的安全可靠性，首先，应该明确静态拓扑结构在不同攻击行为下鲁棒性的表现形式，其中“静态”是指假设一个网络部件的失效不会导致其他部件的连锁式失效，即不考虑网络部件之间的关联作用。本节第一部分即讨论静态拓扑结构在不同攻击行为下的鲁棒性。然而，在实际网络中，大多数网络上是有负载的，网络结构发生变化（如节点或链路的删除），会使网络中经过其余节点或链路的“网络流”发生变化，使“网络流”重新分配。所以当“流”重新分配时，某些节点或链路上新的“流量”可能会超出它的最大承受能力，造成这些节点或链路的拥塞或崩溃，结果又导致新一轮的“流”再分配，从而又导致一些新的节点或链路拥塞崩溃，这个过程被称为“级联失效”，本节第二三部分即讨论有关级联失效情况下复杂网络的鲁棒性问题。

5.2.1 静态拓扑结构下复杂网络的鲁棒性

鲁棒性表示的是网络在遭受故障或者攻击时，网络维持自身拓扑结构的能力，也可以称为抗毁性。鲁棒性是复杂网络中的一个重要的基础问题，特别是对于基础设施网络而言，鲁棒性将直接影响人们的日常生活。在现在这个信息社会时代，电力网络和通信网络已经成为人们生活中不可或缺的元素，一旦遭到破坏，将严重干扰人们的正常生产和生活，因此鲁棒性的研究具有非常重要的理论意义和现实意义。

大部分网络的可靠运行建立在它的连通性上，如果一些节点从网络中移除，节点之间的路径长度就会增加，甚至有些节点之间将不再连通，节点之间的通信也就将变得不可能。不同的网络对于这样的节点移除的鲁棒性不同，这与网络拓扑有关，也与网络的度分布有关。

网络的鲁棒性通常分为两种：(1)针对随机节点移除(随机攻击)下的鲁棒性；(2)针对特定节点移除(蓄意攻击)下的鲁棒性，例如移除度最大的节点或者介数中心点。网络鲁棒性有多种衡量方式：计算随着节点移除的比率而改变的平均路径长度、最大连通子图的比例、造成网络最大连通子图消失需要去除节点的临界比例等，目前最常用的还是最大连通子图以及临界值。网络的鲁棒性与网络的度分布和拓扑结构密切相关。

在网络研究中，如网络的有效性攻击、疾病的免疫、强鲁棒性的网络设计，渗流方法是一种有效手段。相变通常指的是物质从一种相转变为另一种相，物质系统中物理、化学性质完全相同，与其他部分具有明显分界面的均匀部分称为相；而在网络科学中，连通分支可类比为相，图中的连通分支大小的改变类比为图由一种相转变为另一种相。使得相与相转变之间处于临界状态的条件称为临界点。渗流理论是复杂网络研究的基础理论[1]，在渗流理论中，通常用生成函数来表示系统。假设网络中有 N 个节点，每个网络节点的度为 k 的概率为 $P(k)$，每个节点随机地与 k 个节点相连，定义该度分布下的生成函数为

$$G(x)=\sum_{k=0}^{\infty}P(k)x^{k}, \tag{5.1}$$

其中，x 为任意一个变量。通过式(5.1)，能计算出网络的平均度为

$$\langle k\rangle=\sum_{k=0}^{\infty}kP(k)=\frac{\partial G}{\partial x}\Big|_{x=1}=G'(x). \tag{5.2}$$

当网络规模趋近于无穷大时，即当 $N\to\infty$时，随机过程可以用分支过程建模。在分支过程中，以某个节点出发的连接与一个度为 k 的节点连接的概率为$\frac{kP(k)}{\langle k\rangle}$。

通过式(5.1)和式(5.2)，该分支过程可以定义为

$$H(x)=\frac{\sum_{k=0}^{\infty}P(k)K\,x^{k-1}}{\langle k\rangle}=\frac{G'(x)}{G'(1)}. \tag{5.3}$$

定义 f 为一个随机选定的连接不通向最大连通子图的概率。假设一个连接通向一个有 $k-1$ 出度连接的概率为f^{k-1}，这样 $H(f)$也表示一个随机选择的连接不通向最大连通子图的概率，因此 f 满足递归公式 $f=H(f)$。一个度为 k 的节点不属于最大连通子图的概率为f^{k}，因此一个随机选中的节点属于最大连通子图的概率为 $g=1-G(f)$。当 $1-p$ 部分的节点从网络中随机移除，生成函数还是相同的，只是生成元变成了 $z=px+1-p$。相应地，由于 f 和 g 的定义，一个随机选取的节点属于最大连通子图的概率为

$$g(p)=1-[pf(p)+1-p], \tag{5.4}$$

其中，$f(p)$满足

$$f(p)=H[pf(p)+1-p]. \tag{5.5}$$

因此，属于最大连通子图的节点占整个网络的比率为

$$P_{\infty}=pg(p). \tag{5.6}$$

随着 p 的增大，式(5.5)的非凡解 $f<1$ 逐渐逼近平凡解 $f=1$，相应的P_{∞}逐渐趋近于0，该网络的相变为二阶相变。P_{∞}趋近0，当式(5.5)的两个解在 $p=p_{c}$时重合。在这一点，式

(5.5)左边的直线和右边的曲线相切,产生

$$p_c=\frac{1}{H'(1)}. \tag{5.7}$$

例如,在E-R网络中,度分布为泊松分布,运用式(5.1)、式(5.3)和式(5.7)可以得到

$$G(x)=H(x)=\exp[\langle k\rangle(x-1)], \tag{5.8}$$

$$g(p)=1-f(p), \tag{5.9}$$

$$f(p)=\exp\{p\langle k\rangle[f(p)-1]\}. \tag{5.10}$$

通过式(5.7)和式(5.8),可以得到

$$p_c=\frac{1}{\langle k\rangle}. \tag{5.11}$$

最后通过式(5.9)和式(5.10),可以直接得到关于P_∞的表达式

$$P_\infty=p[1-\exp(-\langle k\rangle P_\infty)]. \tag{5.12}$$

选择概率等于0.01时,一个E-R网络的最终形态如图5.1所示。

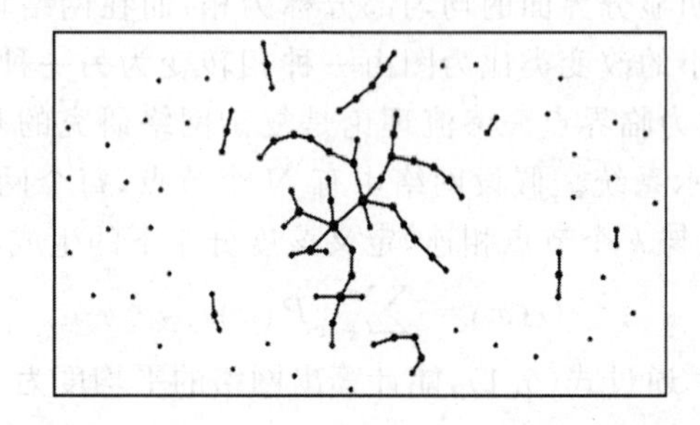

图5.1 选择概率等于0.01时,一个E-R网络的最终形态

以上的基本理论可以用来对随机网络或者网络中没有回路的网络如树,进行复杂网络渗流相变的临界值求解;但是当网络中存在回路时,基于该方法的求解就变得不是那么准确。对于含有回路的网络,也有一些方法,由于较复杂,这里不再介绍。

5.2.2 级联失效情况下单层网的鲁棒性分析

由于实际中的网络一般是有负载的,例如,在Internet上传输的数据包、电力网中运输的电力、交通网的车流等,这些都可以看作网络负载"网络流"。网络上的这些"流"是动态变化的,当网络结构发生变化(如遇到随机故障或蓄意攻击)会使"网络流"发生变化,导致"网络流"重新分配。所以当"流"重新分配时,某些节点或链路上新的"流量"可能会超出它的最大承受能力,造成这些节点或链路的拥塞或崩溃,结果又导致新一轮的"流"再分配,从而又导致一些新的节点或链路拥塞崩溃,这个过程被称为"级联失效",这种级联失效行为严重影响各个系统的正常工作。

在复杂网络中,主要利用非线性动力学等理论来研究级联失效的动力学行为,并且一般假设有随机故障和蓄意攻击两种策略,网络部件的过载失效将导致负载在整个网络中再分配,从而导致过载的级联反应。其中随机故障指删除随机选择的若干节点或边,主要模拟网络遇到随机干扰的情况,包括人为误操作、雷电、恶劣天气或重大自然灾害等随机性的因素;蓄意攻击是指攻击删除网络中比较重要的若干节点或边,这种方式主要模拟网络遭受恶意攻击的情况,包括恐怖袭击、多种网络攻击等人为因素。

下面关注单层网络级联动力学的建模问题。对于一个具有N个节点、N_e条边的无向网络,

定义网络的邻接矩阵$\mathbf{A}=(a_{ij})_{N\times N}$，其中，若节点 i 与节点 j 之间有边连接，则$a_{ij}=1$；否则$a_{ij}=0$。

对于网络级联行为动力模型的建立，一般来说，主要解决下列三个问题：

(1) 网络中的节点(边)上初始负载的定义；

(2) 网络中的节点(边)的最大负载能力和初始负载之间的关系定义；

(3) 网络中的节点(边)崩溃开始后，负载全局重新分配的动态过程。

在有负载的网络中，负载可能按照最短路由策略经过节点或边，如在路由层中，一般信息数据都是按照最短路径路由策略机制来传输，在公路网中，一般车辆也是按照最短路径行驶。因此，经过这些节点或边的最短路径的条数就可以看作该点或边的负载。其次，一般假设网络部件(指节点或边)面临随机故障和蓄意攻击等破坏方式。基于此，存在基于节点攻击和基于边攻击的网络级联动力学模型。

1. 针对边攻击的网络级联动力学模型

针对边上有负载的攻击，通常只考虑两种攻击策略：最大负载攻击，即删除网络中初始负载最大的一条边；随机攻击，即随机删除网络中的一条边。

假设网络中边e_{ij}的最大容量C_{ij}正比于其初始负载$L_{ij}(0)$，即

$$C_{ij}=(1+\alpha)L_{ij}(0),\ \forall e_{ij}, \tag{5.13}$$

其中，$\alpha>0$ 表示容忍因子，α 越大意味着网络链路的容错能力越强。$L_{ij}(t)$表示在时刻 t 时经过边e_{ij}的最短路径的条数，即时刻 t 时边e_{ij}的负载，而 $t=0$ 便是攻击前的初始状态。

当删除网络中的某条边时，边的负载将在网络全局中重新分配，在时刻 t 时，如果某条边e_{ij}上的负载$L_{ij}(t)$超过其最大容量C_{ij}，那么该边将失效崩溃，从而导致新一轮的再分配，因此发生了级联效应。这个迭代过程将一直持续下去，一直到网络中没有新的崩溃的边，此时可以认为级联反应停止了。该级联反应的迭代过程具体如图 5.2 所示。

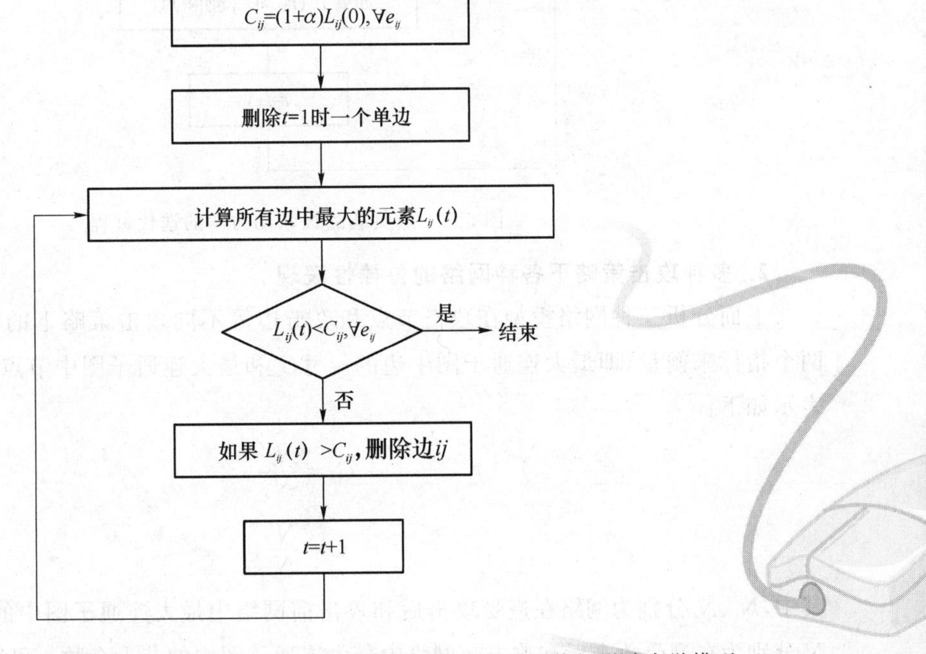

图 5.2　边负载的级联动力学的迭代过程针对节点的多种攻击下的网络级联动力学模型

类似的，对于节点攻击，也只考虑两种攻击策略：最大负载攻击，即删除网络中初始负载最大的一个节点；随机攻击，即随机删除网络中的一个节点。

类似于前面的模型，假设网络中节点 i 的最大容量C_i正比于其初始负载$L_i(0)$，即

$$C_i=(1+\alpha)L_i(0),\forall e_i, \tag{5.14}$$

其中，$\alpha>0$ 表示容忍因子，$L_i(t)$表示在时刻t 时经过节点i 的最短路径的条数，即时刻 t 时节点 i 的负载，而 $t=0$ 便是攻击前的初始状态。

当删除网络中的某个节点时，节点的负载将在网络全局中重新分配，在时刻 t 时，如果某个节点上的负载$L_i(t)$超过其最大容量C_i时，那么该节点将失效崩溃，从而导致新一轮的再分配，因此发生了级联效应。这个迭代过程将一直持续下去，一直到网络中没有新的崩溃的节点，此时可以认为级联反应停止了。该级联反应的迭代过程具体如图 5.3 所示。

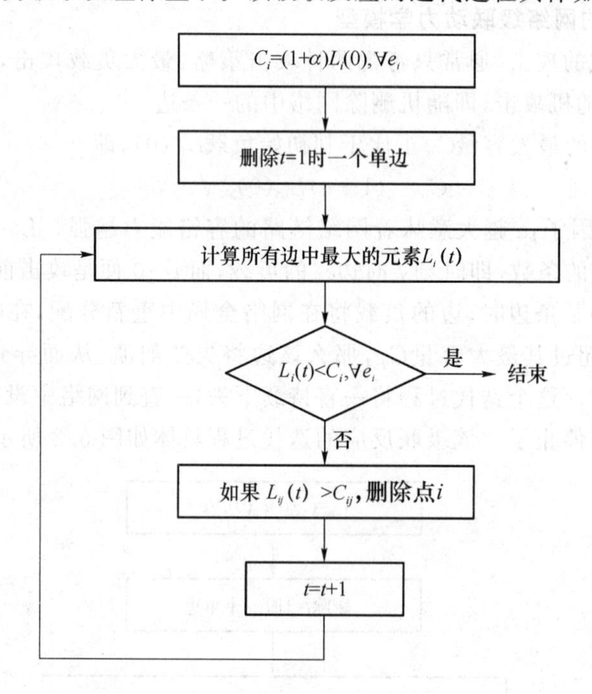

图 5.3　点负载的级联动力学的迭代过程

2. 多种攻击策略下各种网络的鲁棒性表现

下面分析三种网络模型在攻击节点和攻击边等不同攻击策略下的鲁棒性，将利用下列两个指标来衡量，即最大连通子图中边的尺寸G_e和最大连通子图中节点尺寸G，其定义分别表示如下：

$$G_e=\frac{N_e'}{N_e}, \tag{5.15}$$

$$G=\frac{N'}{N}, \tag{5.16}$$

其中，N_e'、N_e分别为网络在遭受攻击后和攻击前网络中最大连通子图中的所含有的边数；N'、N 分别为在遭受攻击后和攻击前网络中最大连通子图中的节点个数。可以看出，两个指标G_e、G 均可以看作容忍因子 α 的函数，并且能够衡量网络整体的抗毁性，如果$G_e\approx1(G\approx1)$，则意味

着网络具有很高的连通性。

在对网络的攻击下，网络最大连通子图中所含边的尺寸G_e和所含节点的尺寸 G 越大，网络保持连通性越好，也就意味着当网络遭到攻击时，网络抵抗级联失效的整体能力就越强，即具有较强的鲁棒性。

三种网络模型的最大连通子图边尺寸G_e如图 5.4 所示。

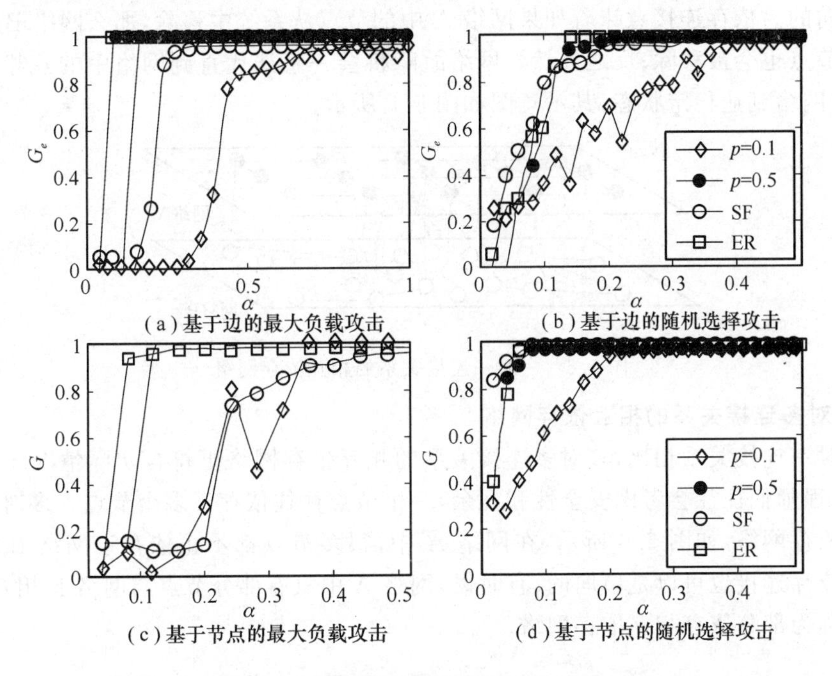

图 5.4　三种网络模型的最大连通子图边尺寸G_e

在图 5.4 中，无论在节点的攻击策略下还是在边的攻击策略下，除重连概率 $p=1$ 外，WS 小世界网络和 ER 随机网络都比 Scale-free 网络表现出更好的抗毁性，这说明 WS 小世界网络和 ER 随机网络的抗毁性较强，并且总是存在关于容忍因子 α 的某个阈值α_c，使得三种网络的连通性从低转变为高。值得注意的是，对于 Scale-free 网络而言，在基于边的最大负载攻击策略下，Scale-free 网络比在基于节点的最大攻击策略下表现出更好的鲁棒性，而在随机攻击策略下，情况恰好相反。这说明，对于 Scale-free 网络而言，攻击其中负载最大的节点比攻击其中负载最大的边所造成的破坏性更大。当然对于实际的网络，一旦网络结构给定，都可以基于前面的模型进行数值分析。

5.2.3　相互依存网络的鲁棒性分析

实际上大多数相互依存网络并不是单层网，不仅网络内部的各个节点存在相互作用，网络间通常也是相关联的。其中一种相互关联关系就是相互依存关系，如通信网需要电力网络提供电力支持，而电力网络需要通信网络进行资源调配和同步，他们组成的系统叫相互依存网络。相互依存网络中网络间的关系也比较多样化，有一对一连接关系的相互依存网络，也有多对多连接关系的相互依存网络，甚至还有网络的网络，下面将对三种不同的相互依存网络进行介绍。

1. 一对一连接关系的相互依存网络

2010年,S. V. Buldyrev等人在nature上发表的文章中提到的相互依存网络模型,就是一个一对一依存关系的网络。在该网络中,网络A与网络B相互依存,网络A中的每个点在网络B中都有唯一的一个依存的节点,也就是说网络A中的节点与网络B中的节点一一对应。在每个网络中,每个节点都有两种类型的连接,相连连接和依存连接,所有的依存连接都是双向的。依存连接意味着如果网络A中的节点从系统中移除,那么网络B中与之互相依存的节点也会被移除;反之亦然。网络故障将会一直迭代直到网络中的互相连通最大子图出现,网络到达稳定状态,其示意图如图5.5所示。

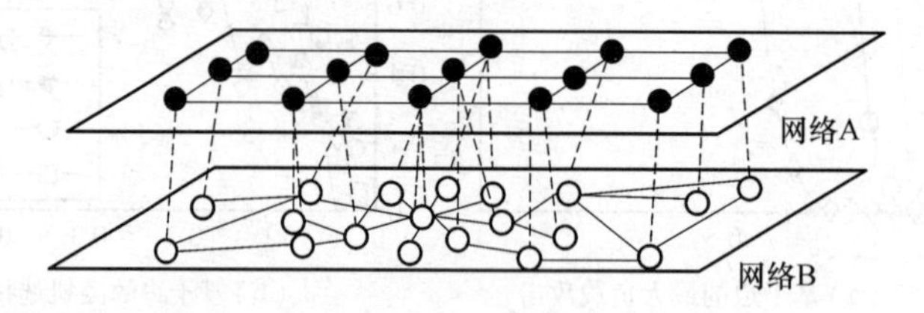

图5.5 一对一连接关系的相互依存网络

2. 多对多连接关系的相互依存网络

与一对一连接关系相比,多对多连接关系的相互依存网络更符合实际情况。在网络设计阶段,工程师们往往会考虑安全性和冗余,一个节点往往依存于多个节点。多对多连接关系的相互依存网络,如图5.6所示,在网络A中,很多节点都不止依存于网络B的一个节点。这种依存连接也可以是单向的,有时候,网络A中只有部分节点与网络B相互依存,这样的网络称为部分依存相互依存网络。

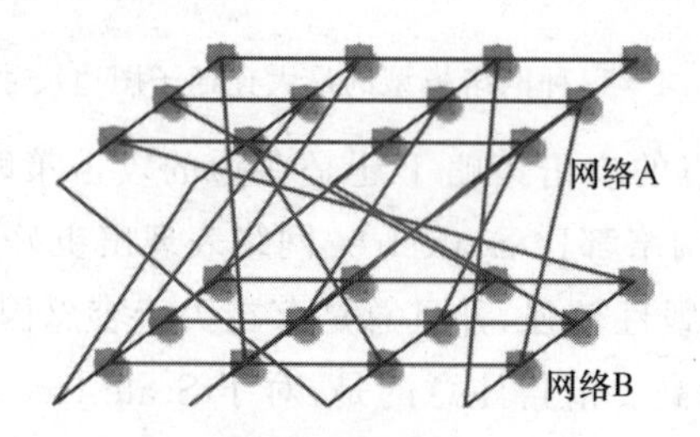

图5.6 多对多连接关系的相互依存网络[2]

3. 网络的网络

在很多实际系统中,相互依存的网络往往不止两层。很多基础设施网络,如供水网络和食物供应网络、交通网络、燃料网络、金融交易网络、电力网络都是相互依存和互相关联的。基础设施网络构成的网络,如图5.7所示。电力网络为水泵和供水网络的控制系统提供电力;供水网络为电力网络提供水循环制冷和减少废弃物,能源网络为电力系统的发电机提供燃料;电力网络为燃料网络的泵压提供电力等。理解这些依存关系对设计健壮的基础设计网络是非常重要的。所以,在两个相互依存网络模型的基础上,将模型推广到了更一般的由N个网络相互作用的系统。由N个网络相互关联的系统,被称为网络的网络(network of networks)。这N个网络之间同样存在着拓扑关系,网络之间的强度也存在差异。这里网络之间的强度一般表示两个网络之间相互依存或连接节点的比率。

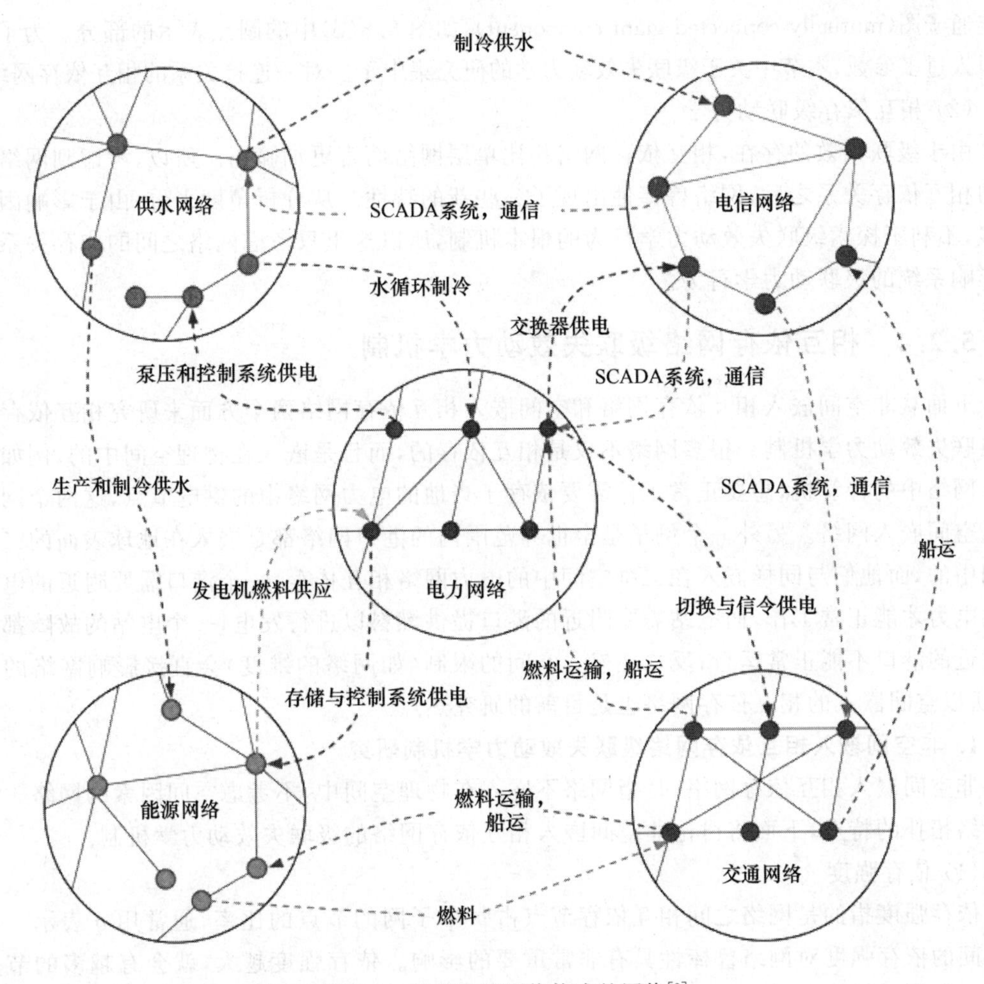

图 5.7 基础设施网络构成的网络[3]

(1) 级联失效动力学模型

在相互依存网络中，一个最先被发现也是非常重要的现象就是级联失效现象，该现象造成了相互依存网络的极度脆弱性，是目前相互依存网络研究中的热点问题。级联失效动力学过程如图 5.8 所示。

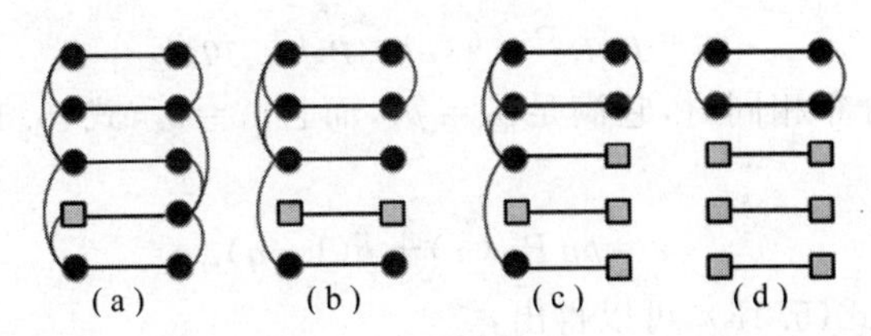

图 5.8 级联失效过程

在图 5.8 中，圆点表示正常运行的点，方框表示故障的点，弧线表示网络内的连接，直线表示网络间的相互依存连接。在相互依存网络中，一个网络中的节点和另一个网络中的节点相互依存，即当一个网络中的节点出现故障时，另一个网络中与之相互依存的节点也会发生故障；反之亦然。这样的过程会一直持续，直到网络到达稳定状态，即网络中出现互相最大连通子图(mutually connected giant component),如图 5.8(d)中的圆点表示的部分。为了避免引入过多参数,本节中关于级联失效动力学的研究集中于一对一连接关系的相互依存网络。

(2) 相互依存级联动力学

由于级联失效的存在,相互依存网络相比单层网络而言更加脆弱。所以,考虑到网络之间的相互依存关系之后,网络鲁棒性出现了一些新的特性。从分析角度来看,由于影响因素太多,不利于探索级联失效动力学行为的根本机制,所以这里只考虑网络之间的依存关系如何影响系统的级联动力学行为。

5.2.4 相互依存网络级联失效动力学机制

下面从非空间嵌入相互依存网络和空间嵌入相互依存网络两个方面来研究相互依存网络级联失效动力学机制。很多网络不仅是相互依存的,而且是嵌入在物理空间中的,例如计算机网络中的计算机,想要正常工作需要依存于当地的电力网络中的供电节点,这两个网络都是空间嵌入网络。另外一个例子是全世界范围内的港口网络都是嵌入在地球表面的二维空间中的,而他们与同样嵌入在二维空间中的电力网络相互依存,一个港口需要附近的电站提供电力才能正常工作,而电站需要附近的港口提供燃料以进行发电,一个电站的故障都导致附近的港口不能正常运行;反之亦然。空间的限制(如网络的维度)会直接影响网络的性质,所以空间嵌入的相互依存网络也是目前的研究热点。

1. 非空间嵌入相互依存网络级联失效动力学机制研究

非空间嵌入相互依存网络,是指网络不嵌入在物理空间中,不考虑空间因素的网络。结合网络拓扑的特点,下面将讨论非空间嵌入相互依存网络的级联失效动力学机制。

(1) 依存强度

依存强度指的是网络之间相互依存节点占每个子网的节点的比率,通常用 q 表示。网络之间的依存强度对网络鲁棒性具有非常重要的影响。依存强度越大,就会有越多的节点参与到级联失效过程中,将导致网络崩溃的加快,最终网络中存活的节点变少。下面讨论随着 q 的变化,E-R 网络的鲁棒性的变化。

在上面介绍了单层网络上的鲁棒性理论分析,下面分析在网络之间存在相互依存之后网络的鲁棒性。当网络中初始移除 $1-p$ 的节点之后,系统的描述公式就变成了式(5.17)和式(5.18):

$$x_1=p_1q_1P_{\infty,2}(x_2)+p_1(1-q_1), \tag{5.17}$$

$$x_2=p_2q_2P_{\infty,1}(x_1)+p_2(1-q_2). \tag{5.18}$$

当两个网络的度分布相同时,它满足 $p_1=p_2$,而且 $q_1=q_2$,式(5.17)和式(5.18)就可以用一个公式表示:

$$x=pqP_{\infty}(x)+p(1-q). \tag{5.19}$$

更进一步地,利用式(5.18),可以得出:

$$P_{\infty}=\frac{(1-z)[1-G(z)]}{1-H(z)}, \tag{5.20}$$

其中,z 满足

$$\frac{1-z}{1-H(z)}=p(1-q\{1-p[1-G(z)]\}). \tag{5.21}$$

式(5.21)是 q 的二次方程,其中只有一个解具有物理意义,这个解如式(5.22)所示:

$$\frac{1}{p}=\frac{[H(z)-1]\{1-q+\sqrt{[(1-q)^2+4qp_{\infty}(z)]}\}}{2(z-1)}=R(z),\tag{5.22}$$

其中，$R(z)$的最大值对应于p_c，而且

$$p_c=\frac{1}{\max\{R(z_c)\}},\tag{5.23}$$

其中，z_c可以通过当$z\to1$获得，那么

$$\max\{R\}=\lim_{z\to1}\frac{H(z)-1}{z-1}(1-q)=H'(1).\tag{5.24}$$

分析依存强度对相互依存随机网络的影响，对相互依存的随机网络来说这种情况比较简单，已有研究发现存在一个依存强度临界值q_c，当q小于这个临界值时，网络的渗流相变是连续的，而当q大于这个临界值时，网络的渗流相变是非连续的，如图5.9所示，该图展示了渗流子图与q之间的函数关系图，其中q从左到右分别为从0到1，步长为0.1。可以很明显地看出当$q>q_c$时，即使移除非常小的一部分节点，就将导致网络的崩溃，而当$q<q_c$时，网络随着q的变化是连续的。随着q的增大，网络的渗流阈值p_c越来越大，说明$1-p_c$越来越小，网络越来越脆弱。

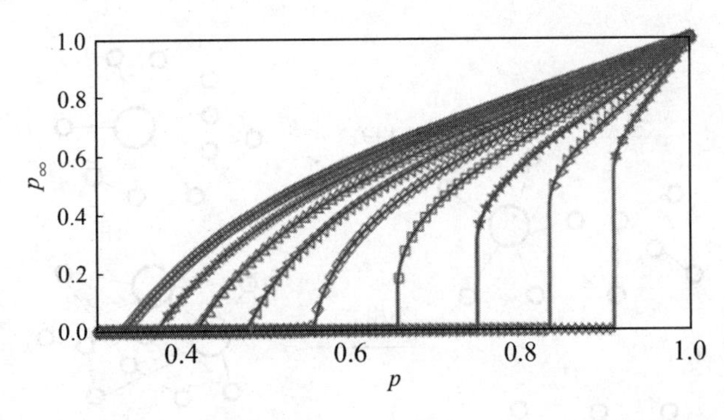

图5.9　随机网络中最大连通子图与依存强度之间的关系：从左到右强度q的取值分别为0～0.8步长为0.1[4]

(2) 链路重复率

链路重复率(overlap of links)对网络的吸纳改变特性具有重要意义。考虑M个完全重合的相互依存网络，其最大连通子图与单层网络上的最大连通子图是相等的，系统的渗流相变为二阶相变。因此，可以很自然地预测，当网络的重复率高于一个临界值，最大连通子图的出现是连续的，而当网络之间的重复率低于这个临界值时，最大连通子图的出现是不连续的。

在由网络A和网络B构成的仅有两层的相互依存网络中，如果在A网络中a_i和a_j相连，并且在B网络中b_i和b_j相连，(i,j)被定义为公共边，如图5.10所示，较粗的灰边就表示公共边，较细的黑边就不为公共边。假设这样的公共边的数量为L_c，A网络中和B网络中的边的数目是相等的，即$M_1=M_2=M$，所以通常将链路重复率定义为

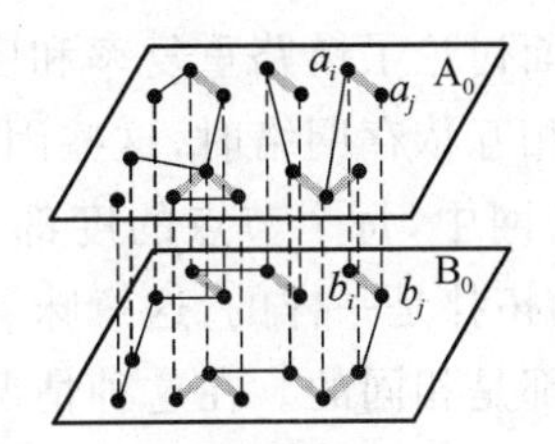

图5.10　具有重复链路的相互依存网络[5]

$$r=\frac{L_c}{M}. \tag{5.25}$$

不难看出，对于无标度网络，随着链路重复率的增大，网络越来越鲁棒。存在一个r_c，使得当$r<r_c$时，网络为非连续相变，而且网络随着r的增大，网络越来越脆弱；当$r>r_c$时，网络为连续相变。

(3) 度相关性

度相关性对相互依存网络的鲁棒性影响是另外一个备受广泛学者关注的研究内容。已有的研究发现，在相互依存网络中，度相关性的出现会有效地改变渗流相变的临界值p_c。相互依存网络的度相关性分为正相关、负相关和不相关，其示意图如图5.11所示。将A、B网络中的节点按度的大小从高到低排序，其中正相关意味着A网络中度最大的节点和B网络中度最大的节点相互依存，A网络中度最小的节点和B网络中度最小的节点相互依存，依此类推，网络中各个节点按排序相互依存，负相关则正好相反；不相关则代表两个网络之间随机依存，没有相互关系。对于相互依存随机网络，网络间的依存关系为正相关时，是最鲁棒的；反之，当网络为负相关时，网络是最脆弱的。正相关中的渗流临界值总是大于不相关和负相关。

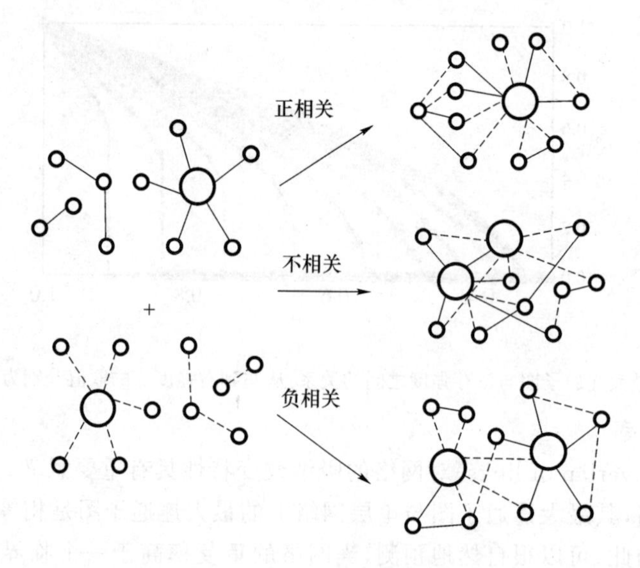

图5.11 网络间的度相关性示意图

2. 空间嵌入相互依存网络级联失效动力学机制研究

在上面讨论了链路重复率和度相关性对随机网络和无标度网络鲁棒性的影响，但考虑空间嵌入相互依存网络时，这些因素就失去了意义。因为通常将空间嵌入网络建模成方格网，在方格网中，每个节点的度都是一样，在网络中的地位均等，而且双层的相互依存网络中，网络的拓扑是一样的，这意味着链路重复率永远为1，度相关性永远是一样的，而且每个节点的度都是相同的。在这种情况下，需要结合空间嵌入网络的特点，考虑一些其他可能影响网络鲁棒性的因素。

距离在决定空间嵌入相互依存网络中具有非常重要的意义。在讨论相互依存网络的鲁棒性时，通常研究的是网络之间是随机依存关系的情况。对于空间嵌入网络，在每个网络中，通

常每个节点只与自己最近节点连接,所以通常被抽象为方格网,如图5.12所示。图5.12中网络之间的依存连接很多时候并不是随机的,有可能具有一定的距离r。在网络A的每个节点A_i依存于网络中的节点B_i,其中$|x_i-x_j|\leqslant r$且$|y_i-y_j|\leqslant r$。

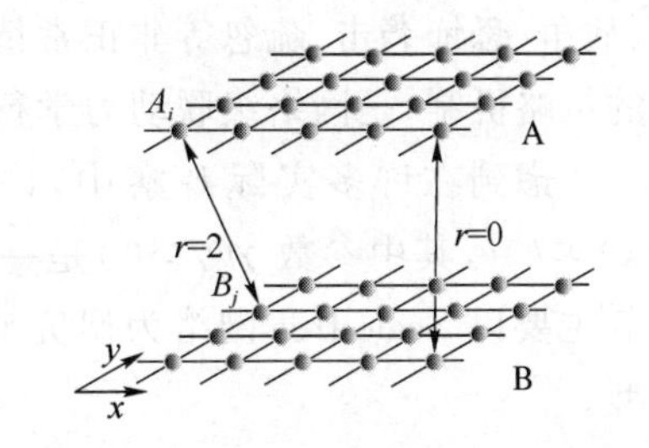

图5.12　相互依存连接距离示意图[6]

这里依存连接距离对空间嵌入网络的鲁棒性具有决定性的作用。发现存在一个临界值r_c,当$r<r_c$时,网络相变为一阶相变;当$r>r_c$时,网络相变为二阶相变,其仿真结果如图5.13所示。

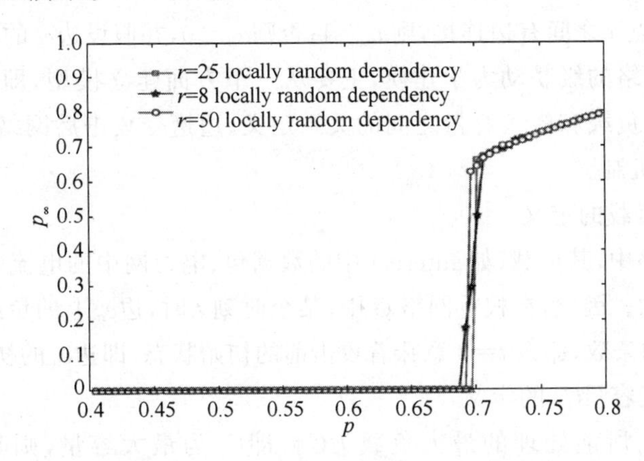

图5.13　不同相互依存网络下的网络最大连通子图和p的关系

5.3　网络安全策略

上一节主要分析了网络灾变动力学的基本性质与规律,本节着重讨论网络灾变管控,即基于单层网和相互依存网络的鲁棒性增强策略。

由于普遍存在的级联失效现象,无论是单层网还是多层网,要想增强网络的安全性,选择合适的安全策略尤为重要。本节第一部分讨论带有应急恢复机制的网络级联动力学模型,第二部分则为相互依存网络的鲁棒性增强策略,在现实意义上分析各种模型的利弊,选择最适合的模型来增强网络的安全性。

5.3.1　带有应急恢复机制的网络级联动力学模型

在以往的级联动力学模型中,总是假设一旦网络中的节点或边的负载超过其最大容量,则对应的节点或边将崩溃失去作用,从而导致网络负载的再分配,引发级联动力学。然而,事实上,在真实的网络中,总是存在某种应急机制或应急反应,例如,当交通网络中发生交通事故或遇到极端天气时,警察将介入,指挥疏导车辆、清理道路障碍,以保证道路畅通;在技术性应用网络,如Internet、通信网络中,当有故障出现时,外部应急力量将介入发挥应急处理能力,修复网络,保证网络正常运行。因此,在网络遭到蓄意攻击、重大自然灾难、重大事故、战争、恐怖袭击、疏忽等非正常情况下，研究应对在蓄意攻击或随机故障下的网络级联故障的策略机制，是网络级联动力学行为研究的重要方向之一。

考虑到在许多实际观察中，许多真实的网络被证明具有幂律性，即网络的度分布 $P(k)\propto k^{-\gamma}$，其中参数 $\gamma(\gamma>0)$ 是一个标度指数，这种网络被称为 Scale-free 网络。因此，本节主要以 Scale-free 网络为研究对象。下面给出带有应急恢复机制的网络级联动力学模型。

首先，对具有应急处理机制的网络级联动力学建立新的模型，在针对网络中边的多种攻击策略下，研究权重网络中灾难传播的应急处理策略机制。

假设对于无向的权重网络 G 中有 N 个节点、N_e 条边，定义网络的邻接矩阵 $\mathbf{A}=(a_{ij})_{N\times N}$，其中，若节点 i 与节点 j 之间有边连接，则 $a_{ij}=1$；否则 $a_{ij}=0$，并假设边 e_{ij} 的权重为 w_{ij}。

一般地，对于网络的级联动力学建模，主要从三个方面建立模型，即网络中边上初始负载的定义、边的初始负载和最大容量之间的关系定义、边遭受攻击后网络中边负载的再分配过程的动力学演化机制。

(1) 边上初始负载的定义

在许多实际网络中，其负载(如 Internet 中的数据包、电力网中的电流)总是按照最短路径路由策略在边上传输。因此，在权重网络 G 中，某个时刻 t 时，边 e_{ij} 上的负载 $L_{ij}(t)$ 可定义为经过边 e_{ij} 的最短路径的条数，那么 $t=0$ 意味着攻击前的初始状态，即边 e_{ij} 的初始负载为 $L_{ij}(0)$。

(2) 边 e_{ij} 的最大容量 C_{ij} 的定义

假设网络中边 e_{ij} 所能处理的最大负载为 C_{ij}，即 C_{ij} 为最大容量，则其正比于初始负载 $L_{ij}(0)$，即

$$C_{ij}=(1+\alpha)L_{ij}(0),\ \forall\, e_{ij}, \tag{5.26}$$

其中，可调系数 $\alpha>0$ 表示容忍因子，$L_{ij}(t)$ 是指在时刻 t 经过边 e_{ij} 的最短路径的条数，$t=0$ 意味着攻击前的初始状态。

在以往的模型中，总是假设已有的节点或边只有两种状态：正常或超载。一旦节点或边的负载超过其最大容量时，则该节点或边将崩溃。然而，在实际网络中，应急处理机制能够有效处理网络中的异常状态，缓解其负载压力，进而减少其崩溃的可能性，从而使得网络从“拥塞或崩溃”转为“正常”状态，这种应急处理机制表明网络具有从非正常状态转化为正常状态的恢复能力。因此，假设边 e_{ij} 的自身具有某个初始恢复率 τ_{ij}^{*}（本节假设 $\tau_{ij}^{*}=0.1$，当然也可定义其他数值)，当边 e_{ij} 处于正常状态时，没有外部资源介入这条边。而只有当网络处于拥塞时，即在自身的初始恢复率作用下，边 e_{ij} 的负载超过某个阈值 C_{ij}^{*} 时，外部资源才介入网络，并假设依照边 e_{ij} 在网络中的重要程度，该边得到一定能够数量的外部资源，此时恢复率变为 τ_{ij}。

自然而然的，定义阈值 C_{ij}^{*}、网络中边 e_{ij} 的恢复率 τ_{ij} 分别为

$$\tau_{ij}=\frac{1+\dfrac{w_{ij}}{\sum_{1<i,j<N}^{i<j} w_{ij}}\tau}{10}, \tag{5.27}$$

$$C_{ij}^{*}=(1+\alpha\cdot\tau_{ij})L_{ij}(0),\ \forall\, ij, \tag{5.28}$$

其中，w_{ij} 为边 e_{ij} 上的权重，可调参数 τ 代表进入网络的外部资源的数量 $(\tau\geqslant 1)$，$(\alpha>0)$ 表示

容忍因子。

在构造式(5.27)和式(5.28)时,要求满足以下几个条件。

① 当外部资源 τ 进入网络时,边 e_{ij} 按照其在网络中的重要程度,将其分配给一定数量的外部资源,并将一直发挥作用而不离开该边。这里,边 e_{ij} 在网络中的重要程度用归一化的权重 $\frac{w_{ij}}{\sum_{1<i,j<N}^{i<j} w_{ij}}$ 来衡量,恢复率 τ_{ij} 随着外部资源 τ 的增加而单调增加;对于某个固定的 τ,权重 w_{ij} 越大,则边 e_{ij} 得到的资源越多,那么边 e_{ij} 的恢复率越接近其上界 $\frac{1+\tau}{10}$。

② 可调参数 τ 表示进入网络的外部总资源数量,可以通过调整 τ 的数值来控制进入网络的总资源的数量,从而可以控制边 e_{ij} 的恢复率 τ_{ij} 的大小。当 $\tau=0$ 时,意味着没有外部资源进入网络,此时,对于任意一条边,其恢复率 $\tau_{ij}=0.1$,即网络中的边只能依靠自身的初始恢复率来处理其拥塞状态。

③ $C_{ij}^* \propto \tau_{ij} \propto \tau$,可以看出,$\tau$ 越大,则 τ_{ij} 越大,那么 C_{ij}^* 越接近其最大容量 C_{ij},这意味着当有越多的资源进入网络时,网络就越容易从非正常状态转为正常状态。

可以看出,式(5.27)和式(5.28)定义是合理的且与实际情况相吻合,并突出了对重要边的保护。当然也可以选择上述条件的其他的函数形式。

(3) 网络负载的再分配过程

在时刻 t,当某些边崩溃时,假设边 e_{ij} 上的暂时负载为 $L'_{ij}(t)$,如果 $L'_{ij}(t)$ 超过其阈值 C_{ij}^*,则外部资源进入网络,根据式(5.27)分配一定比例的外部资源给边 e_{ij},此时边 e_{ij} 的恢复率 τ_{ij} 发挥作用,减少边 e_{ij} 的负载,使最终负载变为 $L_{ij}(t)$,定义如下:

$$L_{ij}(t)=\begin{cases} L'_{ij}(t), & \text{if } L'_{ij}(t)<C_{ij}^* \\ (1-\beta\cdot\tau_{ij})L'_{ij}(t), & \text{if } C_{ij}^*\leqslant L'_{ij}(t)<C_{ij}, \\ (1-\tau_{ij})L'_{ij}(t), & \text{if } C_{ij}\leqslant L'_{ij}(t) \end{cases} \tag{5.29}$$

其中,$\beta=\frac{L'_{ij}(t)-C_{ij}^*}{C_{ij}-C_{ij}^*}$。

事实上,当边 e_{ij} 得到一定数量的外部资源,同时按照式(5.29)减少部分负载后,其最终的负载 $L_{ij}(t)$ 的大小意味着边 e_{ij} 只能处于三种状态:正常状态 $L_{ij}(t)<C_{ij}^*$,拥塞状态 $C_{ij}^*\leqslant L_{ij}(t)<C_{ij}$,过载崩溃状态 $C_{ij}\leqslant L_{ij}(t)$。

$C_{ij}^*\leqslant L_{ij}(t)<C_{ij}$ 意味着此时虽然网络处于拥堵状态,但改变仍能发挥作用,而 $C_{ij}\leqslant L_{ij}(t)$ 表示此时边 e_{ij} 上的负载超过了其最大容量,结果该边过载崩溃而无法发挥作用,则改变从网络中被删除。因此,边 e_{ij} 得到的外部资源越多,则恢复率 τ_{ij} 越大,则边 e_{ij} 越有足够的能力尽快缓解其负载,并恢复作用发挥正常功能,这一点与实际情况是相符合的,越重要的边其得到的保护(额外资源)将越多。

由于式(5.27)中突出了对重要边或链路的保护,而 τ 越多,意味着需要投入的外部资源越多,成本也越高,因此这就需要确定衡量边的重要程度的方法,合理地分配额外资源,以达到最优的应急处理结果。

(4) 攻击策略

在本节中主要考虑两种攻击策略。

① 最大负载攻击(Highest-Loadattack,HL):首先,计算出网络 G 中的每一条边上的初始负载,将初始负载按降序排列,从中选择负载最大的一条边,并删除这条边。这种攻击方式主要是为了模拟网络遭受蓄意攻击的情况。

② 随机攻击(Random Attack,RA):随机选择网络中的一条边,然后删除这条边。这种攻击方式主要是模拟网络中发生随机故障时的情况。

当删除网络中某条边时,网络中的负载将在网络全局中被重新分配。在时刻 t,如果边 e_{ij} 的负载超过其最大容量,该边将崩溃,从而导致新一轮的负载的再分配,此时认为级联反应发生了。这个迭代过程将一直持续下去,直到网络中再也没有新的崩溃的边出现,此时可认为级联停止了。这个负载的网络全局再分配过程,如图 5.14 所示。

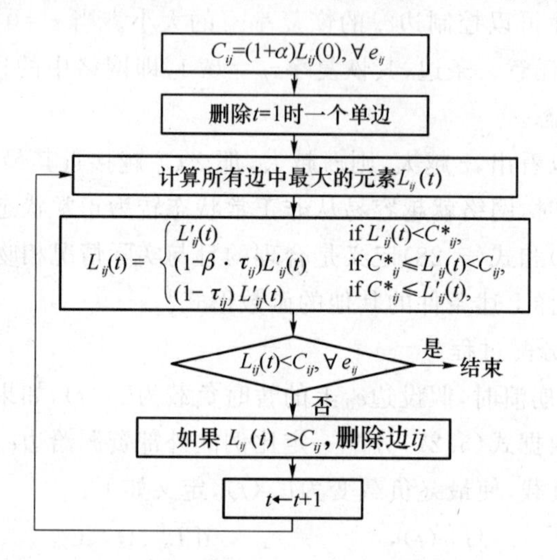

图 5.14 在基于边的攻击策略下,网络中的负载再分配的迭代过程

(5) 网络中边的权重评价方法

本节讨论介绍四种衡量边的重要性的方法。

在网络部件(边或节点)的特征中,中心性(Centrality)一直是衡量网络中的元素(节点或边)的重要程度的一个关键指标,它在网络级联反应动力学中具有重要作用,可以衡量节点或边在网络拓扑结构中的位置。下面将主要介绍衡量网络中的边e_{ij}的中心性指标的四种评价方法,这个中心性指标可看作边e_{ij}的权重w_{ij},它能够反映应边e_{ij}在网络中的重要程度。

① 权重方法一:在许多实际网络(如 Internet 路由器网络、交通网络)中,负载(可以是传输数据、车流)按照最短路径路由策略传输,因此,边的介数(EdgeBetweenness Centrality)被广泛看作衡量边的负载或边的重要性的一种方法,其定义为

$$B_{ij}=\sum_{a\neq b}\frac{\sigma_{ab}(e_{ij})}{\sigma_{ab}}, \tag{5.30}$$

其中,$\sigma_{ab}(e_{ij})$是节点 a 和 b 之间的经过边e_{ij}的最短路径条数,σ_{ab}为节点 a 和 b 之间的最短路径条数。因此,基于介数,定义边e_{ij}的权重为

$$w_{ij}^{(1)}=B_{ij}. \tag{5.31}$$

② 权重方法二:在实际网络中,边的中心性跟连接该边的两个端点的内部特征有关,例

如，在交通网络中，在设计城市间的高速网络或航线时，总要考虑到线路两端两个城市的人口数量或当地的经济发展水平(GDP)。这些内部特征可看作网络节点的内在特征值，连接到具有高的特征值的边通常具有更高的重要性，即更高的介数。因此，下面给出了一个新的边的介数的定义

$$B'_{ij}=\sum_{a\neq b}\frac{\sum_{k\in P_{ab}(e_{ij})}w_k}{\sum_{k\in P_{ab}}w_k},\tag{5.32}$$

其中，P_{ab}是节点a和b之间的所有最短路径的集合，$P_{ab}(e_{ij})$为P_{ab}中那些经过边e_{ij}的集合，w_k是节点k的内在特征值，这里选择节点k的度作为w_k(当然也可以选择其余的数值为特征值w_k)。可以看出新的边介数B'_{ij}的定义既考虑了节点的重要性，又考虑了边的拓扑结构，它能够更好地反映边e_{ij}的重要程度。特别地，当取节点k的内部特征值w_k都为同一个数值时，则式(5.32)介数的定义退化为式(5.31)。现在，定义边e_{ij}的权重为

$$w_{ij}^{(2)}=B'_{ij}.\tag{5.33}$$

③ 权重方法三：前面把边的两个端点的度的乘积的幂次作为边的权重，同样，定义边e_{ij}的权重为

$$w_{ij}^{(3)}=(k_ik_j)^{\theta},\tag{5.34}$$

其中，k_i、k_j分别是节点i、j的度，指数θ是一个常数，这里令$\theta=1$。

④ 权重方法四：基于节点介数的边的权重定义方法。

在实际情况中，当边连接的两个端点比较重要时，那么这条边同样也非常重要。例如，假设一个人从北京飞往广州，他或许会选择中途经过一些重要的城市，例如，先经过上海再到广州，那么从广州到上海这条线路就比较重要。在Internet中传输数据时也会有类似情况发生，在数据传输时，数据极有可能沿连接两个重要路由节点的路径传输。基于这种情况，用节点介数(Node Betweenness Centrality)来衡量节点的重要程度，即

$$B_i=\sum_{a\neq b}\frac{\sigma_{ab}(i)}{\sigma_{ab}},\tag{5.35}$$

其中，$\sigma_{ab}(i)$为节点a和b之间的经过节点i的最短路径条数，σ_{ab}为节点a和b之间的所有最短路径条数。

从而，引入衡量边的重要程度的另一种方法，连接两个端点i、j的边e_{ij}的权重定义为

$$w_{ij}^{(4)}=(B_iB_j)^{\theta},\tag{5.36}$$

其中，假设常数$\theta=1$。

⑤ 均匀分配策略：当网络中每一条边的权重取值$w_{ij}=1$时，则该网络将成为无权网络，那么此时意味着外部资源τ将被均匀地分配给每一条边，此时式(5.27)变为

$$\tau_{ij}=\frac{1+\frac{1}{N_e}\tau}{10},\tag{5.37}$$

称这种分配策略为均匀分配策略(Uniform Assignment Strategy)。

现在可以看到，式(5.27)中边e_{ij}的恢复率τ_{ij}依赖于边e_{ij}的权重w_{ij}、外部资源τ。最终，容忍因子α、外部资源τ、权重衡量方法w_{ij}等因素将对网络抵抗灾难故障传播的能力具有重要影响，这些将在下一部分详细讨论。

(6) 要研究的网络

① BA 型 Scale-free 网络

经过诸多观察，许多实际网络被证明具有幂率性，即网络的度分布 $P(k) \propto k^{-\gamma}$，$\gamma(\gamma>0)$是一个标度指数，这种网络被称为 Scale-free 网络。研究发现，在遭受蓄意攻击时，Scale-free 网络非常脆弱，而在随机故障下，它又表现出极强的鲁棒性。因此，研究如何保护这种网络是网络级联动力学研究中的重要问题。

本节主要研究 BA 型 Scale-free 网络，按照增长和偏好连接两个步骤生成其网络结构，其中具有 $N=2\,000$ 个节点和 $N_e=3\,997$ 条边，平均度$\langle k\rangle \approx 4$，平均聚集系数为 0.015 8。

② 真实网络

为了同 BA 型 Scale-free 网络做对比分析，研究具有无标度网络特征的自治系统网络(Autonomous System, AS)，记为 AS1470。该网络由 $N=1\,470$ 个节点，$N_e=3\,131$ 条边，平均度$\langle k\rangle \approx 4.26$，平均聚集系数为 0.234 8。

③ 高速公路网

考虑到高速公路网在我国交通运输中的重要作用，当高速公路上发生交通事故时，往往会导致一长串的道路拥塞，因此，对于高速公路网络的级联故障问题值得重点研究。本节抽取了我国 355 个城市间的高速公路路线，将该高速路线图表述成一个含有 355 个节点，511 条边的网络，平均聚集系数为 0.124 5，平均度$\langle k\rangle \approx 2.88$。

(7) 仿真实验及分析

下面针对边的不同策略攻击下，从网络整体抵抗能力、级联传播速度控制、级联过程控制三个方面来衡量各种资源分配策略的保护效果。

为了衡量四种权重方法分配策略在提高三个网络整体应对级联故障的保护效果，主要利用最大连通图尺寸G_e、崩溃规模 AS、拥塞规模 CS 来衡量。

$$G_e=\frac{N_e'}{N_e} \tag{5.38}$$

$$\mathrm{AS}=\frac{\sum \mathrm{as}_{ij}}{N_e-1} \tag{5.39}$$

$$\mathrm{CS}=\frac{\sum \mathrm{cs}_{ij}}{N_e-1} \tag{5.40}$$

其中，N_e'、N_e分别为级联反应后和级联反应前网络中的最大连通子图中所含的边数，$\sum \mathrm{as}_{ij}$、$\sum \mathrm{cs}_{ij}$ 分别为攻击边e_{ij}后导致的级联结束后，网络中崩溃的边数和处于拥塞状态的边数。

从式(5.38)、式(5.39)、式(5.40)中可以看出，这三个指标G_e、AS、CS 均可以看作为参数 α 和 τ 的函数，G_e能够反映网络抵抗级联反应的整体能力(当$G_e \approx 1$ 时，意味着网络具有良好的连通性)，而 AS、CS 能够揭示网络中的边从拥塞到崩溃的变化情况。

1. 研究 BA 性 Scale-free 网络模型在五种资源分配策略下的级联应对效果情况

从网络的最大连通子图尺寸G_e来看，如图 5.15 所示，在最大负载攻击(HL)下，很明显的，当外部资源介入网络时，按照第四种权重衡量方法把资源分配给网络中的边时，其抵抗级联反映保护网络的效果是最优的，第三种权重方法次优，而第一种权重方法和第二种权重方法的保护效果相差不大，并且保护效果均较差。与均匀分配策略相比，当外部资源 $\tau=20$ 和 $\tau=100$ 时，按照第四种权重方法能很明显的提高网络整体的连通性，特别是当容忍因子较小时，保护效果更明显。例如在图 5.15(a)中的箭头所示，当容忍因子 $\alpha=0.06$，$\tau=20$ 时，按照第四种权重方法分配外部资源，比均匀分配外部资源能更好地维持网络的连通性，使得网络的整体连通性G_e从 0.08 提高到 0.56，这说明当有级联崩溃事故发生时，外部资源的及时介入能很好地保护网络，维持其连通性，增强网络抵抗级联的能力，而当容忍因子较大时($\alpha>0.15$)，外部资源的作用就不那么明显。这说明当网络中的边的最大容量较大时，足以应对网络的级联故障事故。但在随机故障下，外部资源的分配策略之间的差异性不明显，如图 5.15(c)和(d)所示。

从网络的崩溃规模 AS 来看，如图 5.16 所示，在最大策略攻击下(HL)，当外部资源介入网络时，同其余的权重方法相比，按照第四种权重衡量方法把资源分配给边时，能有效地减少网络中崩溃的边数，其保护效果最优。第三种权重方法是次优的。

从拥塞规模 CS 来看，如图 5.17 所示，当容忍因子 α 较大时($\alpha>0.2$)，尽管容忍因子并没有很明显地提高网络的连通性和减少崩溃规模，但按照第四种权重方法能减少网络中处于拥塞状态的边的数量。

因此，综合图 5.15、图 5.16、图 5.17，在最大负载攻击策略下，当网络发生级联故障时，能有效地提高网络的连通性、减少网络崩溃的边数、减少网络拥塞的边数，保护效果最优。

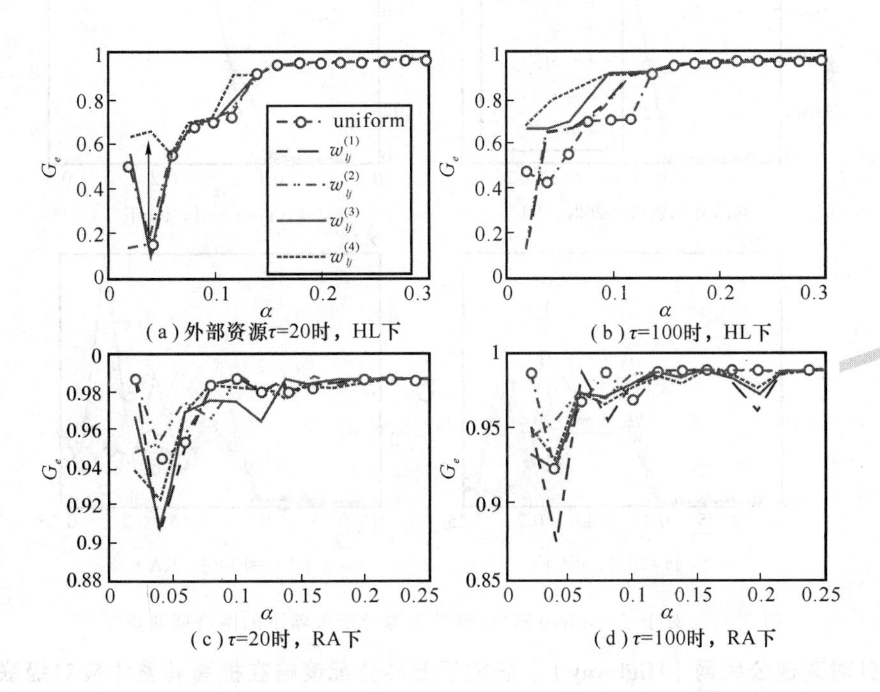

(a)外部资源τ=20时，HL下　(b)τ=100时，HL下
(c)τ=20时，RA下　(d)τ=100时，RA下

图 5.15　对于 Scale-free 网络，五种分配策略下的网络最大连通子图尺寸

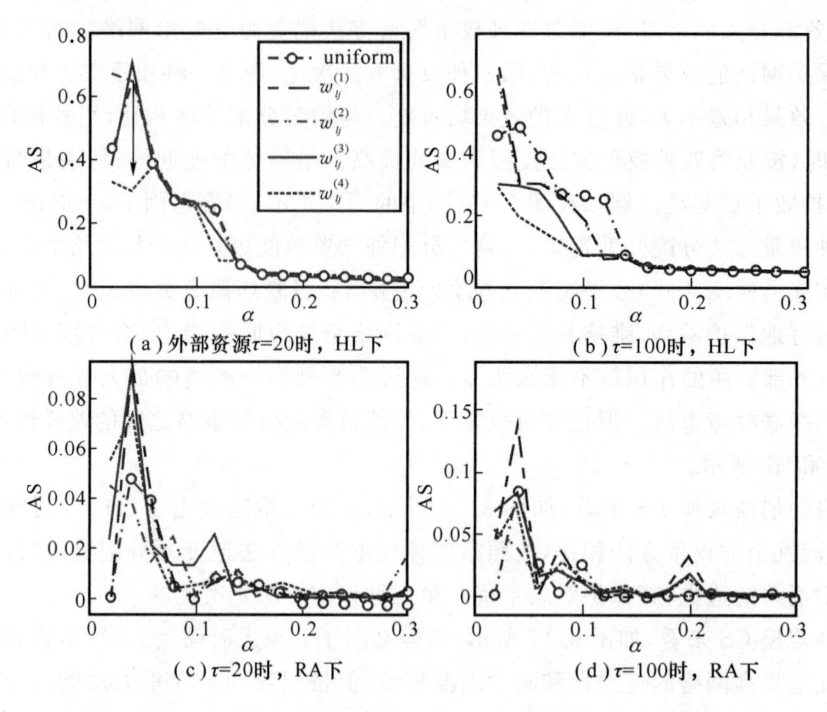

图 5.16　对于 Scale-free 网络，五种资源分配策略下的网络崩溃规模

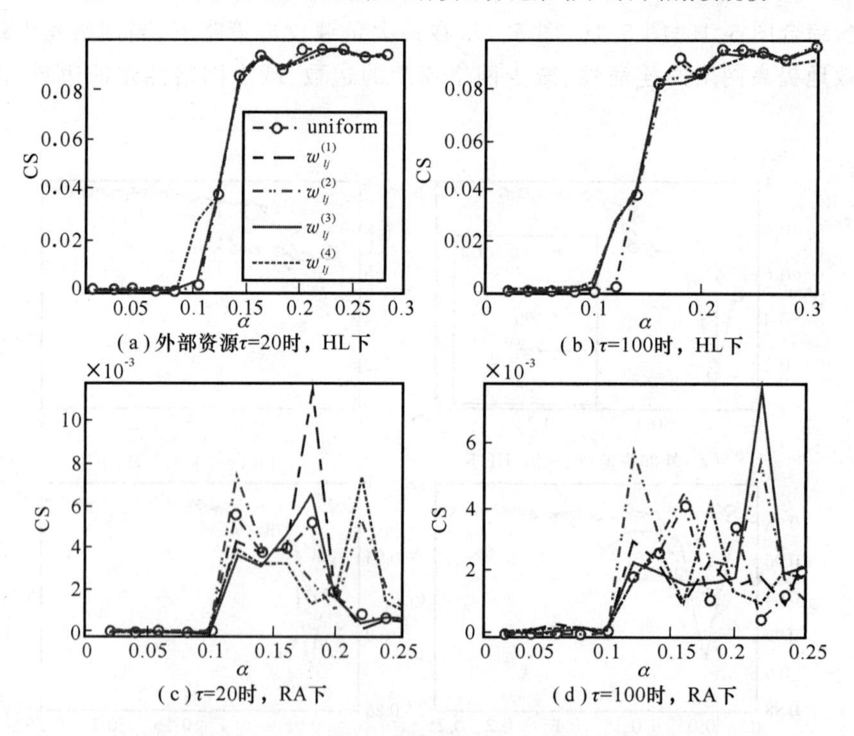

图 5.17　对于 Scale-free 网络，五种资源分配策略下的网络拥塞规模

2. 针对高速公路网（Highway），研究了五种分配策略在提高其整体应对级联故障的能力方面的情况

高速公路网呈现出和 Scale-free 网络不一样的情形，当应急资源比较多（$\tau=300$）且容

忍因子较大($\alpha>0.5$)时,在最大负载攻击下,资源按照第三种权重方法进行分配时,这五种分配之间的差异不大。高速公路网络五种资源分配策略下的网络最大连通子图尺寸及网络崩溃规模如图5.18及图5.19所示。

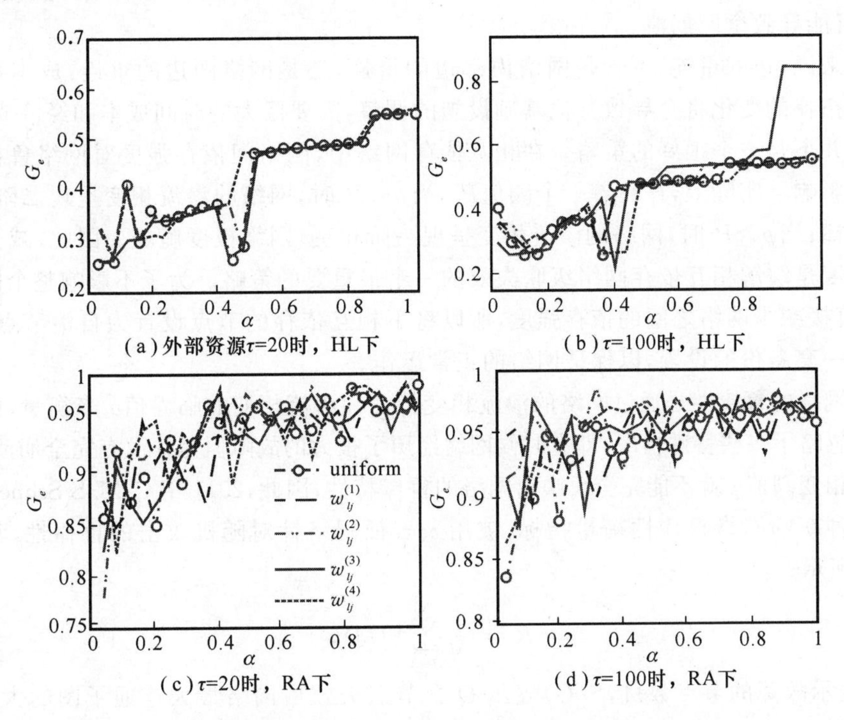

图5.18 高速公路网络五种资源分配策略下的网络最大连通子图尺寸

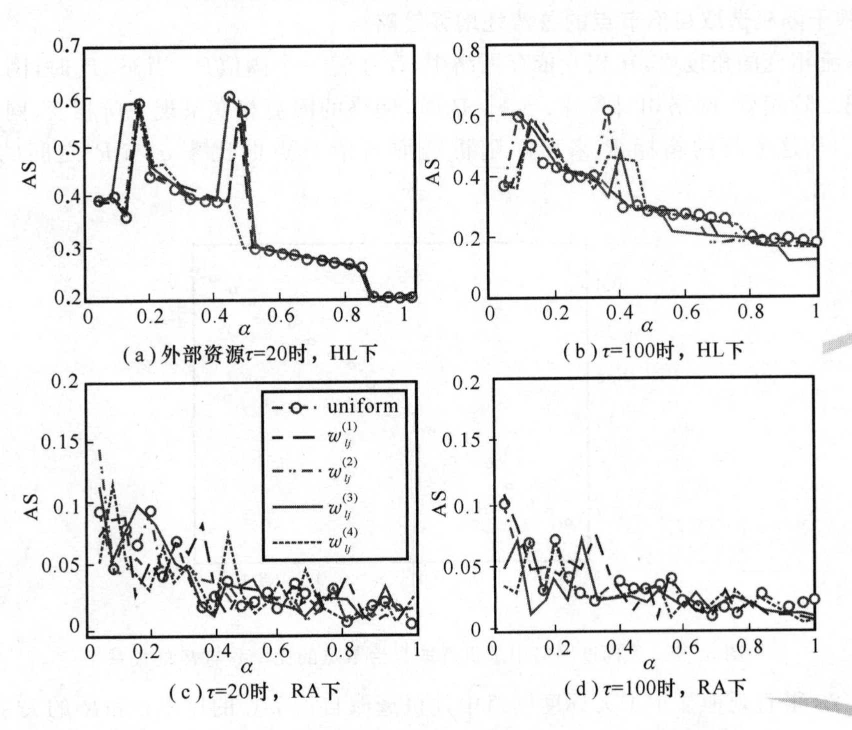

图5.19 高速公路网络五种资源分配策略下的网络崩溃规模

5.3.2 相互依存网络上的鲁棒性增强策略

由于相互依存网络存在级联失效现象，因此网络非常脆弱，当网络中少量的节点受到损坏，就有可能导致全网崩溃。

一般来说，边的重连，不管是网络内部边的重连，还是网络间边的重连，成本都非常巨大。网络拓扑的变化将会导致其他基础设施的调整，需要巨大的时间成本和经济成本，因此边的重连并不是一个很好的策略。在相互依存网络中，网络间依存强度对网络鲁棒性的具有很大的影响。实际上，存在着一个阈值P_c，当$p<P_c$时，网络的渗流相变呈现二阶相变，网络相对鲁棒；当$p>P_c$时，网络的渗流相变呈现一阶相变，网络极度脆弱。因此，减少网络间的依存强度是缓解相互依存网络级联失效的一个很重要的策略。为了不影响整个网络的运作，不能直接减少网络之间的依存强度，所以将不相互依存的节点设置为自治节点，为自治节点提供一套备份的设置，以保证网络的正常运作。

通常网络的鲁棒性是通过网络的渗流相变特征和渗流相变的临界值q_c来衡量，但是这种衡量方式忽略了一些特殊情况，即有时候网络经历了很大的故障但是并没有完全崩溃，这个时候用渗流相变阈值q_c就不能完全反映出网络的鲁棒特性，因此，2011 年 C. M. S Schneider 等人提出了一种新的网络鲁棒性衡量指标，被用来表征网络针对随机攻击的鲁棒性，其表示如式(5.41)所示[7]：

$$R=\frac{1}{N}\sum_{Q=1}^{N}S(Q), \tag{5.41}$$

其中，Q 表示故障的节点数目，$S(Q)$表示 Q 个节点失效后网络最大连通子图的大小，N 表示网络的节点数目。

1. 基于随机选取自治节点的鲁棒性增强策略

从渗流相变的角度看，在相互依存网络中，存在着一个阈值P_c，当$p<P_c$时，网络的渗流相变呈现二阶相变，网络相对鲁棒；当$p>P_c$时，网络的渗流相变呈现一阶相变，网络极度脆弱。现在，从这个新的指标 R 来反映随机选取自治节点的比率 q 与 R 之间的关系，如图 5.20所示。

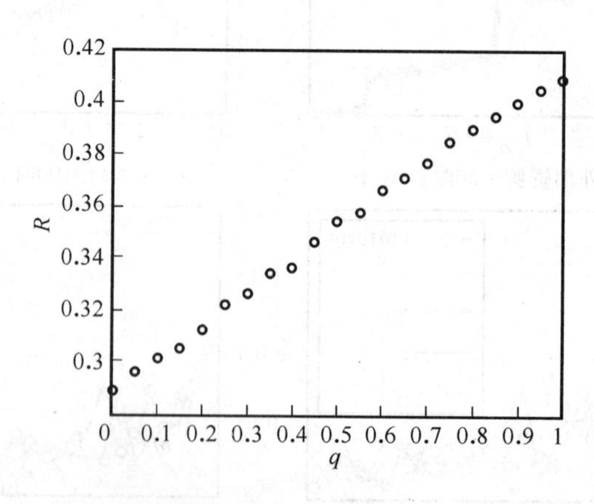

图 5.20 无标度网络中随机选取自治节点的比率 q 与 R 的关系

图 5.20 很直观地显示了无标度网络中随机选取自治节点的比率 q 和R 的关系，从图中可以看出，自治节点的比率 R 呈现一个近似线性的关系，随着 q 的增大而增大，这是因为自

治节点越多，网络间的相互依存越强，网络就越脆弱。当 $q=0$ 时，网络呈现一一对应的依存，网络极其脆弱，所以 R 取得最小值；当 $q=1$ 时，网络之间没有相互依存关系，相当于两个独立的网络，不存在级联失效效应，网络和单层网一样鲁棒，对应 R 取得最大值。

2. 基于关键节点选取自治节点的鲁棒性增强策略

实际上随机选取自治节点是最简单的策略，也是对网络鲁棒性提升性能最小的策略，它将网络中的所有节点平等对待，随机选取。而在实际情况中，每个节点对网络鲁棒性的影响并不是平等的，如果对网络中的关键节点进行保护，将在同等成本的情况下获得更大的网络性能提升。在复杂网络中的关键节点通常由以下几个指标来进行衡量：节点度、节点介数以及 k-shell。下面针对无标度网络、随机网络和小世界网络三种网络拓扑，对基于这几个统计指标的自治节点选取策略和随机策略进行对比，分析不同的自治节点选取策略对网络鲁棒性的影响，如图 5.21、图 5.22 及图 5.23 所示。

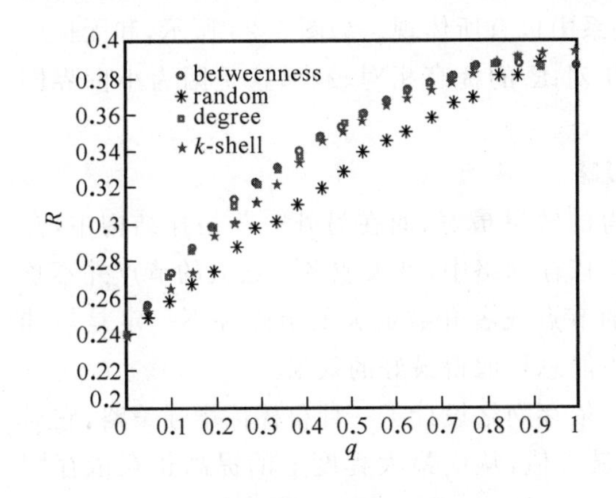

图 5.21 无标度网络中四种不同自治节点选取策略性能对比

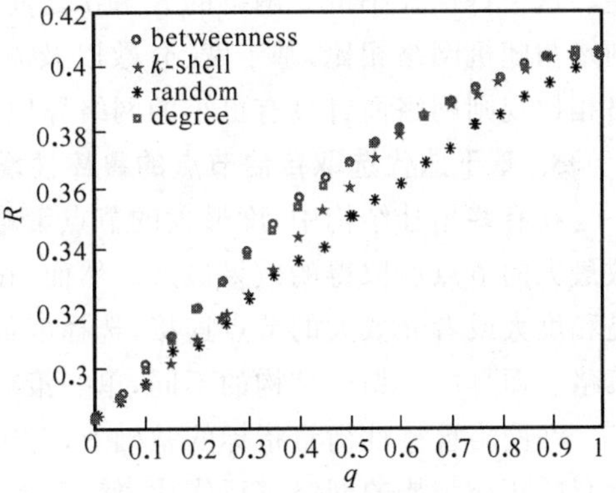

图 5.22 随机网络中四种不同自治节点选取策略性能对比

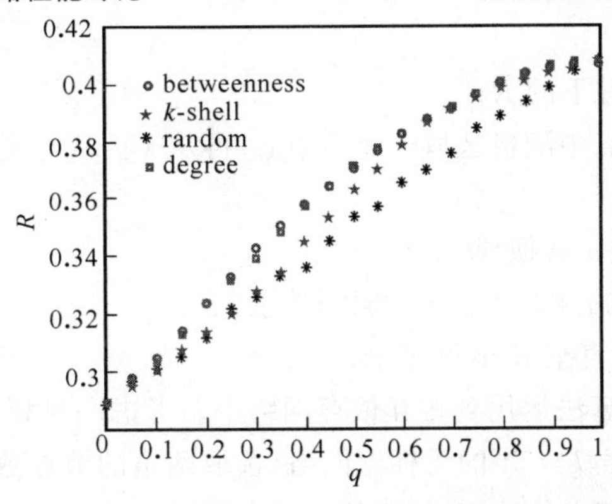

图 5.23 小世界网络中四种不同自治节点选取策略性能对比

对无标度网络，如图 5.21 所示，基于度、介数和 k-shell 的选取策略较随机策略对 R 取得了很大的提高。同时，这三种策略之间性能差异并不是很明显，这是因为在无标度网络中，度大的节点通常也是介数和 k-shell 大的节点。网络中少数的具有大量连接的节点被称为 hub，这些 hub 对整个网络的鲁棒性具有非常重要的作用，只要对 hub 进行特殊保护，就可以使得网络鲁棒性得到大量的提高。当 $q=0$ 时和 $q=1$ 时，四种策略对网络性能的提高重合了。这是因为当 $q=0$ 时，相互依存网络中网络节点之间一一对应，自治节点选取的比率为 0，不存在任何选择，所以没有差别；当 $q=1$ 时，网络间无依存关系，所有的节点都称为自治节点，所以也不存在选择，也没有差别。

对随机网络，如图 5.22 所示，基于介数和度的自治节点选取策略也是几乎重合，这是因为随机网络中度大的节点和介数大的节点是几乎重合的，但是，基于 k-shell 的自治节点选取策略在随机网络中对网络鲁棒性的提高就比基于节点和介数的策略相差很多，特别在 q 比较小的时候，几乎和随机选取差不多。就度和介数而言，R 随着 q 的变化趋势也是和无标度网络有不同的。

小世界网络的拓扑特性介于规则网络和随机网络之间，所以从理论上来说，基于不同关键点对小世界网络的影响也会介于规则网络和随机网络之间。对规则网络而言，所有的节点具有相同的地位，随机选取和基于不同关键节点指标选取并无差别，因此四条曲线应该重叠。这个特性在小世界网络的 R 和 q 之间的关系中也有所体现。如图 5.23 所示，和无标度网络与随机网络相比，基于度、介数以及 k-shell 对 R 的提高相对较小，这是因为小世界网络相比规则网络而言具有更小的网络异质性。

3. 基于迭代选取自治节点的鲁棒性增强策略

在有些拓扑结构中，度最大的节点策略取得的效果最好，而在另外一些拓扑结构中，介数最大的节点所取得的效果最好。然而，在相互依存网络中，度大或者介数大的节点并不总是和度大或者介数大的节点连接，选择度最大的节点或者介数最大的节点并不一定是最佳策略。而且由于拓扑结构的不同，单一策略并不能总是取得最好的效果。

在网络鲁棒性衡量指标的基础上，对于相互依存网络设计了一种鲁棒性增强策略，它对所有的拓扑结构的网络进行优化，使其 R 达到最大值，从而最大程度上的提高相互依存网络的鲁棒性。其算法如下：

① 从网络 N 个节点构成的集合 V 中随机的选取 $N\times q$ 个节点构成一个集合 A 作为自治节点；

② 计算在该系统条件下的 R；

③ 从 A 的 $N\times q$ 个点中随机选取一个节点a_i，再从 $V-A$ 中选取一个节点b_i，将a_i和b_i进行交换；

④ 如果$R_{new}>R_{old}$，将a_i替换成b_i；

⑤ 如果$R_{new}\leqslant R_{old}$，则a_i和b_i不交换，再跳转到③；

⑥ 反复进行③至⑤，直至 R 不再变化。

为了验证该算法，将算法运用到相互依存网络中。考虑一对相互依存的网络 A 和 B，A 网络和 B 网络都为平均度$\langle k\rangle=4$ 的无标度网络，选取网络的节点数 $N=1\,000$，$1-q$ 表示网络 A 和网络 B 相互依存节点的比率，相互依存节点间随机依存。本节采取了三种优化策略来选取自治节点，分别是最大度策略、随机策略和优化的策略，其仿真结果如图 5.24 所示。首先，随着 q 的增大，相互依存网络的鲁棒性 R 单调递增。也就是说，自治节点越多，网络的鲁棒性越高：当 $q=0$ 时，网络为全依存，网络的相变为一阶相变，异常脆弱；当 $q=1$ 时，网络等同于单层网络，网络针对随机攻击是鲁棒的。在三种策略中，优化的策略对网络鲁棒性的提升最大，最大度策略次之，随机策略最小。其中，选取度最大的节点相比随机选取而言，鲁棒性得到了很大的提升：当 $q=0.25$ 时，取得了最大值，相比随机选取策略，R 提高到了

11%以上;当 $q=0.2$ 时,R 相比随机策略提高了15%以上。

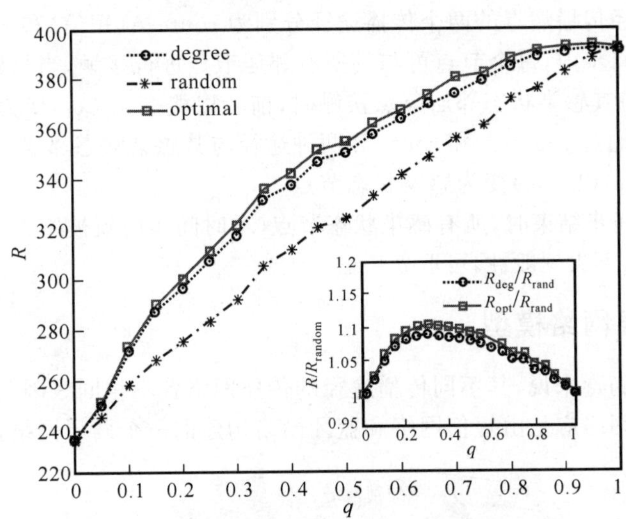

图5.24 相互依存无标度网络的鲁棒性

5.4 复杂网络的病毒传播模型

在现实生活中,随着病毒开发水平的不断提高,大量计算机病毒、谣言、传染性疾病等也都呈现出了可通过多种途径同时进行传播的特性,例如,熊猫烧香病毒可同时通过文件共享、E-mail、Web网页、即时通信软件等在计算机网络中进行传播;网络谣言能同时通过微博、人人网、微信等不同的社交网站进行传播;而像艾滋病则能通过血液、母乳、性关系在人群中进行传播等。显然,通过多途径传播的病毒能显著增加网络中节点被感染的概率。同时,不同的传播途径对应着不同的传播网络,例如,Commwarrior病毒在通过短信传播时,其传播网络是一个由移动终端通过电话号码簿形成的短信网络,而通过蓝牙传播时的传播网络则是一个由移动终端根据地理位置关系形成的蓝牙网络。因此,多途径传播病毒的传播网络应该是一个多层网络,并且多层网络中不同网络层拥有着不同的网络拓扑及网络动力学特性。

综上所述建立合理准确的多层网络上多途径传播病毒的传播模型并分析其相关特性既具有很高的理论价值,又具有明确的现实意义。

本节只研究可通过短信和蓝牙两途径进行传播的病毒的传播模型与传播动力学特性,但所建立模型及相关分析方法均可容易推广到多途径传播病毒在多层网络上的情形。

5.4.1 两途径传播病毒的SIR传播模型

网络中的节点可分为三种状态:易感状态(susceptible)、感染状态(infective)和治愈状态(removed)。对单一途径传播病毒来说,在一个时间步内,每个节点可与其所有邻居节点进行接触,当易感状态节点与其感染状态邻居节点接触时,前者以概率 λ 变为感染状态节点;同时在一个时间步结束时,所有感染状态节点(本时间步内新被感染节点除外)以概率 δ

变为治愈状态节点。基于此，通过短信和蓝牙两途径传播病毒的 SIR 传播模型定义如下：

(1) 假设两途径传播病毒的两个传播途径分别为 route-A(短信)和 route-B(蓝牙)；

(2) 在一个时间步内，每个节点可与其所有邻居节点进行接触，当易感状态节点仅通过 route-A(route-B)与其感染状态邻居节点接触时，前者以概率 $\lambda_A(\lambda_B)$ 变为感染状态节点，当易感状态节点同时通过 route-A 和 route-B 两种途径与其感染状态邻居节点接触时，前者以概率 $\lambda_C=1-(1-\lambda_A)(1-\lambda_B)$ 变为感染状态节点；

(3) 在一个时间步结束时，所有感染状态节点(本时间步内新被感染节点除外)以概率 δ 变为治愈状态节点，不失一般性，可取 $\delta=1$。

5.4.2 两层网络模型

对多途径传播病毒来说，其不同传播途径的传播网络各不相同。因此，短信和蓝牙两途径传播病毒的传播网络应是由短信网络和蓝牙网络构建的一个两层网络，如图 5.25 所示。

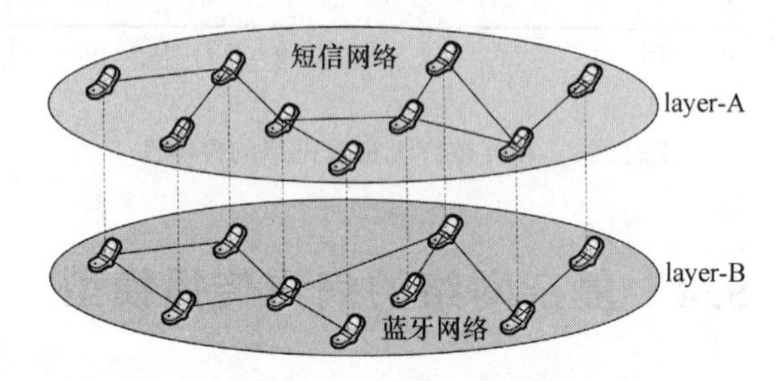

图 5.25 短信网络和蓝牙网络构成的两层网络模型

将图 5.25 中短信网络和蓝牙网络分别记为 layer-A 和 layer-B，即 layer-A 和 layer-B 分别是病毒传播途径 route-A 和 route-B 的传播网络，并且 layer-A 和 layer-B 含有相同的网络节点但两者网络拓扑结构不同。图 5.26 给出了 layer-A 和 layer-B 的叠加形式，其中 edge-A(edge-B)表示只属于 layer-A(layer-B)的边，而 edge-C 表示同时属于 layer-A 和 layer-B的边。$k_M\equiv(k_A-k_C,k_B-k_C,k_C)$用于表示网络中节点的度，其中 k_A-k_C、k_B-k_C 和 k_C 分别表示节点类型为 edge-A、edge-B 和 edge-C 的边的数量，而网络节点度的数值大小则用$|k_M|=k_A+k_B-k_C$ 表示。

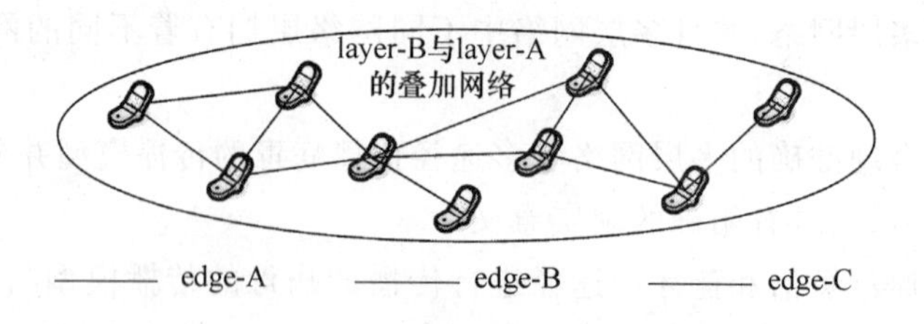

图 5.26 layer-A 和 layer-B 的叠加网络

5.4.3 邻居节点平均相似度与度度相关性

双层网络节点度中的 k_C 代表了节点在两层网络中相同邻居的数目，该数值大小可显著影响双层网络的拓扑结构。对此，给出邻居节点平均相似度(Average Similarity of the Neighbors，ASN)指标用以评价双层网络中节点在不同网络层中邻居节点的平均相似程度。

$$\mathrm{ASN}=\frac{\sum_i k_C(i)}{\sum_i |k_M(i)|} \tag{5.42}$$

其中，$k_C(i)$和$|k_M(i)|$分别表示节点 i 的 k_C 和$|k_M|$值。显然，ASN 越大，双层网络中两个网络层就越相似，ASN=1 表示两个网络层拓扑结构完全相同。

同时，双层网络中节点在不同网络层中度的大小可能会存在一定的相关性，例如，节点在 layer-A 中是度大(小)的节点，在 layer-B 中也是度大(小)的节点。对此，给出了另外一个评价双层网络拓扑特性的评价指标，度度相关性(degree-degree correlation，DDC)指标。

$$\mathrm{DDC}=\frac{\sum_{k_A}\sum_{k_B}\left\{k_A k_B\left[p(k_A,k_B)-\sum_{k_A}p(k_A,k_B)\sum_{k_B}p(k_A,k_B)\right]\right\}}{\sum_{k_B}k_B^2\sum_{k_A}p(k_A,k_B)-\left[\sum_{k_B}k_B\sum_{k_A}p(k_A,k_B)\right]^2} \tag{5.43}$$

其中，$p(k_A,k_B)$表示双层网络中随机选取一节点，其在 layer-A 中度为 k_A，在 layer-B 中度为 k_B 的概率。DDC>0 称为正相关，表示双层网络中节点普遍呈现出在 layer-A 中是度大(小)的节点，在 layer-B 中也是度大(小)的节点；反之，DDC<0 称为负相关；而 DDC=0 表示节点在两层网络中度的大小没有明显相关关系。

5.4.4 传播临界值与传播规模

1. 双层网络的传播临界值

当某病毒在此网络中的传播概率大于单一网络的传播临界值 λ_c 时，该病毒就可以在此网络中大面积爆发，反之，该病毒则会逐渐消失而不会在网络中传播开来。不同于单一网络的传播临界值，一个拥有 M 个网络层的多层网络，其传播临界值应该是若干 M 维向量组成的集合$\{(\lambda_1,\lambda_2,\cdots,\lambda_M)_c\}$。因此，一个两层网络的传播临界值应该是若干二维向量组成的集合$\{(\lambda_A,\lambda_B)_c\}$，如图 5.27 所示。当某两途径传播病毒的传播概率(λ_A,λ_B)处于图 5.27 中深色区域时(即病毒传播概率大于该两层网络的传播临界值)，此病毒就可以在该两层网络中爆发开来，反之若处于浅色区域时，此病毒则会逐渐消失而不会在该网络中爆发。

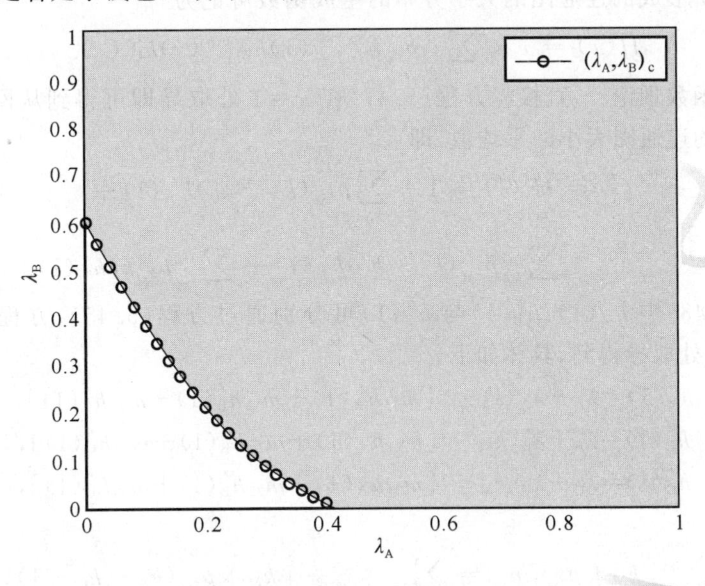

图 5.27 带圈曲线表示两层网络所有的传播临界值

本节将利用渗流理论与生成函数方法通过理论推导以计算两层网络的传播临界值。Newman 等[8]将病毒在网络中的传播概率和感染个体形成的传播规模分别看作渗流理论中网络边存在的概率和节点形成的连通图，从而将病毒的 SIR 传播过程合理的影射成为网络中的渗流过程，并由此给出了单一网络传播临界值及病毒传播规模的理论计算方法。基于此，本节将两途径传播病毒的 SIR 传播过程也影射成为网络中的渗流过程，不同之处在于网络中边存在的概率由一种变成了 λ_A、λ_B 和 λ_C 三种。

设 $h_A(x)$、$h_B(x)$、$h_C(x)$ 为 edge-A、edge-B、edge-C 类型的边的一端连接的连通图大小分布的生成函数，因此

$$h_A(x) = 1 - \lambda_A + x\lambda_A \times \frac{\sum_{k_M, k_A - k_C \geqslant 1} |k_M| p_{k_M} h_A^{k_A - k_C - 1}(x) h_B^{k_B - k_C}(x) h_C^{k_C}(x)}{\sum_{k_M} |k_M| p_{k_M}}, \tag{5.44}$$

$$h_B(x) = 1 - \lambda_B + x\lambda_B \times \frac{\sum_{k_M, k_B - k_C \geqslant 1} |k_M| p_{k_M} h_A^{k_A - k_C}(x) h_B^{k_B - k_C - 1}(x) h_M^{k_C}(x)}{\sum_{k_M} |k_M| p_{k_M}}, \tag{5.45}$$

$$h_C(x) = 1 - \lambda_C + x\lambda_C \times \frac{\sum_{k_M, k_C \geqslant 1} |k_M| p_{k_M} h_A^{k_A - k_C}(x) h_B^{k_B - k_C}(x) h_M^{k_C - 1}(x)}{\sum_{k_M} |k_M| p_{k_M}}, \tag{5.46}$$

其中，p_{k_M} 表示两层网络中随机选取一个节点其度为 k_M 的概率。因感染个体形成的传播规模与网络节点形成的连通图是相对应的，本节剩余内容中直接将传播规模称为连通图。

一般情况下，病毒总是起源于网络中的某个节点而非某条边，因为从三种类型的边出发连接到的连通图的规模大小分布的生成函数为 $h_A(x)$、$h_B(x)$ 与 $h_C(x)$，所以从网络中的随机某节点出发所形成的连通图的大小分布的生成函数可记为

$$H(x) = x \times \sum_{k_M} p_{k_M} h_A^{k_A - k_C}(x) h_B^{k_B - k_C}(x) h_C^{k_C}(x). \tag{5.47}$$

根据生成函数理论[8]，直接将方程(5.47)在 $x=1$ 处取导即可得到从网络中随机某节点出发所形成的连通图大小的平均值，即

$$\begin{aligned}\langle s \rangle = H'(1) = 1 + \sum_{k_M} p_{k_M}(k_A - k_C) h'_A(1) + \\ \sum_{k_M} p_{k_M}(k_B - k_C) h'_B(1) + \sum_{k_M} p_{k_M} k_C h'_C(1).\end{aligned} \tag{5.48}$$

而方程(5.48)中 $h'_A(1)$、$h'_B(1)$ 与 $h'_C(1)$ 可分别通过方程(5.45)、方程(5.46)与方程(5.47)在 $x=1$ 处取导得到，具体如下：

$$h'_A(1) = \lambda_A + \lambda_A \langle k_M \rangle^{-1} [m_{11} h'_A(1) + m_{12} h'_B(1) + m_{13} h'_C(1)], \tag{5.49}$$

$$h'_B(1) = \lambda_B + \lambda_B \langle k_M \rangle^{-1} [m_{21} h'_A(1) + m_{22} h'_B(1) + m_{23} h'_C(1)], \tag{5.50}$$

$$h'_C(1) = \lambda_C + \lambda_C \langle k_M \rangle^{-1} [m_{31} h'_A(1) + m_{32} h'_B(1) + m_{33} h'_C(1)], \tag{5.51}$$

其中，

$$\langle k_M \rangle = \sum_{k_M} |k_M| p_{k_M}, m_{11} = \sum_{k_M, k_A - k_C \geqslant 1} |k_M| p_{k_M}(k_A - k_C - 1),$$

$$m_{12} = \sum_{k_M, k_A - k_C \geqslant 1} |k_M| p_{k_M}(k_B - k_C), m_{13} = \sum_{k_M, k_A - k_C \geqslant 1} |k_M| p_{k_M} k_C,$$

$$m_{21}=\sum_{k_M,k_B-k_C\geqslant 1}|k_M|p_{k_M}(k_A-k_C),m_{22}=\sum_{k_M,k_B-k_C\geqslant 1}|k_M|p_{k_M}(k_B-k_C-1),$$

$$m_{23}=\sum_{k_M,k_B-k_C\geqslant 1}|k_M|p_{k_M}k_C,m_{31}=\sum_{k_M,k_C\geqslant 1}|k_M|p_{k_M}(k_A-k_C),$$

$$m_{32}=\sum_{k_M,k_C\geqslant 1}|k_M|p_{k_M}(k_B-k_C),m_{33}=\sum_{k_M,k_C\geqslant 1}|k_M|p_{k_M}(k_C-1).$$

根据方程(5.49)、方程(5.50)与方程(5.51),可以得到

$$\boldsymbol{M}\boldsymbol{h}=-\langle k_M\rangle\boldsymbol{e},\tag{5.52}$$

其中,

$$\boldsymbol{M}=\begin{pmatrix}-\lambda_A^{-1}\langle k_M\rangle+m_{11} & m_{12} & m_{13}\\ m_{21} & -\lambda_B^{-1}\langle k_M\rangle+m_{22} & m_{23}\\ m_{31} & m_{32} & -\lambda_C^{-1}\langle k_M\rangle+m_{33}\end{pmatrix},\boldsymbol{h}=\begin{pmatrix}h'_A(1)\\ h'_B(1)\\ h'_C(1)\end{pmatrix},\boldsymbol{e}=\begin{pmatrix}1\\1\\1\end{pmatrix}.$$

因此,令 $h'_A(1)$、$h'_B(1)$与 $h'_C(1)$发散,即$\langle s\rangle$发散的临界条件为

$$\det\boldsymbol{M}=0,\tag{5.53}$$

那么令方程(5.53)等式成立的二维点的集合$\{(\lambda_A,\lambda_B)_c\}$即为两层网络的传播临界值。

2. 两途径传播病毒的传播规模

当某两途径传播病毒的传播概率大于两层网络的传播临界值时,该病毒就可在网络中暴发起来,下面将给出理论公式用以计算两途径传播病毒暴发后在网络中最终的传播规模。假设 u_A、u_B、u_C 分别为网络中节点通过其类型为 edge-A、edge-B、edge-C 的一条边未连接到连通图上的概率,有两种可能可导致上述情况发生:一是该节点无法通过这条边而感染或被感染;二是该节点可以通过这条边感染或被感染,但这条边另一端的节点却无法通过该边的其他边感染或被感染。因此,

$$u_A=1-\lambda_A+\lambda_A\times\frac{\sum_{k_M,k_A-k_C\geqslant 1}|k_M|p_{k_M}u_A^{k_A-k_C-1}u_B^{k_B-k_C}u_C^{k_C}}{\sum_{k_M}|k_M|p_{k_M}},\tag{5.54}$$

$$u_B=1-\lambda_B+\lambda_B\times\frac{\sum_{k_M,k_B-k_C\geqslant 1}|k_M|p_{k_M}u_A^{k_A-k_C}u_B^{k_B-k_C-1}u_C^{k_C}}{\sum_{k_M}|k_M|p_{k_M}},\tag{5.55}$$

$$u_C=1-\lambda_C+\lambda_C\times\frac{\sum_{k_M,k_C\geqslant 1}|k_M|p_{k_M}u_A^{k_A-k_C}u_B^{k_B-k_C}u_C^{k_C-1}}{\sum_{k_M}|k_M|p_{k_M}}.\tag{5.56}$$

综上,两途径传播病毒在两层网络中爆发后其最终的传播规模可表示为

$$s=1-\sum_{k_M}p_{k_M}u_A^{k_A-k_C}u_B^{k_B-k_C}u_C^{k_C}.\tag{5.57}$$

式(5.53)与式(5.57)分别给出了两层网络的传播临界值与两途径传播病毒传播规模的理论计算方法。值得强调的是,当令上述两公式中 $k_B=0$ 时,即两途径传播病毒在两层网络中传播转变成了单一途径传播病毒在单一网络中的传播情形,而所得到的 $\lambda_{A_c}=\langle k_A\rangle/(\langle k_A^2\rangle-\langle k_A\rangle)$ 和 $s=1-\sum_{k_A}p_{k_A}u_A^{k_A}$ 恰好分别为单一网络的传播临界值与单一途径传播病毒传播规模的计算公式[9,10]。因此,本节所给的两层网络的传播临界值与两途径传播

病毒传播规模的理论计算方法是正确且一般化的。

5.4.5 仿真实验

本节将对两途径传播病毒在两层网络中的传播过程进行仿真实验，以此验证两层网络传播临界值与两途径传播病毒传播规模理论计算的准确性。仿真实验使用了三种不同类型的两层网络：(1)两个网络层均为无标度网络(scale-free network)，记作 SF-SF；(2)两个网络层中，一个为 E-R 随机网络，另一个为无标度网络，记作 ER-SF；(3)两个网络层均为 E-R 随机网络，记作 ER-ER，同时用 $X(a,b)$ 描述网络层的拓扑特性，其中 X、a、b 分别表示网络层的拓扑类型、节点数目、平均度。例如，SF(2 000,3)表示一个含有 2 000 个节点、平均度为 3 的无标度网络。下面给出传播临界值与传播规模仿真分析。

图 5.28(a)(b)(c)中彩色编码表示的是传播概率为(λ_A,λ_B)的两途径传播病毒在两层网络中最终达到的传播规模的仿真结果，而黑色曲线则是根据式(5.53)计算得到的相应两层网络的传播临界值。由图 5.28 可见，当病毒的传播概率(λ_A,λ_B)处于黑色曲线下方时(即病毒传播概率小于该两层网络的传播临界值)，病毒在网络中最终的传播规模非常小，意味着病毒在该网络中并未爆发起来；反之当病毒的传播概率(λ_A,λ_B)处于黑色曲线上方时，病毒最终的传播规模显然都达到了一定程度，即病毒在该网络中进行较大范围的传播。因此，式(5.53)给出的两层网络传播临界值的理论计算方法是准确的，可以较好地用于判断和评估病毒在两层网络中的爆发与否。为了更清晰直观地表现图 5.28(a)(b)(c)，图 5.28(d)(e)(f)分别给出了图 5.28(a)(b)(c)中的 4 条纵切线，其中 λ_{Bc} 表示在 λ_A 取定某值时两层网络的传播临界值。另外可以发现当病毒的传播概率(λ_A,λ_B)分别小于 layer-A 和 layer-B 作为单一网络时的传播临界值时，该病毒依然有可能在 layer-A 和 layer-B 构成的两层网络中爆发起来。以图 5.28(c)为例，因其两个网络层均为随机网络，当这两个网络层分别作为单一网络存在时它们的传播临界值应为 $1/5.922\approx0.169$ 和 $1/5.965\approx0.168$。然而，由图 5.28(c)可见，当某病毒的传播概率为($0.12<0.169$,$0.12<0.168$)时，其在网络中的传播规模可达到 0.3；而当病毒的传播概率为($0.14<0.169$,$0.15<0.168$)时，其传播规模则可达到 0.45。因此，可以说即使多途径传播病毒的传播概率分别小于各网络层的传播临界值时，其依然有可能在多层网络中暴发起来。

图 5.29 给出了传播概率为(λ_A,λ_B)的两途径传播病毒在两层网络中最终达到的传播规模的仿真结果，以及根据式(5.57)理论计算得到的最终传播规模。由图 5.29 可见，传播规模的仿真结果与理论计算结果达到了较好的吻合程度，也就意味着通过式(5.57)就可以较为准确地计算得到两途径传播病毒在两层网络中可能达到的传播规模。

本节研究实现了对多层网络上多途径传播病毒爆发与否以及爆发后传播规模的准确预测与评估，该方法对设计和部署针对移动病毒的防控策略具有指导意义，同时本方法也适用于通过多途径进行传播的计算机病毒、网络谣言、传染性疾病等，具有广泛意义。

图 5.28(a)(b)(c)中彩色编码表示不同传播概率(λ_A,λ_B)对应的最终传播规模的仿真结果，黑色曲线表示两层网络传播临界值的理论计算结果。图 5.28(d)(e)(f)分别给出了图 5.28(a)(b)(c)中的 4 条纵切线。实验使用的两层网络类型分别为：(a、d)SF(2 000,3.997)-SF(2 000,3.998)，(b、e)ER(2 000,5.883)-SF(2 000,3.997)，(c、f)ER(2 000,5.922)-ER(2 000,5.965)。

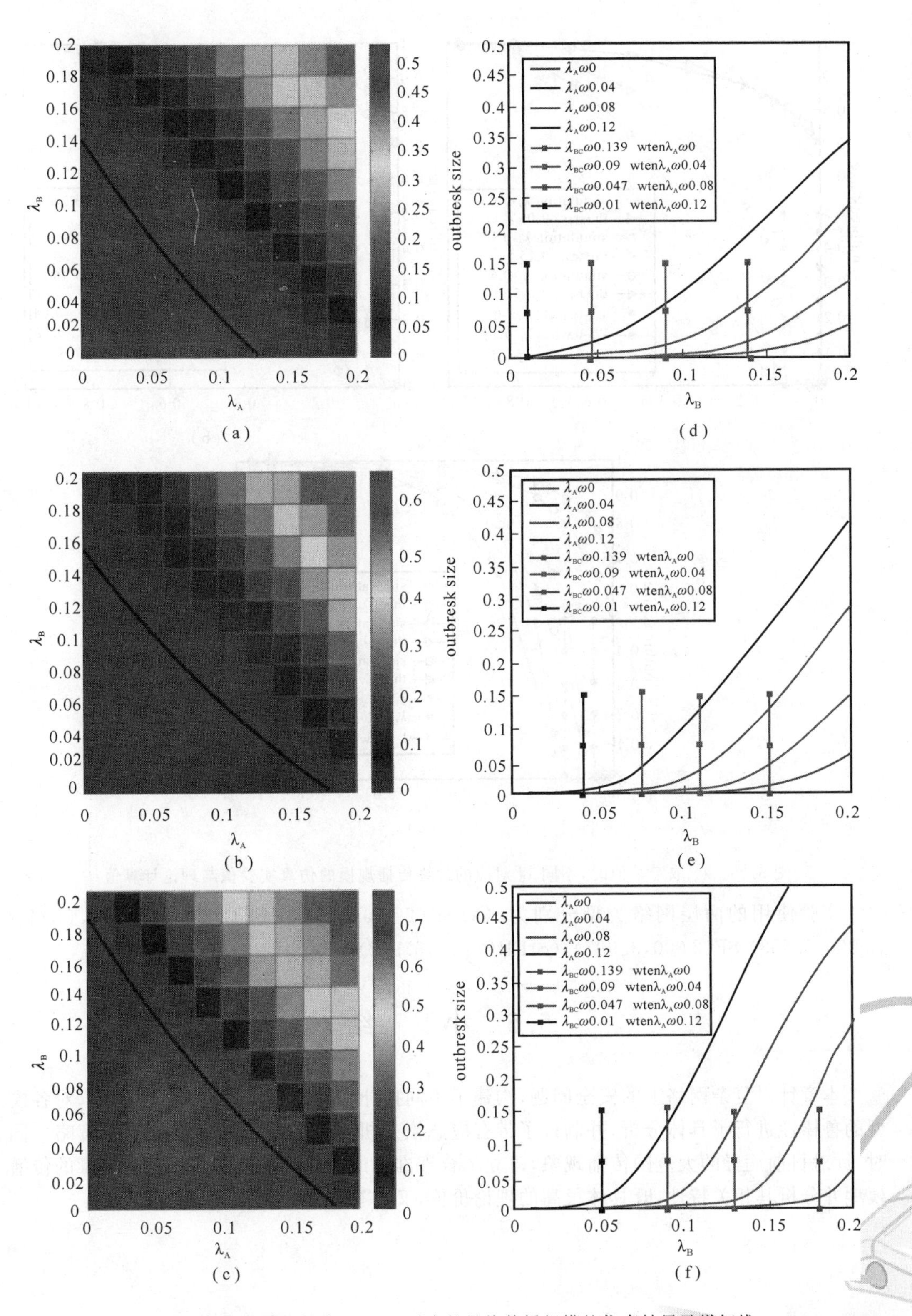

图 5.28 不同传播概率(λ_A,λ_B)对应的最终传播规模的仿真结果及纵切线

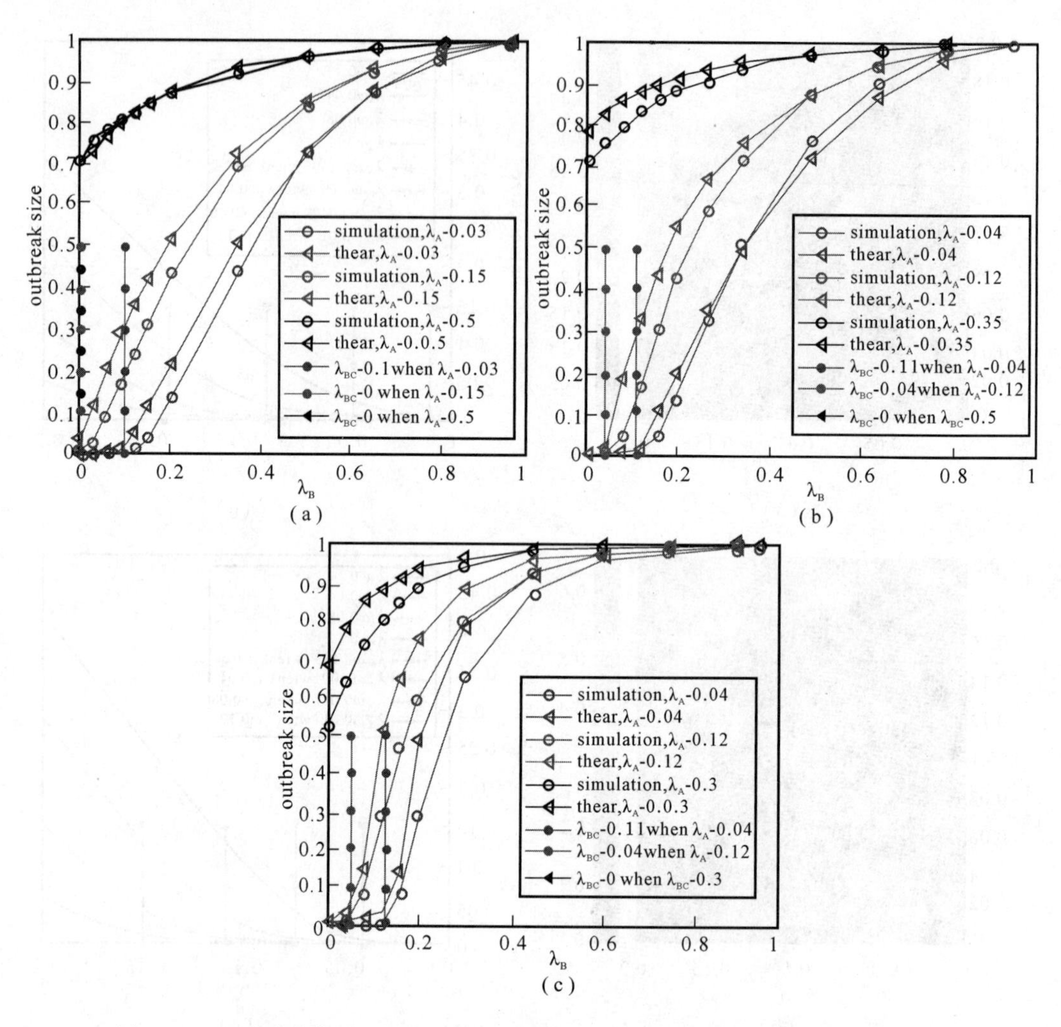

图 5.29 λ_A 取定某值时，不同 λ_B 对应的最终传播规模的仿真实验值与理论计算值

实验使用的两层网络类型分别为：(a) SF(2 000，3.997)-SF(2 000，3.998)，(b) ER(2 000，5.883)-SF(2 000，3.997)，(c) ER(2 000，5.922)-ER(2 000，5.965)。

5.5 小　　结

本章针对复杂网络上的安全问题，构建了不同拓扑结构下的复杂网络安全模型，对各模型的鲁棒性进行了具体分析，并制订了带有应急恢复机制和相互依存网络的安全策略。同时，针对目前病毒的大范围传播现象，建立了合理准确的多层网络上多途径传播病毒的传播模型并分析其相关特性，既具体很高的理论价值，又具有明确的现实意义。

第 6 章 网络安全博弈

在重视发展信息安全技术的同时，越来越多的学者从战略的角度，尝试使用经济学方法来解决信息安全问题。博弈论作为其中一种重要方法，在网络空间安全中的应用也得到了越来越多学者的重视。博弈论是研究决策主体的行为发生直接相互作用时的决策以及这种决策的均衡问题，是研究竞争中参与者为争取最大利益应当如何做出决策的数学方法，是研究多决策主体之间行为相互作用及其相互平衡以使收益或效用最大化的一种对策理论。

信息安全中攻防对抗的本质可以抽象为攻防双方的策略依存性，防御者所采取的防御策略是否有效不应该只取决于其自身的行为，还应取决于攻击者和防御系统的策略。

本章主要包括四个部分，分别是静态博弈理论、动态博弈与逆向归纳法、网络安全博弈应用和复杂网络演化博弈。

6.1 静态博弈理论

静态博弈是指，博弈中参与人同时选择行动；或者虽非同时行动，但行动在后者并不知道行动在先者采取了什么具体行动。静态博弈分为完全信息静态博弈和不完全信息静态博弈。

6.1.1 完全信息静态博弈

完全信息静态博弈指的是信息对于博弈双方来说是完全公开的情况下，双方在博弈中所决定的决策是同时的或者不同时但在对方做决策前不为对方所知的。为了更好地了解完全信息静态博弈，需要先了解纳什均衡。

博弈问题如下：在一个 n 个人博弈的标准式表述中，参与者的战略空间为$S_1,\cdots,S_n$，收益函数为$u_1,\cdots,u_n$，用 $G=\{S_1,\cdots,S_n;u_1,\cdots,u_n\}$表示此博弈。

定义纳什均衡如下：在 n 个参与者标准式博弈 $G=\{S_1,\cdots,S_n;u_1,\cdots,u_n\}$ 中，如果战略组合$\{S_1^*,\cdots,S_n^*\}$满足对每一参与者 i，S_i^* 是他针对其他 $n-1$ 个参与者所选战略$\{S_1^*,\cdots,S_{i-1}^*,S_{i+1}^*,\cdots,S_n^*\}$的最优(至少不劣于)反应战略，则称战略组合$\{S_1^*,\cdots,S_n^*\}$是该博弈的一个纳什均衡。

纳什均衡的意义在于，每一个参与者要选择的战略必须是针对其他参与者选择战略的最优反应，从而没有参与者愿意独自离弃他所选定的战略。如果博弈论提供的战略组合解不是纳什均衡，那么至少有一个参与者有动因偏离理论的推测，使得博弈真实进行和理论预测不一致。纳什(1950)证明了在任何有限博弈(即参与者和战略集都是有限的博弈)中，都存在至少一个纳什均衡。但是，纳什均衡有时对预测帮助也不是很大，这种情况出现在如果该博弈存在多个纳什均衡并且它们又难分优劣，那么此时参与者间就不能就该博弈的进行达成协议。

6.1.2 不完全信息静态博弈

不完全信息静态博弈,也称贝叶斯博弈(Bayes),是指至少某一个局中人不完全了解另一个局中人的特征,即不知道某一参与人的真实类型,但是知道每一种类型出现的概率。

现在要建立非完全信息同时行动博弈的标准式表述,也称为静态贝叶斯博弈。首先要表示出非完全信息的关键因素,即每一参与者知道他自己的收益函数,但也许不能确知其他参与者的收益函数。令参与者 i 可能的收益函数表示为$u^i(a_1,\cdots,a_n;t_i)$,其中t_i称为参与者 i 的类型(type),它属于一个可能的类型集,也称为类型空间(type space)T_i,每一类型t_i都对应着参与者 i 不同收益函数的可能情况。这里参与者的行动空间为$A_1,\cdots,A_n$,i 将从可行集A_i中选择行动a_i。

在这样定义参与者的类型之后,说参与者 i 知道自己的收益函数也就等同于说参与者 i 知道自己的类型,类似地,说参与者 i 可能不确定其他参与者的收益函数,也就等同于说参与者 i 不能确定其他参与者的类型,用$t_{-i}=\{t_1,\cdots,t_{i-1},t_{i+1},\cdots,t_n\}$表示其他参与者的类型,用$T_{-i}$表示$t_{-i}$所有可能的值的集合,用概率$p_i(t_{-i}|t_i)$表示参与者在知道自己的类型是$t_i$的前提下,对其他参与者类型$t_{-i}$的推断,即在自己的类型是$t_i$的前提下,对其他参与者类型$t_{-i}$出现的条件概率。在完全信息静态博弈的标准式的基础上,增加类型和推断两个概念,得到静态贝叶斯博弈的标准式概念。

定义 6.1 一个 n 人静态贝叶斯博弈的标准式表述包括:参与者的行动空间$A_1,\cdots,A_n$,他们的类型空间$T_1,\cdots,T_n$,他们的推断$P_1,\cdots,P_n$,以及他们的收益函数$u_1,\cdots,u_n$。参与者 i 的类型作为参与者i 的私人信息,决定了参与者 i 的收益函数$u^i(a_1,\cdots,a_n;t_i)$。参与者 i 的推断$p_i(t_{-i}|t_i)$描述了 i 在给定自己的类型t_i时,对其他 $n-1$ 个参与者可能的类型t_{-i}的不确定性,用 $G=\{A_1,\cdots,A_n;T_1,\cdots,T_n;p_1,\cdots,p_n;u_1,\cdots,u_n\}$表示这一博弈。

为了定义贝叶斯纳什均衡概念,首先定义此类博弈中参与者的战略空间。动态博弈中参与者的一个战略是关于行动的一个完整计划,包括了参与者在可能会遇到的每种情况下将选择的可行行动。在给定的静态贝叶斯博弈的时间顺序中,自然首先行动,赋予每一参与者各自的类型,参与者 i 的一个(纯)战略必须包括参与者 i 在每一可行的类型下选择的一个可行行动。定义如下:

定义 6.2 在静态贝叶斯博弈 $G=\{A_1,\cdots,A_n;T_1,\cdots,T_n;p_1,\cdots,p_n;u_1,\cdots,u_n\}$中,参与者 i 的一个战略是一个函数$s_i(t_i)$,其中对T_i中的每一类型t_i,$s_i(t_i)$包含了自然赋予 i 的类型为t_i时,i 将从可行集中A_i中选择的行动a_i。

给出贝叶斯博弈中关于战略的定义之后,就可以定义贝叶斯纳什均衡了。定义的中心思路是:每一参与者的战略必须是其他参与者战略的最优反应,亦即贝叶斯纳什均衡实际上就是在贝叶斯博弈中的纳什均衡。

定义 6.3 在静态贝叶斯博弈 $G=\{A_1,\cdots,A_n;T_1,\cdots,T_n;p_1,\cdots,p_n;u_1,\cdots,u_n\}$中,战略组合$s_*=\{s_1^*,\cdots,s_n^*\}$是一个纯战略贝叶斯纳什均衡,如果对每一参与者 i 及对 i 的类型集T_i中的每一个t_i,$s_i(t_i)$满足

$$\max_{a_i\in A_i}\sum_{i-1}\{u_i[s_1^*(t_1),\cdots,s_{i-1}^*(t_{i-1}),a_i,s_{i+1}^*(t_{i+1}),\cdots,s_n^*(t_n);t_i]p_i(t_{-i}\mid t_i)\}.$$

定义中求最大值的和是对t_{-i}求和,即对其他参与人的各种可能的类型组合求和,"纯策略"的意义与完全信息博弈相同。当静态贝叶斯博弈中参与人的一个战略组合是贝叶斯纳

什均衡时,没有参与者愿意改变自己的战略,即使这种改变只涉及一种类型下的一个行动。贝叶斯纳什均衡是分析静态贝叶斯博弈的核心概念,一个有限的静态贝叶斯博弈,即博弈中 n 是有限的,并且 $(A_1,\cdots,A_n)$ 和 $(T_1,\cdots,T_n)$ 都是有限集,理论上存在贝叶斯纳什均衡,包括采用混合战略的情况。

6.1.3 静态博弈的案例

下面以完全信息静态博弈下的城市公交优先为例进行分析。为了建立博弈模型,引入如下假设:①完全理性人假设;②人均收入达到一定水平并不再成为相当部分家庭汽车消费的主要障碍;③政府不进行管制。

设有一公共道路资源,为 N 个人共同享有出行方式,这 N 个个体都可以选择公交或私车。现将这 N 个人分为 2 个行为群体 P 和 Q,从而 2 个群体间存在 4 个战略组合,其收益分析为:①双方成员均选择私车出行,则双方各自得益 A;②一方选择私车出行,另一方选择公交出行,则选择小汽车出行的一方将获得超额收益 B,而乘坐公交出行的一方则遭受损失(拥堵时间成本、公交换乘时间成本和公交内拥挤的不舒适成本),获极低的收益 C;③双方成员均选择公交车出行,两者均获得收益 D。可令 $C>A>D>B$,这时 A、P、Q 两方博弈构成完全信息静态博弈,其博弈收益矩阵如表 6.1 所示。

表 6.1 自由参与下的博弈收益矩阵

群体 Q	群体 P	
	私车出行	公交出行
私车出行	(A,A)	(B,C)
公交出行	(C,B)	(D,D)

显然,最佳组合为(私车出行,私车出行),即博弈唯一的纳什均衡解,其得益组合为 (A,A)。

然而,小汽车的过度使用导致了道路的交通拥挤,从个体利益出发的行为最终不一定能实现个体的最大利益,即个体最终利益不是理想中的 D。如果允许博弈中存在一种"有约束力的协议",使得博弈方为了群体利益而让出自己的利益,那么个体利益和集体利益之间的矛盾就可以被克服,从而使博弈方按照集体理性决策和行为成为可能。

在交通体系里,能够提供这种有广泛"约束力协议"的是政府。在政府参与下的交通博弈,其收益矩阵如表 6.2 所示。

表 6.2 政府参与下的博弈收益矩阵

群体 Q	群体 P	
	私车出行	公交出行
私车出行	$(A-a,A-a)$	$(B-d,C+a)$
公交出行	$(C+a,B-d)$	$(D+d,D+d)$

注: *a 和 d 分别为政府对私车和公交的管制和激励效应。*

从表 6.2 中看到,群体 P、Q 中的理性人在选择战略行为时,均会选择公交出行的战略行为,即公交出行成为理性个体在政府管制下新的占优战略。因此,它的唯一纳什均衡解为:(公交出行,公交出行),其均衡得益组合为:$(D+d,D+d)$。

6.2 动态博弈与逆向归纳法

静态博弈中博弈双方是同时行动的,是静态的;而现实中的博弈常常是动态的、依序行动的,这就要求研究者必须考虑人们在将来的行动反应。分析序贯行动博弈的一个重要思路就是:向前展望,向后推理,即面向未来,思考现在,站在未来的立场来确定现在的最优行动。

6.2.1 逆向归纳法

下面通过一个简单的例子来说明动态博弈(离散策略)的扩展式表达和逆向归纳法求解方法,这个例子可以称作朝韩军事政治博弈。

朝鲜战争以后,朝韩双方一直是矛盾不断,但却一直处于和平状态,下面通过博弈论进行分析。假设当朝韩中的一方率先采取军事行动时,另一方会采取应对之策,就可以采取的行动而言,无非是回击或不回击。也就是一方可以"入侵"或"不入侵",而另一方可以"抵抗"或"不抵抗"。

由此刻画出一个动态博弈:

- 博弈方:朝鲜、韩国;
- 行动顺序:假设韩国先行动;朝鲜观察到韩国的行动后再选择自己的行动;
- 行动空间:韩国可选择的行动是"入侵"或"不入侵";朝鲜的选择是"抵抗"或"不抵抗";
- 赢利:用虚拟的数字假设赢利状况;
- 如果韩国"入侵",朝鲜"抵抗",恶战在所难免,则韩国亏损 2,朝鲜亏损 2;
- 如果韩国"入侵",朝鲜"不抵抗",那么朝鲜沦为韩国的附庸,丧失国家主权,则韩国获得 2,朝鲜亏损 4;
- 如果韩国"不入侵",朝鲜"抵抗",那么就是朝鲜挑起战事,韩国正好有借口联合美国打击朝鲜,则韩国得 3,朝鲜亏损 5;
- 如果韩国"不入侵",朝鲜"不抵抗",各自和平地发展经济,则韩国得 1,朝鲜得 1。

对于上述动态博弈可以用博弈树表达,如图 6.1 所示。

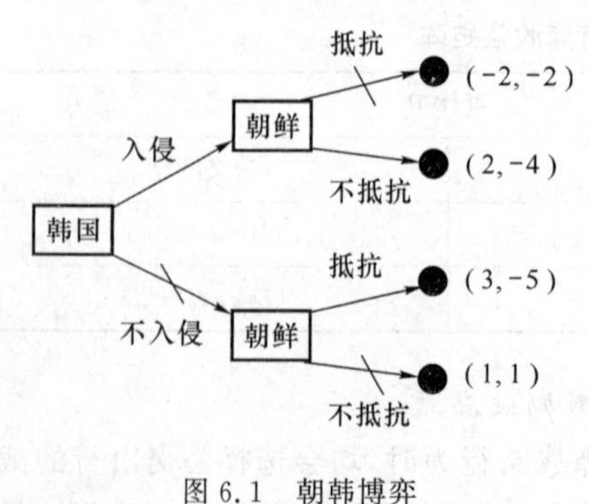

图 6.1 朝韩博弈

从图 6.1 可知,假设韩国先选择"入侵"或"不入侵",然后朝鲜观察韩国的选择后选择"抵抗"或"不抵抗";括号内数字是各种情况下双方的赢利状况,前一个数字代表第一个行动人(韩国)的赢利,第二个数字代表第二个行动人(朝鲜)的赢利。依此类推,如果有更多的参与人序贯行动,则赢利的排列顺序与行动顺序一致。

究竟什么是图 6.1 博弈的均衡呢?这里要找的均衡实际上是一条路径,即从第一个行动人决策节点出发,一直到某一个终点之间的路径，所谓均衡路径就是在每一个决策阶段，没有人会偏离这条路径，这条路径所代表的策略均衡被称作子博弈完美均衡。

下面介绍如何用逆向归纳法来求解博弈的均衡，逆向归纳的步骤如下。

(1) 从最后阶段行动的参与人决策开始考虑。在图6.1的博弈中，最后行动的是朝鲜，因此先考虑朝鲜怎么决策。在考虑朝鲜的决策时，假定韩国已经选了“入侵”或“不入侵”。

① 如果韩国选择了“入侵”，朝鲜选择“抵抗”会得到－2，选择“不抵抗”会得到－4，因此朝鲜必然选择“抵抗”，就在朝鲜“抵抗”的分枝上画上一个短短的横线标记；

② 如果韩国选择了“不入侵”，朝鲜选择“抵抗”会得到－5，选择“不抵抗”会得到1，因此朝鲜必然选择“不抵抗”，就在朝鲜“不抵抗”的分枝上画上一个短短的横线标记。

(2) 考虑次后阶段行动的人(例子中只有两个阶段，因此实际上就是第一阶段行动的人)——韩国。韩国决策时会考虑朝鲜的反应，而现在它已预见到朝鲜将选择的行动就是两条划了双横线的分枝。所以，它很容易推出自己面临的情况如下：

① 若选择“入侵”，则必然导致朝鲜“抵抗”，则韩国得到－2；

② 若选择“不入侵”，则朝鲜必选择“不抵抗”，则韩国得到1；

③ 结果韩国宁愿选择“不入侵”。照规矩，在韩国“不入侵”的一个分枝上画上横线。

(3) 如果存在一个路径，其每个分枝都画上了横线，那么这条路径就是均衡路径。显然均衡路径将是韩国选择“不入侵”，而朝鲜选择“不抵抗”。

6.2.2 博弈树

上面通过大国博弈，给出了逆向归纳法，下面通过黑客和红客的博弈具体讲解博弈树的构造方法。

博弈树是指由于动态博弈参与者的行动有先后次序，因此可以依次将参与者的行动展开成一个树状图形。博弈树是扩展型的一种形象化表述，它能给出有限博弈的几乎所有信息，其基本构建材料包括节、枝和信息集。节包括决策节和终点节两类；决策节是参与人采取行动的时点，终点节是博弈行动路径的终点。枝是从一个决策节到它的直接后续节的连线(有时用箭头表示)，每一个枝代表参与人的一个行动选择。博弈树上的所有决策节分割成不同的信息集。每一个信息集是决策集集合的一个子集，该子集包括所有满足下列条件的决策节：(1)每一个决策节都是同一参与人的决策节；(2)该参与人知道博弈进入该集合的某个决策节，但不知道自己究竟处于哪一个决策节。下面研究一个具体的网络攻防中博弈的例子作为后续内容的引入。

考虑如下策略局势。

黑客正决定利用什么样的攻击策略发动攻击。在经过许多研究后，该名黑客把它的选择减少为两个：

(1) A计划，A计划第一次攻击的利润相对大，但第二次攻击的利润很小；

(2) B计划，B计划第一次攻击的利润相对小，但第二次攻击的利润很大。

两种计划下获得的净利润如表6.3所示，单位为人民币。

注：A计划中，没有事先调研直接暴力攻击，第一次利润较大，第二次攻击时，大部分已经损坏，第二次利润较低。A计划由于没有预先调研，故总成本较高。B计划中，先调研首先进行较小规模的测试性攻击，第一次利润较小，第二次攻击时，借助于第一次的经验，第二

次攻击利润较大。B计划由于预先调研,故总成本较低。

表 6.3　黑客攻击利润表

	A计划	B计划
第一次总利润	50 000	20 000
第二次总利润	10 000	40 000
总利润	60 000	60 000
总成本	−40 000	−20 000
总净利润	20 000	40 000

以表6.3为基础,显然黑客的最优决策是采用比较廉价的B计划。但是这一结论忽略潜在红客的防守作用。如果红客采取相应的防御措施,则黑客得到的收益显然会降低。这一暂时假设不考虑其他策略问题。表6.4及表6.5列出了黑客和红客在黑客采取防御措施时的利润,显然B计划依然是最优的。

注:红客在这里是滞后于黑客的,故第一阶段没有反应,而第二次防御了一半的进攻。

表 6.4　红客存在时黑客的利润

	A计划	B计划
第一次总利润	50 000	20 000
第二次总利润	5 000	20 000
总利润	55 000	40 000
总成本	−40 000	−20 000
总净利润	15 000	20 000

表 6.5　红客的防御利润

	A计划	B计划
第一次总利润	0	0
第二次总利润	5 000	20 000
总利润	5 000	20 000
总成本	−15 000	−15 000
总净利润	−10 000	5 000

由于黑客和红客的相互依赖性,黑客和红客在进行一个博弈。为了分析这个博弈,需要知道局中人可利用的策略和他们彼此采用这些策略时的得益,构造可能的策略列表的第一步是列出两个局中人可用的行动。黑客有两个行动供选择:(1)采用A计划;(2)采用B计划。红客也有两个行动供选择:(1)采取防御措施;(2)不采取防御措施。如果这是一个静态博弈,每个局中人的策略集合等价于他们的行动集合;但这不是静态博弈。在这个博弈中,黑客先行动,红客在做出其进入决策前知道黑客的行动,描述这个博弈进行时序的最简单方

法是说黑客是先行动者，红客是后行动者。因为这一博弈顺序，红客可把其行动建立在黑客的行动之上，因此红客的一个策略是要说明如果黑客采用A计划，红客将采取什么行动；如果黑客采取B计划，红客将采取什么行动，这两个不必相同。

1. 博弈树构造方法

为了决定红客和黑客的策略集合，不仅要仔细阐明局中人的行动，而且要阐明这些行动的顺序和他们在做出决策时已有的信息，组织这一信息强有力的方法就是博弈树。博弈树是由节和枝组成的图，博弈树中每个节点代表局中人之一的决策点，该局中人属于在该点行动的局中人。决策节用方框表示，框内是在该节点行动的局中人的名字。一个枝代表局中人一个可能的行动，每个枝连接的两个节点有一个方向，该方向用箭头表示。如果一个枝从属于局中人A的节点 N_1 到属于局中人B的节点 N_2，则局中人A在局中人B前行动。该博弈过程的博弈树如图6.2所示。

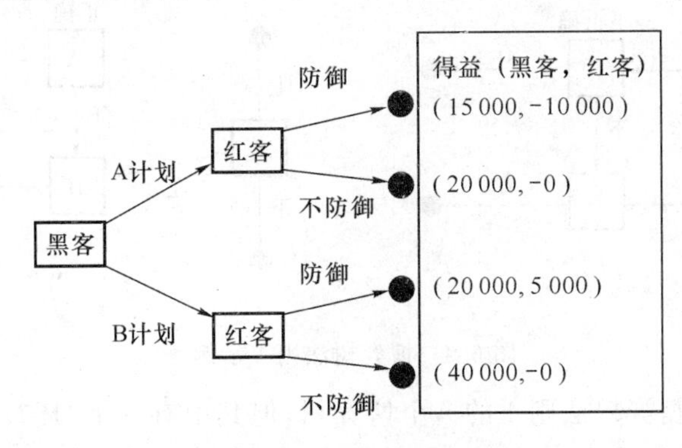

图6.2　黑客红客博弈树

该博弈从图6.2的最左边开始，两个枝从左向右，每个枝代表选择的计划。A计划被列入枝的上边，每个枝点表示红客的一个决策节，从决策节向代表红客可能选择的行动的两个枝延伸。这四个箭头的末端是圆点，叫作终点节，在终点节博弈结束。终点节的右边是两个数字：第一个数字是先行动者黑客的得益，第二个数字是后行动者红客的得益。博弈树与所有终点节的得益一起，构成博弈的扩展形式。

为了避免模棱两可，博弈树必须遵循以下四个法则。

法则1：每个节点前至多有一个其他节点直接相联系。

博弈树法则1示意图如图6.3所示。

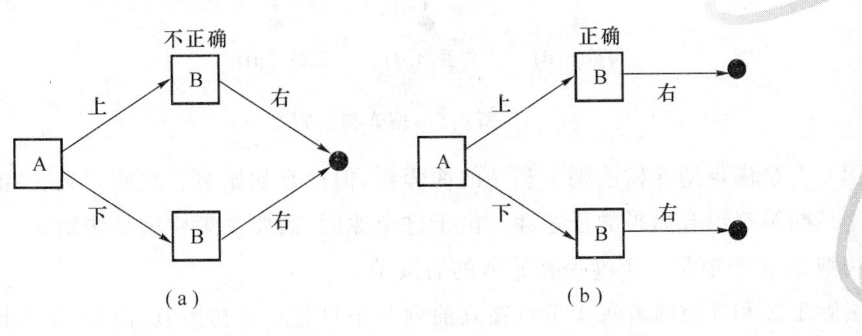

图6.3　博弈树法则1

图6.3(a)是违背法则1的博弈树。局中人B有两个决策节，从他们的枝到达相同的终

点节。如果局中人A的行动对得益没有影响,则该局中人的决策节会因前后不一致而被剔除。而且,如果局中人B的行动对得益有影响,则在博弈树上需要加上两个终点节,对应着A的每个行动。

当法则1被满足时,将一个决策节"跟在另一个决策结后"才有意义。如果从A开始,局中人可能做出后续的行动,使得博弈到节点B,节点B是节点A的后续节。正式地,节点B是节点A的后续节,当且仅当存在某些后续节 $N_1, N_2, \cdots, N_K$,使得 $A=N_1$,$B=N_K$,且每个节点直接位于后面的另一个节点之前,这一节点顺序称为从A到B的路径。法则1意味着在任意两个节点之间至多有一条路径。节点A是节点B的前列节,当且仅当节点B是节点A的后续节。终点节没有后续节,初始节没有前列节,称没有终点节的节点为决策节。博弈树法则1示例如图6.4所示。

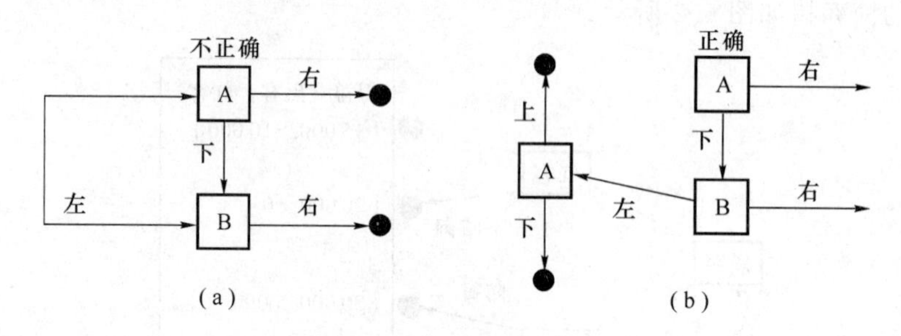

图6.4 博弈树法则1示例

图6.4(a)是满足博弈树法则1的一个博弈树,但其中有一个"环":如果局中人A选择"下",则局中人B开始行动;而且如果局中人B选择"左",则局中人A开始行动。因此,谁先行动呢?为了剔除此种任意性,将避免有环状的决策树。图6.4(b)的博弈树是正确的:局中人A行动两次,一次在局中人B之前,一次在局中人B之后。

法则2:在一个博弈树中不能有路径把一个决策节与其自身相联结。

博弈树法则2示意图如图6.5所示。

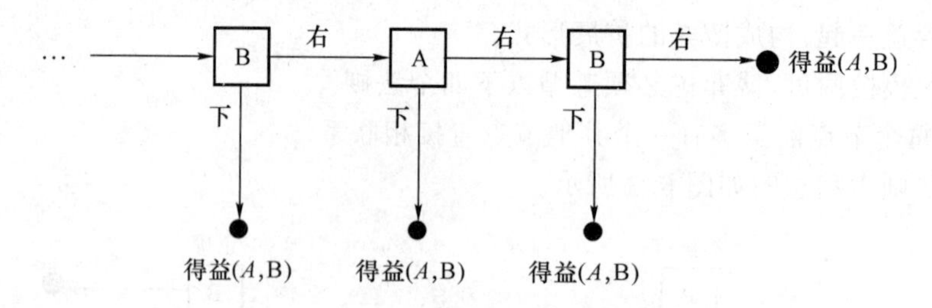

图6.5 博弈树法则2

图6.5是满足博弈树法则1和2的博弈树,但没有初始节。然而,"无头"的决策节有可能产生某些策略组合后果的任意性。由于这个原因,需要决策树满足法则3。

法则3:每个节是一个唯一初始节的后续节。

法则1、2和3意味着每个节点在其前列节中只有一个初始节;但是,整个博弈树可能有一个以上的初始节。不过,不管这在何时发生,节点都可根据他们在哪个初始节之后被分成不连续的集合。要求这些不连续的节点子集(和联结他们的枝)的每个可被看成是满足博弈树法则 1、2、3 的分离的博弈树。而且这每一个"子树",根据构造只有一个初始节,如图 6.6 所示,博弈树有一个以上初始节的任何博弈都可以分成彼此独立的博弈,每个独立的博弈只有一个初始节,称这个唯一的初始节是博弈树的根。因此,不失一般性,最后要求满足博弈树法则 4。

法则 4:每个博弈树只有一个初始节。

博弈树法则 4 示意图如图 6.6 所示。

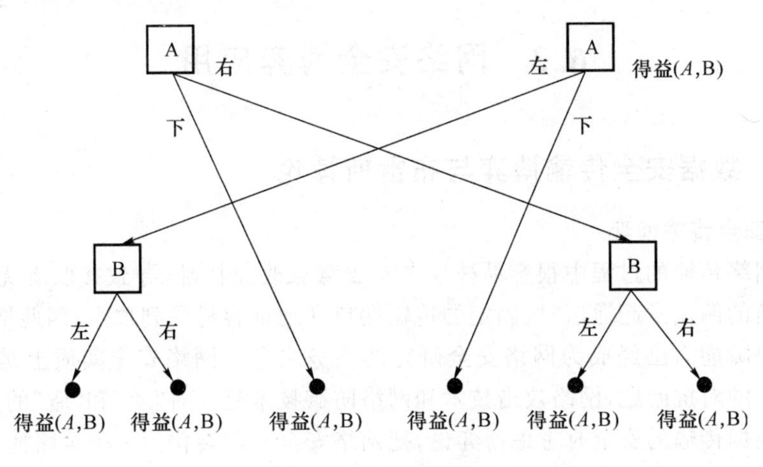

图 6.6 博弈树法则 4

2. 策略

策略是局中人进行博弈的详细计划集合,局中人的一个策略必须说明在该局中人的每一个决策节所采取的行动。因为黑客只有一个决策节,所以黑客的策略就只包括其选择两个行动之一。红客有两个决策节。红客的一个策略是基于黑客先前的选择,在防御或不防御间决策。红客的一个可能的策略是:如果黑客采用 A 计划,红客就防御;如果黑客采用 B 计划,红客就不进入,把这一策略写成(防御,不防御)。第一部分即防御,描述了如果黑客采用 A 计划,红客将采取的策略;第二部分不防御,描述了如果黑客采用 B 计划,红客将采取的策略,这是四个可能的策略之一。策略和行动容易混淆,关键是要理解策略不同于行动,策略所刻画的是在所有可能的事件下的计划。不同的策略可产生相同的行动顺序,例如,红客和黑客博弈中的下面两个策略组合:{B 计划,(不防御,防御)},{A 计划,(防御,不防御)}。

3. 信息

如果一个局中人知道在他开始行动时博弈进行到哪里,则说该局中人有完美信息。如果博弈的每个局中人都有完美信息,该博弈就是完美信息动态博弈。多数博弈,如下象棋或者下跳棋,是完美信息博弈。此外,一个局中人在不知道另一个局中人先前的行动时必须行动,此局中人就有不完美信息。如果至少有一个局中人有不完美信息,该博弈就是不完美信息博弈。静态博弈是不完美信息博弈,如多数纸牌游戏。

4. 结果和得益

上述博弈中黑客和红客的得益如表 6.6 所示,黑客的行动与策略是一致的,而红客的行动与策略不一致。

表 6.6 黑客和红客的得益

		黑客的计划	
		A 计划	B 计划
红客的决策	采取防御措施	(−10 000,15 000)	(5 000,20 000)
	不采取防御措施	(0,20 000)	(0,40 000)

6.3 网络安全博弈应用

6.3.1 数据安全传输博弈与布雷斯悖论

1. 数据安全传输博弈

数据在网络传输的过程中很容易被攻击者故意篡改或扰乱，导致接收者无法正常接收数据。在通信的两端发起通信时，固定的传输端口和地址容易受到攻击，因此增强网络动态防护能力与保障能力已经成为网络安全研究的当务之急。网络安全实质上是计算机空间“攻击与防护”的对抗问题，网络攻击技术和网络防御技术是一对“矛”和“盾”的关系。所以，在研究网络数据传输的安全时考虑博弈论，把网络安全问题转化为一种策略博弈。

博弈论是研究各个理性决策主体在其行为发生直接相互作用时的决策，以及这种决策的均衡问题的一种方法论，它主要是研究人们在利益相互影响的格局中如何使自己收益最大化的策略选择问题。国内外的学者利用博弈论对网络安全问题作了很多相关的研究，例如，路由器通过随机地选择下一跳节点来防止数据在传输过程中受到的各种攻击，以使自己的传输代价达到最小。这里在博弈论的基础上分析数据在网络中的安全传输问题，并建立安全传输博弈模型。

信息在网络的传输过程中存在以下的安全隐患：信息是否是合法的用户发送的；接收到的信息是否被篡改；信息在传输过程中是否被别人窃取。对于信息网络，网络中的节点都是不安全的，容易受攻击者攻击。攻击者欲通过攻击传输路径中的某个节点来最大化自己的收益，信息传输者则欲通过在网络拓扑中选择一条合适的路径使得自己的传输代价最小。显然，攻击者和信息传输者具有相冲突的目标。所以，引入了博弈论中的非合作模型，从攻防双方的角度设计安全传输博弈模型。

一个信息网络被描述成一个无向图，顶点代表网络主机，边代表通信联系。设网络拓扑 $G=(H,L)$，其中节点集 $N=1,2,\cdots,n$，链路集 $L=1,2,\cdots,l$；数据从 o 点($o\in N$)传到 d 点($d\in N$)。

定义非合作博弈如下。

参与者：攻击者和信息传输者即防者。

策略集合：攻击者即攻方的策略集合为 N 中的所有节点，攻方从 N 中选择某个节点进行攻击，并使得防方的传输时间尽可能的大，同时保证自己攻击所付出的代价尽可能的小，且收益最大；防方策略集合为所有连通 o 到 d 间的可行路径集，路径个数取决于具体的网络拓扑结构。防方从路径集中选择一条传输路径进行数据传输，使其传输时间尽可能的小，传输费用尽可能的少。

配置：从攻防双方的策略集合中分别取一个策略构成一个策略组合 s，任意的一个策略组合 s 称作一个配置。

博弈过程不仅是对抗双方选择策略进行博弈的过程，也是不断获取并修正信息的过程，因此可以说是一个带有对抗性质的实时动态决策过程。当双方都停止改变自己的策略时，系统就达到了一个纳什均衡状态，即在给定对方策略的情况下，自己都没有积极性改变自己的策略。

该过程定义为不完全信息的动态博弈过程，即在该博弈过程中，防方并不知道攻方会对网络中哪个节点进行攻击，攻方也不知道防方正沿着哪一条路径进行传输。防方会试图沿着最安全的一条路径传输数据，而攻方则会攻击某些传输节点使得防方的正常传输时间增加，以使自己的收益达到最大。通过对传输时间的检测，攻防双方分别动态地改变自己的策略，被攻击的节点受到攻击时，根据其网络中所处位置，给传输时间赋予一个该节点上的延迟时间，这里假设初始状态下，网络中的所有节点都是安全的，且攻防双方都可以通过某种方式测量到数据包在口到间的传输时间，即该信息为攻防双方的共同信息。另外，在同一时刻，攻方只能对一个节点进行攻击。

整个过程可以描述如下：

(1) 确定传输的起点和终点，找到所有从起点到终点的路径并标记它们的长度；

(2) 传输者选择所有路径中一条长度最短的一条路径传输数据，并记录传输时间；

(3) 攻击者选择某个结点，对该结点发动攻击；

(4) 传输者记录新的传输时间，如果新的传输时间大于原来的传输时间则改变传输的路径，否则继续沿原路传输；

(5) 攻击者记录新的传输时间，如果新的传输时间小于原来的传输时间则改变攻击的结点，否则继续攻击原结点。

可以从各种方面来衡量攻防双方的收益。考虑到由于传输过程中某传输节点受到攻击时会使正常的传输时间受到影响，所以用传输时间这个指标。此外，由于网络从受到攻击到恢复正常状态需要的时间长短不同，所以也可以将攻击者的攻击收益定义为采取某个攻击策略的情况下，防御者从受到攻击的状态恢复到正常状态所花费的时间。这里直接使用攻防双方的费用来衡量他们的收益值。

定义 U 表示当前传输者拥有的收益；L 表示攻击成功时平均的网络损失；CO 表示攻击者攻击的单位代价；C 表示没有攻击时的传输费用；$\varphi(a_j)$ 表示 a_j 的重要性，距离起点或者终点越近，那么相应的，这个结点的重要性就越大；$\grave{e}(a_j, p_i)$ 表示节点 a_j 是否在路径 p_i 上，如果在该值等于 1，否则等于 0。用 $\boldsymbol{A}_{m\times n}$ 表示攻击者的收益矩阵，$\boldsymbol{B}_{m\times n}$ 表示传输者的收益矩阵。那么可以导出如下公式。

传输者的成本：$B(a_j, p_i) = U - [C + \grave{e}(a_j, p_i)\varphi(a_j)L]$

攻击者的收益：$A(a_j, p_i) = \grave{e}(a_j, p_i)\varphi(a_j)L - \varphi(a_j)\mathrm{CO}$

纳什均衡也叫非合作均衡，指的是这样一种策略组合，由所有参与人的最优策略组成，也就是说给定别人策略的情况下，没有任何单个参与人有积极性选择其他策略使自己获得更大利益，从而没有任何人有积极性打破这种均衡。

如果对于配置 s 中的每一个参与者，可以减少不同于 s 的配置 t 上的所有参与者的个人收益最小，那么配置 s 是一个纯纳什均衡。

参与者的混合策略是它的策略集合上的概率分布混合，策略组合是混合策略的集合，一个参与者一个策略。如果对于配置 s 中的每一个参与者，可以使不同于 s 的配置 t 上的所有参与者的个人收益最大，那么混合策略组合 s 是一个混合纳什均衡。

从上面的定义可以知道，只要数据的传输路径多于一条，那么该博弈模型就不存在纯策略纳什均衡。其原因在于假设存在两条传输路径 a 和 b，当攻击者攻击路径 a 上的节点时，数据传输者可以调整策略为从路径 b 进行传输，从而使自己的收益更多；同样，当攻击者攻击路径 b 上的节点时，数据传输者可以调整策略为从路径 a 进行传输。

为了方便理解，举一个具体的例子，采用如图 6.7 所示的网络拓扑结构。

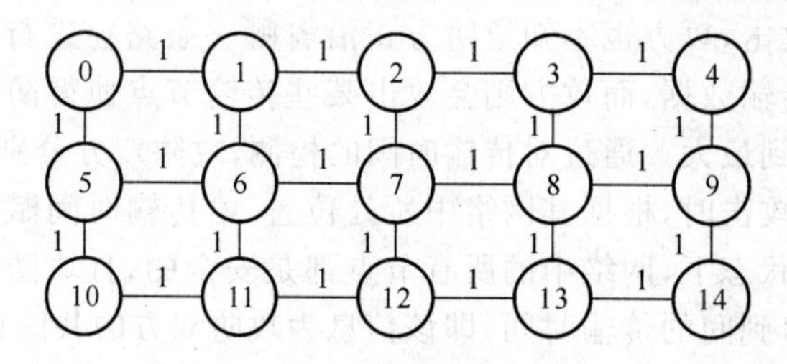

图 6.7　数据传输网络拓扑结构

信息从源点 0 传到终点 14，攻击方可以某种概率攻击 1 到 13 中的任意一个节点。对于防方，选择如下 3 条路径进行信息传输。

A:0,1,2,3,4,9,14

B:0,1,6,7,8,13,14

C:0,5,10,11,12,13,14

为了方便计算，U、L、CO 和 C 都取定值，分别取 100、20、10 和 10。根据给定的网络拓扑图，把 1～13 的重要程度的值分别定义为：0.9、0.5、0.3、0.5、0.9、0.5、0.3、0.5、0.9、0.5、0.3、0.5、0.9。

根据前面对参与者的收益分析及相关定义，可以分别得出攻防双方的收益矩阵，其中，攻方的收益矩阵为

$$\begin{pmatrix} 9 & 5 & 3 & 5 & -9 & -5 & -3 & -5 & 9 & -5 & -3 & -5 & -9 \\ 9 & -5 & -3 & -5 & -9 & 5 & 3 & 5 & -9 & -5 & -3 & -5 & 9 \\ -9 & -5 & -3 & -5 & 9 & -5 & -3 & -5 & -9 & 5 & 3 & 5 & 9 \end{pmatrix}.$$

防方的收益矩阵为

$$\begin{pmatrix} 72 & 80 & 84 & 80 & 90 & 90 & 90 & 90 & 72 & 90 & 90 & 90 & 90 \\ 72 & 90 & 90 & 90 & 90 & 80 & 84 & 80 & 90 & 90 & 90 & 90 & 72 \\ 90 & 90 & 90 & 90 & 72 & 90 & 90 & 90 & 90 & 80 & 84 & 80 & 72 \end{pmatrix}.$$

根据一定的约束条件对攻防双方所采取的策略进行了模拟，可以得出满足该纳什均衡条件下的攻防双方的混合策略及此时攻防双方的收益值，而且通过分析给定攻方或防方在该均衡点处的策略，改变防方或攻方的策略情况下各自的收益情况，可以知道此时得出的收益值是最大的。模拟实验的结果表明，该博弈过程存在纳什均衡点且攻防双方在均衡点处所取得的收益值是最大的。

2. 布雷斯悖论

数据传输博弈中有一个很有趣的现象叫作布雷斯悖论。在一个交通网络上增加一条路段后，这一附加路段不但没有减少交通延滞，反而所有出行者的旅行时间都增加了，这种出力不讨好且与人们直观感受相悖的现象就叫作布雷斯悖论。同样的，如图 6.8 所示，以现实生活中司空见惯的交通情况举一个简单的例子。

图6.8中，0是起点，3是终点。从0到1以及从2到3，耗时均是路上车的数量（记为T）除以100，单位为min。从0到2以及从1到3耗时均是固定的45 min。假设现在有4 000辆车，那么4 000辆车将各走一边，每边2 000辆，这样每条路的通过时间都是2 000/100＋45＝65 min。

现在新建了一条从1到2的近路，新建道路后的交通图如图6.9所示。

从1到2的近路如图6.9中虚线所示。其通过时间接近于0，在这种情况下，由于$T/100$的耗时在最大情况下仍低于固定耗时的45 min，于是所有的司机都会倾向于选择从0到1后再经由近路到达2之后再到3。在这种情况下，即便所有的车都选择这样的线路，通过时间也不过2×4 000/100＝80 min，而不走捷径的车将需要4 000/100＋45＝85 min，所以这种选择似乎是有利的。

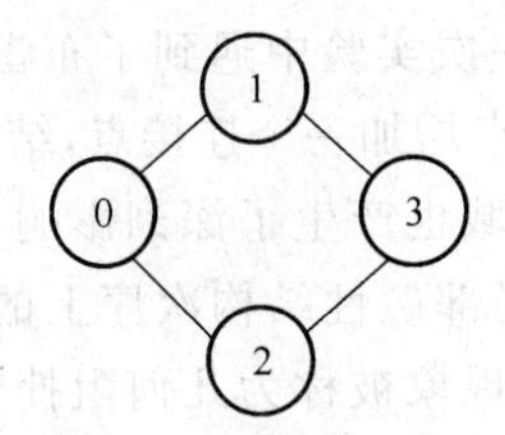

图6.8　原始的交通图

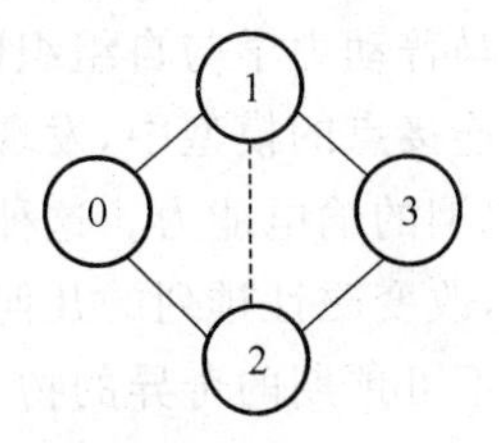

图6.9　新建道路后的交通图

但同时注意到，如果不存在那条近路，实际上过去的通行时间是65 min，即当新路修建后，人们由于竞相选择更有利的道路，却无形中增加了所有人的交通耗时。这就是纳什均衡中提到的：当没有参与者可以通过采取单独行动而获得更大收益时，就形成了一种平衡，而这种平衡通常是一种“囚徒困境”式的平衡。上述现象是由德国数学家布雷斯于1968年首次发现的，所以被称为布雷斯悖论，这是算法博弈论领域的一个前沿研究方向，在交通和互联网路由方面都有重要应用。你可能会问，如果真是这样的话，那么大家都约定不去走这条近路，而按照原本选择的路线继续行进不就没有问题了吗？这样尽管多修了一条路没有改善交通，但也不至于让交通变得更糟糕！在某些情况下，合作是件非常困难的事情，说起来容易做起来难，即便有一个好办法能让大家都变好，也可能很难实施。每个人都为一己之私着想，做出一个看起来聪明无比的决策，却不去想这样做会损害别人，最终大家相互损害，达到一个谁都不愿意看到的局面。

在德国的斯图加特，人们为了改善交通新修了道路，结果却造成了更加严重的堵车，最后不得不废弃了这条新修建的公路。新建的道路设施会诱发新的交通需求，因此交通需求总是倾向于超过交通供给。布雷斯悖论引发的交通拥堵示意图如图6.10所示。

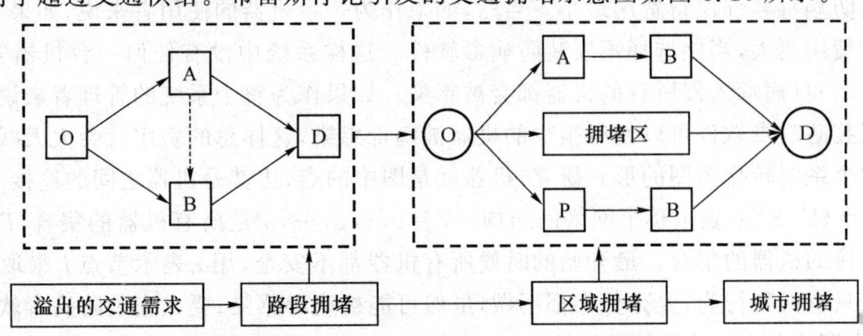

图6.10　布雷斯悖论引发的交通拥堵示意图

在1990年的世界地球日，纽约市决定关闭第42号大街，对堵车泛滥成灾的纽约市来说，这个消息简直是晴天霹雳。就在大家都期待着发生超级大堵车的时候，交通状况反而难以置信地比平时有所好转。韩国首尔曾拆除一条6车道的高速路，建了一个公园，首尔的交通不但没有变得更加拥堵，反而得到极大的改善。专家称，这就是利用了布雷斯悖论的逆向思维。

当然，现实的城市交通状况极为复杂，会受到很多因素的综合影响，并不是简单地多一条路少一条路的问题，布雷斯悖论所描述的也只是一个极端情况。科学家们后来还发现，即便出现了布雷斯悖论，在车流量继续增加的情况下，交通状况也会有所恢复，布雷斯悖论将被打破。也就是说，布雷斯悖论只有当车流量在一个固定范围内时才有可能出现。

布雷斯悖论的应用不仅仅是在传输方面。现在有一项相关的科学研究叫自私路由问题，指的是路由器在选择路由时，只考虑自身利益的最大化而不管这样的选择是否会伤害网络邻居。德国马普动力学与自组织研究所的科学家在一次实验中遇到了布雷斯悖论，即在英国电力网络连接点的模型中，发现在两个点的任何一点增加一个连接点，结果造成网络不稳定，降低了电网的输电能力。这种思维方式对其他领域也产生了深刻影响，例如，在物质的磁性结构中，改变磁性排列的几何拓扑结构，造成了局部磁性结构次序上的混乱，导致新结构产生诸多不可预期的奇异的物理性质，这种布雷斯现象被称为几何阻挫效应。在体育竞技中也有被称为尤因理论的布雷斯现象，著名球员帕特里克·尤因所在的球队，往往由于尤因受伤或抵抗规则没有上场，比赛成绩莫名其妙的更好。

研究布雷斯悖论的形成机制，可以对这些反直觉现象做出科学解释。从复杂性观点看，布雷斯悖论是复杂系统整体性的涌现，因为它往往出现在系统的单元是由简单机制支配的复杂系统中。因为机制简单，自以为系统的预期结果可控，而忽略了系统的复杂性，结果却事与愿违。布雷斯现象是复杂系统中心化的必然结果，这种中心化导致系统调整中原先被调和的局部与全局发生冲突。

6.3.2 与计算机病毒有关的博弈

1. 病毒受害者的接种策略博弈

如果有很多台机器相互连接组成一个系统，假设一台机器被保护以后能够防御病毒的入侵，没有被保护则不能防御病毒的入侵，而且会感染与其直接相连的所有没有被保护的机器。当然可以在所有的机器上都安装防病毒的软件，但是这需要耗费大量的时间和金钱。假设在一台机器上安装防病毒软件的费用为C，机器被病毒感染造成的损失为L，L和C之间的大小关系是不定的。如果病毒随机选择一些初始机器传播，要研究的问题是在哪些机器上安装防病毒软件使得费用最小。当然，如果作为一台机器的使用者来说，如果安装防病毒软件的费用更大，当然选择不安装防病毒软件。这样系统中没有任何一台机器安装有防病毒软件，一旦病毒入侵所有的机器都会被感染。如果作为整个系统的管理者来说，在少数机器上安装防病毒软件可以使得很少的机器被病毒感染，这样总的费用就会大大减小。

把这个系统转化为图的形式研究，机器就是图中的点，边就是机器之间的连接。用一个无向图$G=(V,E)$来表示整个网络的结构。$V=0,1,2,\cdots,n$是所有机器的集合，$E\subseteq V\times V$是互相连接的机器的集合。最开始的时候所有机器都不安全，用a_i表示节点i采取的策略。每个结点只有两种行为：要么什么都不做，虽然可能被病毒感染；要么安装防病毒软件，称之为接种，A_i即为节点i接种的可能性。对于所有的节点，是否选择接种可以被概括为一个策略的组合$\vec{a}\in[0,1]^n$。如果$a_i=0$或1，这个节点采取的策略就被称之为纯策略；否则，这个节点采取的策略就被称为混合策略。安装了防病毒软件的节点的集合用$I_{\vec{a}}$表示。攻击图就是把这些节点和与它们对应的边从初始的图中移除后剩余的图，例如，假设系统中有6个节点，它们的a_i分别等于0，1，0，1，0，0，如图6.11(a)为初始的图，图6.11(b)为攻击图。

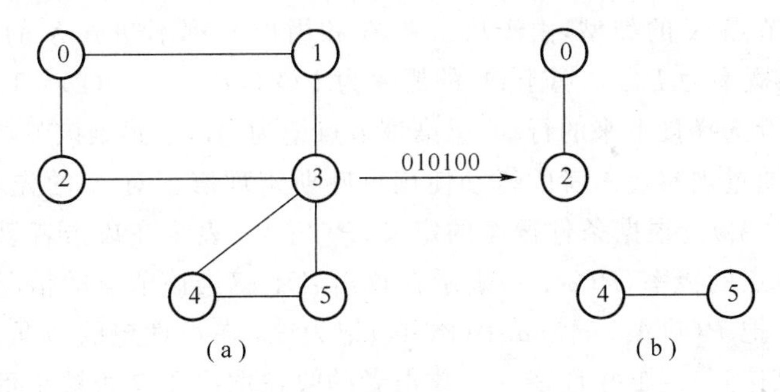

图6.11　初始图和攻击图

设每个节点的费用为cost_i，则有：

$$\text{cost}_i(\vec{a})=a_iC+(1-a_i)L\times p_i(\vec{a}),\tag{6.1}$$

其中，$p_i(\vec{a})$表示节点i如果没有安装防病毒软件，在给定的策略组合的情况下被感染的概率。它的值为从该节点出发不经过任何一个安装了防病毒软件的结点而到达另外一个易受攻击节点(感染初始点)的概率。设k_i是攻击图中包含节点i的连通分量的大小，如果是纯策略，这个概率是k_i/n。

应该着重考虑的并不是单个节点的费用，而是整个系统的费用，总的费用是所有单个节点费用的总和。

$$\text{cost}(\vec{a})=\sum_{j=0}^{n-1}\text{cost}_j(\vec{a})=\sum_{j=0}^{n-1}a_jC+(1-a_j)L*p_j(\vec{a})=C\mid I_{\vec{a}}\mid+\frac{L}{n}\sum_{i=1}^{l}k_i^2.\tag{6.2}$$

2006年国外学者给出了病毒受害者接种策略博弈中纯纳什均衡和混合纳什均衡的特点，没有给出纳什均衡的计算问题，计算它们是比较困难的，特别是网络非常复杂而又缺乏中心的情况下。先讨论一下混乱状态的代价。混乱状态是指纳什均衡的费用和最优解费用之间的最坏情况的比率，它能衡量一个纳什均衡偏离最适宜情况的程度。当网络图G的费用分别是C和L时，用$P(G,C,L)$表示混乱状态的代价。考虑一种简单的情况。对于一个星形图，它只有一个中心节点，其他节点只与这个中心节点相连。设安装防病毒软件的费用为$C=L(n-1)/n$。最佳的策略是只有中心节点安装防病毒软件，这种情况下的费用为$C+L(n-1)/n=2L(n-1)/n$；如果在某个不是中心节点的节点上安装防病毒软件，这种情况下的费用为$C+L(n-1)(n-1)/n=L(n-1)$。因此混乱状态的代价为$L(n-1)n/2L(n-1)=n/2$。

2. 基于混合策略博弈的病毒传播模型

设模型的参与者有两类：攻击者和用户。由于双方在行动前互不知晓，因此属于不完全对称信息动态博弈，作出下列假设：

(1) 攻击者和用户在给定条件下，都能做出使自身利益最大的决策；

(2) 攻击者和用户无法观察到X的类型，开始双方都只能推断X可能的类型，然后才能做出最优决策。

节点X的类型总共只有Θ_1和Θ_2两种。其中，Θ_1表示X是正常的节点，Θ_2表示X是感染病毒的节点。假设攻击者首先采取行动,用户观察攻击者的行动。攻击者的行动包括感染病毒和不感染病毒,分别用 a_1 和 a_2 表示;用户的行动包括杀毒清除和不杀毒,分别用 b_1 和 b_2 表示。当 X 是带毒节点的概率大于 P^* 时用户选择 b_1,否则用户 B 选择 b_2。

下面详细讲解一下博弈的具体过程。

第一步:选择节点 X 的类型,由于攻击者 A 和用户 B 都不知道 X 的类型,假设用户 B 认为 X 属于 Θ_1 的概率为 $P(1)$,属于 Θ_2 的概率为 $P(2)$,$P(1)+P(2)=1$。

第二步:攻击者选择接下来的行动,感染该节点记为 A_1,不感染该节点记为 A_2。

第三步:用户通过观察攻击者的行动使用贝叶斯定理修正对 X 的先验概率 $P(1)$ 从而得到后验概率 $P(i|A_i)$。根据条件概率的定义,$P(1|A_1)$ 表示在攻击者感染该节点的情况下该节点是正常节点的概率,$P(2|A_2)$ 表示在攻击者不感染该节点的情况下该节点是感染病毒节点的概率。把 $P(1|A_1)$ 记为 α,$P(2|A_2)$ 记为 β。在最理想的情况下,杀毒软件对于病毒的检测率应该达到 $\alpha=1$ 并且 $\beta=0$。攻击者的收益取决于是否被杀毒以及是否被检测出来,而用户的收益取决于感染病毒的程度。建立博弈模型可以使得攻击者带给用户的损失最小,并减小用户的维护成本。

在网络系统中,假设所有节点被感染的概率为 u,感染病毒成功后攻击者可获得的收益为 a,而攻击者被检测出来的代价为 b。对用户而言,使用杀毒软件后对报警进行检查,同时对没有报警的节点进行抽查。设用户检查报警节点的比例为 x,对没有报警的节点进行抽查的比例为 y。假设每次检查的平均成本为 c,当病毒没被检测出来时的损失为 d,如果检测且处理了病毒可以减少损失的比例为 φ。设 A 的策略空间是 $u\in[0,1]$,B 的策略空间是 $(x,y)\in(0,1)\times(0,1)$,那么可以导出:

$P_1=P(\text{被感染}|\text{报警})=\alpha u/[\alpha u+\beta(1-u)]$,

$P_2=P(\text{被感染}|\text{未报警})=(1-\alpha)u/[(1-\alpha)u+(1-\beta)(1-u)]$,

$P_3=P(\text{报警})=\beta+u(\alpha-\beta)$,

$P_4=P(\text{未报警})=1-\beta-u(\alpha-\beta)$,

$P_5=P(\text{感染而被检测出来})=x\alpha+y(1-\alpha)$,

B 报警的期望成本 $C_1=xc+P_1(1-x)d+x\times P_1(1-\varphi)d$,

B 不报警的期望成本 $C_2=yc+P_2(1-y)d+y\times P_2(1-\varphi)d$.

根据上面的分析可以得出:

B 的期望成本 $C_3=[\beta+u(\alpha-\beta)]C_1+[1-\beta-u(\alpha-\beta)]C_2$,

A 的期望收益 $C_4=au-bu[x\alpha+y(1-\alpha)]$.

通过分析可以得出控制计算机病毒主要有如下手段:

(1) 控制节点被感染的概率,使被感染的概率降低;

(2) 控制节点被感染且被检测出来的概率,使得检测结果更加准确;

(3) 提高对报警节点的检查率,同时适当控制未报警节点的检测概率。

6.3.3 基于博弈论的网络安全量化评估

1. 网络安全中的随机博弈模型

在描述网络安全随机博弈模型之前作如下假设。

(1) 网络管理员和攻击者都知道网络的整体信息,包括网络的拓扑结构和网络中各主机上存在的漏洞等。

(2) 网络管理员会对自身网络设备的重要性进行评定，其形式为向量：$\vec{I}=(i_1,i_2,\cdots,i_n)$，其中，$n$ 是网络设备的数目，$i_j\in(0,1)$并且 $\sum_{j=1}^{n} i_j=1$。

(3) 攻击者在主机上有 7 种权限：无任何权限、一般可读、完全可读、一般可执行、完全可执行、一般可写、完全可写，根据权限的高低设定对应的评分为：100、90、75、60、45、30、15。网络上所有设备的评分构成一个向量：$\vec{Z}=(z_1,z_2,\cdots,z_n)$，其中，$n$ 是网络设备的数目。拥有权限的攻击者可能对网络造成破坏，管理员可以根据网络被破坏的严重程度修改此评分。

(4) 状态 i 的网络评分z_i，如式(6.3)为网络设备的重要性向量$\vec{I}$与此状态下网络设备的评分向量$\vec{z_l}$的内积。

$$z_i=\vec{I}\cdot\vec{z_l} \tag{6.3}$$

(5) 网络管理员和攻击者都是理性的，网络管理员的目标是避免整个网络的安全性评分值 Z 的降低，攻击者的目标是降低整个网络的安全性评分 Z。

基于以上假设，本节引入随机博弈理论，根据网络安全量化评估的需要，对博弈元素、收益函数、状态转换概率重新定义，建立网络安全随机博弈模型。

随机博弈是由 n 个博弈元素组成的集合，表示成$\Gamma_k(k=1,2,\cdots,n)$，每个博弈元素都可以表示成一个矩阵$(\alpha_{ij}^k)_{m_k\times n_k}$，其中，

$$\alpha_{ij}^k=u_{ij}^k+\sum_{l=1}^{n} q_{ij}^{kl}\,\Gamma_l, \tag{6.4}$$

$$q_{ij}^{kl}\geqslant 0, \tag{6.5}$$

$$\sum_{l=1}^{n} q_{ij}^{kl}<1, \tag{6.6}$$

这里，m_k、n_k分别为攻击者和管理员的纯策略数目，α_{ij}^k表示攻击者选择策略 i，管理员选择策略 j，则管理员必须付出u_{ij}^k的代价，而且必须以q_{ij}^{kl}的概率执行第 l 个博弈元素。

根据随机博弈结合网络状态，本文对网络安全随机博弈模型中各参数的定义如下。

(1) 攻防双方不采取任何行为时，定义其采取 T 行为。攻击者在每个网络状态下都有可采取的攻击行为集，其中包括 T 行为；管理员的行为是相对攻击者而言的，即管理员有两种行为：阻止攻击和 T 行为。这里引入混合策略博弈理论来定义攻防双方的策略，攻击者的混合策略的形式为$\vec{X_k}=(x_1,x_2,\cdots,x_{m_k})$，对所有的 $i=1,2,\cdots,m_k$，$x_i\geqslant 0$ 并且 $\sum_{i=1}^{m_k}x_i=1$，x_i 为攻击者采取攻击行为 i 的概率；管理员的混合策略的形式为$\vec{Y_k}=(y_1,y_2)$，对所有的 $i=1,2$，$y_i\geqslant 0$，并且 $\sum_{i=1}^{2}y_i=1$，y_i 为管理员采取防护行为 i 的概率。

(2) 每个博弈元素Γ_k代表可能被继续攻击的网络状态，即网络被攻击的中间状态，攻防双方的互动行为导致网络状态的转换。

(3) u_{ij}^k为攻击者选择行为 i，管理员选择行为 j 后系统所处状态的评分Z_{after}与前一状态的评分Z_{former}之差，即

$$u_{ij}^k=Z_{\text{after}}-Z_{\text{former}}, \tag{6.7}$$

对管理员来说u_{ij}^k代表其网络性能评分的降低值。

(4) q_{ij}^{kl} 为网络处于状态 k，攻击者采取策略 i，管理员采取策略 j，网络转换到状态 l 的概率。攻击者选择攻击，而管理员选择 Φ 行为时，q_{ij}^{kl} 为漏洞利用成功的概率；其他情况下 q_{ij}^{kl} 的值为 0。

(5) 由攻防双方的目标结合博弈论知：管理员和攻击者的混合策略 X,Y 符合式(6.8)时，则 X 和 Y 为管理员和攻击者的 Nash 策略。

$$\max_x \min_y [x'(a_{ij}^k)_{m_k \times n_k} Y] = \min_x \max_x [x'(a_{ij}^k)_{m_k \times n_k} Y] \tag{6.8}$$

2. 基于随机模型的评估算法

(1) 算法思想

根据以上分析，这里提出了一种基于博弈论的网络安全量化评估算法，该算法将网络管理员和攻击者看作是随机博弈模型中的两个决策者，管理员的目标是保护网络，使其不受攻击，而攻击者则希望以较小的代价达到其攻击目的。将网络管理员抵抗攻击者攻击的过程看作是随机博弈的过程，此博弈过程由多个阶段博弈组成，每个阶段博弈对应一个网络状态，具有可采取的行为集和收益函数。该算法根据网络中存在的可利用漏洞生成网络管理员和攻击者的行为集，计算网络所有可能状态的评分，利用 Nash 均衡计算双方的期望行为，获得网络处于各状态的概率，从而分析出整个网络的综合评估结果。

(2) 算法描述

基于上述算法思想将该算法描述如下。

信息提取：该算法需要使用的网络信息有网络的拓扑结构、网络中各主机的类型、网络中各主机上存在的漏洞、各主机上的操作系统及软件、被禁用的端口列表等。

建立攻击模板库：攻击模板代表攻击者攻击过程中的一次元攻击。网络具有脆弱性的根本原因是网络中的各主机存在漏洞，该算法的攻击模板库主要通过漏洞库建立，模板编号为标准化的 CVE 漏洞号。CVE 指出漏洞可分为本地漏洞和远程漏洞，本地漏洞是指它只能被在本机拥有一定权限的用户利用，而远程漏洞则表示在与本机连通的机器上拥有权限的用户可以利用它对本机进行攻击。另外，信任关系在带来便利的同时，也导致了很多安全性问题。该算法将信任关系看作是远程漏洞，给其设定非 CVE 标准化的编号 0。攻击模板有三个重要信息：利用前提、利用结果和利用成功的概率。利用前提包括：漏洞类型、与漏洞相关联的软件是否存在、与漏洞相关联的端口是否被禁用、攻击者是否已获得相应的权限等；利用结果指目标机器所处的状态；利用成功的概率则是漏洞利用前提被满足时漏洞被成功利用的概率。与信任关系对应的攻击模板的利用前提为在与本机连通的机器 A 上拥有一定的权限；利用结果为在本机获得与机器 A 上相同的权限；利用成功的概率为 0.9。

网络安全随机博弈过程：根据前两步将各主机状态与攻击模板库中的条件进行匹配，可以获得网络所有可能的被攻击状态，其中可能被继续攻击的状态是随机博弈中的阶段博弈，称为博弈元素。根据攻击模板库以及网络中的主机状态找出这些博弈元素的行为集，计算这些行为的收益，由漏洞利用成功的概率计算博弈元素之间的转换概率。如果攻击者的攻击行为被管理员发现或攻击者选择放弃此次攻击则博弈结束。通过求解整个随机博弈过程的纳什均衡获得每个博弈元素中攻防双方的纳什策略。

计算网络的综合评分：由第三部分中获得的攻防双方的 Nash 策略结合博弈元素之间的转换概率可获得网络处于各状态的概率。若网络处于 k 状态，攻击者采取攻击行为 i 且成功，则系统将处于状态 l，攻击者和管理员的纳什策略分别为$(x_1, x_2, \cdots, x_{mk})$、$(y_1, y_2)$，那么系统成功转换到 l 状态的概率可由式(6.9)获得。

$$Q^{kl} = q_{ij}^{kl} \times x_1 \times y_2 ,\tag{6.9}$$

从而系统处于状态 l 的概率 p_l 为

$$P_l = P_k \times Q^{kl} .\tag{6.10}$$

根据网络各状态的评分及网络设备的重要性向量计算出网络各状态的评分（i 为网络所处的状态），若 n 为网络所有可能被攻击的状态的数目，可计算出整个网络的综合量化评估结果 Z。

$$Z = \sum_{i=1}^{n} P_i Z_i \tag{6.11}$$

（3）实例分析

通过在一个处于互联网环境中的典型网络上运行该算法演示其评估过程，利用评估结果，分析说明该算法的有效性及准确性。

一个处于互联网环境中的典型网络的结构如图 6.12 所示。

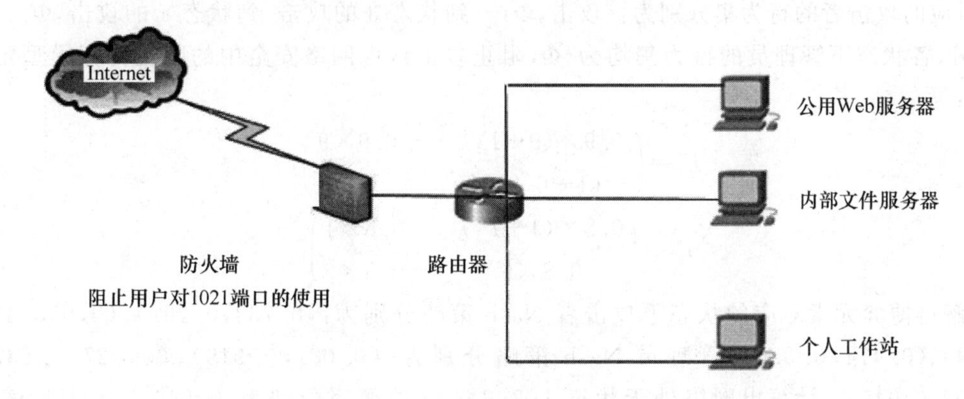

图 6.12　典型网络结构

互联网上所有的用户在公共 Web 服务器上具有一般可读的权限，在内部文件服务器和个人工作站上无任何权限。本示例中用 W 表示外部 Web 服务器，F 表示内部文件服务器，H 表示个人工作站。网络中各主机上的可利用漏洞的情况如表 6.7 所示（为便于后面绘制网络状态转换图，简化了漏洞编号，用 0、1、2 表示）。

假定此网络上各个主机的状态用向量 $\boldsymbol{S}=(\mathrm{W},\mathrm{F},\mathrm{H})$ 表示，管理员对此网络的重要性向量的定义为：(0.3,0.6,0.1)，攻击者的目标是获得内部文件服务器上的信息，管理员的目标是阻止攻击者的攻击，避免整个网络的安全性评估值 Z 的降低。

表 6.7　网络上各主机上的可利用漏洞的情况

漏洞编号	0	1(CVE-2007-1478)	2(CVE-2007-5007)
漏洞类型	远程漏洞(信任关系)	远程漏洞	本地漏洞
存在漏洞的主机	F	F,H	W
利用前提	与本机连通的机器 A 上拥有一定的权限	与本机连通的机器上拥有可执行的权限	在本机有一般可读的权限
利用结果	在本机获得与机器 A 上相同的权限	在本机获得一般可读的权限	在本机获得可执行的权限
利用成功的概率	0.9	0.8	0.9

用括号中的小写字母 r 和 e 分别表示攻击者具有一般可读和一般可执行的权限，如 W(r) 表示攻击者在 W 上具有一般可读的权限，则示例网络的初始状态可表示为[W(r),F,H]，此网络的状态转换如图 6.13 所示。

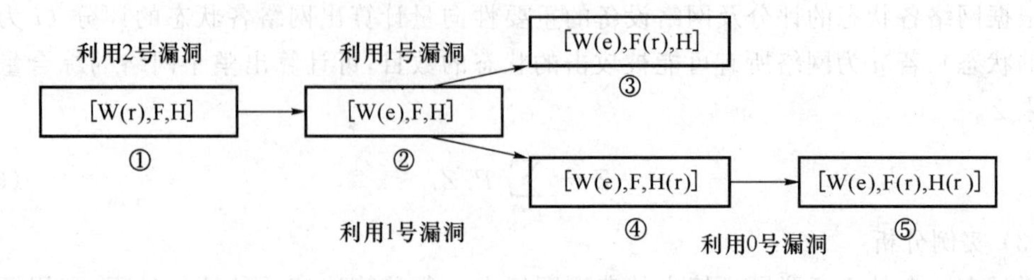

图 6.13　网络状态转换

图 6.13 中的网络可能被继续攻击的状态为 1、2、4，这三个状态对应博弈元素 Γ_1、Γ_2、Γ_3，对应的攻击者的行为集分别为：{攻击，Φ}、{到状态 3 的攻击，到状态 4 的攻击，Φ}、{攻击，Φ}，各状态下管理员的行为集均为{Φ，阻止攻击}，由网络安全中的随机博弈模型定义得出：

$$\Gamma_1=\begin{pmatrix} 0.9\times(9+\Gamma_2) & -0.9\times 9 \\ -(1-0.9)\times 9 & 0 \end{pmatrix},$$

$$\Gamma_2=\begin{pmatrix} 0.8\times(1+\Gamma_3) & -0.8\times 1 \\ 0.8\times 6 & -0.8\times 6 \end{pmatrix}.$$

解得博弈元素对应的状态下攻击者 Nash 策略分别为：(0.733，0.267)、(0，0，0.436，0.564)、(0.474，0.526)；管理员 Nash 策略分别为：(0.081，0.919)、(0.127，0.837)、(0.053，0.947)。计算出网络处于状态 1、2、3、4、5 的概率分别为：0.946 6、0.051 03、0、0.002 312、0.000 058，整个网络的综合评分为：96.5。

根据系统处于各状态的概率可推断出，攻击者可能采取的攻击路径是 1、2、4、5，并且每一步攻击行为的概率分别为：(0.733，0.267)、(0，0，0.436，0.564)、(0.474，0.526)，即系统处于状态 1 时攻击者的 Nash 策略是以 0.733 的概率攻击，以 0.267 的概率放弃攻击，后面几步攻击的 Nash 策略以及管理员的防护策略的实际意义与此类似，由 Nash 均衡的意义知：攻击者或者管理员单方面地改变各自的策略都不可能获得更好的收益，所以攻防双方都会理性地坚持自己的 Nash 策略。与该结论相比，攻击图的分析方法给出的结果却是 1、2、3，这是因为攻击图忽略了攻击者会综合考虑攻击成功的获益以及攻击失败的后果。从状态 2 到状态 3 的攻击如果失败，攻击者需要付出比较大的代价，在这种情况下，攻击者会理性地选择从状态 2 到状态 4 再到状态 5 的攻击。可见，该算法给出的结果更加符合现实状况。

3. 结论

在假定攻防双方均是理性的前提下，该算法能够根据攻防双方对收益和代价的综合考虑，给出攻防双方的 Nash 策略。博弈论指出，攻防双方为获得最佳收益会理性地坚持自己的 Nash 策略，而传统的网络安全评估算法则假定攻击者会选择攻击成功概率最大的行为，忽略了管理员对网络的防护行为，以及攻击者在攻击成功的收益与攻击代价之间的权衡，导致其给出的结果与现实网络状况有出入。该算法根据所获得的网络的具体信息，对网络可能的状态进行分析，给出攻防双方的最佳策略，指导管理员的防护工作，因此与传统方法相比,该算法具有更好的通用性和准确性。

6.4　复杂网络演化博弈

演化博弈是从经济学中的经典博弈研究发展而来的一个新兴的研究领域,近年来其受到数学家、物理学家和研究网络安全方面的学者等的关注,并且已经取得显著的研究成果。相比于传统的博弈方式,研究者更多地从动力学的角度、博弈个体理性程度、获取信息的过程和程度以及个体可作用域的范围等来分析博弈中的演化特征、动力学过程及其他学科领域的共同发展。演化博弈论不再将人模型化为理性的博弈方,而认为人类通常是通过试错的方法达到博弈均衡的,与生物进化原理具有共性,因而历史、制度因素以及均衡过程的某些细节均会对博弈的多重均衡的选择产生影响。

同时,另一个不能被忽视的现实就是各种复杂网络的存在,例如神经网络、互联网、通信网络、交通网络等。每个人本身就是一个网络的集合体,或者说同时处在各种不同网络的一个节点上。很自然地,基于这些现实网络和个体的作用范围,研究者把博弈个体引入到网络中加以考虑,发现博弈问题在网络上确实能够得到较好解决。

基于这些考虑,本节主要从三个方面对演化博弈进行了研究。首先,开展了自愿公共品博弈的演化动力学行为分析;其次,基于复杂网络我们探索了空间博弈的机制。相比于传统的博弈,在空间博弈中,每个博弈个体被限定于只与规定的邻居节点进行博弈,然后根据相应的动力学进行策略更新。通过将适应度和异质性的机制引入到空间博弈中,发现相比于传统的空间博弈模型合作能被极大地促进;最后,给出了近年来发展比较迅速的博弈共演化。

6.4.1　自愿公共品博弈的演化动力学行为分析

1. 经典公共品博弈简介

科学家们把公共品博弈作为模型来研究一组匿名个体之间合作的问题已经有很长的历史了。在公共品博弈中,多个参与者每人拥有一定数额的初始金钱,他们可以给一个公共账户进行投资,每个人可以投资任意金额。当公共账户中的金额积累到一定数量后,它会乘上一定系数(可以为 1)实现投资增值,然后总收益平均分配给每一名参与投资该账户的人。参与人投资得越多,公共账户中积累的金额也就越多,个人收益相应越多。若是参与人都不投资,那么公共账户中一分没有,大家也就一无所有。

举个例子:有三人参加一个项目,每个人都有初始资金 100 元。其中 A 很小气,投资 0 元;B 有点担心这是个骗局,投资 80 元;C 十分相信这个项目,投资 100 元。那么现在公共账户就有 180 元,接下来 180 元增值成为 360 元,再平均分成三份,A、B、C 每人都得 120 元。最后 A 有 220 元,B 有 140 元,C 有 120 元。看来,一毛不拔才是利益最大化的选项。幸运的是,在真实场景中,人们有时不会采取理性行为,一个现实例子就是环保。个体无论是否为环保工作出钱出力,都会从他人对环保的贡献中得到好处。假设有 N 个互相独立的参与者,每个个体同时决定在博弈中作合作者 C 或是背叛者 D,如果选择合作者 C,那么就得拿出自己的一部分金额 c 向共池投资,而背叛者 D 则不用做任何的投资,同时投到共池中的金钱总数将被乘以适当的收益乘数 r,而翻倍后的总数 crn_c(n_c 和 n_d 分别代表合作者和背叛者的数目,并且有 $n_c+n_d=N$)将会被平均分配到每位参与者的手里,因此,能够很容易得到合作者 C 和背叛者 D 的净收益。

$$P_c = cr\frac{n_c}{N} - c \tag{6.12}$$

$$P_d = cr\frac{n_c}{N} \tag{6.13}$$

2. 自愿公共品博弈的演化动力学行为分析

在自愿公共品博弈中，匿名机制被启用，同时引入新的策略，每个个体在博弈中也可以作一个孤独者 L。此时，认为 N 个参与者是从一个数量很大的人口中随机选出来的。假设 n_c、n_d和n_l分别代表游戏者中选择合作者 C、背叛者 D 和孤独者 L 的数目，x、y 和 z 表示合作者、背叛者和孤独者的出现概率($x+y+z=1$)。每个合作者要向公共资产池中贡献固定的成本 c，背叛者参与博弈但是不投资于资产池，所有参与博弈者平均分配资产池的总收益。那么合作者 C、背叛者 D 的净收益P_c、P_d表示如式(6.12)、式(6.13)，其中，r 代表公共池的收益乘数，由于P_c非负性，有 $1<r<N$。而在自愿公共品博弈中，参与者可以自行决定是否参与博弈，参与者分为合作者 C、背叛者 D，不参与博弈者称为孤独者 L，孤独者 L 能够得到一个相对小但是固定的收益$P_l=k_c$，其中，$0<k<r-1$，这样确保所有合作者优于孤独者，而孤独者的收益又优于全部背叛者。为了计算合作者 C 和背叛者 D 的期望收益，假设 N 个抽样个体中有 S 位选择参与公共品博弈。特别地，当 $S=1$ 时，默认这个仅存的博弈参与者获得的收益与孤独者 L 获得收益相同，即也为k_c，而这种情况发生的概率为$z^{(N-1)}$。假定已经有一个给定的人参与公共品博弈，意味着剩余 $N-1$ 位人中，其他 $S-1$ 位参与者参与公共品博弈($S>1$)的概率为$C_{N-1}^{S-1}(1-z)^{(S-1)}Z^{N-S}$。这 $S-1$ 位人中，m 位选择合作者，$S-1-m$ 位选择背叛者的概率为$\left(\frac{x}{x+y}\right)^m\left(\frac{y}{x+y}\right)C_{s-1}^m$。此时，所有背叛者 D 收益为：$crm/S$，人员总数为 S 的组中，每位背叛者的收益为 $\left(\frac{cr}{S}\right)\sum_{m=0}^{S-1}m\left(\frac{x}{x+y}\right)^m C_{(S-1)}^m=\frac{r}{s}(S-1)\frac{x}{x+y}$，最终可以推导出：

$$P_d - P_c = c + c(r-1)Z^{(N-1)} - c\frac{r}{N}\frac{1-Z^N}{1-z} = :F(z). \tag{6.14}$$

从式(6.14)可知，背叛者 D 较合作者 C 的优势仅仅取决于参与者参与博弈的意愿，即只与孤独者 L 的概率 z 相关，与孤独者 L 收益 k_c 无关，形成了一个关于 z 的函数 $F(z)$。$F(z)$的取值直接决定了博弈者在合作和背叛之间的转换，$F(z)=0$ 方程的解意味着均衡条件得到满足。例如，当 $N=5$，$r=3$，$K=1$ 时，可以计算得出：$r\leqslant 2$ 时，$F(z)=0$ 无解；$r>2$ 时，$F(z)$在区间$(0,1)$上恰好有一个解。

6.4.2 空间复杂网络上的博弈机制研究

演化博弈作为人们比较关注的一个研究方向，自然也逃脱不了与各种网络的结合，这其中既有规则的网络，也有各种比较类似现实真实网络的不规则网络。本节主要从空间网络和空间拓扑的角度出发，来研究空间中各种演化机制对博弈结果的影响。

1. 空间演化博弈的引入

将复杂网络和演化博弈结合起来研究成为一种新思路。传统上，演化博弈主要研究的是群体演化动力学过程。近年来，人们特别关注在复杂网络上培养合作行为，把网络中相互连接的节点当成博弈中的个体，研究网络上每个节点的动力学演变过程，结果得出整个网络最终的稳定状态，发现复杂网络的异质拓扑结构能够显著提高网络中的群体合作水平。

如何在错综复杂、相互影响的格局中做出最好的决策，从而更顺利地解决这些事情就是博弈论所研究的问题；而演化博弈理论的发展为此种问题的分析和解决提供了更充分的理论根据，对演化博弈的进一步探究或许可以找到处理这些问题更好的方法。最初演化博弈是被人们放在混合人群中做单次博弈进行研究，但结果总是以合作者的失败和背叛者的胜利而结束，与现实生活中普遍存在的合作现象大相径庭。后来，人们提出反复多次的博弈，结果发现最终的结果存在一定的规律。

演化博弈中自私个体合作行为的涌现和维持一直是社会困境的一个挑战，因为在这些困境中，集体利益与自身收益相冲突。虽然相互合作能够获得高的集体收益，但是背叛又能带来高的自身收益。对网络上演化博弈的研究，能够让人们通过对网络上节点合作行为的模拟去理解真实系统中个体在面对困境时的选择和整个系统合作水平的演化。人们不断有新的理论提出，而真正对空间博弈起决定性发展的工作是由演化博弈大师 Nowak 和 May 于 1992 年提出的演化博弈。他们把博弈个体置放于标准的空间格子上，网络的一个节点代表一个博弈个体，而每个博弈个体只能与和他直接相连接的 4 个邻居或是邻居节点进行博弈，然后这个博弈个体的收益等于其分别与 4 个邻居节点进行单独博弈之后的收益之和。接下来，博弈个体将要对自己的策略进行更新，相比他和 4 个邻居节点的收益，他将在下一轮博弈的时候采用这 5 个个体收益最高的那个个体的策略。他们的结果明显展示了空间拓扑结构的引入能够使合作者通过团簇的形式存在，而正是这些团簇保护了合作者免受背叛者的过度剥削。近些年，随着小世界网络和 BA 无标度网络的提出，人们开始探索如何在这些复杂网络中来研究演化博弈。各种适应性网络和动态网络不断被提出并被引入演化博弈中，并且用复杂网络的许多属性来解释合作的促进。

这里更多关注的是设计两个个体的博弈实验，这其中包括囚徒困境博弈和雪堆博弈。在囚徒困境博弈与雪堆博弈中，有两种博弈策略，分别是合作者 C 和背叛者 D，两个个体必须同时决定他们各自的策略。当两个个体同时选择合作者 C(背叛者 D)时，他们分别获得收益 $R(P)$，而当选择不同的策略时收益也不同，合作者 C 的收益为 3，背叛者 D 的收益为 4。在不同的博弈模型中，这 4 个参数的排列次序可能也会不同。不失一般性，规定$R=1$、$P=0$、$-1\leqslant S\leqslant 1$、$0\leqslant T\leqslant 2$。对不同的游戏，这四个参数有不同的排序。在囚徒困境博弈(prisoner's dilemma，PD)中有 $T>R>P>S$；雪堆博弈(snow dilemma，SD)有 $T>R>S>P$，狩猎博弈(Stag Hunt，SH)有 $R>T>P>S$，它们在不同的情况下有自己的参数设置，各种不同演化博弈的坐标表示如图 6.14 所示。

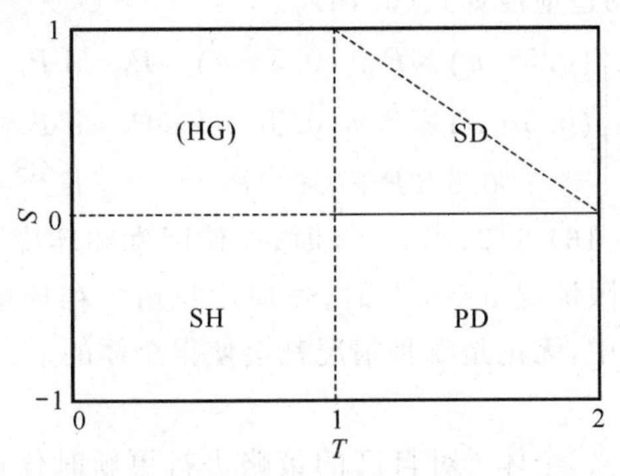

图 6.14　各种不同演化博弈的坐标表示图

2. 空间演化博弈的适应度机制研究

在空间演化博弈中个体的适应度指个体和邻居个体博弈得到的收益。由于背叛者在博弈中获得的收益是最大的，所以合作者几乎不能在博弈中胜出。但是网络互惠的协同作用可以增大合作者在博弈中胜出的可能性，使得社会能够和谐发展，所以为促进合作的演化，确定可行的方案很有意义。考虑到环境因素对个体的发展起着和遗传因素同等的作用，提出一个简单的机制：个体既可以保持其原有的收益也可以采用邻居的平均收益。两种收益对个体收益值的影响通过参数调控，较高的收益值对个体的收益影响更大。通常情况下，考虑到环境因素会促进合作的发展，然而过分依赖于邻居却使得结果相反。当从邻居得到的收益和通过通常方式得到的收益等权重地决定个体收益值时，对合作是最有益的。

考虑囚徒博弈和雪堆博弈，在他们各自的模型中演化结果分别依赖于一个参数。在传统的囚徒困境模型中，两个互动参与者选择合作或者是背叛，若他们都选择合作，则双方的收益都为 R(Reward)，若双方都选择背叛，他们会付出一定的代价 P(Payoff)，当一个背叛者遇到合作者时将获得最高收益 T(Temptation)，而此时的合作者将付出惨重的代价 S(Suck)，具体收益矩阵如下：

$$\begin{array}{cc} & \begin{array}{cc} \mathrm{C} & \mathrm{D} \end{array} \\ \begin{array}{c} \mathrm{C} \\ \mathrm{D} \end{array} & \begin{pmatrix} R,R & S,T \\ T,S & P,P \end{pmatrix}. \end{array}$$

囚徒困境中收益值分别为 $T=b$、$R=1$、$P=S=0$，其中，$1\leqslant b\leqslant 2$ 是背叛者收益的量化值，同时也表示了背叛者相对于合作者的优势。在所谓的弱囚徒困境中也存在这种效果，$P=S$ 而不是 $P>S$。为了测试结论的有效性和普适性，这里采用收益值分别为 $T=1+r$、$R=1$、$S=1-r$、$P=0$ 的雪堆博弈作检验，并且收益值满足 $T>R>S>P$，其中，$0\leqslant r\leqslant 1$ 表示产出收益比。采用具有周期边界的标准格子，格子上的每个格点代表一个博弈个体，在博弈开始之前每个格点以同等概率选择合作和背叛。这里采用蒙特卡洛模拟方法，模型的具体迭代步骤如下：第一步，个体 i 和所有的邻居进行博弈，并获得收益值；第二步，评价个体 i 的生存环境，把个体 i 的所有邻居收益的平均收益作为 i 生存环境的度量值，即

$$\overline{p}=\frac{\sum_{j=1}^{k} P_j}{k}, \tag{6.15}$$

其中，k 为 i 的邻居数，是 i 的邻居之一 j 的收益值，是 i 所有邻居的收益的平均值。

考虑到环境因素和遗传因素可能同等重要，并且在不同条件下两个因素对个体的影响还会发生变化，定义个体的适应度如式(6.16)。

$$f_i=\begin{cases}(0.5-u)\times\overline{P}+(0.5+u)\times P_i & \text{if } P_i>\overline{P} \\ (0.5+u)\times\overline{P}+(0.5-u)\times P_i & \text{if } P_i<\overline{P}, \\ 0.5\times\overline{P}+0.5\times P_i & \text{if } P_i=\overline{P}\end{cases} \tag{6.16}$$

其中，$0\leqslant u\leqslant 0.5$。从式(6.16)可知，当 $u=0$ 时，遗传因素和环境因素对个体 i 的最终适应度的影响是等同的。在极限情况 $u=0.5$ 时，适应度只由生存环境或者遗传因素中一种决定。在个体适应度的定义中，无论是哪种情况都会使得个体的适应度有所提高，即对个体是有利的。

基于个体适应度的定义，个体 i 对自己的策略进行更新时任选一个邻居 j，那么个体 i

选取个体 j 的策略可以用式(6.17)的规则来定义。

$$W(s_j \rightarrow s_i)=\frac{1}{1+\exp[(f_i-f_j)/K]} \tag{6.17}$$

其中，K 为噪声的波动幅值，或者 $1/K$ 可以理解为选择强度。正的 K 值则显示表现好的策略更容易被别人学习模仿，当然此时也可能模仿到一个坏的策略，这种错误可被归纳为外界因素干扰或者对对手的错误估计而导致的失误。

在囚徒博弈模型中即使背叛的诱惑很温和，合作者也会大量死亡，因此很难确定合作者是否会在适应度机制下存在。当 u 取不同值时，合作者和背叛者的空间分布情况如图 6.15 所示。当 $u=0.5$ 时(左上方部分)，博弈个体的表现完全是由遗传和环境中的一种因素决定的，此时合作者消失，最后系统完全被背叛者统治。然而稍微减小 u，一小部分合作者就可以存活，这部分的合作者以小团簇的形式出现在空间格子上。继续减小 u，合作者的团簇变得更大且更鲁棒，这样可以阻止社会的倒退。更有意思的是，当 $u=0$ 时(右下方的部分)，也就是遗传和环境的影响等同时，合作者是最多的，而且甚至可能比背叛者还多。因此，决定系统中各种适应度个体的比例的参数 u 从本质上可以促进合作并保证合作者的统治地位。然而如果个体过分贪图他的邻居($u=0.5$)，即使在邻居表现理想的时候也不利于合作的演化。

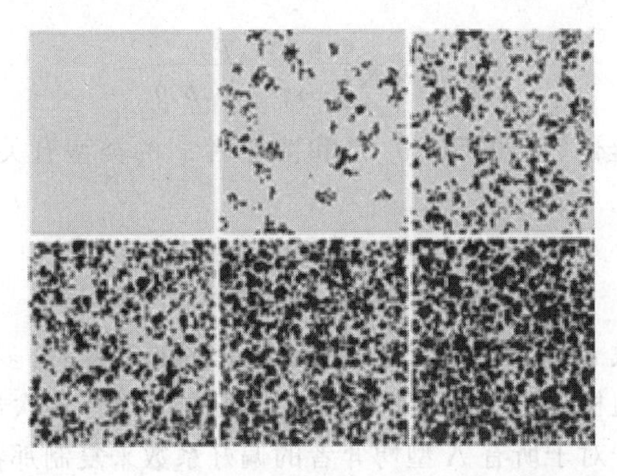

图 6.15　u 取不同值时合作者和背叛者的空间分布情况

6.4.3　囚徒博弈中选择邻居能力的异质性机制研究

1. 异质性机制的引入

在网络中，个体总是倾向于学习最成功的邻居而不是随机挑选，根据“总是选择最好”的规则，博弈者可以选择周围其中一个邻居的策略，只要这个邻居的收益比其他邻居(包括他自己)都高，从而希望通过改变自己的策略而进步。然而“总是选择最好”忽略了抉择中的错误、不确定性、外在因素等影响我们如何评价和看待博弈对方的干扰因素。因此这里提出一种在“总是选择最好”和随机挑选邻居这两者之间的一个简单的可调函数，这个函数只有一个参数 u。在这种情况下，参数 u 作为一个重要的参数，决定了博弈者采取获得更高收益的邻居而不是随机挑选的可能性。

为了更好地理解这个参数的作用，考虑 A 型和 B 型两种博弈者。A 型博弈者在参数 u 值的影响下选择更好的策略，B 型博弈者随机地选择某个邻居的策略而不受参数 u 值的影响，分别把A型和B型人数的比例定为 v 和 $1-v$。这种把博弈者分为两组得到的结果展示了异质性在几乎和初始状态无关的情况下促进了合作。

2. 异质性机制的研究方法

假设在演化囚徒困境博弈中，存在背叛的诱惑 $T=b$（如果背叛者与合作者博弈背叛者可以得到最大收益），共同合作的奖励 $R=b-c$，彼此背叛的惩罚 $P=0$ 和被欺骗者的收益 $S=-c$（如果合作者与背叛者博弈，合作者得到最低收益），不失普适性，可以将收益重新定为 $R=1$、$T=1+r$、$S=-r$、$P=0$，其中，$r=c/(b-c)$ 是成本收益比。对于正值 r，有 $T>R>P>S$，这样就严格满足了囚徒困境收益的排列顺序。

对于这里用的网络，或者选取规则的 $L\times L$ 方形网格，或者是通过 Watts-Strogatz 算法产生的带有平均度为4的小世界网络和随机标准格子。网络上的每个节点或个体 x 在初始化的时候被定为 $n_x=$A或者B的博弈者，并且他们在人口中的总概率分别 v 和 $1-v$。这种博弈者的分离会均匀随机产生，不论他们的初始策略是什么，在整个演化过程中保持不变。根据已有的过程，每个博弈者在初始状态也会被等概率设定为合作者或背叛者。整个博弈是根据以下几步基本步骤有序地反复进行的：首先，博弈者 x 通过与他的各个邻居博弈得到自己的收益；然后，用同样的方法得到博弈者 x 周围邻居的收益；最后，以概率式(6.18)选择其中一个比较邻居 y。

$$\prod_{y}=\frac{\exp\left(w_{y}p_{y}\right)}{\sum_{z}\exp\left(w_{z}p_{z}\right)},\tag{6.18}$$

其中，求和是博弈者 x 全部邻居的和，w_x 是和博弈者 x 的类型有关的选择或者移动参数，它符合式(6.19)的规则。

$$w_x=\begin{cases}u, & \text{if } n_x=A\\ 0, & \text{if } n_x=B\end{cases}\tag{6.19}$$

显然，如果移动参数 $u=0$，那么不论 v（A型博弈者的密度）是多少，博弈者 y 是在博弈者 x 所有邻居中均匀随机挑选的，这种最频繁出现的情况会再次出现。然而对于 $u>0$，$v>0$ 的情况，则引进一个对于所有A型博弈者的偏好系数来复制那些有着高收益的邻居的策略。最后，在 x 倾向于的那个邻居 y 被选择之后，博弈者 x 按照概率式(6.20)采取被选择博弈者 y 的策略。

$$W(s_y\rightarrow s_x)=\frac{1}{1+\exp\left[(p_x-p_y)/K\right]}\tag{6.20}$$

不论 u 和 v 取什么值，一次全重复步骤涉及所有的博弈者 x，$x=1,2,\cdots,L^2$，使他们有一次机会去选择其中一个邻居。另一个模型是让每个个体 w_x 值也服从演化，忽略把人口分成两类型的博弈者而是赋给每个个体一个随机服从高斯分布的初始 w_x 值，高斯分布带有均值 u 和标准方差 σ。然后，如果博弈者 x 用上述在原始模型中相似的过程采取博弈者 y 的策略，那么 w_x 也就变成了 w_y。

3. 异质性机制的演化结果分析

异质性机制的演化结果取决于相互作用的网络、策略采取规则和其他细节因素，总是存在一个成本收益临界值 $r=r_c$ 使得囚徒困境中合作者全部消失。这与 Hamilton 规则有直接联系：如果 c/b 应该比个体遗传关联性系数要大，自然选择更倾向于合作。如果移动参数 $u=0$（注意到A类型博弈者和B类型博弈者的分布是无规则的），$K=0.1$，相互作用的网络是规则格子，于是得到 $v=0.022$。对于一些比较小的 u 值，对博弈者产生最好的效果是 $v=1$ 时，即略微倾向于更合适的邻居(注意到 u 很小)，并且事实上没人会随机地选择一个邻居作为他的策略采纳者。然而对于较大的 u，例如在 $v\approx0.5$ 时，如果只有一半的博弈者选择最合适的邻居，另一半随机选择要学习的邻居，那么会达到最好的效果。移动参数的作用更明显了，因为相比于值较小的 u，较大的 u 值更能促进合作。

本节已经展示了对于最优化的异质能力，即把倾向于指定最优近邻这一规则作为主要模型，可以被看作是一个普遍适用的合作促进模型，而不管所选用的网络和随机性的方式。u 比较小的情况下，如果所有人遵守最优化规则，合作将会得到很好的贯彻。但是当 u 比较大时，只有当大约一半的人被说服去模仿他们的最优近邻并且剩下的人随机选择他们的对手时，才能达到最好的效果。最理想的合作发展方案需要调整两方面的关系，即倾向于达到最优化的博弈者的密度和用来定义合适程度的参数可以用来确定此近邻是否可以作为新策略的提供者。另外，通过研究个体能力演化的另一个模型，使用一些对结果不断调整的补偿方法，可以发现移动能力的中间值会随着自然选择自发地出现。

6.4.4　演化博弈的共演化研究

近些年，除了基于复杂网络上的空间博弈机制的研究之外，一个更富有成效的方向在吸引越来越多人的关注，那就是空间博弈的共演化研究。在共演化博弈的研究中，它不仅分析演化策略随时间的变化，更重要的是它也注重其他因素随时间的演化，而这些因素会反过来影响策略的演化。而这些因素中，最为人们关注的是空间网络的拓扑结构和特征及更新动力学随时间的演化。在这里，主要对网络重连的共演化和更新能力的共演化研究做简单介绍。

1. 基于期望驱动重连的公共品博弈研究

在现实社会和生活中，类似博弈研究中的共演化现象常常被观察到。举一些大的跨国公司为例，这些公司为了追求最大的利润往往会延长其业务到不同的国家或地区。但是，当从一个国家或地区获得的利润达不到他们预期的期望时，他们将从那个国家或地区撤回部分或全部的投资，然后转移到其他国家或地区。考虑空间公共品博弈，而每个博弈个体能用空间网络上的节点 x 来代替。每个博弈个体 x 都与以它和它的k_x个邻居为中心的k_x+1邻居组进行博弈，即它总共参与k_x+1 组博弈，而每组的博弈个体数目又为k_x+1。个体 x 可以采取合作者($s_x=1$)或者是背叛者($s_x=0$)的策略，如果选择合作者的话，它的总投资额是 $c=1$，然后它将这个总投资额平均分配到所有它参与的博弈小组中。根据研究，博弈个体 x (采取了s_x策略)从以邻居 y 为中心节点的邻域内获得的收益为

$$p_{x,y}=\frac{r}{k_y+1}\sum_{i=0}^{k_y}\frac{s^i}{k_i+1}-\frac{s^x}{k_x+1},\tag{6.21}$$

其中，k_y代表博弈个体 y 的邻域数，i 是个体 y 的邻居。自然地，s_i表示个体 i 的策略，k_i对应着其自身的度数或者是邻居的数目。个体 x 的总收益为

$$P_x=\sum\nolimits_{y\in\pi_x}p_{x,y},\tag{6.22}$$

其中，π_x包括 x 的邻居和它本身。

基于网络上的相互作用，这里使用 Nexman-Watts 小世界网络，它将一定数目的长程边

N_{add}随机地添加到二维的具有周期边界的格子上。首先，每个博弈个体都被随机等概率地赋予合作或者背叛的策略；然后，博弈个体以一个随机连续的方式异步更新他们的策略。在更新策略之前，博弈个体 x 对从以邻居 y 为中心的邻域范围获得的收益进行评估。如果收益不能达到期望水平 E(E 对于所有的个体都是一致的)，个体 x 将断掉与邻居 y 的连接，然后在网络中随机选择一个非邻居的节点并与之建立连接(多重连接是不允许的)。在重连之后，个体 x 根据上面的公式计算它的总收益，然后个体 x 的所有邻居将与个体 x 以相同的方式计算他们的总收益；最后，个体 x 随机的选取它的一个邻居 z 并以式(6.23)的概率采用 z 的策略，即：

$$W(s_z \to s_x) = \frac{1}{1+\exp[(p_x - p_y)/K]}, \tag{6.23}$$

其中，K 表示噪声的大小，或者它的倒数($1/K$)是所谓的选择的强度，在极限 $K \to 0$ 时，如果满足 $p_y > p_x$，那么邻居 y 的策略总是被 x 采用。而在极限 $K \to \infty$ 时的所有信息都丢失，这时个体 x 采用邻居 y 的策略是一个随机的过程。

2. 演化结果分析

当 $E=-0.1$ 时，由于个体在博弈中获得的收益总是高于期望水平，导致网络的拓扑结构并不会随时间的演化而发生改变，即重连接的数目始终等于零。与此同时，网络中的合作者并不能有效地抵制背叛者的剥削，从而导致合作的湮灭；而对于较大的期望水平($E=0.3$)，由于大多数个体的收益都低于期望水平，因此重连接会频繁发生。在这种情况下，合作者的团簇表现得很脆弱并且很容易被背叛者的剥削所破坏，而合作者团簇的破坏也自然导致合作状态的湮灭。当中等的期望水平($E=0.1$)被研究时，看到它能够导致重连接数目的一个峰值，而与这个峰值相对应的恰恰是合作者比率演变的一个下降过程。在演变过程的早期阶段，背叛者能够产生更高的个体利益，因而合作者的利益很容易被剥削。随着时间的演化，出现了一些个体的收益不能超期望水平的现象，因此一部分的重连接发生了；而所有这些重连接将有效地改变演化的趋势，即合作者的湮灭趋势将转变为合作的快速扩展。因为在这种情况下，只有充分地选择合作才能超过期望水平；而当合作者演变成主导性策略时，个体的收益将超过期望水平，这时重连接的可能性消失了，即重连接的数目将再次变为零。因此，中等的期望水平能够以一种负反馈机制导致重连接数目达到峰值从而促进了合作的水平，而较低或者较高的期望水平所导致的过少或过度的重连接不能提供形成负反馈机制的有利条件。

6.5 本章小结

根据博弈的过程，可以把博弈分为静态博弈和动态博弈。双方同时进行博弈或者可以看作同时选择策略的博弈称为静态博弈(static games)。各博弈方的选择和行动不仅有先后顺序，而且后选择后行动的博弈方在自己选择行动之前，可以看到其他博弈方的行动选择，甚至还包括自己的行动选择，这种博弈无论如何都无法看作同时决策，所以叫作动态博弈(dynamic games)。根据静态博弈理论，静态博弈分为完全信息博弈和不完全信息博弈。然后以城市的交通体系为例讲解了静态博弈的案例。动态博弈中重点以与日常生活紧密相关的朝韩政治军事博弈为例子讲解了逆向博弈法，以与网络安全密切相关的黑客红客攻防为例讲解了博弈树。博弈树同时也是人工智能、网络安全等领域的热点问题。

在网络安全博弈的应用中，首先，讲解了数据安全传输博弈。数据传输是互联网的重要功能，也是网络安全的重要组成部分。数据在传输中可能受到攻击或者篡改，因此研究数据安全传输博弈具有重要的价值；然后，引入了布雷斯悖论。布雷斯悖论最早应用于交通领域，在这里迁移到网络中的数据传输，增强了读者的发散思维能力，激发了读者的学习兴趣。计算机病毒也许读者并不陌生，但是本章从病毒受害者的接种策略博弈和基于混合策略的计算机病毒传播模型两个方面加以研究，把这部分知识和博弈论中的知识融合起来，希望能带给读者对计算机病毒新的认识；最后，把博弈论与网络安全量化评估结合，给出了双方的均衡 Nash 策略，能够更有效地指导网络管理员的工作。

复杂网络博弈是现在网络安全研究的热点之一。对于自然界和对于现实生活当中的网络，最初人们只是提出一些相对简单的网络模型来验证对实际网络的认识是否正确，后来随着认识的加深，复杂网络的概念也被提了出来。最近十几年来科研工作者对非线性系统复杂网络的不断探索，人们对于复杂网络上动力学行为有了更为清晰的了解。博弈理论是研究社会网络当中参与个体选择行为及其产生影响结果的一门综合学科，在实际生活当中，它能够为一些选择决策提供依据。由于博弈中涉及的相关模型符合实际情况，各种博弈模型在相关网络中的演化问题已经成为最近几年复杂网络研究学者深入探讨的一个课题。本章分四个方面讲解了复杂网络上的博弈，希望能开拓读者的视野，激发读者对前沿课题的探索精神。

第7章 虚拟资产安全

数字虚拟资产已成为重要的社会财富，2013年美国政府发布的《国家基础设施保护计划》明确将网络虚拟资产保护列为涉及国家安全的战略任务，并提出数字虚拟资产风险管理框架，2015年10月《Nature》刊登文章对数字虚拟资产的安全进行分析。网络空间数字虚拟资产保护问题近年来也引起我国学者和有关部门的关注。本章将针对虚拟货币、数字版权、网络游戏等网络空间数字虚拟资产的安全问题，从它的使用、存储、保护等方面进行基础介绍。

本章主要内容是虚拟资产的描述模型以及虚拟资产应用安全方面的知识。首先，大致介绍一下虚拟资产的概念、描述和模型；然后，从三个角度对应用安全进行说明，一是对于用户身份认证和资产登记在不同场景的应用，二是对存储和使用的安全性做一定的诠释，三是对交易安全性进行保证，并且能够溯源；最后，在威胁管控方面，要扩大对安全威胁的感知，并对于资产风险进行动态控制技术进行介绍。

7.1 虚拟资产的特点与基础模型

7.1.1 虚拟资产介绍

虚拟资产是一种以二进制形式存储在信息设备上的数据和资料，是一种无形的资产。由于其在市场上的流动和交易，使这些资产具有了经济上的意义，也就是价值；同时在流通时具有了竞争性、持久性等特性。在游戏娱乐中，一般指用户在网络中注册使用的账号，可以交换或者买卖的物品，游戏中的装备、道具、金钱等；在版权保护中，一般指作者对所著编的数字作品所具有的知识产权；在虚拟货币中，指的是一些非真实货币，例如Q币、比特币等具有价值可以进行购买和消费的货币。

本节分别从用户端和数据存储端角度来对虚拟资产的生命周期进行说明，在客户端分为虚拟资产的产生、使用和传输，而在数据存储端则是虚拟资产的转换存储和销毁，具体的关系如图7.1所示。

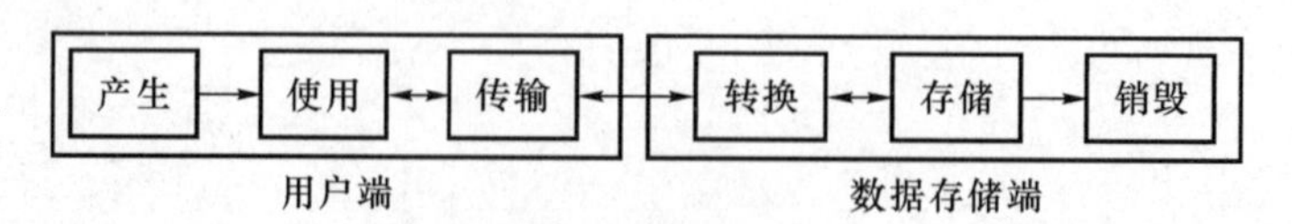

图7.1 虚拟资产生命周期

虚拟资产具有如下特征。

(1) 客观非物质性：信息在网络中以数字比特串的方式进行传输和流通，存在于数字化的世界中;但是不可否认,数字的网络世界和现实生活有着密切的联系,在网络中流通传送的信息的表现形式为人感官所能识别的文字、数字、图像、音频等。虚拟资产虽然只存在于网络空间中,但它是客观存在的,不是虚幻假象的。

(2) 形式数字化:虚拟资产实质上是借助于计算机的媒介表示出来的数据的组合。这种组合具有两个特点,一是使用者能从视觉上感知到的事物,如"物""人"或是图片视频等;二是这种感觉到的事物给用户以现实世界真实事物发展变换过程的模拟或逼真再现,但是这种模拟不同于复制,现实中并不存在与之一一对应的被复制或被影射的对象。

(3) 空间有限:虚拟资产的价值只体现在一些虚拟架构的网络环境中,在不同的网络环境中价值会发生改变。

(4) 时间有限:虚拟资产可能会随着时间的推移而进行改变,如游戏中的虚拟资产随着网络游戏的停运而失去了价值。

(5) 数量有限:虚拟资产的数量级是有限的,在网络游戏中是以特定的数量存在的,在虚拟货币流通时数量也是有限的。

(6) 度量性:虚拟资产是量化的,在网络环境中有运营商等提供标准,在线下交易也有自定的标准,如比特币的交易和流通。

(7) 可支配性:对于所拥有的虚拟资产,用户具有完全的支配权,赠与、丢弃或以各种法律行为转移。

(8) 价值性:以网络游戏为例,越来越多游戏玩家投入大量时间、精力和金钱参与网络游戏,在其中获得感官和精神上的刺激,使用价值不言而喻;而对于一些玩家,他们在虚拟空间创造所得可以转化为现实的财富,即彰显了虚拟资产的交换价值,而且这种交易也遵循着现实中价值规律的要求,具体价值的高低则取决于虚拟资产本身的稀缺程度。

(9) 稀缺性:虚拟资产具有数字化特征,但是这并不意味着虚拟资产可以无限地创造再生。无论是网络游戏还是虚拟货币,虽然本质都是二进制的数据,但是不能被创造或者复制。虚拟货币需要用现实中的货币进行购买,网络游戏的金钱需要通过对游戏的大量投入来获取,因此,虚拟资产才有很高的交易价值。

(10) 排他性:网上的虚拟资产具有排他的利益与价值。网络的运营商可以根据对象、时间开放网络,或者对用户的行为进行限制管理;而网络用户通过对自己的账号设置密码来防止他人使用自己的账户进行恶意的行为,这充分说明虚拟资产具有排他性。

数字虚拟资产的基础数学模型,包括描述、表示、识别等模型。数字虚拟资产的描述模型,包括属性、颁发者、使用权限、使用范围、分类体系等基本要素的抽象和描述方法;数字虚拟资产的安全表示模型,主要是基于不可区分混淆、信息隐藏、全同态加密等技术,实现数字虚拟资产的隐私保护问题;数字虚拟资产识别模型,主要是通过智能算法实现数字虚拟资产的识别。

7.1.2 虚拟资产描述

首先根据虚拟资产的类型和特性,针对虚拟资产所包含的实体和内容,运用形式化的描述语言,来描述网络虚拟资产,准确清晰地定义和标识各种虚拟资产和属性。虚拟资产标识的框架模型也必须要满足各种类型的虚拟资产和应用场景的需求,并屏蔽其中的差异性。首先,需要定义虚拟资产需要描述的框架、描述语言的属性和交易控制协议等要求;然后,列举两个例子来说明虚拟资产描述的应用。

1. 支持网络环境多方参与的虚拟资产描述框架

虚拟资产描述与管理控制语言包含三个基本要素，即实体、行为和相关属性，如图 7.2 所示。首先需要定义基本单元，包含基本实体用以描述涉及虚拟资产信息与管理控制的基本单元，包括虚拟资产、虚拟资产所有者及其他运行环境描述实体。每个实体对应一个唯一的标识，用以与其他同类实体加以区分，标识码可以采用随机数结合实体位置、类型等属性生成，如图 7.2 左侧所示。

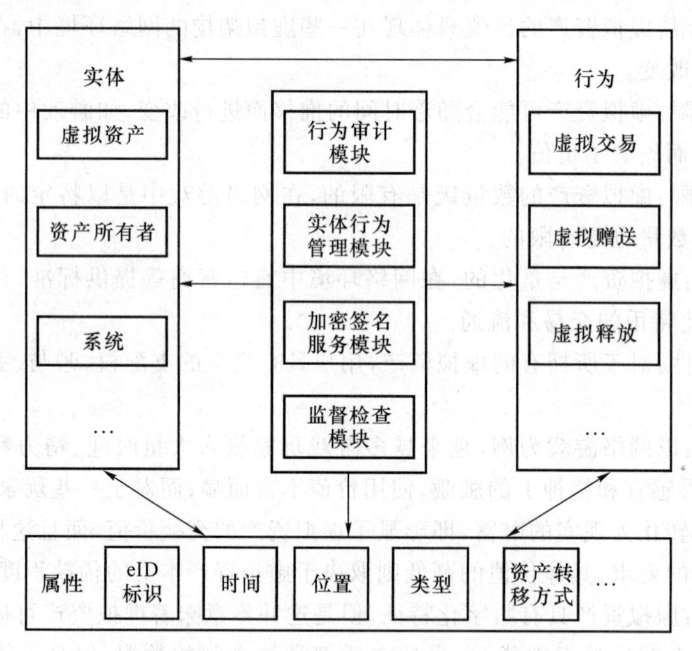

图 7.2 虚拟资产描述语言结构

在实体基础上定义行为，描述各类虚拟资产实体被其他实体的操作过程。这些行为包括虚拟交易、虚拟赠送和虚拟释放等，每个行为都对应一系列属性，包括行为的发起者、行为对象、行为目标、时间、位置、实体类型、加密特征等。

为确保该描述语言的安全正常使用还需要设计一系列配套模块，主要包括行为审计模块、实体行为管理模块、加密签名服务模块和监督核查模块，其中行为审计模块是为了对虚拟资产的交易、赠送和释放等行为进行审计；加密签名处理模块利用加密技术保护在信息存储与传递过程中用户的隐私信息，利用证书和签名技术保证虚拟资产在转移和交易过程中各实体身份的真实性，确保本语言应用过程中的安全性；实体监督核查模块维护实体相关属性如唯一标识等不被修改，主要是以随机抽查的方式或响应调度的方式对实体真实性进行核查。为便于管理，各种类型的实体与行为以层次式结构定义，实现语言应用中安全快速地删除，通过一个独立的管理模块记录现有的实体和行为，另外还提供虚拟资产树立行为的追溯查询接口。

2. 虚拟资产描述语言

在大规模虚拟的网络环境下需要准确记录各种虚拟资产及所有者的信息，在虚拟资产移动、交易和所有权的变更过程中需要完整地记录相关信息。这种语言必须结构清晰，并且具有扩展功能,能够满足各种虚拟资产的应用需求,适应于大规模复杂环境的推广实施,除此之外,还要高效理解和处理信息,即有利于虚拟资产监管的实时快速处理。

定义虚拟资产描述语言并且链接 XML 语言标记,用这种形式来组织各个实体间的联系和行为,这种方法可以实现数据的快速插入和删除,而且可以根据实际应用环境来详细描述参与对象的信息。以 XML 标签间的层次关系来描述虚拟资产并且描述框架中各个属性和实体间的各种关系,来表述各个行为所包含的参与方、参与对象和方法、时间等私有的属性。严格的语法规则的制订,除了包括各个行为语句的顺序和优先级关系,语句中的关键词的类型和顺序,还包括属性间的包含关系和优先级等信息。

除上述之外,对虚拟资产可能面临的操作和处理进行分析,需要形成功能接口。这种接口包括虚拟资产的生成问题,属性的添加、修改和删除,尤其是针对虚拟资产的操作部分,包括虚拟资产的删除、转移、交易、查询,此外还有追溯、监督核查、加密处理等基本虚拟资产操作。

3. 虚拟资产交易控制协议

虚拟资产交易控制协议是用来规范虚拟资产交易过程,并保障交易双方的利益不受侵害,规范交易双方消息通信格式,规定双方进行虚拟资产交易的步骤、所需要提交的信息以及它的具体规则和形式。例如在交易发起前,需要双方利用消息的应答来验证对方的身份,从而避免身份的造假或者欺骗;或者在交易过程中通过多次握手的机制来规范交易进程,这种方式可以对任一方进行记录和监督,从而实现交易行为的不可抵赖性;或采用特定的加密签名技术来保护用户隐私信息,防止被第三方获取。

通过这种虚拟资产交易协议在双方之间建立安全的消息应答协议,确保双方交易过程的安全,防止虚拟资产的损失。虚拟资产交易控制协议包括两个部分,一部分是身份确认,另一部分是交易实施和记录。

第一部分,交易控制协议和密钥证书机制相结合。以买房为例,利用虚拟资产描述语言向卖方发出购买请求,请求对卖方证书进行验证确认其身份。证书和虚拟资产描述语言相结合并返回,同时可以请求对买方证书进行验证确认其身份。最后双方在验证对方身份完毕后,将同意或反对交易的消息返回给对方,双方应答的消息则以虚拟资产描述语言的形式进行记录并且传递,传递的消息即交易实施与否的证据。

第二部分,交易进行阶段,买方将付款账号的支付验证信息发送给卖方,这个过程中对涉及隐私方面的信息需要通过加密签名技术来实现保护,卖方验证收款后将确认信息返回给买方并将虚拟资产转移给买方。交易的信息从两端分别进行记录,交易成功后修改交易双方即虚拟资产的所有者的属性。

虚拟资产交易控制协议要求虚拟资产交易的参与者基于虚拟资产规范化来规范交换信息,对隐私等内容采取加密处理,并且记录交易流程,从而保证交易过程的安全性。

下面是对两种虚拟资产描述方式的介绍。

(1) 基于 eID 的虚拟资产表示

公民网络电子身份标识(electronic Identity,eID)是以密码技术为基础、以智能安全芯片为载体,由公安部公民网络身份识别系统签发给公民的网络身份标识,能够在不泄露身份信息的前提下在线远程识别身份。它首先在欧盟大规模应用,目前中国也推行了 eID 的使用,来规范网民的上网行为,提高网络的安全性。

eID由一对非对称密钥和相关的电子信息文件组成,其中电子信息文件将eID功能和用户的其他的标识信息(例如姓名、E-mail、身份证号等)捆绑在一起。非对称密钥由其专用的安全芯片内部产生,具有很高的安全性,从而保证和持有人一一对应,因此使得每个网民在虚拟的网络环境中如同现实中一样,有且只有一个真实身份。基于eID可以实现用户选择性地暴露身份的相关信息,只在必要时提供真实身份信息,平时只需提供eID即可,避免了直接使用身份证导致的隐私泄漏问题,实现真正意义上"前端匿名,后端实名"的机制。eID在保证虚拟资产安全的同时有效地保护了用户的隐私。

通过eID可以快速完成在网站上的实名注册,或者进行虚拟资产的交易。以北京邮电大学基于eID的认证网关为例说明eID在虚拟资产上的应用,如图7.3所示。

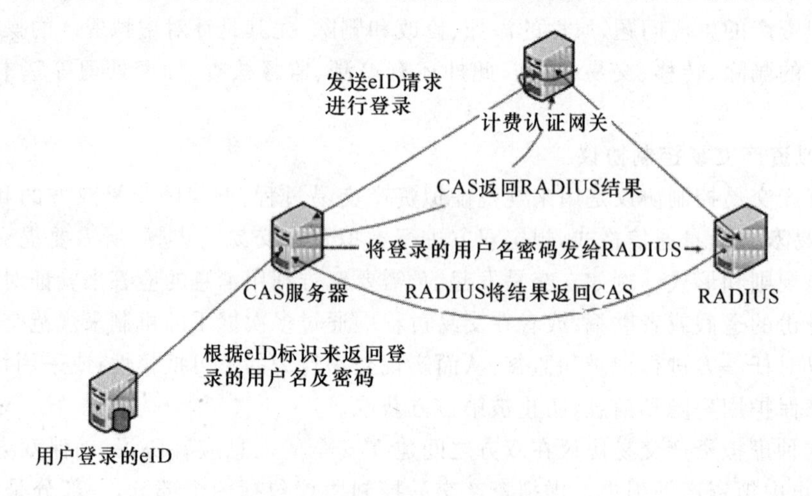

图7.3 基于eID的计费认证网关系统

(2) 基于XML的虚拟资产描述语言

可扩展标记语言(Extensible Markup Language,XML)、超文本标记语言(Hypertext Markup Language,HTML)、标准通用标记语言(Standard Generalized Markup Language,SGML)三种标记语言为生活中常见的标记语言。XML是国际上定义电子文件结构和内容描述的标准,是一种非常复杂的文档结构,XML具有文档定义方式,包括Document Type Definition(DTD)和XML Schema。DTD定义了文档的整体结构和文档的语法,应用广泛并有丰富的工具支持;XML Schema用于定义XML标记集合和应用的元语言,利用XML的这些特性,可对虚拟资产进行描述。

一个完整的XML文档通常包含以下的部分:声明、元素、属性、处理指令、注释,将这些部分与虚拟资产的信息结构相结合。XML模型的思想是将虚拟资产信息看成一棵有向带标签的树,元素和属性作为树的节点,而他们之间的关系则作为有向边。

XML数据的语法结构类似于HTML数据结构,但是在其上得到了更多的定义。XML文档的语法要求更加严格,只有完全符合XML语法格式才是正确的。XML语法有以下几个要求:①所有元素都必须有配套的关闭标签;②对大、小写敏感;③所有的标签嵌套必须正确;④属性值需要加引号;⑤根元素必须有,且只能有一个。

基于XML语言,构建了一种虚拟资产描述语言(Virtual Property Description Language,VPDL),它包含六个模块:身份模型(Identity Model)、所有权模型(Ownership Model)、事件模型(Event Model)、交易模型(Trading Model)、内容模型(Content Model)及安全模型(Security Model)。虚拟资产模型之间的信息交流是通过 UID 唯一标识码进行的。

① 身份模型

虚拟资产的所有权模型如图 7.4 所示。

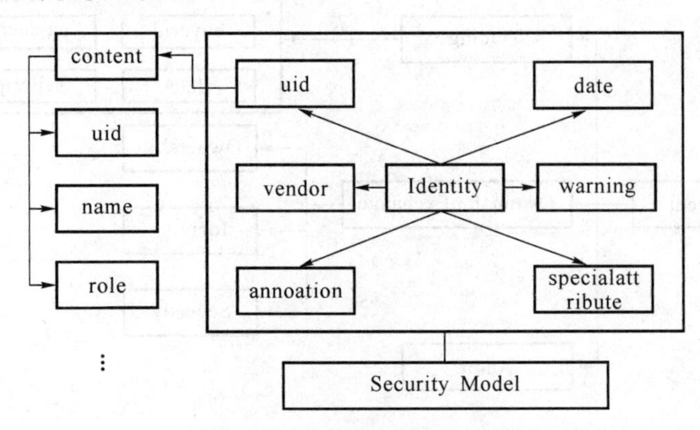

图 7.4　虚拟资产的身份模型图

图 7.4 中 Identity 表示虚拟资产实体的身份模块信息，主要证明虚拟资产合法的来源证明。其中，uid 表示实体唯一的识别码；name 表示实体的名字标签；role 表示实体在虚拟世界中所扮演的角色，例如实体类别为一个虚拟角色；vendor 表示虚拟资产发行公司；data 表示实体制造的日期/时间；warning 表示警示注记；specialattribute 表示特殊属性资料；annotation 表示附注。

② 所有权模型

虚拟资产的所有权模型如图 7.5 所示，Ownership 模块是虚拟资产实体之所有权模块，主要用来表达虚拟资产所有权人的相关信息。其中，uid 表示虚拟资产实体唯一识别码；owneruid 表示虚拟资产所有权人实体唯一识别码；useruid 表示虚拟资产使用权人实体唯一识别码；ownerperiod 表示虚拟资产所有权人拥有的时间长度；userperiod 表示使用权人租赁或借用的时间；type 表示所有权类型，如个人、团体、组织或其他定义中的角色；conditon 表示目前状态，目前自行使用中，或已租借给他人使用的识别码信息；source 表示标记取得虚拟资产的方法和来源，出租、购买、以物易物、拾获等。

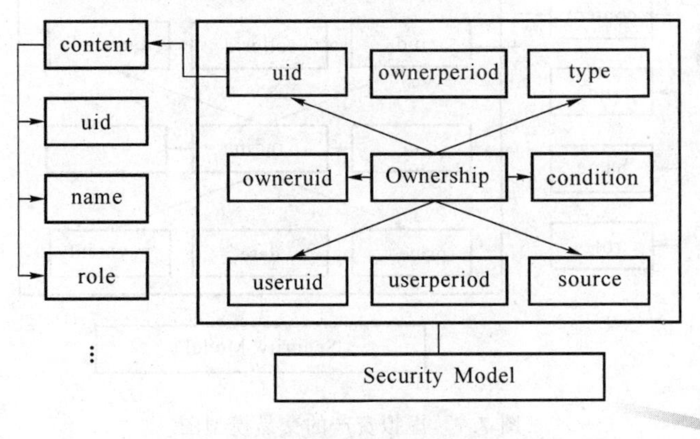

图 7.5　虚拟资产的所有权模型图

③ 事件模型

虚拟资产的事件模型如图 7.6 所示。

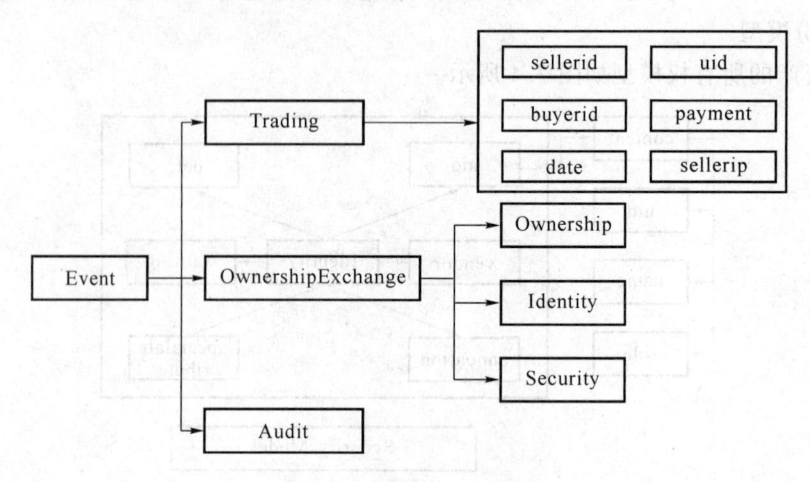

图 7.6　虚拟资产的事件模型图

事件模型表示有关虚拟资产的重要历史事件,包括交易时间、所有权变更时间、审计时间等。目前,该事件只包括虚拟资产实体的交易时间和所有权交换事件。

交易事件(Trading):虚拟资产发生交易时或者是所有权发生变更时,记录关于这场交易的详细信息,如卖家、买家的信息。

所有权变更事件(OwnershipExchange):以前的雇主和当前虚拟资产所有者的在虚拟资产中所有权的交易事件,包括虚拟资产所有权信息、虚拟资产身份信息、虚拟资产厂商的加密机制等。

审计事件(Audit):虚拟资产所有权发生变更时,虚拟资产交易平台对当前事件合法性进行自动判断的审计功能。

④ 交易模型

虚拟资产的所有权模型如图 7.7 所示。

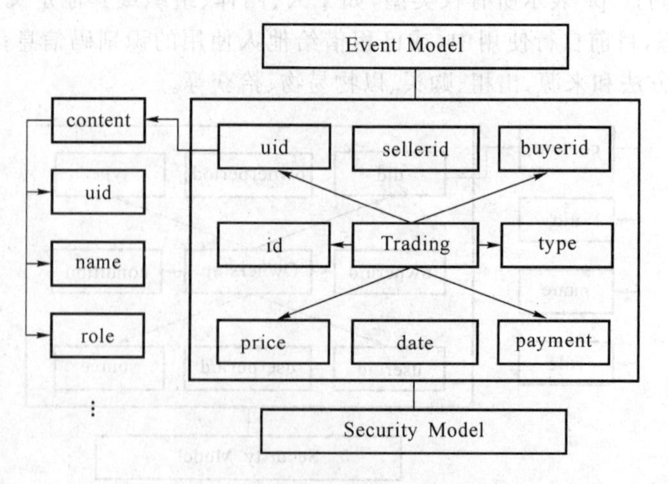

图 7.7　虚拟资产的交易模型图

图7.7中Trading模块是虚拟资产实体的交易模块，主要记录消费者的交易信息。其中，uid表示标识虚拟资产实体唯一标识码；id表示标识交易的产生的唯一识别码；sellerid为卖方实体唯一识别码；buyerid为买方的实体唯一标识码；type为交易类型的标识码，包括交易资产的买卖、借用、租赁、给予、交换等类型；price为虚拟资产的交易价格；date表示虚拟资产的交易时间；deadline表示对虚拟资产借用或租赁的期限，可以表示成无期限的限制或者终止的时间；mode表示对虚拟资产交易方式的标识，可以表示为在线交易平台机制、面交或者以资产易资产等方式；payment表示对虚拟资产交易的付款方式的标识，含现金、转账、虚拟货币、信用卡或邮局代收贷款等方式；sellerid表示对虚拟资产交易中卖方IP地址进行的标识；buyerip表示对虚拟资产交易中买方IP地址进行的标识；annotation表示虚拟资产交易中的附注。

⑤ 内容模型

虚拟资产的内容模型如图7.8所示。

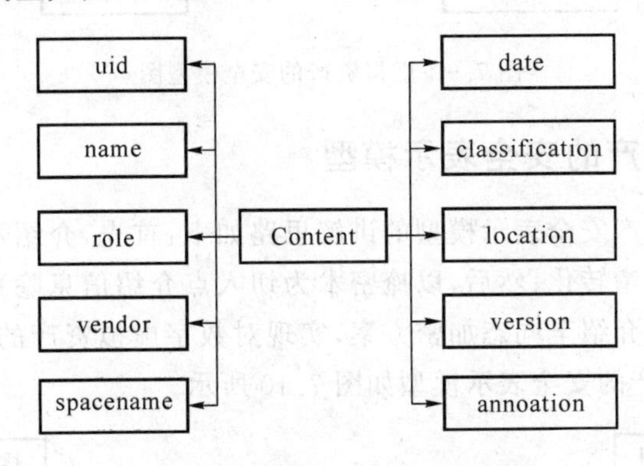

图7.8 虚拟资产的内容模型图

图7.8中Content模块是虚拟资产实体的内容模块，实体的范围可以涵盖虚拟资产、所有权人、群组或者诸如游戏业者的物或人的类别判别。其中，uid表示虚拟资产中实体的唯一识别码；name表示虚拟资产中标识实体名字的标签；role表示描述实体在虚拟世界中所扮演的角色，例如实体类别为一个虚拟角色，就会有它们的角色类别信息，如它们的职业信息或者人物属性等，若实体类别为一个空间，则就可表示为一空间的角色信息等；vendor用来表示实体的发行公司；spacename用来表示虚拟空间的名称；当描述虚拟资产实体信息时，date可表示为产制日期，或者虚拟资产的有效期限，当描述别人的实体信息时；date可表示为首次注册日期，或可使用的有效期限等；classification表示标识虚拟资产的类别，如虚拟资产、虚拟角色、虚拟道具等；location用来表示实体所在的位置信息，也可以被用来描述主机的代码或者名称。

⑥ 安全模型

虚拟资产的安全模型采用电子身份即eID技术的内容如图7.9所示。

图7.9中Security模块是虚拟资产的安全模块，这主要用来记录虚拟资产的所有者的加密机制信息，从而确保各个实体之间的相互操作和虚拟资产的保护，这个模块还包含methodname＝“EID”和eID。其中，methodname表示加密方法名字，使用了eID电子身份技术；eID表示当前实体的电子身份证（电子身份标识符），通过合法的电子身份签名技术来获得eID号；name用来表示姓名；card表示证件类型；cardid表示证件号码；district表示区

域;gender 表示性别:1-男,2-女,3-其他;nationlity 表示民族;birthday 表示出生年月日;birthdayplace 表示出生地;phone 表示电话号码;address 表示通讯详细地址;occupation 表示职业;postcode 表示邮政编码;E-mail 表示电子邮件地址。

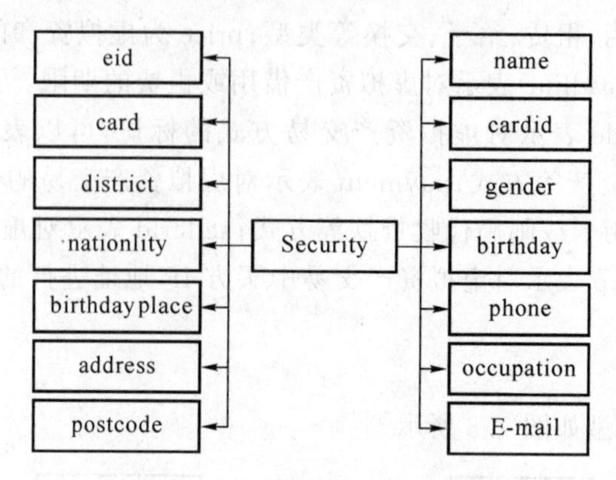

图 7.9　虚拟资产的安全模型图

7.1.3　虚拟资产的安全表示模型

本节对数字虚拟资产安全表示模型的讲解思路如下:首先,介绍不可区分混淆方案,实现对数字虚拟资产的混淆转化;然后,以掩密术为切入点介绍信息隐藏方案,实现数字虚拟资产的隐藏表示;最后,介绍全同态加密方案,实现对数字虚拟资产的密文运算。在此基础之上,建立数字虚拟资产的安全表示模型如图 7.10 所示。

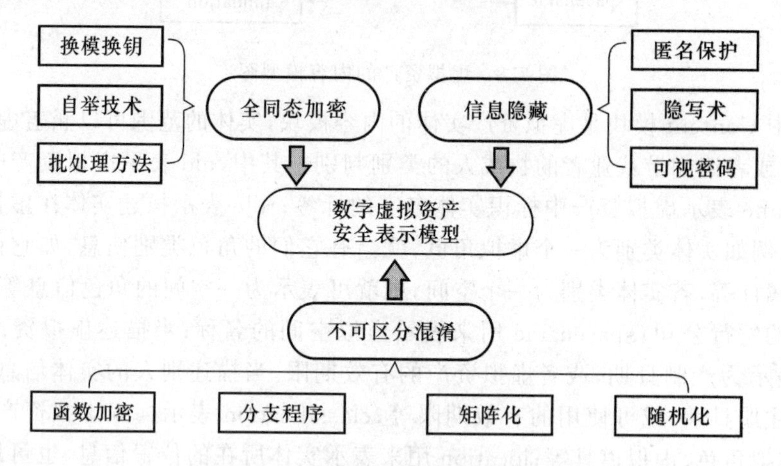

图 7.10　数字虚拟资产安全表示模型

1. 混淆处理

混淆处理解决的是在保护程序免受逆向工程的同时,保证原有功能性的问题。混淆理论有很多重要的密码应用,如软件中密钥与密码算法的知识产权保护、控制权限和访问权限、转换公钥加密为私钥加密、同态加密等问题。混淆理论来源于代码混淆,混淆器是一个以程序(图灵机或者回路)作为输入,并输出具有相同功能性的另一个程序,但这个程序是"不可识别的"。混淆根据其安全性的等级可以分为两类:一类是基于黑盒模拟的混淆,它要求攻击者由混淆程序得到的任意消息,通过只用黑盒访问来模拟这些消息;另一类为安全性相对较弱的不可区分性混淆。

混淆可能性的发展大概经历了几个阶段。首先，打破了点函数不可能混淆的结果，构造出了安全的点函数混淆器；然后，构造出了重加密、加密签名、抗共谋重加密一系列密码功能的安全混淆；最后，在探索不可区分性混淆时，证明了对所有回路能实现不可区分性混淆，将点函数的混淆扩展到规避函数、合取式，并实现了功能加密、协议构造等多方面的内容，通过不可区分性混淆，对混淆安全性的定义有了更进一步的认识，扩展了今后混淆的发展方向。

以下面几种混淆器为例解释混淆的概念。

定义 7.1　(图灵机混淆器)如果如下三个条件成立，则一个概率性算法 O 是一个图灵机(TM)混淆器。

(1) 功能性：对于每个图灵机 M，字符串 $O(M)$ 描述一个与计算 M 有着相同功能的图灵机。

(2) 复杂性(多项式减缓)：在大多数多项式中，$O(M)$ 的描述长度和运行时间比 M 的更大。也就是说，存在一个多项式 P，对于每个图灵机 M，$|O(M)|\leqslant P(|M|)$，并且如果 M 在输入 x 的 t 步停止，则 $O(M)$ 在输入 x 的 $P(t)$ 步停止。

(3) 安全性("虚拟黑盒"性能)：对于任意的 PPT A，存在一个 PPT S 和一个可以忽略不计的函数 α，那么所有的图灵机 M 有

$$|\Pr\{A[O(M)]=1\}-\Pr[S^{M}(1^{|M|})=1]|\leqslant\alpha(|M|),\tag{7.1}$$

如果它运行在多项式时间内，就说 O 是有效的。

定义 7.2　(回路混淆器)如果下列三个条件成立，那么概率算法 O 是一个(回路)混淆器。

(1) 功能性：对每个回路 C，字符串 $O(C)$ 描述的回路与 C 有相同的计算功能。

(2) 多项式减缓：存在一个多项式 P，对每个回路 C，有 $|O(C)|\leqslant|P(C)|$。

(3) 虚拟黑盒性质：对任意的 PPT A 存在一个 PPT S 和一个可以忽略不计的函数 α，那么所有的回路有：

$$|\Pr\{A[O(C)]=1\}-\Pr[S^{C}(1^{|C|})=1]|\leqslant\alpha(|C|),\tag{7.2}$$

如果它在 PPT 内运行，就说 O 是有效的。

上述为混淆的形式化定义。功能性是指混淆回路与原始回路有着相同的功能，多项式减缓指混淆回路的大小不能超过原始回路的多项式，即混淆回路时可计算的。虚拟黑盒性能是基于模拟给出的安全性，意思是敌手获得了混淆回路滞后，用模拟器模拟原始回路，由混淆回路得到的结果和模拟回路得到的结果几乎是一致的。但是，在这个定义下混淆是不可能的。

定义 7.3　(最可能混淆)一个算法 O，看作在 C 中输入一个回路后输出一个新回路，则称 C 为一个(计算上的、统计上的、完美的)最可能的混淆器。

计算上的、统计上的、完美的最可能混淆：对任意多项式大小学习者 L，存在一个多项式大小的模拟器 S，则对每个足够大的输入长度 n，对任意回路 $O_1\in C_n$ 和任意回路 $O_2\in C_n$，计算与 C_1 相同的功能，则 $|C_1|=|C_2|$，两个分布 $L[O(C_1)]$ 和 $S(C_2)$ 是(分别)计算上/统计上/完美不可区分的。

为了得到能够混淆，混淆的定义被放松，使得混淆程序和任何具有相同功能的程序(大小相同)一样能够泄露少量信息。特别的，此定义允许程序泄露非黑盒信息。最可能混淆保

证这些信息不被混淆程序隐藏，也不被其他大小类似、计算相同功能性的程序隐藏，因此混淆（按字面）是最可能的。但是，经过证明，由最可能混淆的定义得到的混淆仍然是不可能的。

不可区分混淆的发现在混淆理论上是一个重大的突破，而且它在虚拟资产安全的隐私保护方面必将发挥更大的作用。

2. 信息隐藏

信息隐藏是利用人类感觉器官的不敏感，以及多媒体数字信号本身存在的冗余，将秘密信息隐藏在一个宿主信号中，不被人的感知系统察觉或不被注意到，而且不影响宿主信号的感觉效果和使用价值。信息隐藏目前研究和应用的主要领域有掩密术（Steganography）领域和数字水印（Digital Watermarking）领域。前者强调如何隐藏多媒体信息中的秘密信息，将在下面进行主要介绍，后者则着重于防盗版和篡改，将在 7.2.3 节中予以介绍。

信息隐藏虽然有不同的分支，但是他们具有以下共同的特征。

（1）不可感知性

对信息隐藏系统一个最重要的要求是隐藏信息的不可感知性，这是信息隐藏系统的必要条件。如果在信息嵌入过程使载体引入了一些人为修改或者破坏的痕迹，使图像发生了可观的变化，甚至影响视觉效果，这就大大减少了嵌入信息的图像的价值，破坏了信息隐藏系统的安全性。

（2）鲁棒性

数字水印应该能够抵抗标准甚至恶意数据处理所导致的失真甚至破坏问题。一般数字水印都是面向具体应用，在鲁棒性和其他要求中寻找平衡。对数字水印鲁棒性的要求是能够抵抗一些最基本的图像传输过程中的处理和操作。

（3）嵌入容量和强度

在不可感知性能够保证的前提下，希望在载体中传送更多的信息，这就要求隐藏信息的数据率要高。另外，也希望嵌入信息的强度要高，这可以增强信息隐藏系统的鲁棒性，但是与之相对的是数字水印的不可感知性和安全性的减弱。而掩密术对容量的要求相对较高，否则隐藏通信的价值大大降低。

（4）检测时是否需要原始图像和原始数字水印

通常在恢复过程中使用原始图像以及原始数字水印会提高数字水印检测的鲁棒性，尤其是针对类似噪声等失真或几何攻击的情况，这种方式更为有利。但是在现实传输中，终端用户得不到原始图像，并且在能得到原始图像的情况下，这种水印的应用价值就会降低。经过发展，现在的数字水印系统基本都不需要原始图像，但是大多数的数字水印检测系统需要原始数字水印才能正常工作。既不需要原始图像又不需要原始数字水印的数字水印系统目前仍然具有很大的挑战性。掩密术是没有原始图像的。

（5）安全性和密钥

在大多数应用中，要确保嵌入信息的保密性，通常要考虑安全性。如果对保密性的要求比较高，那么在信息提取和隐藏的过程中都需要使用密钥，这也符合密码学中的保密原则。而掩密术对安全性的要求是最高的，如果有检测系统检测出了隐蔽通信发生，掩密术就会失败。

信息隐藏除了数字水印技术和掩密技术两个主要方面之外，对于信息隐藏其他技术的详细分类如图7.11所示。

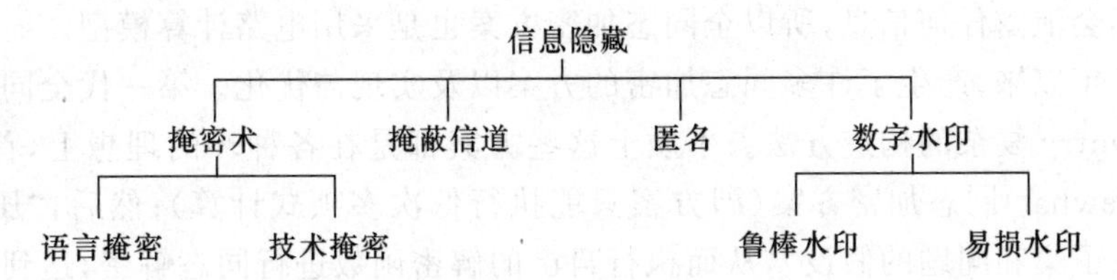

图7.11　信息隐藏分类

下面对信息隐藏中的掩密术进行介绍。

通常称待隐藏的信息为秘密信息(Secret message)，而公开的掩护信息为掩密载体(Cover message)，如图像、音频、视频等数字产品。掩密过程一般由掩密密钥(Key)来控制，通过嵌入算法(Embedding algorithm)将秘密信息隐藏到公开信息中，而掩密载体(即隐藏有秘密信息的公开信息)则通过信道(Communication channel)传递，通信对方用检测器(Detector)并利用密钥从掩密载体中恢复/检测出秘密信息。在掩密系统中最重要的是信道中的攻击者不能发现信道中传送了掩密通信，更不能检测出隐藏的秘密信息。

掩密系统主要由以下技术组成。

(1) 信息嵌入算法：它利用密钥来实现秘密信息的隐藏。

(2) 隐藏信息检测/提取算法(检测器)：它利用密钥从隐蔽载体中检测/恢复出秘密信息。

(3) 密钥传递方式：如遵从Kerckhoffs协议，在密钥未知的前提下，未授权的第三方很难从掩密载体中得到信息或删除信息。

掩密术通用模型如图7.12所示。

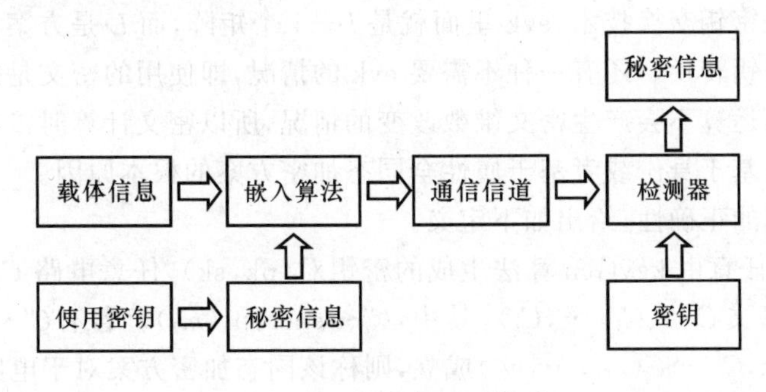

图7.12　掩密术通用模型

3. 全同态加密

为了保证数字虚拟资产的隐私安全，需要使用全同态加密。全同态加密是指能够在不知道密钥的情况下，对密文进行任意计算，即对于任意有效的 f 以及已知明文 m，有性质 $f[\mathrm{Enc}(m)]=\mathrm{Enc}[f(m)]$。这种特殊的性质使得全同态加密有着极大的用途，如云计算安全、密文检索、安全多方计算等。

全同态计算问题最早在1978年就由Rivert等人提出，之后成为密码学界的“圣杯”。随后产生了许多同态加密的方案，这些方案或满足加法同态，或满足乘法同态，或同时满足有限次加法与乘法的同台方案，直到2009年Gentry构造出第一个全同态加密方案。由于 Z_2 上的加法和乘法在操作上可形成完备集，全同态加密方案能够对密文进行任意多项式时间的计算。传统的安全计算都是采用电路模型的,原因是电路模型需要“接触”所有的输入数据,因而不会泄露任何信息,所以全同态加密方案也是采用电路计算模型。

从 2009 年以来,产生了许多同态加密的方案以及实现与优化。第一代全同态加密方案都是遵循 Gentry 复杂的构造方法。本质上这些方案都是在各种环的理想上,首先,构建一个部分(somewhat)同态加密方案(即方案只能执行低次多项式计算);然后,“压缩”解密电路(依赖稀疏子集和问题的假设),从而执行自己的解密函数进行同态解密,达到控制密文噪声增长的目的;最后,在循环安全的假设下获得全同态加密方案。尽管同态解密是实现全同态加密的基石,但是同态解密的效率很低,其复杂度为$\widetilde{\Omega}(\lambda^4)$。

第二代全同态加密方案构造方法简单,基于 LWE(环-LWE)的假设,其安全性可以归约到一般格上的标准困难问题,打破了原有的 Gentry 构造全同态加密方案的框架。首先,构建一个部分同同态加密方案,密文计算后,用密钥交换技术控制密文向量的维数膨胀问题;然后,使用模交换技术控制密文计算的噪声增长。2013 年 Gentry 等人提出了一个基于近似向量的全同态加密方案,这种方案不需要密钥交换技术和模交换技术,可以实现层次型全同态加密方案。该方案的安全性则是基于 LWE 问题,密文的计算是根据矩阵的加法与乘法进行计算,因此是非常自然的一个全同态加密方案。

全同态加密的公钥方案含有四个算法:密钥生成算法(key-Gen)、加密算法(encrypt)、解密算法(decrypt)和密文计算算法 evaluate(evk, C, C_1, …, C_t)。其中,evaluate 算法是核心,因同态加密的目的就是为了对密文进行计算,其他三个算法则提供加密和解密功能。evaluate算法是对电路 C 上输一组密文 $C=\langle C_1,\cdots,C_t\rangle$ 进行计算,其中,$C_i\leftarrow$encrypt(m_i),电路 C 上代表一个函数或者一个功能。evk 是密文计算时使用的公钥,如在同态解密计算时,evk 里包含的就是对该层密钥每一位加密的密文,密钥的位数与 evk 里包含的公钥个数相等。如果用的是密钥交换技术,evk 里面就是 $L-1$ 个矩阵,而 L 是方案中电路的深度,而该矩阵的作用是密钥转换。还有一种不需要 evk 的情况,即使用的密文是矩阵(方阵),密文做乘积或者做相加运算不会产生密文维数改变的情况,所以密文计算时没有用到公钥,这也是该方案可以产生基于身份或者基于属性全同态加密方案的根本原因。

对于同态加密的正确性,给出如下定义。

定义 7.4 对任意由 keyGen 算法生成的密钥对(pk, sk),任意电路 C 上以及任意明文 $m_1,\cdots,m_t$ 和任意密文 $C=\langle C_1,\cdots,C_t\rangle$,其中,$C_i\leftarrow$encrypt($m_i$)。若有 $C'\leftarrow$evaluate(pk, C, C),则 dencrypt(sk, C')$\rightarrow C(m_1,\cdots,m_t)$ 成立,则称该同态加密方案对于电路 C 是正确的。

除了正确性,还要求解密 evaluate 输出的密文与解密 encrypt 输出的密文所需的计算量是一样的,以及它们具有相同的长度,这就是方案的紧凑性。

定义 7.5 紧凑同态加密。对于安全参数 λ 设一个值,如果存在一个多项式 f,使得方案的解密算法可以表示成一个规模至多为 $f(\lambda)$ 的电路 D,则称该同态加密方案是紧凑的。

定义 7.6 全同态加密。如果一个方案对于某个电路集合中的所有电路都是正确的,并且是紧凑的,则称该方案关于该电路集合是同态的;如果对于所有的电路该方案是同态的,则称该方案是全同态的。

上述定义是对全同态加密的一个“纯”定义,它能够完成对任意深度电路的计算,即可以对密文进行无限次的计算。目前如果想得到全同态加密方案,必须要使用同态解密技术,同时需要依赖循环安全的假设。在实际中通常使用一个弱的更实用的定义,即层次型全同态加密。

定义 7.7 层次型全同态加密。如果对任意 $d\in\mathbf{Z}^{+}$，$E^{(d)}$ 都使用同一个解密电路，并且能够紧凑计算深度至多为 d 的所有电路，同时$E^{(d)}$算法的计算复杂度是关于 λ、d 以及电路集合大小的多项式，则称同态加密方案族$\{E^{(d)}:d\in\mathbf{Z}^{+}\}$是层次型全同态加密。

7.1.4 虚拟资产的识别模型

首先，分析数字虚拟资产特征，建立相应的特征抽取准则和方法；然后，基于非参数统计、多元统计分析、线性回归、分组分析等对特征进行降噪、降维和去相关，提高识别的性能，降低算法的复杂性；最后，基于神经网络、核主成分分析、监督学习、克隆选择算法等，建立数字虚拟资产自适应识别模型，如图 7.13 所示。由于这里涉及许多智能技术，不再展开介绍。

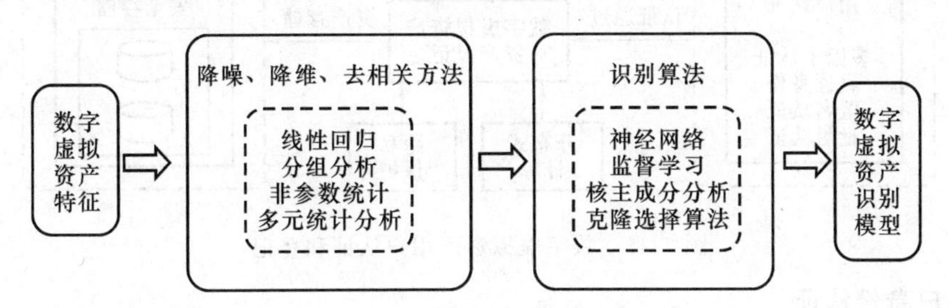

图 7.13 虚拟资产的识别模型

7.2 虚拟资产应用安全

如何实现数字虚拟资产应用平台的安全可控，包括数字虚拟资产的登记、身份认证和安全存储等，建立数字虚拟资产安全交易机制，支持交易的追踪溯源，以确保数字虚拟资产在使用过程中的安全性，是数字虚拟资产保护面临的基础问题。图 7.14 对数字虚拟资产的应用安全问题进行了描述。

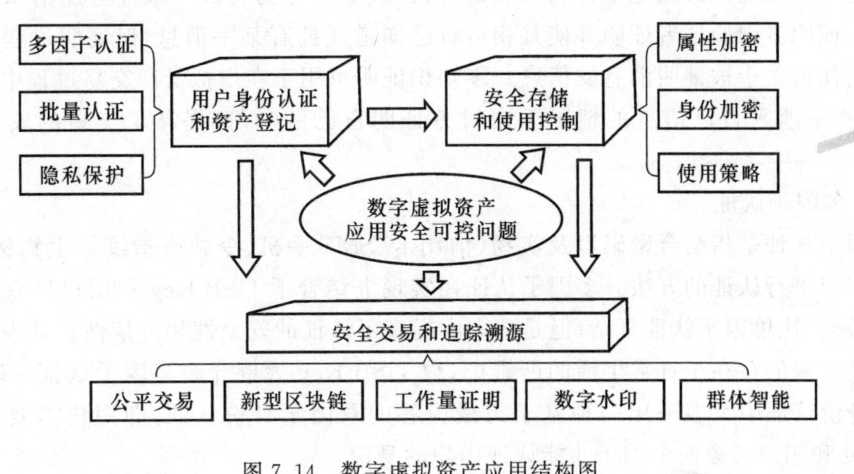

图 7.14 数字虚拟资产应用结构图

7.2.1 用户身份认证和资产登记

本节主要介绍虚拟资产的用户身份认证和资产登记，实现机制如下：首先，基于多因子、属性身份等方法实现多场景下的用户认证，利用群签名等技术实现批量用户的认证；然后，利用分布式计算和存储技术，实现认证用户的数字虚拟资产登记，记录数字虚拟资产的身份、所有者、内容、安全等元数据，建立资产的全生命周期记录档案，并保护资产登记用户的隐私信息。二者的具体关系如图 7.15 所示。

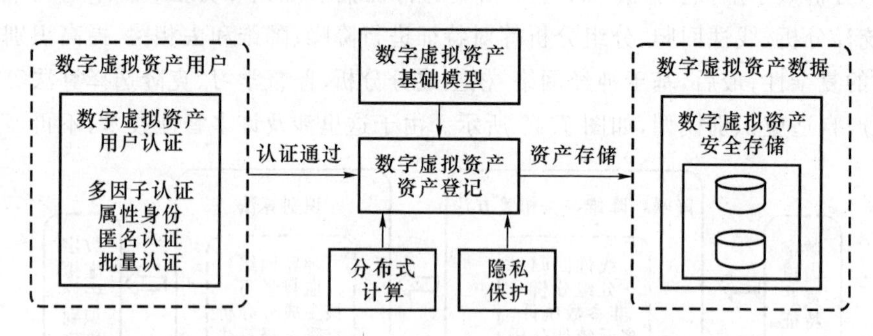

图 7.15 数字虚拟资产用户认证和登记

1. 用户身份认证

身份认证是实现网络安全的重要机制之一，涉及网络通信的各方必须通过某种形式的身份认证机制来证明自己的身份，从而进行之后的虚拟资产的登记和交易的处理。目前身份认证的形式大致可以分为三类：①只有用户知道的秘密，如口令；②用户拥有的物品，如智能卡或者 USB Key；③用户拥有的独一无二特征，如指纹、虹膜、声音等。下面简要介绍零知识证明、多因子身份认证以及基于群签名的批量身份认证技术。

(1) 零知识证明

“零知识证明”是由 Goldwasser 等人在 20 世纪 80 年代提出的，它指的是证明者能够在不向验证者提供任何有用的信息的情况下，使验证者相信某个论断是正确的。零知识证明实质上是一种涉及两方或更多方的协议，即两方或更多方为完成一项任务所需采取的一系列步骤。证明者向验证者证明并使其相信自己知道或拥有某一消息，但证明过程不能向验证者泄漏任何关于被证明消息的信息。零知识证明可用于在虚拟资产交易过程中的身份认证机制，在不泄露自己信息的情况下向对方证明自己的身份，提高了交易的安全性和可靠性。

(2) 多因子认证

多因子认证是指结合密码以及实物(信用卡、SMS 手机、令牌或指纹等生物标志)多种条件对用户进行认证的方法。多因子认证在实现上结合了 USB Key 和用户口令等多种方式，虽然操作比单因子认证复杂，但是却大大提高了认证的安全性和可信性。其中的双因子认证已经普遍的存在于日常生活的网银中，以 USB Key 为例介绍多因子认证。基于 USB Key 的身份认证中大多采用一种基于挑战应答的双因子身份认证，即用户需要同时拥有 USB Key 和用户口令两个因子才能认证用户的身份。

首先对双因子认证系统的总体需求进行分析，既要保证企业内部网中传输的信息经过严格加密，不被窃取，又要使企业内部的用户能够自如地进行网上办公。除此之外，对于出差在外的用户，应该也能够在合法的情况下进行访问内部网络从而获取资料或进行其他操作。在内部网中，每个应用要有自己的认证授权的功能模块，也就是说这个模块根据用户的输入的用户名和口令来确定用户应该拥有什么权利，可以访问哪一级别的文件，以及访问了页面的权限。

(3) 群签名

认证是通过转发用户和客户端的消息完成，为了确保消息所属方的身份，签名应运而生；而作为一个服务器或客户端，时常会面临多个用户同时完成认证服务，这也就用到了群签名。群签名在虚拟资产安全上有着重要的应用。在一个群签名的建立实施过程中，群成员的私钥长度与他所加入的群体的属性，如个数，无关。他们所使用的方案是基于 RSA 体制的，存在第三方参与者：可信中心、若干个管理人员和一些用户。可信中心的职责是用户和群体的注册；群管理人员可以对自己的群体进行管理，即接纳新成员或者剔除新成员，在需要的特定时候，群管理人或者可信中心可以打开管理的群成员的群签名，一个用户必须要提前在可信中心处进行注册，然后才可以加入任何管理人员愿意接纳他的群体；用户本身拥有对群体加入的自主权，自主决定加入与否，当他要加入某一个群体时，他只需与该群体的管理人员进行身份的验证和确定，即执行一个加入协议。

2. 资产登记

虚拟资产在验证用户身份之后，即可以对用户的资产情况进行登记，便于以后的查看、交易等处理，虚拟资产信息数据量很大而且需要很强的计算能力，同时还要实时响应用户的各种请求。根据上述特性，利用分布式计算可以大大降低服务器的运算难度，同时能够更加快速精准地进行运算和控制，是虚拟资产登记中不可缺少的一部分。在登记过程中，还需要注意防止隐私的泄露。

7.2.2　安全存储和使用控制

本节围绕身份加密、属性加密、搜索加密等密码技术，实现数字虚拟资产的安全存储，确保虚拟资产数据在外部存储的机密性和授权访问；分析了基于线性秘密共享体制的数学模型构造使用控制策略，实现虚拟资产的细粒度使用控制。图 7.16 对数字虚拟资产的安全存储和使用控制进行了描述。

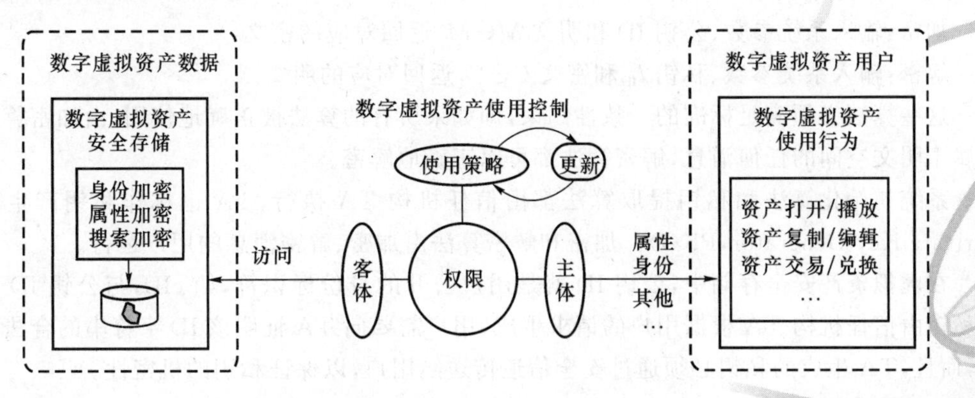

图 7.16　数字虚拟资源安全存储和使用控制

1. 安全存储

虚拟资产的安全存储主要包括身份加密、属性加密和搜索加密的技术。下面对三个技术逐一进行介绍。

(1) 身份加密

在公钥密码体制下,用户的公钥和身份信息需要通过数字证书绑定在一起,使用证书和证书服务器是目前解决公钥存储的主要手段。但是使用证书也带来了存储和管理开销的问题,若成员人数迅速增加,系统需要耗费大量的计算时间和存储空间。

基于身份的密码系统源于 Shamir 在 1984 年美洲密码学年会上提出了一个基于身份的密码系统,即 IBC(Identity-Based Cryptosystem),起初是为了简化电子邮件系统中的证书管理。而 Shamir 对基于身份的公钥密码体制的原始想法是为了简化在电子邮箱系统的证书管理,使密信不需要查询收信人证书的公钥就能对收信人进行发送,而所发送的密信除了相关的可信第三方之外只有收件人能收到。

在系统通信中,每个用户都有一个身份,这个身份一般是用户的姓名、地址或电子邮件地址等信息,用户的公钥可以由任何人根据其身份计算出来,而用户的私钥则由可信中心统一生成,这样就无须使用服务器保存每个用户的公钥证书,从而减少了证书管理的开销。从 1984—2001 年,关于基于身份的公钥密码体制的相关签名和认证方式都提出了很多可行性方案,例如,阈下验证的签名方案、椭圆曲线上的双线性映射构造的单向、两方的密钥协商认证协议等。但是基于身份的加密(Identity-Based Encryption,IBE)被认为具有很大的挑战性,自 1984 年以来提出的绝大多数基于身份的加密方案都存在着或多或少的问题,如容易遭受成员合谋攻击、硬件要求苛刻等。

一个基于身份加密的方案通常由四个随机化的算法组成:系统初始化(Setup)、私钥提取(Extract)、加密(Encrypt)和解密(Decrypt)。系统中包含一个第三方信任机构 TA(Trusted Authority)。

系统初始化:输入一个安全参数、输出系统参数和主密钥(master key)。系统参数包括明文空间 M、密文空间 C、密码 Hash 函数等,这些都是完全公开的。主密钥用于计算私钥,由 TA 秘密保存。

私钥提取:输入系统参数、主密钥和用作公钥的任意字符串 $\mathrm{ID}\in\{0,1\}^*$,输出与公钥 ID 对应的私钥 d_{ID}。

加密:输入系统参数、公钥 ID 和明文 $M\in M$,返回对应的密文。

解密:输入系统参数、私钥 d_{ID} 和密文 $C\in C$,返回对应的明文。

这些算法必须满足标准的一致性约束,即如果所有的算法被正确地使用,由加密算法加密属于明文空间的任何消息,解密算法都可以正确地解密。

系统初始化算法和私钥提取算法都由信任机构 TA 执行,TA 也称作私钥产生中心(Private Key Generator,PKG)。加密和解密算法由加密、解密消息的用户运行。

在虚拟资产安全存储中,公钥 ID 就是用户公开的身份标识符,如 eID,与公钥 ID 对应的私钥由信任机构 TA 根据用户的请求生成,用户需要向 TA 证明该 ID 字符串的合法拥有者,而且,TA 生成的私钥必须通过安全信道传送给用户,以保证私钥的机密性。

(2) 属性加密

传统公钥加密体制的粗粒度式访问控制和低效率,越来越不适应用户选择性共享密文的需求，为此，Sahai 和 Waters 提出了基于属性加密的概念。基于属性加密可以看作是上述基于身份加密的扩展和延伸，具体原理是将基于身份加密中表示用户身份的唯一标识扩展成为由多个属性组成的属性集合，同时将访问结构融入属性集合中，使公钥密码体制具备了细粒度访问控制的能力。

基于属性加密是基于身份加密的改进和扩展。从唯一标识符扩展成属性集合，不仅是用户身份信息表示方式上的改变，而且属性集合能够非常方便地和访问结构相结合，实现对密文和密钥的访问控制。属性集合同时还可以方便地表示某些用户组的身份(即实现了一对多通信)，这也是基于属性加密方案所具备的优势。

密文和密钥引入访问结构是基于属性加密的一大特征，也是和基于身份加密体制不同的本质区别。访问结构嵌入密钥和密文，这样使系统可以根据访问结构生成密钥策略或者密文策略，只有密文的属性集合满足了密钥策略，或者用户的属性集合满足了密文策略，用户才能够进行解密操作。这样一方面限制了用户的解密能力，另一方面也保护了密文。在基于属性的加密系统中，密钥生成中心(KGC)负责生成用户的密钥。由于用户身份信息通过属性集合表示，而用户组具备的一些相同属性也可以用属性集合表示，因此在基于属性加密方案中属性集合既可以表示单独的用户，也可以表示多个用户组成的用户组。密文和密钥也是根据属性集合生成的，相对应地密文的解密者和密钥的接收者既可以是单独的用户也可以是用户组。在基于属性加密方案中，可以通过描述用户身份信息的具体或概括，来灵活调整属性集合是代表单独用户还是某个用户。

下面通过一个实例来简单说明基于属性的加密体制中的一些细节。假设系统中门限为 4 的门限结构，因此只有用户的属性集合至少有 4 个属性与密文属性集合相同，用户才能解密。设 $a,b,\cdots,h$ 表示系统中的属性，若系统中有四个用户分别为：A(a,b,c,d)，B(a,b,c,d,f)，C(a,b,c)，他们从认证中心获取各自的私钥。现有一个密文，其密文的属性集合为(a,b,c,d,f)。因为系统的门限是 4，这就要求解密用户的属性集合至少含有(a,b,c,d,f)中四个或四个以上的属性。从 A，B，C 三个用户的属性集合可以看出 A 和 B 满足条件，因为他们的属性集合满足了解密条件，能够解密密文；而用户 C 属性集合不满足要求，因此不能解密。若系统中有三个用户分别是 A(a,b,c,d)，B(a,b,c,d,f)，C(a,b,c,d,e)，三个用户属性集合都满足要求，可以完成解密操作。

在虚拟资产的安全存储中，可以将用户的个人信息进行扩展成属性集合，能够更加安全方便地进行后续的操作处理。

(3) 搜索加密

先用一个例子说明一下可搜索加密。

假设用户 Alice 想将个人文件放在一个诚实但是具有好奇心的外部服务器上，从而达到降低本地资源开销的目的；但是为了保护文件的隐私，需要采用某种加密方式将文件加密后进行存储。假设使用传统分组密码，只有密钥拥有者才具备解密能力，这意味着当 Alice 要执行基于关键词的查询操作时，需要事先下载所有已上传的文件，并且还要进行完全解密后才能进行检索处理，这样会带来两个问题：①如果 Alice 在服务器上存在着大量的文件，逐一下载会占用大量网络带宽，使服务器产生一些诸如拥堵的问题；②下载完毕之后，需要使用自己的密钥进行解密，这样会占用大量本地计算资源，而且效率会非常低。

为了解决这种问题而提出的加密技术即为可搜索加密(Searchable Encryption，SE)，这种技术要求只有合法用户才具备基于关键词检索的能力。随着技术的发展,这方面应用还扩展到了解决“不可信赖服务器路由”问题,即使用非对称可搜索加密(Asymmetric Searchable Encryption,ASE)。最近兴起的云计算将是SE的最佳应用平台,由于服务提供商的不可控性,用户必须应对存储到云端的个人数据可能泄密的威胁,SE提供的加密和密文直接检索功能使服务器无法窃听用户个人数据,但可以根据查询请求返回目标密文文件,这样既保证了用户数据的安全和隐私,又不会过分降低查询效率。

可搜索加密可分为4个子过程,如图7.17所示。

① 加密过程:用户使用密钥在本地对明文文件进行加密,并将其上传至服务器。

② 陷门生成过程:具备检索能力的用户,使用密钥生成待查询关键词的陷门,要求陷门不能泄露关键词的任何信息。

③ 检索过程:服务器以关键词陷门为输入,执行检索算法,返回所有包含该陷门对应关键词的密文文件,要求服务器除了能知道密文文件是否包含某个特定关键词外,无法获得更多信息。

④ 解密过程:用户使用密钥解密服务器返回的密文文件,获得查询结果。

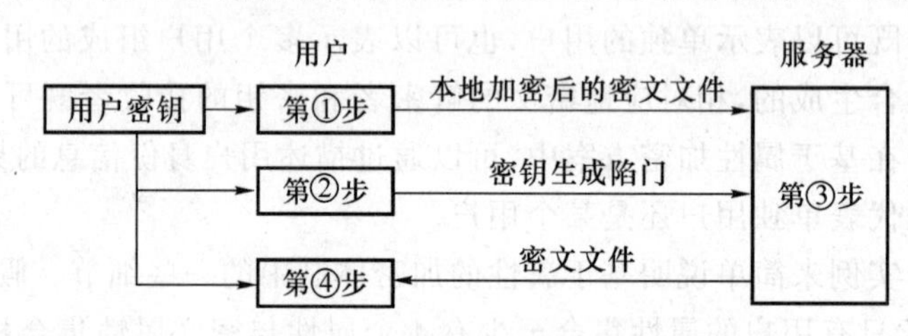

图7.17　可搜索的加密过程

可搜索加密问题的提出,源于解决两类可搜索加密的基本问题:一,不可信赖服务器的存储问题;二,不可信赖服务器的路由问题。

不可信赖服务器的存储问题最早是由于基于密文扫描思想的SWP方案,将明文文件划分为“单词”并对其分别加密,通过对整个密文文件扫描和密文单词进行比对,就可以确认关键词是否存在,甚至统计其出现的次数。

下面将给出一个不可信赖服务器的路由问题,Bob通过不可信赖邮件服务器向Alice发送包含某些关键词的邮件,要求服务器不能获取邮件内容和相关关键词信息,但需根据关键词将邮件路由至Alice的某个终端设备,例如,如果邮件的关键词为“weather”,则服务器将邮件分配至Alice的手机,如果邮件的关键词“breakfast”,则服务器将邮件分配至Alice的计算机。

可搜索加密可按照如下应用角度分为4类,如图7.18所示。

① 单用户(单服务器)模型

用户加密个人文件并且将加密后的文件存储在不可信赖的外部服务器,有两个要求:一,只有该用户具备基于关键词检索的能力;二,服务器无法获取明文文件和待检索关键词的信息。

② 多对一(单服务器)模型

多个发送者加密文件后,将加密后的文件上传到不可信赖的外部服务器上,来达到可以同时和多个单接收者传送数据的目的。此外还有一些要求,只有接收者才能够进行关键词检索，即具备基于关键词检索的能力；服务器并不能破解得知文件的明文信息。更需要注意的是，不同于上述单用户模型，本模型要求发送者和接收者不能是同一用户。

③ 一对多(单服务器)模型

与多对一(单服务器)模型相类似，但为单个发送者将加密文件上传至不可信赖的外部服务器，借此与多个接收者共享数据，也就是说，本数据模型遵循着一种广播共享的模式。

④ 多对多(单服务器)模型

多对多模型是在多对一模型的基础上进行，这时任意用户都可以成为接收者，他们通过访问控制和认证策略以后，具备基于关键词的密文检索方式提取共享文件的能力，有两个要求：一，只有合法用户，如能够满足发送者预先指定的属性或身份要求的用户，具备基于关键词检索的能力；二，服务器无法获取明文文件信息。

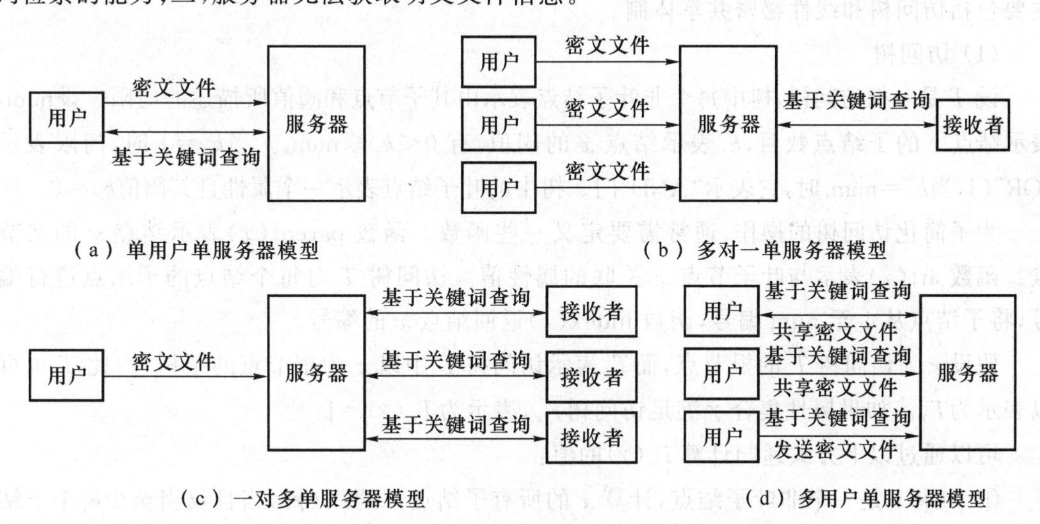

图 7.18 可搜索加密应用模型分类

从密码构造角度可将 SE 问题模型的解决策略分为 3 类。

① 对称可搜索加密

对称可搜索加密适用于单用户模型，它的构造通常基于伪随机函数，具有计算开销小、算法简单、速度快的特点，除了加密过程采用相同的密钥外，其陷门生成也需密钥的参与。单用户模型的单用户特点使得对称可搜索加密非常适用于该类问题的解决，单用户模型则是用户使用密钥加密个人文件并上传至服务器，检索时，用户通过密钥生成待检索关键词"陷门"，服务器则根据"陷门"执行检索，然后发回目标密文。

对称可搜索加密流程如下：加密过程中，用户执行算法生成对称密钥，使用加密明文文件集，并将加密结果上传到服务器。而在检索过程中，用户执行算法，生成待查询关键词的陷门；服务器使用检索到文件标识符集合，并根据中文件标识符提取密文文件以返回用户；用户最终使用解密所有返回文件，得到目标文件。

② 非对称可搜索加密

非对称可搜索加密适用于多对一模型，它使用两种密钥，公钥用于明文信息的加密和目标密文的检索，私钥用于解密密文信息和生成关键词"陷门"。非对称可搜索加密算法通常比较复杂，加解密速度会比较慢，然而，其公私钥相互分离的特点，非常适用多用户体制下可搜索加密问题的解决：发送者使用接收者的公钥加密文件和相关关键词，检索时，接收者使用私钥生成待检索关键词陷门，服务器根据陷门执行检索算法后返回目标密文，这样可以避免在发送者和接收者之间建立安全通道，具有很高的实用性。

③ 混合可搜索加密

混合可搜索加密可解决一对多和多对多模型的可搜索加密问题。它本身能有效地支持最基本形式的隐私数据的共享，通过共享密钥，其可被拓展到多对多的应用场景，通过混合加密与基于属性加密技术相结合，或与代理重加密结合，也可用于构造共享方案。

2. 使用控制

前面介绍了虚拟资产安全存储的相关技术，下面介绍虚拟资产的使用控制的相关技术，主要包括访问树和线性秘密共享体制。

(1) 访问树

设 T 是一棵访问树，树中每个非叶子结点表示由其子节点和阈值所描述的门限。设num_x表示结点 x 的子结点数目，k_x表示结点 x 的阈值，有 $0<k_x\leqslant\mathrm{num}_x$。当$k_x=1$ 时，门限表示“OR”门，当$k_x=\mathrm{num}_x$时，它表示“AND”门。树中的叶子结点表示一个属性且其阈值$k_x=1$。

为了简化访问树的操作，通常需要定义一些函数。函数 parent(x)表示结点 x 的父节点。函数 att(x)表示与叶子节点 x 关联的属性值。访问树 T 对每个结点的子结点进行编号，将子结点从 1 至 num 编号，函数 index(x)返回结点 x 的编号。

假设 r 为访问树 T 的根节点，而T_x表示访问树 T 中以 x 为根节点的子树，因此 T 也可以表示为T_γ。如果属性集合 γ 满足访问树T_x，表示为$T_x(\gamma)=1$。

可以通过以下方式递归计算$T_x(\gamma)$的值：

① 如果 x 是一个非叶子结点，计算 x 的所有子结点 x 的$T_x(\gamma)$，当且仅当至少k_x个子结点返回 1 是，$T_x(\gamma)$返回 1；

② 如果 x 是一个叶子结点，当且仅当 att(x)$\in\gamma$，$T_x(\gamma)$返回 1。

(2) 秘密共享体制在 1979 年被 Shamir 和 Blakley 独立提出后，在实际中应用也越来越多。在信息系统中使用的秘密共享，可以防止系统密钥的遗失、损坏和来自敌方的攻击，减小秘密保存者的责任。在(t,n)秘密共享体制中，秘密分发者将一个秘密信息分成 n 个秘密份额，分成 n 个人，当需要恢复秘密信息时，任意少于 t 个的秘密保存者都得不到该秘密的任何信息。

秘密共享体制中秘密的重构大多都是通过求解线性方程组实现的，这就促使了线性秘密共享体制(LSSS)的建立，Brickell 在 1989 年就提出了秘密共享体制空间结构，但直到 1996 年才由 A. Beiml 给出一般的线性秘密共享体制的数学模型，建立了线性秘密共享体制与可计算单调布尔函数的单调张成方案之间的对应关系。

设 $P=(p_1,p_2,\cdots,p_n)$为 n 个参与者集合，S 为秘密集，K 为有限域，其中，2^P 表示 P 的所有子集构成的集合。AS$\in 2^P$为 P 上的接入结构，它是由所有能恢复密钥 S 的参与者子集组成的集合。AS 具有单调递增性，即 $G\in$ AS,$G'\supseteq G$，则 $B\in$ AS。设 A 为攻击者结构，且具有单调递减性，即 $B\in A$,$B'\subseteq B$，则$B'\in A$。通常用(AS,A)表示 AS 为完备的。在本书中只考虑 AS 是完备的情况。

定义 7.8 设 S 为秘密集，R 是随机输入集，S_i 是所拥有的份额集。$1 \leqslant i \leqslant n$，分配函数

$$\prod : S \times R \rightarrow S_1 \times S_2 \times \cdots \times S_n \tag{7.3}$$

称为由 AS 实现的秘密共享体制，若满足以下条件：

$$H\left[S \mid \prod(S,R)\big|_G\right] = 0, \forall G \in \text{AS},$$

$$H\left[S \mid \prod(S,R)\big|_B\right] = H(S), \forall B \notin \text{AS},$$

其中，$H(\cdot)$是熵函数。

另外，若 $S=K, R=K^{l-1}, S_i=K^{d_i}$，其中，$l$、$d_i$ 是正整数，$1 \leqslant i \leqslant n$。秘密 S 是由接入结构中参与者所持秘密份额的一个线性组合来恢复的，称为由 AS 实现的线性秘密共享体制。

7.2.3 安全交易和追踪溯源

本节主要介绍虚拟资产的安全交易和追踪溯源的相关知识，实现机制如下：首先，基于公平交易协议和区块链建立资产安全交易模型，利用工作量证明和股权证明等共识机制产生可靠的资产交易记录，保证交易记录的真实性和不可篡改；然后，基于自适应数字水印算法在资产数据中嵌入标识水印，通过检测和提取水印实现资产数据的溯源；最后，在数字虚拟资产交易过程中，对交易记录、操作记录等数据采样后，基于分类器和相似度等模型进行异常分类检测，并结合登记信息实现异常交易资产的溯源。二者的具体关系如图 7.19 所示。

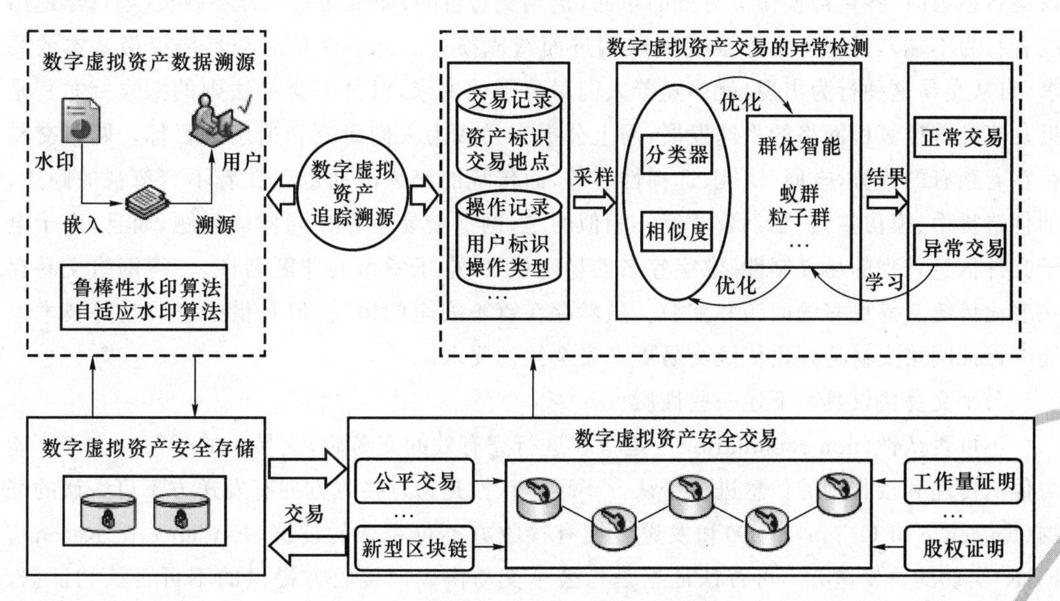

图 7.19 数字虚拟资产安全交易与追踪溯源

1. 安全交易

安全交易的重要保证是公平交易，公平交易在网络环境中主要有以下几种形式。

(1) 公平的信息交易：A 和 B 想通过网络交易信息M_A和M_B。作为交易的双方，A 担心 B 在获得 A 的信息M_A后会终止交易过程，从而使 B 处于有利情况，或者 B 在交易的过程中使用虚假信息和 A 的真实消息进行交易，也使 B 处于有利情况；而 B 同理会担心发生上述

的情况。因此A和B必须要在确信自己在一个安全的体制条件下，才能够和对方进行合法的信息交易。

(2) 公平的消息发送和接收：A需要将消息M发送给B，但是由于消息M是非常重要的，A需要对B是否接收到这个消息进行确认，而B也要确认M是不是他需要收到的消息，否则他也不会给A发送接收回执。也就是说，在交易结束的时候，A希望收到B的接收到M的回执，而B也希望A承认它曾发送M给B。

(3) 公平的同时签约：A和B想要在网上签署一份合同，但是双方都不想比对方提前在协议上签字，双方都害怕在自己签字之后对方不签字或进行否认抵赖。但是，如果能保证双方在正确的合同上签字，并且双方诚实且等待对方足够的时间，那么双方就欣然签署合同，而且签约方能够验证对方的签名是有效的，合同是正常非伪造且不可伪造的。

(4) 公平的网络支付：A想通过Internet的付费功能向商家B进行购买商品，但是害怕B在收到钱后不发货，而且他也不希望他的购物的信息和账户信息泄露出去；而B则担心A是假的身份或对自己进行欺骗行为。也就是说，双方都担心对方会终止这次交易，甚至逃避相关应该承担的责任。

为了能够保证交易双方的安全性，满足双方共同的安全性要求，就产生了公平交易协议这种体制，来保证交易的顺利安全地进行。

公平交易协议用来保证交易公平地进行。所谓公平是指如果交易双方都诚实，那么协议运行结束时，各自都换得了对方的东西，达到交易目的；如果交易一方不诚实（如过早退出或者行为不端），另一方也不会受到欺骗进而造成损失。公平性是对交易协议最基本的要求，自从交易这种行为出现，就伴随着人们对公平的追求，对公平交易法则的探索。尤其是近几年随着计算机网络的飞速发展，网上公平交易成为人们研究和追求的目标。网络交易存在着独有的优势，方便、快捷、选择性多等，而传统的交易活动也存在着不容忽视的隐患，如伪造货币、模仿签名、私刻公章等。相似的是，网上交易也存在同样的问题，而且，由于电子文件信息处理的易复制性、数字签名的易生成性、电子货币的非匿名性，使得网络交易存在着比传统交易更多的问题和漏洞。虽然存在着不安全的情况，但是借由密码学等技术也能够保证网络交易达到比传统交易更高安全性的要求。

公平交易协议具有下述一些性质。

不可否认性(non-repudiation)：是指在进行完有效的交易后，交易中的任何一方都不能对他所传递和接收到的信息进行否认。不可否认性是通过接收方拥有发送方不可否认的证据(Evidence of Origin，EOO)和发送方拥有接收方不可否认的证据(Evidence of Receipt，EOR)实现的。发送方不可否认证据是指公平交易协议向接收方提供的不可否认的证据，这个证据用来证实发送一方发送过某个消息。接收方不可否认证据是公平交易协议中向发送方提供的不可抵赖的证据，用来证实接收方收到过发送方发送过的某个消息。

可追究性(accountability)：是与上述性质不可否认性紧密相关的另一性质，也是公平交易协议必须满足的另一个基本要求，是指协议主体应当对自己的行为负责，在发生交易纠纷时，主体可以提供必要的证据来保护自身的利益。可追究性是通过发送方不可否认的证据以及接收方的不可抵赖的证据来实现的，也就是正确执行完协议后，应当还需要保证发送方收到EOR并且接收方收到EOO。

有效性(effectiveness):是指如果两个参与者的行为是合法的,并且都不愿意放弃所签署的协议时,在不涉及第三方并且通信通路可靠的情况下,在协议结束后,参与交易的双方都能获得各自所需的东西。

时效性(timeliness):是指在确定的信道质量的前提下,协议必须保证在执行的过程中,任何一方都可以终止协议的进行。协议结束这件事不能够影响协议的公平性。

高效实用性(efficiency):是指执行协议的效率要高,来保证实用性。

第三方可验证性(verifiability of TTP):是指在发生纠纷时,第三方可以进行仲裁,也包括对不诚实合法的一方进行制裁。同时,如果第三方不诚实使得该协议对A不公平,则A可以向仲裁者证明第三方的不公正行为。

匿名性(anonymous):是指在交易的过程中,客户要求保护自己的隐私,不泄露自己的身份、购物习惯、购物品种等信息,也就是交易必须保护交易双方的隐私秘密信息。相同与现金交易的虽然有钞票的流水号,但是并不显示使用者的信息,在虚拟世界进行交易的双方,都无法获取消费者的身份。

原子性(atomic):在电子商务中分为三级,呈向上兼容的关系,即后者包括前者,如钱原子性、商品原子性、确认发送原子性。钱原子性是指在电子商务中的资金流动是守恒的,也就是说资金在电子商务中进行各方转移时,既不会创生也不会消失。商品原子性定义是保证购买者付了相应款项后就一定能得到商品,购买者如果得到了商品就一定已经交付相关款项,不会存在付款却得不到商品,或者得到商品却未曾付款的情况。确认发送原子性是指对客户购买的和商家销售的商品的内容诸如品质等信息能够被双方确认,也就是说既满足确认发送原子性的协议也要保证购买者得到了他所购买的商品,商家发送了客户所购买的商品。为了满足这一性质,一般是通过一个可信任的第三方,当然也可以从技术上保证这一性质的实现。

不可滥用性(non abuse):是指在两方或多方公平交易模型中,参与交易的任一方在协议进行的任何时间,都不能向第三方证明他们具有终止(或完成)协议的能力。

下面用几个例子来介绍网络公平交易,Internet上的电子支付、挂号电子邮件、电子合同签订等。公平的电子支付协议确保了在购买者得到货物的同时,让卖者得到货款;公平的挂号电子邮件协议确保在邮局传递电子邮件的同时,让投信者获得了相应的收据,作为反拒认的证据;公平的电子合同签订要求双方同时在电子文件上签名,或者不签名。

尽管具体的公平交易协议千差万别,一般可以用三种模型来概括。一个具体的公平交易协议要么属于某种模型,要么属于它们的组合。

第一种模型称为自动执行协议(Self-Enforcing Protocol)模型,如图7.20所示,符合它的协议是协议中最好的。协议本身就保证了A和B交易的公平性,不需要仲裁者来完成协议,也不需要裁决者来解决争端,协议的构成本身使得不可能发生争端,如果协议中的一方试图欺骗,其他各方马上就能发觉并且停止执行协议。无论欺骗方想通过欺骗来得到什么,他都不能如愿以偿。

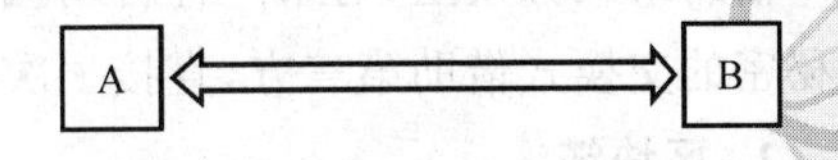

图7.20　自动执行协议模型

不可否认，最好的协议都是自动执行协议，但是目前针对现有情况并没有找到实际的自动执行协议，为了解决这个问题，人们提出了新的想法。这个协议的基本思想是交易双方逐渐把秘密泄露给对方。例如，把秘密分为 n 等份，每一轮交换一份。如果交易进行了 $m(m<n)$ 轮后被终止（不排除其中某方故意中止或者线路出现故障），双方将尽力去推测对方剩下的秘密。如果双方的推测能力（如 CPU 运算能力、拥有的内存资源等）不一样，交易的公平性将遭到破坏。要求交易双方需要有近似的推测能力，在实际系统中，尤其是 Internet 这样的异构环境中是不现实的。另外，这种方法还需要进行大量的通信，效率很低。综上，这种方法实用价值十分有限。

第二种模型为在线第三方（On-Line Third Party）模型，如图 7.21 所示。在这种模型中 A 与 B 之间的每一次交易，都借助第三方的帮助，所以，将这样的第三方称为在线的。

借助完全可信的第三方，公平交易问题有一个显而易见的解决方法：交易双方 A，B 把各自的秘密S_A、S_B都交给第三方，第三方分别验证秘密的真实性：如果都真实，那么，第三方把S_B交给 A，把S_A交给 B。然而，这种第三方绝对依赖的方法，许多情况下并不能满足实际应用的需要，一方面，从安全的角度，这样的第三方很可能不存在（即使第三方本身愿意公平地工作，在黑客的不断攻击下，也未必能保证足够的安全性）；另一方面，性能也容易成为系统的瓶颈。

第三种模型称为离线第三方（Off-Line Third Party）模型，如图 7.22 所示。在这种模型中，并不是 A 与 B 之间的每一次交易，都要借助第三方来完成。只有在某一方有欺诈行为，而另一方需要保护时，才涉及第三方。所以，将这样的第三方称为离线的。第三方根据要保护的一方提供的证据，对其提供相应的帮助。有些资料中也称此模型为乐观交易模型（Optimistic Exchange Protocol）。

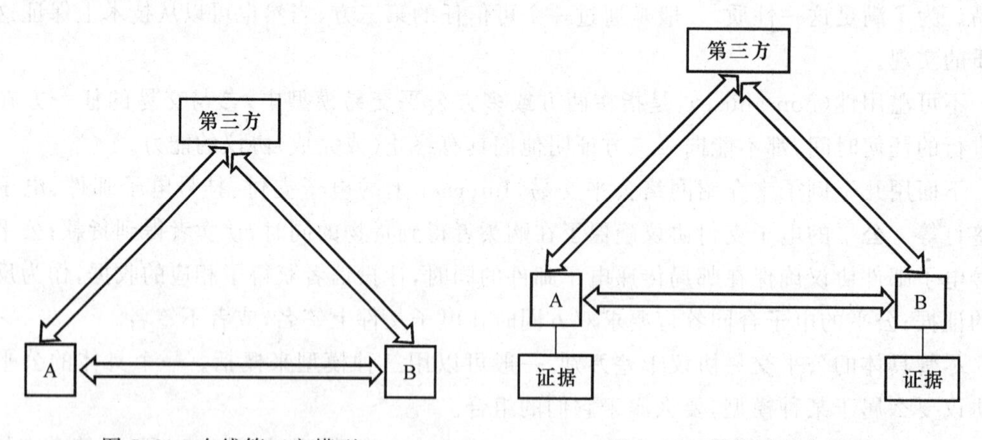

图 7.21　在线第三方模型　　　图 7.22　离线第三方模型

借助第三方模型，与第一种自动执行协议模型不同（秘密的渐进式交换），这种方法中双方秘密的交换式借助第三方，直接一次性完成的。因此，通信量比第一种方法小得多。

2. 区块链

数字货币分为中心化和去中心化两种模式。早期数字货币都是中心化的，类似于传统银行系统，制作与发行货币、审核并记录交易、防止伪造以及审核双重支付攻击等工作由权威中心完成。自从2009年比特币的提出，标志着去中心化数字货币的开始。去中心化数字货币没有权威中心，系统的安全性依赖于网络中所有节点，原权威中心的工作由全网节点共同完成。在比特币网络中，所有节点需要竞争困难问题来争夺记账的权利，率先求解成功的节点不仅获得记账权，还会获得一定的奖励。通常节点称为矿工，求解过程称为挖矿，去中心化的数字货币通常统称为密码货币或者加密货币。

比特币的核心共识协议是区块链技术，利用区块链建立分布式总账，对交易次序达成共识，在互不信任群体之间建立信任。其他密码货币模仿比特币的源代码，尤其是比特币的底层技术——区块链技术。区块链对于很多计算机安全问题具有深远意义，如分布式域名系统、安全时间戳与承诺、公开随机性的生成，以及像智能合约、分布式市场与订单、分布式自治代理这样的金融问题。

区块链技术是基于密码学中的椭圆曲线数字签名算法(ECDSA)实现去中心化的数据库技术，将区块以链的方式组合在一起形成数据结构，以参与者共识为基础存储先后关系的、能在系统内验证的数据。其具体的技术方案是让参与系统的任意多个节点把一段时间系统内全部信息交流的数据，通过密码学算法计算和记录到一个数据块(block)，并且生成该数据块的指纹用于链接(chain)下个数据块和校验，系统所有参与节点来共同认定记录是否为真。

区块链技术有以下特点。

(1) 数据信息完整透明，可完全验证。区块链技术中，记录数据的区块是按照时间顺序生成的，因此相邻区块具有严密的逻辑关系，相互引用生成；同时区块组合成链，实现系统内所有节点共享的交易是数据库。区块链技术形成存储的数据具有不可篡改和无法伪造的时间戳，任何交易都有完整的证据链和可信任的追溯环节。

(2) 开源去中心的高容错分布式结构。区块链系统协议是开源、去中心化的，建立的数据库是全球范围内的超级数据库，业务模式具有极高的包容性；数据信息的产生、记录、存储、传播都是采取分布式配给系统的各个节点，这样就能够保证系统内置业务的连续自运转，避免部分节点出错导致系统崩溃的情况。

(3) 高安全性的智能合约可编程。区块链技术采用“非对称加密算法”解决共识机制，不拥有私钥而破解的可能性几乎为零，与此同时，带入验证的难度较低，加密计算安全性非常高。区块链技术运用可编程原理内嵌脚本概念，实现智能可编程，对价值交换的特定限制、交易模式变动和更新等都可以编程写入区块链，形成智能合约。

(4) 高运作效率，低运营成本。区块链技术信任机制建立在非对称密码学基础上，系统使用者不需要了解对方基本信息即可进行可信任的价值交换，即在没有中心机构的情况下达成共识，价值交换的摩擦成本几乎为零，从而在保障信息安全的同时保证了系统运营的高效率和低成本。

(5) 透明数据背后的匿名性。区块链上的数据都是公开透明的，但数据并不绑定到个人，任何交易的信任基础都是通过纯数学背书而非交易对象的身份背书，从而实现了数据透明的同时保护参与者个人隐私的匿名特点。

区块链技术有三个发展方向，迄今为止，已形成区块链1.0，区块链2.0和区块链3.0

的概念。

区块链 1.0 指的是以比特币为代表的密码货币,虽然问题重重,包括价格的剧烈波动、数量上限可能导致通货紧缩、挖矿对能源的浪费、各国政府监管的限制等,但其仍然是区块链技术最成功的应用,为人们勾勒出一种理想的画面——全球货币的统一。货币的发行不再依赖于各国的央行。区块链 1.0 的起点很高,可能是路途最遥远的。

区块链 2.0 指的是区块链技术在其他金融领域的运用。包括华尔街银行想打造的区块链行业标准,用来提高银行结算支付的效率,降低跨境支付的交易成本,在其他金融交易中,也积极尝试使用区块链技术实现股权登记、转让等功能。

区块链 3.0 将区块链应用的领域扩展到金融领域之外,涵盖了人类社会生活的方方面面,包括司法、医疗、物流等领域,在各类社会生活中实现信息的自证明,不再依靠某个第三方的人或机构来获得信任或建立信任、实现信息的共享,区块链技术可以解决信任问题,提供整个系统的运转效率。

这三个版本不会是依次实现的过程,而是共同发展,相互促进。正如之前提到的,区块链 1.0 的目标很宏伟,但实现路途漫长且艰难。

区块链作为一种数据运行与存储的底层技术,有种说法把它比作当前的 TCP/IP 协议,把电子货币比作最早的互联网应用 E-mail,认为未来会有更多网络设想于区块链上实现,数字世界会被其颠覆并重新定义。

区块链的第一级应用就是构建一个基于区块链技术的程序开发与运行平台,提供一种分布式应用程序运行的底层协议,类似苹果开发者中心、即将问世的微信应用号一样,使得程序能够基于区块链运行;同时,大部分平台开放应用程序编程接口(API),支持开发者开发自己的程序应用于区块链平台。这第一级应用有可能对目前的互联网及商业运作模式造成颠覆,这也是区块链能够吸引广泛关注,并获得了美国的众多人力财力资源投入的原因。

按照区块链覆盖对象的范围和数量,区块链可以分为公有链、联盟链和私有链。公有链是指任何人都可以读取、发送数据并获得有效确认,任何人都可以参与数据库维护的区块链;联盟链是指数据库的维护只允许预选节点参与的区块链,这种区块链可视为“部分去中心化”或“多中心化”;私有链是指数据库的维护权限完全掌握在一个实体中的区块链,其读取权限有可能对外开放或是有选择性的开放。

未来具有发展前景的三类区块链:公有链、私有链、联盟链。

公有链:无官方发行机构,参与者自发的行为。任何节点可以自由进出,基于工作量证明的共识机制,所有节点都可以参与共识过程。系统是开源的,开发者可根据源代码自己开发系统。代表是比特币和以太坊。

联盟链:加入需要申请和身份验证,并签订协议,采用基于协议的共识机制,由预设的某些节点进行记账,建立区块,实现分布式账本,全网所有节点都可以参与交易,并查看所有账本。代表是 R3 的银行联盟。

私有链:建立在某个机构内部,具体规则由机构自己来设定。代表是 Overstock。

三种链的共同点包括公开透明、不可篡改、可追溯、时间序列、P2P 和加密等,但是去中心化程度不同,最大的区别在于共识机制和信任的建立。

完整的区块链技术就是比特币的账本，去中心地传递有价值的数字资产。比特币之外的应用场景其实是使用了部分的区块链技术，简化了工作量证明，使达成共识的要求降低。在牺牲了部分民主之后，获得了效率的提升。到了私有链的阶段已经不具备去中心化的性质了。三种区块链的比较如表7.1所示。

表7.1 三种区块链比较

	私有链	联盟链	公有链
参与者	个体或公司内部	特定人群，入盟协议	任何人自由进出
信任机制	自行背书	集体背书	工作量证明
记账人	自定	参与者协商决定	所有参与者
激励机制	不需要	可选	需要
中心化程度	中心化	多中心化	去中心化
突出优势	透明和可追溯	效率和成本优化	信用的自建立
典型应用场景	审计	清算	比特币
承载能力	—	1 000～10 000次/s	3～20次/s

区块链的作用：在大家互不相信的情况下来建立信用机制；解决中心化导致的非技术方面成本过高的问题，包括管理成本、组织机构的搭建等；能使信息真实透明、可追溯、便于核对，例如用于审计，可以提高效率，但同时保护客户的隐私；记录有时间序列的数据，例如交易确认、版权登记等。

3. 追踪溯源

随着计算机技术的普及和发展，多媒体存储和传输技术的进步使存储和传输数字化信息成为可能。同时，随着计算机通信技术的迅速发展，传播数字多媒体信息也越来越方便快捷。迅速兴起的Internet以电子印刷出版、电子广告、网络视频和音频等新的服务和运作方式促进了社会各方面的发展。然而，这也是盗版者能以低廉的成本复制及传播未经授权的数字产品内容，出于对利益的考虑，数字产品的版权所有者迫切需要解决知识产权(intellectual property rights)保护问题。

数字水印(digital watermarking)是近年来出现的数字产品版权保护技术。可以标识作者、所有者、发行者、使用者的身份，并且带有版权保护信息和认证信息，目的是鉴别出非法复制和盗用的数字产品，作为密码学的加密或置乱技术的补充，保护数字产品的合法复制与传播。由于数字水印的研究要以计算机科学、密码学、通信理论、算法设计和信号处理等领域的思想和概念为基础，一个数字水印方案一般总是综合利用这些领域的最新进展。

数字水印是永久镶嵌在其他数据(宿主数据)中具有可鉴别性的数字信号或模式，而且并不影响宿主数据的可用性。

不同的应用对数字水印的要求不尽相同，一般认为数字水印应具有如下特点。

(1) 安全性：数字水印中的信息应是安全的，难以被篡改或伪造，同时，有较低的误检测率。即水印嵌入算法具有较强的抵抗攻击的能力，能够承受一定程度的人为攻击而使水印不会遭到破坏。

(2) 透明性(隐形性)：以模拟方式存储并且分发的信息(如电视节目)，或者以物理形式存储的信息(诸如报纸、杂志),用可见的标志可以表明其所有版权。但是在数字方式下,标志信息极易被修改或者擦出,因此应该根据多媒体信息的类型和集合特性,利用用户提供的密钥将水印隐藏到一系列随机产生的位置中,使人无法察觉。

(3) 稳健性(鲁棒性):数字水印必须是难以(最好是不可能)被除去,如果只知道部分数字水印信息,那么试图除去或破坏数字水印应导致严重的降质而不可用。数字水印应在下列情况下具有稳健性:有数字水印的数据即使经过了一些常用的信号处理,数字水印仍能被检测到稳健性,包括数/模转换、模/数转换、重采样、重量化、滤波、平滑、有失真压缩等常用的信号处理方法;一般的几何变换(仅对图像和视频而言)下的稳健性,包括旋转、平移、缩放及分割等操作。

(4) 不可检测性:①水印信息和原始载体的数据具有一致的特性,使攻击者无法通过信息分析等手段判定多媒体数据中是否存在水印;②水印信息本身不具统计特性,从而避免攻击者通过统计多个多媒体数据而分析存在的相似性来进行攻击。

(5) 自恢复性:经过一些操作或者变换之后,可能会使原始载体数据产生较大的破坏,如果从留下的片段数据能够恢复原本所有的信号,也就是具有所谓的自恢复性。

下面介绍数字水印的框架。

数字水印是将一些如水印、数字签名、标签或者商标等水印信息嵌入到多媒体对象中以至于事后水印能够被检测或提取出来的一个过程,从而能够证明多媒体对象的所有权,多媒体对象可以是图像、视频或者音频。下面以一个简单的例子说明:即可见的印章被印在图像上来说明版权所属,当然,水印还可能包含一些其他的附加信息,这些附加信息也包含了多媒体对象副本购买者的身份标识。

通常,任何一个数字水印都由三部分组成:①水印;②编码器(也称为嵌入算法);③解码器和比较器(也称为验证算法,还可以称为提取算法或检测算法),每一个所有者都有唯一的水印,或者一个所有者能够将不同的水印嵌入到不同的对象中,嵌入算法将水印嵌入到对象中,把水印和对象合为一体,验证算法用于鉴别对象来确定它的所有者和完整性。

下面建立加载数字水印和检测数字水印的数学模型,I 代表一幅图像,S 则代表了数字水印中的信息,I' 是加载数字水印后的图像,ε 是编码函数,对 ε 有如下关系成立:

$$\varepsilon(I,S)=I'. \tag{7.4}$$

值得注意的是这里并未排除数字水印信息 S 依赖于图像 I 的可能性。

解码函数 D 从图像 J 中提取出数字水印或者是数字水印证据S',图像 J 可以是一幅有数字水印或没有数字水印的图像,也可能是遭到破坏的有数字水印的图像,如果解码方法中需要参考未加数字水印的原图像 I,则有式(7.5)成立:

$$D(J,I)=P(T), \tag{7.5}$$

其中,P 表明图像 J 中有数字水印 T 存在,当 $P(T)=T$ 时,解码中可以简化为仅返回提取出的数字水印 T,如果解码过程中不需要 I,则解码过程可表达为 $D(J)=P(T)$,当 $P(T)=T$ 时,提取出的数字水印 T 同所有者的数字水印 S 通过一比较函数C_δ相比较,比较函数输出二进制的判决结果以表明输入两者间匹配与否。

$$C_\delta(T,S)=\begin{cases}1, & c\geqslant\delta\\ 0, & \text{其他}\end{cases} \tag{7.6}$$

这里，C 是数字水印 T 和 S 之间的相关。因此不失一般性，一个数字水印方案可表示为一个三元组(ε, D, C_δ)，其中，对任何图像 I 和任何可允许的数字水印 S 都有 $D[\delta(I, S)] = S$ 成立。

数字水印的加载和检测过程如图7.23所示。需要说明的是，不同的数字水印方案其加载和检测过程并不是完全相同的。

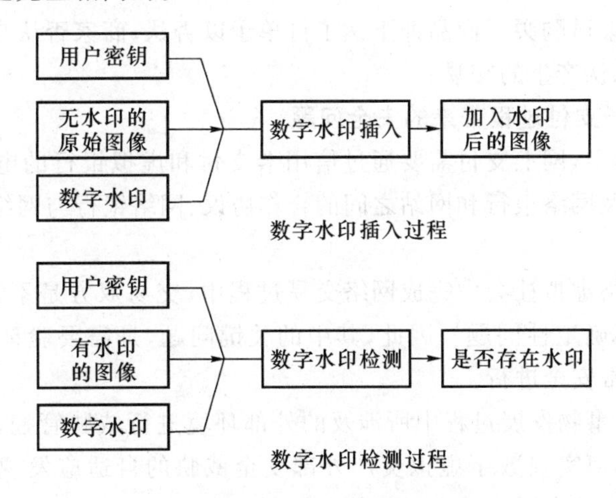

图7.23　数字水印的插入和检测过程

数字水印可以受到一些攻击，例如压缩和传输的噪声、复制和滤波等，下面分别做介绍。

(1) 有损压缩：许多如同JPEG和MPEG的压缩策略，即对多媒体对象存储时造成的损害，会导致不可恢复的数据丢失，从而潜在地降低了数据的质量。

(2) 几何变形：几何变形尤其是对于图像质量进行了旋转、平移、缩放、复制、模糊等操作。

(3) 普通的信号处理操作：包含数/模转换，模/数转换，重采样、重量子化、抖动变形、重压缩、线性滤波、非线性滤波、色彩所见、附加高斯噪声、附加非高斯噪声和像素交换。

其他有意攻击：①印刷和重扫描；②重水印；③共谋，即合法授权的用户通过嵌入不同水印的图像副本，通过一定算法生成未嵌入水印的图像；④伪造，合法授权的用户使用有效的水印来生成嵌入水印图像的副本；⑤IBM攻击，制作原件的赝品，使其能够同原件一样被使用，其伪造的水印也能够被提取出来或者进行验证。

7.3　虚拟资产威胁管控

在网络虚拟社会产生的重大虚拟资产价值面前，虚拟资产面临着诸多安全问题，下面简单做一下介绍。

1. 身份的不确定问题

由于在网络虚拟空间中，实现虚拟资产的交易需要借助于虚拟的网络平台，即交易的双方并不需要面对面进行，因此导致了买卖双方身份的不确定性。然而，攻击者可以通过非法的手段盗用网络交易平台上用户的账号和相关的身份信息，假冒合法用户的身份与他人进行交易，从中获得不法收入，身份的不确定带来的问题主要表现在：冒充他人身份、冒充他人进行消费、冒充主机欺骗合法主机和合法用户或者对行为进行抵赖栽赃等。

2. 交易的抵赖问题

在网络交易平台上的交易应该和传统的交易一样，具有不可抵赖性。有些用户可能会否认自己发出的信息，来推卸本应该属于自己承担的责任。主要有下面几种表示方式：用户发布信息后否认自己曾经发送过的消息或者信息；收到信息之后否认自己曾经收到过的消息；或者通过网购等渠道购买了商品即下达了订单予以否认；商家否认自己卖出的商品或者当其出现问题时不承认产生的交易。

3. 网络交易电子支付过程带来的安全问题

在网络交易平台上，网上支付需要通过信用卡支付和虚拟银行的电子汇款来完成。然而，实现支付过程涉及网络银行和网站之间的合作协议、网络银行与网络交易客户之间的协议等安全保障问题。

综上所述，在网络虚拟社会中完成网络交易过程中，交易双方是不需要见面的，因此带了交易双方身份的不确定性问题。因此，其中的关键问题，是需要验证交易双方的主体身份，以确保交易能正常安全进行。

威胁管控是指对事物发展过程中所涉及的外部环境进行威胁管控，确保事物发展周边环境的安全可控。如何实现数字虚拟资产外部安全威胁的自适应发现和威胁变化实时感知，建立数字虚拟资产动态风险的实时评估和控制机制，以提高数字虚拟资产在复杂网络环境中的可生存能力，是数字虚拟资产保护面临的核心问题。本章主要介绍几个模型来刻画虚拟资产的威胁管控手段和思路。

首先将人体免疫系统的结构与数字虚拟资产免疫系统相对应，如图 7.24 所示。

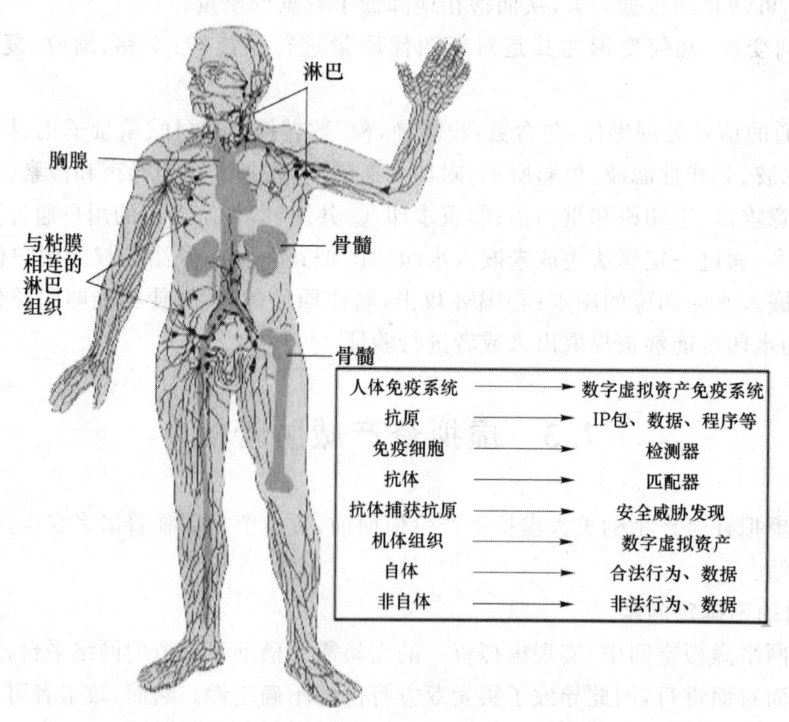

图 7.24　人体免疫系统要素与数字虚拟资产免疫系统对照表

采用免疫的方法研究数字虚拟资产安全威胁感知问题。图 7.25 箭头由下至上是检测器的生成、进化学习过程，箭头从上到下是安全威胁的发现过程（也是自体、抗原的演化过程），其中记忆检测器发现的是已知的威胁，而成熟检测器发现的是未知的威胁，其克隆体作为疫苗立即注入其他免疫系统的记忆检测器集合，以迅速使其他系统具备抵御类似威胁的能力，防止类似威胁的蔓延。

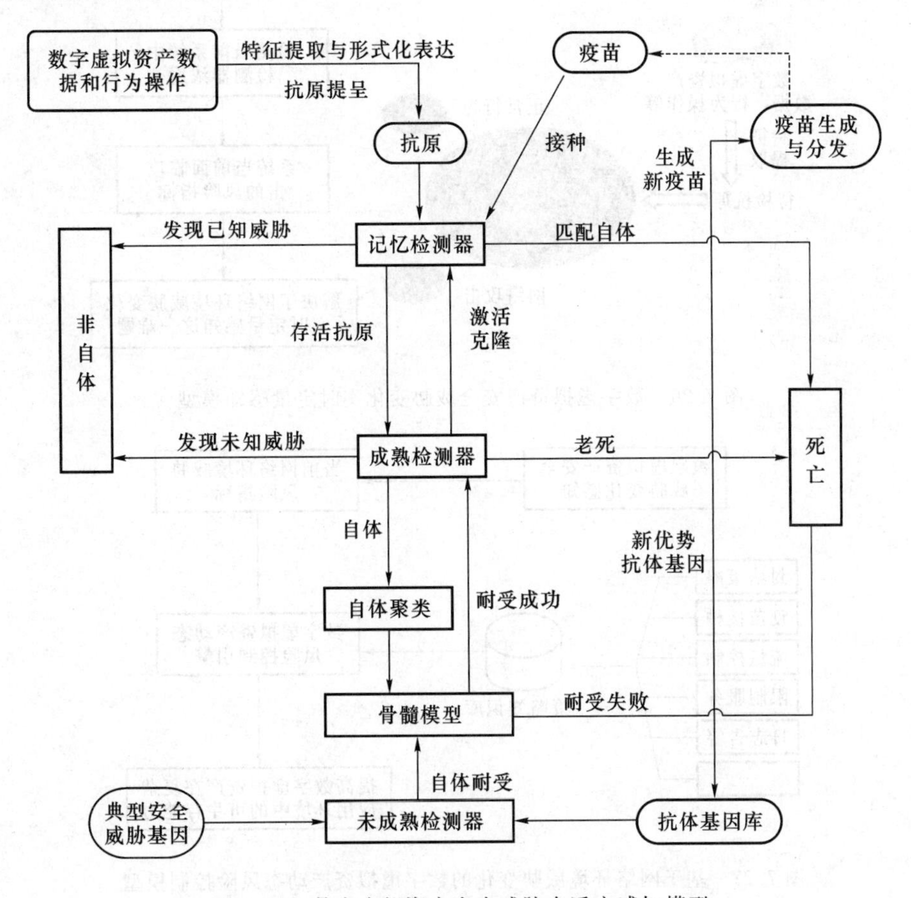

图 7.25　数字虚拟资产安全威胁自适应感知模型

数字虚拟资产安全威胁变化实时定量感知模型，如图 7.26 所示，用来模拟人体免疫系统“抗体浓度随入侵病毒同步动态演化”以及“人体体温风险预警”机制：当检测器发现安全威胁时，模拟人体免疫系统的克隆原理，提高相应检测器的浓度；当安全威胁减弱时，模拟免疫反馈机制，降低相应检测器的浓度。显然，当前系统中检测器的浓度与系统正在遭遇的安全威胁的强度、风险等具有一一对应的关系。因此，通过测量当前系统中检测器的浓度，就可准确获知当前系统面临的动态风险，进而解决“安全威胁变化实时定量感知”这一问题。

数字虚拟资产动态风险控制模型如图 7.27 所示，首先，通过数字虚拟资产安全威胁变化感知（动态风险计算）获取当前数字虚拟资产的网络环境威胁的风险指标；然后，依据该风险指标，从策略知识库中选择有针对性的防御策略，包括日志、警告、隔离、封堵、流量控制、限制服务等，实施积极、主动的防御策略，对不同类别、不同等级的风险进行有针对性的控制，防止攻击蔓延，提高数字虚拟资产在复杂应用环境中的可生存能力。

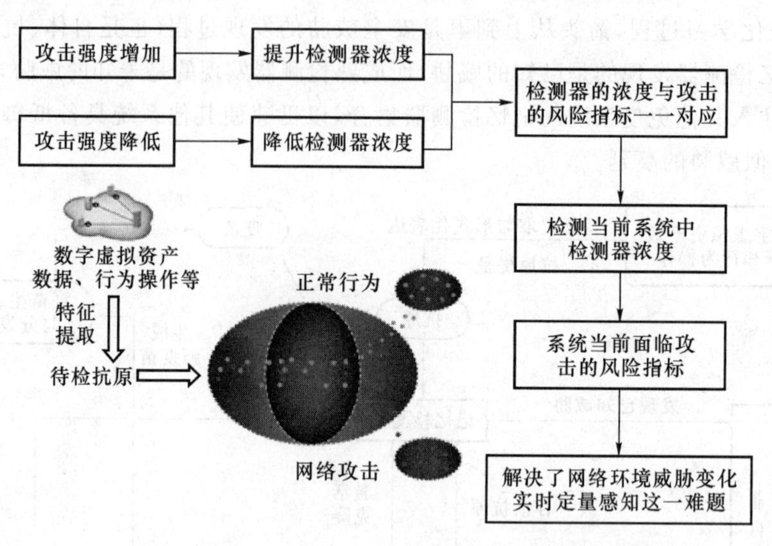

图 7.26　数字虚拟资产安全威胁变化实时定量感知模型

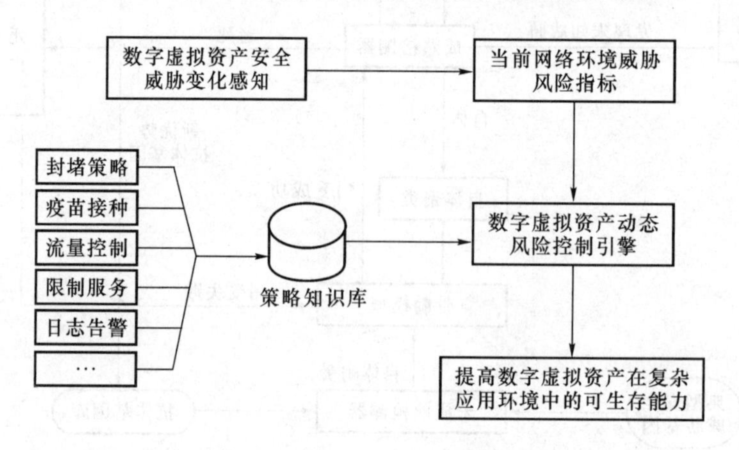

图 7.27　基于网络环境威胁变化的数字虚拟资产动态风险控制模型

第8章 安全通论

"安全"与"信息"都是至今还没有严格定义的概念，但是，这并不意味着不能对它们进行深入研究。其实，早在60年前，香农就已经创立了"信息论"，从而为现代通信的飞速发展奠定了坚实的基础。但是，至今人们对"安全"的研究，特别是对网络空间安全的研究，还仅仅停留在"兵来将挡，水来土掩"的工程层次或技术层次，既缺乏全面系统的理论指导，又遗留了许多明显的漏洞，比如，虽然大家都承认网络空间安全是"三分技术，七分管理"，但是，全世界都几乎将90%的精力聚焦于那"三分技术"；而"七分管理"竟然无人问津，或者说只是片面地将"管理"理解为"颁布几份规章制度"而已。本章通过建立基础的通用安全理论，指导包括网络空间安全在内的所有安全保障工作。

8.1 经络篇

本节将从安全角度出发，用概率方法严格证明任何有限系统，都有一套完整的"经络树"，使得系统的任何"病痛"都可以按如下思路进行有效"医治"：首先，梳理出"经络树"中"受感染"的带病"树枝"体系；然后，对该"树枝"末梢上的"带病树叶"（"穴位"或"元诱因"）进行"针灸"。医治好"病叶"后，与这些"病叶"相连的"树枝"就治好了；医治好所有"病枝"后，与这些"病枝"相连的"树干"就治好了；医治好所有"病干"后，整棵"经络树"就医治好了，从而，系统的"病痛"就治好了。此处所指的有限系统，既可以是儿童玩具这样的微系统，也可以是芯片、计算机、电信网、互联网、物联网甚至整个赛博空间等复杂的巨型有限系统；当然，也可以是消防、抗灾、防病、治安、环保等各类常见的其他系统。

8.1.1 不安全事件的素分解

"安全"是一个很主观的概念，与"角度"密切相关。同一个事件，对不同的人，从不同的角度来说可能会得出完全相反的"安全结论"。比如，"政府监听公民通信"这件事，从政府的角度来看，"能监听"就是"安全"；而对公民来说，"能监听"就是"不安全"。所以，下面研究"安全"，只锁定一个角度，比如，"我"的角度（其实，包括"安全"、美、丑、善和恶等在内的每个形容词，都是主观的和相对的）。

"安全"是一个与时间密切相关的概念。同一个系统，在昨天安全，绝不等于在今天也安全（比如，若用现代计算机去破译古代密码，简直是易如反掌）；同样，在今天安全，也绝不等于在明天就安全。当然，一个"在昨天不安全"的系统，今天也不会自动变为安全的系统。因此，下面研究"安全"时，只考虑时间正序流动的情况，即，立足当前，展望未来（为突出重点，本节中我们只考虑当前时刻的情况。带时间的安全通论，将在后续章节中涉及）。

“安全”是一个与对象密切相关的概念。若A和B是两个相互独立的系统，只考虑A系统的安全，那么，B系统是否安全就应该完全忽略。比如，若只考虑“我的手机是否安全”，那么，“白宫的电脑是否中毒”就可以完全忽略。因此，下面研究“安全”时，只锁定一个有限系统，即该系统由有限个“元件”组成。

考虑系统A，如果直接研究其“安全”，那么，根本就无处下手。不过，幸好有“安全”=不“不安全”，所以，若能够把“不安全”研究清楚了，那么，“安全”也就明白了。

下面以概率论为工具，从“我”的角度，沿着时间的正序方向（但只考虑当前状态），来研究系统A的“不安全”。

假定A系统中发生了某个事件，如果它是一个对“我”来说的“不安全”事件，那么，“我”就能够精确且权威地判断这是一个“不安全的事件”，因为，该事件的后果是“我”不愿意接受的（**注意**：除“我”之外，“别人”的判断是没有参考价值的，因为，本节只从一个角度来研究“安全”）。如果将该“不安全事件”记为D，那么，该事件导致系统A“不安全”的概率就记为$P(D)$。为了简化计算，只考虑$0<P(D)<1$的情况，因为，如果$P(D)=0$，那么，这个“不安全事件”D就几乎不会发生，故可以忽略，因为无论是否对造成事件D的环境进行改进，都不影响系统A的安全性；如果$P(D)=1$，那么，D就是“不安全”的确定原因（没有随机性），这时只需要针对事件D单独进行加固（比如，采用现在所有可能的已知安全技术手段就行了。实际上，当前全球安全界都已经擅长于这种“头痛医头，足痛医足”的方法），就可以提升系统A的安全性了。

从理论上看，给定系统A之后，如果A是有限系统，那么，总可以通过各种手段，发现或测试出当前的全部有限个“不安全事件”，比如，$D_1,D_2,\cdots,D_n$。下面，在不引起混淆的情况下，用D_i同时表示“不安全事件”和造成该事件D_i的原因。于是，系统A的“不安全”概率就等于$P(D_1\cup D_2\cup\cdots\cup D_n)$，或者说，系统A的“安全”概率等于$1-P(D_1\cup D_2\cup\cdots\cup D_n)$。

换句话说，本来无处下手的“安全”研究，就转化为了下面的数学问题。

“安全”数学问题：在概率$0<P(D_1\cup D_2\cup\cdots\cup D_n)<1$的情况下，使该概率$P(D_1\cup D_2\cup\cdots\cup D_n)$最小化的问题，或者使$1-P(D_1\cup D_2\cup\cdots\cup D_n)$最大化的问题。

设D和B是系统A的两个“不安全事件”，那么，$(D\cup B)$也是一个“不安全事件”，但是，$(D\cap B)$或者$(D\backslash B)$等事件就不一定再是“不安全事件”了。若事件D是B的真子集，并且D的发生会促使B也发生，即条件概率$P(B|D)>P(B)$，则称事件D是事件B的“子事件”。

在时间正序流动的条件下，设系统A的过去全部“不安全事件”集合为D，若当前又发现一个新的“不安全事件”B，那么，系统A的当前“不安全”概率$=P(D\cup B)\geqslant P(D)=$系统A的过去“不安全”概率。于是，“不安全性”遵从热力学第二定律：系统A的“不安全”概率将越来越大，而不会越来越小（除非有外力，比如，采取了相应的安全加固措施等）；或者说“安全”与“信息”一样都是负熵。

热力学第二定律：热量可以自发地从高温物体传递到低温物体，但不可能自发地从低温物体传递到高温物体；热量将最终稳定在温度一致的状态。那么，有限系统A的“不安全”状态将最终稳定在什么地方呢？

下面就来回答这个问题。

设D是一个“不安全事件”，如果存在另外两个“不安全事件”D_1和D_2（它们都是D的真子集），同时满足如下两个条件：(1)$D_1\cap D_2=\varnothing$（空集）；(2)$D=D_1\cup D_2$。那么，就说“不安全事件”D是可分解的，此时D_1和D_2都是D的子事件。如果某个“不安全事件”是不可分解的（即，它的所有真子集都不再是“不安全事件”了），那么，就称该事件为“不安全的素事件”。

定理8.1（“不安全事件”分解定理） 对任意给定的“不安全事件”D，都可以判断出D是否是可分解的，并且，如果D是可分解的，那么，也可以找到它的某种分解。

证明：由于有限系统A的全部“不安全事件”只有有限个，$D_1,D_2,\cdots,D_n$，所以，至少可以通过穷举法，对每个$D_i(i=1,2,\cdots,n)$测试一下，看看它是否也是“不安全事件”。如果至少能够找到某个这样的i，那么，D就是可分解的，而且，D_i与(D/D_i)就是它的一个分解；否则，如果这样的i不存在，那么，D就是不可分解的“不安全素事件”，这是因为“$D_1,D_2,\cdots,D_n$”是全部“不安全事件”。证毕。

定理8.2（“不安全事件”素分解定理） 若反复使用上述的“不安全事件”分解定理来处理“不安全事件”$(D_1\cup D_2\cup\cdots\cup D_n)$及其被分解后的“不安全子事件”，那么，就可以最终得到分解：$D_1\cup D_2\cup\cdots\cup D_n=B_1\cup B_2\cup\cdots\cup B_m$，这里对任意的$i$和$j(i,j=1,2,\cdots,m)$都有$B_i$是“不安全素事件”并且$B_i\cap B_j=\varnothing$（空集）。

证明：若$D=D_1\cup D_2\cup\cdots\cup D_n$，已经是不可分解的了，那么，$m=1$，并且$D_1\cup D_2\cup\cdots\cup D_n=B_1$。

若D是可以分解的，并且X是D分解后的一个“不安全子事件”。如果X已经不可分解了，那么，可以取$B_1=X$；如果X还可以再分解，那么，再对X的某个“不安全子事件”进行分解。如此反复，直到最终找到一个不能再被分解的“不安全子事件”，请将该事件记为B_1。

仿照上面分解D的过程，来试图分解$D\backslash B_1$，便可以找出不能再被分解的“不安全子事件”B_2。

再根据$D\backslash(B_1\cup B_2)$的分解，便可得到B_3。

最终，当这个分解过程结束后，全部的B_i就已经构造出来了。证毕。

于是，根据定理8.2，便有$B_i\cap B_j=\varnothing$（空集），并且

$$P(D_1\cup D_2\cup\cdots\cup D_n)=P(B_1\cup B_2\cup\cdots\cup B_m)=P(B_1)+P(B_2)+\cdots+P(B_m).$$

因此，可以将引发有限系统A的“不安全事件”$D_1,D_2,\cdots,D_n$分解为另一批彼此互不相容的“不安全素事件”$B_1,B_2,\cdots,B_m$，并且，还将有限系统A的不安全概率转化为$P(B_1)+P(B_2)+\cdots+P(B_m)$。所以，有限系统A的“不安全”概率$P(D_1\cup D_2\cup\cdots\cup D_n)$的最小化问题，也就转化成了每个彼此互不相容的“不安全素事件”的概率$P(B_i)(i=1,2,\cdots,m)$的最小化问题。

定理8.3（分而治之定理） 任何有限系统A的“不安全事件”集合，都可以分解成若干个彼此互不相容的“不安全素事件”：$B_1,B_2,\cdots,B_m$。使得只需要对每个$B_i(i=1,2,\cdots,m)$进行独立加固，即减小事件B_i发生的概率$P(B_i)$，那么，就可以整体上提高系统A的安全强度，或者说整体上减少系统A的“不安全”概率。

定理8.3回答了前面的“热平衡”问题，即，有限系统A的“不安全”状态，将最终稳定成一些彼此互不相容的“不安全素事件”之并。该定理对全球网络空间安全界的启发意义在于：过去那种“头痛医头，足痛医足”的做法虽然值得改进，但也不能盲目地“头痛医足”或“足痛医头”，而是应该科学地将所有安全威胁因素，分解成互不相容的一些“专科”$(B_1,B_2,\cdots,$

B_m),然后,再开设若干"专科医院"来集中精力"医治"相应的病症,即减小 $P(B_i)$。

专科医院也是要分门诊部的,同样,针对上述的每个"不安全素事件"B_i也可以再进一步地进行分解,并最终得到系统 A 的完整"经络图",于是,便找到了某些"头痛医足"的依据,甚至给出"头痛医足"的办法。

8.1.2 系统"经络图"的逻辑分解

设 B 是 D 的一个真子集,并且,若事件 B 发生,那么将促进 D 也发生,即 $P(D \mid B)-P(B)>0$,那么,就称 B 为 D 的一个诱因。

针对任何具体给定的有限系统 A,因为 D 是有限集,所以,从理论上看,总可以通过各种手段,发现或测试出当前 D 的全部有限个诱因,例如,$B_1,B_2,\cdots,B_n$,即,$D=B_1 \cup B_2 \cup \cdots \cup B_n$。

设 B_1和 B_2是 D 的两个诱因,而且还同时满足:(1)$B_1 \cap B_2=\varnothing$(空集);(2)$D= B_1 \cup B_2$。那么,就说 D 是可分解的,并且 $B_1 \cup B_2$就是它的一种分解。如果某个 D 是不可分解的,即它的所有真子集都不再是其诱因了,或者说对 D 的所有真子集 D_i,都有条件概率 $P(D \mid D_i)=P(D)$,那么,就称该事件为"素事件"。

若 B、B_1、B_2都是 D 的诱因,并且,(1)$B_1 \cap B_2=\varnothing$(空集);(2)$B=B_1 \cup B_2$。那么,就说 D 的诱因 B 是可分解的,并且 $B_1 \cup B_2$就是它的一种分解。如果诱因 B 是不可分解的(即,它的所有真子集都不再是 D 的诱因了),那么,就称该诱因 B 为"D 的素诱因"。如果诱因 B 的所有子集 B_i,都不再是 B 自己的诱因了,那么,就称 B 为"D 的元诱因",或形象地称为"D 的穴位"。

定理 8.4(事件分解定理) 对任意给定的事件 D,都可以判断出 D 是否是可分解的,并且,如果 D 是可分解的,那么,也可以找到它的某种分解。

证明:由于系统 D 的全部诱因只有有限个,$B_1,B_2,\cdots,B_n$,所以,至少可以通过穷举法,对每个 $B_i(i=1,2,\cdots,n)$测试一下 $D\backslash B_i$,看看它是否也是 D 的一个诱因。如果至少能够找到某个这样的 i,那么,D 就是可分解的,而且,B_i与($D\backslash B_i$)就是它的一个分解;否则,如果这样的 i 不存在,那么,D 就是不可分解的,这是因为"$B_1,B_2,\cdots,B_n$"是 D 的全部诱因。证毕。

定理 8.5(事件素分解定理) 若反复使用上述的"事件分解定理"来处理事件 D,那么,就可以最终得到分解:$D=B_1 \cup B_2 \cup \cdots \cup B_m$,这里对任意的 i 和 j $(i,j=1,2,\cdots,m)$都有 $B_i \cap B_j=\varnothing$(空集),并且每个 B_i都是 D 的素诱因。

证明:若 D 已经是不可分解的了,那么,$m=1$,并且,$D=B_1$。

若 D 是可以分解的,并且 B 是 D 分解后的一个诱因。如果 B 已经是 D 的素诱因了,那么,可以取 $B_1=B$;如果 B 还可以再分解,那么,再对 B 的某个诱因进行分解。如此反复,直到最终找到一个不能再被分解的素诱因,将它记为 B_1。

仿照上面分解 D 的过程,来试图分解 $D\backslash B_1$,便可以找出 D 的不能再被分解的素诱因 B_2。

再根据 $D\backslash(B_1 \cup B_2)$的分解,便可得到 B_3。

最终,当这个分解过程结束后,全部的 B_i就已经构造出来了。证毕。

有了上面各定理的准备后,就可以给出有限系统 A 的经络图算法步骤。

第 0 步:针对系统 A 的"不安全事件"D。

第 1 步：利用定理 8.2，将 D 分解成一些互不相容的"不安全素事件"$B_1 \cup B_2 \cup \cdots \cup B_m$，这里对任意的 i 和 $j(i,j=1,2,\cdots,m)$ 都有 B_i 是"不安全素事件"并且 $B_i \cap B_j=\varnothing$（空集）。为保证清晰，在绘制经络图时，可以从左至右，按照 $P(B_i)$ 的递减顺序排列。

第 2.i 步$(i=1,2,\cdots,m)$：利用定理 8.5，把第 1 步中所得到的 B_i 分解成若干"B_i 的素诱因"。为保证清晰，在绘制经络图时，可以从左至右，对 B_i 的素诱因，按照其发生概率大小值的递减顺序排列。为避免混淆，将所有第 2 步获得的素诱因，称为"第 2 步素诱因"。这些素诱因中，有些可能已经是"元诱因"（穴位）了。

第 3.i 步$(i=1,2,\cdots)$：针对第 2 步所获得的每个不是"元诱因"（穴位）的素诱因，利用定理 8.5，将其进行分解，由此得到的素诱因，称为"第 3 步素诱因"，这些诱因的从左到右的排列顺序也与前几步相似。这些素诱因中，有些可能已经是"元诱因"（穴位）了。

……

第 $k.i$ 步$(i=1,2,\cdots)$：针对第 $k-1$ 步所获得的每个不是"元诱因"（穴位）的素诱因，利用定理 8.5，将其进行分解，由此得到的素诱因，称为"第 k 步素诱因"，这些诱因的从左到右的排列顺序也与前几步相似。这些素诱因中，有些可能已经是"元诱因"（穴位）了。

……

由于上面各步骤的每次分解，都是针对真子集进行的，所以，这种分解的步骤不会无穷进行下去，即，一定存在某个正整数，比如 N，使得，

第 $N.i$ 步$(i=1,2,\cdots)$：针对第 $N-1$ 步所获得的每个不是"元诱因"的素诱因，利用定理 8.5，将其进行分解，由此得到的素诱因全部都已经是"元诱因"（穴位）了。每一个素诱因下面的元诱因排列顺序，也是采用概率从大到小进行。

将上面的分解步骤结果，用图形表述出来，便得到有限系统 A 的不安全事件"经络图"，如图 8.1 所示，由于它的外形很像一棵倒立的树，所以，也称这为"经络树"。

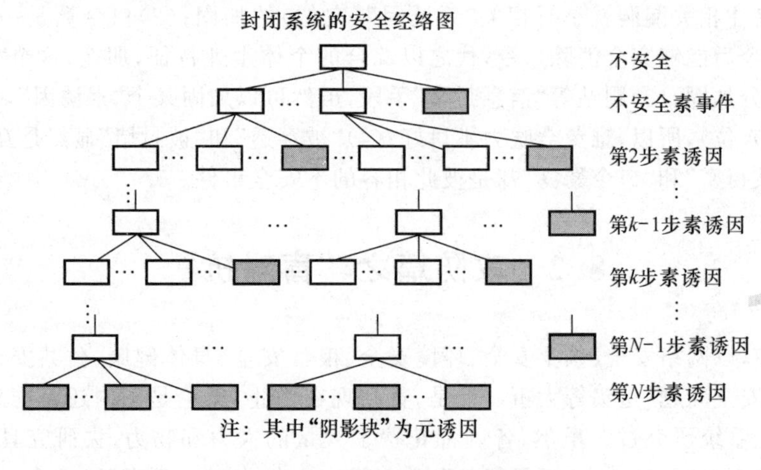

图 8.1　系统 A 的安全经络树图

根据图 8.1 经络树的绘制过程，可以知道：

(1) 如果系统 A 不安全了，那么，至少有某个"不安全素事件"，甚至可能是"元诱因"（穴位）发生了（见图 8.1 经络树的第二层）；

(2) 如果某个"不安全素事件"发生了，那么，该事件的至少某个"素诱因"，甚至可能是

“元诱因”(穴位)就发生了(见图 8.1 经络树的第三层);

……

(k)如果某个“第 $k-1$ 步素诱因”发生了,那么,它的至少某个“第 k 步素诱因”,甚至可能是“元诱因”(穴位)就发生了(见图 8.1 经络树的第 $k+1$ 层)。

现在就清楚该如何“头痛医足”了。实际上,只要系统 A“病”了,那么,就一定能够从系统 A 的完整经络图中找出某个“生病的子经络图”M,使得:(1)M 的每层“素诱因”或“元诱因”(穴位)都是“病”的;(2)除了 M 之外,系统 A 的经络图的其他部分都没病。于是,为了治好该“病”,只需要将 M 中的所有“元诱因”(穴位)的“病”治好就行了,或形象地说,只需要对这些“元诱因”(穴位)扎针灸就行了。

说明:这里某个第 k 步诱因病了,意指它的至少一个“第 $k+1$ 步诱因”发生了;而如果某个第 k 步诱因的全部第 $k+1$ 步诱因都没有发生,那么,这个第 k 步诱因就没病。可见,除了“元诱因”(穴位)之外,M 中的其他非元诱因是可以自愈的。

更具体地说,“头痛医足”的过程是:首先,将最底层,如第 N 层的“元诱因”(穴位)治好,于是,第 $N-1$ 层的“素诱因”就自愈了;然后,再扎针灸治好第 $N-1$ 层的“元诱因”(穴位),于是,第 $N-2$ 层的“素诱因”就自愈了;最后,再扎针灸治好第 $N-3$ 层的“元诱因”(穴位)……如此继续,最终到达顶层,就行了。

“经络图”的用途显然不仅仅是用来“头痛医足”,它还有许多其他重要应用,比如:

只要守住所有相关的“元诱因”(穴位),那么,系统 A 就安然无恙;同理,只要将所有炮火瞄准相关“元诱因”(穴位),那么,就能够稳准狠地打击对手;除了元诱因(穴位)之外,经络图中平均概率值大的“经络”是更脆弱的经络(即安全的“木桶原理”中的短板),也是在系统安全保障中,需要重点保护的部分;同时,也是攻击过程中重点打击的部分。

平时就可绘制和补充经络图,在关键时刻就可以派上用场了。

下面结合网络空间安全的情况,给出几点注记:(1)漏洞库中的每个漏洞,就算是“元诱因”(穴位),堵住相关漏洞就是对相关“元诱因”(穴位)的加固;(2)口令算是一种“元诱因”(穴位),如果今后能够完全消除口令,代之以综合的个体生理特征,那么,这个“元诱因”(穴位)就会被充分加固;(3)删帖等“信息封堵”手段,虽然可以加固某个“素诱因”,但是,绝非加固“元诱因”(穴位),所以,难免会吃力不讨好;(4)“被穿透”和“被封堵”显然是互不相容的安全事件,而“被窃密”和“口令暴露”却是彼此相容的不安全事件。

8.2 攻防篇之“盲对抗”

众所周知,以网络安全、领土安全、环境安全、粮食安全、身体健康、公共安全、国家安全等为代表的“安全问题”是头等大事。但是,直到现在为止,无论是国内还是国外,对安全问题都没有真正系统研究过。虽然,各国都花费了大量的人力和物力,去研究具体的安全问题,但是,几乎都是“只见树木,不见森林”,从来没有人提出过一整套的、适合于所有安全问题的、系统的“安全基础理论”,甚至根本就不相信这样的理论会存在。

在 8.1 节中已经证明了:针对任何有限系统,若从安全角度去考虑,那么,它的所有“不安全”问题,都可以很清晰地分解成一棵有限的“倒立树”。使得,

(1) 只要用心地维护好这棵“倒立树”的安全,那么,整个系统的安全就可以得到充分的保障;

(2) 如果系统出现了某个安全问题,那么,就一定可以从这棵"倒立树"中分离出一个或几个"树枝",满足:①除了这些"树枝"外,"倒立树"的所有其他"树枝"都是无病的;②对有病的"树枝",只需要对其底部的带病末端进行"医治",然后,其他上层的"分枝"等都会自愈。

此处之所以要限定"系统是有限的",是因为,在现实工程中,所遇到的系统(如网络系统、消防系统、实际战场等)都是有限的。

8.2.1 盲对抗场景描述

"攻防"是"安全"的核心,特别是在有红黑双方对抗的场景下(如战场、公安、网络安全等),"攻防"几乎就等于"安全"。所以,在本章中将花费更多的篇幅来研究"攻防"问题。但是,长期以来,人们并未对攻防场景进行过清晰的整理,再加上"攻防"一词经常被滥用,从而导致"攻防"几乎成了一个"只能意会不能言传"的名词,当然就更无法对"攻防"进行系统的理论研究了。

因此,为了开始研究,必须首先厘清攻防场景。更准确地说,下面只考虑"无裁判的攻防",因为,像日常看到的如拳击比赛等"有裁判攻防"的体育项目,并不是真正的"攻防":其实,"攻防"系统中,只有"攻方"和"守方"这两个直接利益方(虽然有时,这种利益方可能超过两个),但绝没有无关的第三方,所以,对"攻防"结果来说,吹哨的裁判员其实是干扰,是噪声,而且还是主观的噪声,必须去除。

"无裁判攻防"又可以进一步地分为两大类:盲攻防、非盲攻防。所谓"盲攻防",意指每次攻防后,双方都只知道自己的损益情况,而对另一方却一无所知,比如,大国博弈、网络攻防、实际战场、间谍战、泼妇互骂等情形都是"盲攻防"的例子;所谓"非盲攻防",意指每次攻防后,双方都知道本次攻防的结果,而且还一致认同这个结果,比如,石头剪刀布游戏、下棋、炒股等都是"非盲攻防"的例子。一般来说,"盲对抗"更血腥和残酷,而"非盲对抗"的娱乐味更浓。本节只考虑"盲攻防"。

为了表达更加形象,下面仍然借用拳击的术语来介绍"盲攻防"系统,当然,这时,裁判已经被赶走,代替裁判的是"无所不知"的上帝。

攻方(黑客)是个神仙拳击手,永远不知累,他可用随机变量 X 来表示。他每次出击后,都会对自己的本次出击给出一个"真心盲评价"(比如,自认为本次出击成功或失败。当自认为本次出击成功时,记为 $X=1$;当自认为出击失败时,记为 $X=0$),但是,这个"真心盲评价"他绝不告诉任何人,只有他自己才知道(当然,上帝也知道)。此处,之所以假定"攻方(黑客)的盲自评要对外保密",是因为可以因此认定他的盲自评是真心的,不会也没有必要弄虚作假。

守方(红客)也是个神仙拳击手,他也永远不知累,可用随机变量 Y 来表示。红客每次守卫后,也都会对自己的这次守卫给出一个真心盲评价(比如,自认为本次守卫是成功或失败。当自认为守卫成功时,记为 $Y=1$;当自认为守卫失败时,记为 $Y=0$)。这个评价也仍然绝不告诉任何人,只有红客自己才知道(当然,上帝本来就知道)。同样,之所以要假定"红客的盲自评要对外保密",是因为可以因此认定他的自评是真心的,不会也没有必要弄虚作假。

注:这里"盲评价"的"盲",主要意指双方都不知道对方的评价,而只知道自己的评价,但是,这个评价却是任何第三方都不能"说三道四"的。比如,针对"黑客一拳打掉红客假牙"这个事实,也许吹哨的那个"裁判员"会认定"黑客成功"。但是,当事双方的评价可能会完全不

一样,比如:也许黑客的"盲自评"是"成功,$X=1$"(如果他原本以为打不着对方的),也许黑客的"盲自评"是"失败,$X=0$"(如果他原本以为会打瞎对方眼睛的);也许红客的"防卫盲自评"是"成功,$Y=1$"(如果他原本以为会因此次攻击毙命的),也许红客的"防卫盲自评"是"失败,$Y=0$"(如果他原本以为对方会扑空的)。总之,到底攻守双方对本次"打掉假牙"如何评价,只有他们自己心里明白。"把那个吹哨的裁判员赶走"是正确的,谁敢说他不会"吹黑哨"呢?

裁判员虽然被赶走了,但是,却把上帝请来了。不过,上帝只是远远地"看"热闹,他知道攻守双方心里的真实想法,因此,也知道双方对每次攻防的真心盲自评,于是,他可将攻守双方过去 N 次对抗的"盲自评结果"记录下来:

$$(X,Y)=(X_1,Y_1)、(X_2,Y_2)、\cdots、(X_N,Y_N).$$

由于当 N 趋于无穷大时,频率趋于概率 Pr,所以,只要攻守双方足够长时间对抗之后,上帝便可以得到随机变量 X、Y 的概率分布和(X,Y)的联合概率分布如下:

Pr(攻方盲自评为成功)$=\Pr(X=1)=p$;

Pr(攻方盲自评为失败)$=\Pr(X=0)=1-p, 0<p<1$;

Pr(守方盲自评为成功)$=\Pr(Y=1)=q$;

Pr(守方盲自评为失败)$=\Pr(Y=0)=1-q, 0<q<1$;

Pr(攻方盲自评为成功,守方盲自评为成功)$=\Pr(X=1,Y=1)=a, 0<a<1$;

Pr(攻方盲自评为成功,守方盲自评为失败)$=\Pr(X=1,Y=0)=b, 0<b<1$;

Pr(攻方盲自评为失败,守方盲自评为成功)$=\Pr(X=0,Y=1)=c, 0<c<1$;

Pr(攻方盲自评为失败,守方盲自评为失败)$=\Pr(X=0,Y=0)=d, 0<d<1$;

这里,a,b,c,d,p,q 之间还满足如下三个线性关系等式:

$$a+b+c+d=1;$$

$$p=\Pr(X=1)=\Pr(X=1,Y=0)+\Pr(X=1,Y=1)=a+b;$$

$$q=\Pr(Y=1)=\Pr(X=1,Y=1)+\Pr(X=0,Y=1)=a+c;$$

所以,6 个变量 a,b,c,d,p,q 中,其实只有三个是独立的。

足够长的时间之后,上帝"看"够了,便叫停攻守双方。让他们分别对擂台进行有利于自己的秘密调整,当然某方(或双方)也可以放弃本次调整的机会,如果他(他们)认为当前擂台对自己更有利的话。这里,所谓的"秘密调整",即指双方都不知道对方做了些什么调整。比如,针对网络空间安全对抗,也许红客安装了一个防火墙,也许黑客植入了一种新的恶意代码等;针对阵地战的情况,也许攻方调来了一群增援部队,也许守方又埋了一批地雷等。

总之,攻守双方调整完成后,双方又在新擂台上,再开始"下一轮"的对抗。

不过,本节不研究攻守双方的"下一轮"对抗,只考虑"当前轮",即,由上面的 X、Y、(X,Y)等随机变量组成的系统。

至此,"盲攻防"场景的精确描述就完成了。可见,网络战、间谍战、泼妇互骂等对抗性很惨烈的攻防,都是典型的"盲对抗"。

8.2.2 黑客攻击能力极限

根据上述部分中的随机变量 X 和 Y,上帝再新造一个随机变量 $Z=(X+Y) \bmod 2$。由于任何两个随机变量都可以组成一个通信信道,所以,把 X 作为输入,Z 作为输出,上帝便可构造出一个通信信道F,称之为"攻击信道"。

由于攻方(黑客)的目的是要打败守方(红客),所以,黑客是否"真正成功",不能由自己的盲评价来定(虽然这个盲评价是真心的),而应该是由"红客"的真心盲评价说了算,所以,就应该有如下事件等式成立:

{攻方的某次攻击真正成功}

={攻方本次盲自评为成功∩守方本次盲自评为失败}∪{攻方本次盲自评为失败∩守方本次盲自评为失败}

$=\{X=1,Y=0\}\cup\{X=0,Y=0\}$

$=\{X=1,Z=1\}\cup\{X=0,Z=0\}$

={1比特信息被成功地从通信系统F的发端(X)传输到了收端(Z)}。

反过来,如果有1比特信息被成功地从发端(X)传到了收端(Z),那么,要么是"$X=0,Z=0$";要么是"$X=1,Z=1$"。由于$Y=(X+Z) \bmod 2$,所以,由"$X=0,Z=0$"推知"$X=0,Y=0$";由"$X=1,Z=1$"推知"$X=1,Y=0$"。而"$X=0,Y=0$"意味着"攻方本次盲自评为失败∩守方本次盲自评为失败";"$X=1,Y=0$"意味着"攻方本次盲自评为成功∩守方本次盲自评为失败";综合起来就意味着"攻方获得某次攻击的真正成功"。

简而言之,可以知道:如果黑客的某次攻击"真正成功",那么,"攻击信道"F就成功地传输1 bit到收端,反之;如果有一个比特被成功地从"攻击信道"F的发端,传送到了收端,那么,黑客X就获得了一次"真正成功攻击"。

引理8.1　黑客获得一次"真正成功的攻击",其实就对等于说:"攻击信道"F成功地传输了一个比特。

根据香农信息论著名的"信道编码定理":如果信道F的容量为C,那么,对于任意传输率$k/n\leqslant C$,都可以在译码错误概率任意小的情况下,通过某个n比特长的码字,成功地把k个比特传输到收信端。反之,如果信道F能够用n长码字,把S个比特无误差地传输到收端,那么,一定有$S\leqslant nC$。

利用引理8.1,就可把这段话翻译成如下重要定理。

定理8.6(黑客攻击能力极限定理)　设由随机变量$(X;Z)$组成的"攻击信道"F的信道容量为C。如果黑客想"真正成功"地把红客打败k次,那么,一定有某种技巧(对应于香农编码),使得他能够在k/C次攻击中,以任意接近1的概率达到目的。反之,如果黑客经过n次攻击,获得了S次"真正成功"的攻击,那么,一定有$S\leqslant nC$。

由定理8.6可知,只要求出"攻击信道"F的信道容量C,那么,黑客的攻击能力极限就确定了。

下面来计算F的"信道容量"C。

首先,由于随机变量$Z=(X+Y) \bmod 2$,所以,可以由X和Y的概率分布,得到Z的概率分布如下:

$\Pr(Z=0)=\Pr(X=Y)=\Pr$(攻守双方的盲自评结果一致)$=a+d$;

$\Pr(Z=1)=\Pr(X\neq Y)=\Pr$(攻守双方的盲自评结果相反)$=b+c=1-(a+d)$;

考虑通信系统F,它由随机变量X和Z构成,即,它以X为输入,Z为输出;它的2×2阶转移概率矩阵为$\mathbf{A}=[A(x,z)]=[\Pr(z\mid x)]$,这里$x,z=0$或1,于是,

$$A(0,0)=\Pr(Z=0\mid X=0)=[\Pr(Z=0,X=0)]/\Pr(X=0)=d/(1-p);$$

$$A(0,1)=\Pr(Z=1\mid X=0)=[\Pr(Z=1,X=0)]/\Pr(X=0)=1-d/(1-p);$$

$$A(1,0)=\Pr(Z=0 \mid X=1)=[\Pr(Z=0,X=1)]/\Pr(X=1)=a/p;$$

$$A(1,1)=\Pr(Z=1 \mid X=1)=[\Pr(Z=1,X=1)]/\Pr(X=1)=(p-a)/p.$$

因此，由 X 和 Z 构成的通信系统 F 的转移矩阵为

$$\boldsymbol{A}=\begin{pmatrix} A(0,0) & A(0,1) \\ A(1,0) & A(1,1) \end{pmatrix}=\begin{pmatrix} d/(1-p) & 1-d/(1-p) \\ a/p & 1-a/p \end{pmatrix}.$$

由于随机变量(X,Z)的联合概率分布为

$$\Pr(X=0,Z=0)=\Pr(X=0,Y=0)=d;$$

$$\Pr(X=0,Z=1)=\Pr(X=0,Y=1)=c;$$

$$\Pr(X=1,Z=0)=\Pr(X=1,Y=1)=a;$$

$$\Pr(X=1,Z=1)=\Pr(X=1,Y=0)=b.$$

所以，随机变量 X 与 Z 之间的互信息为

$$\begin{aligned} & I(X,Z) \\ &= \sum x \sum z p(x,z) \lg \{p(x,z)/[p(x)p(z)]\} \\ &= d\lg\{d/[(1-p)(a+d)]\}+c\lg\{c/[(1-p)(b+c)]\}+ \\ &\quad a\lg\{a/[p(a+d)]\}+b\lg\{b/[p(b+c)]\}. \end{aligned} \tag{8.1}$$

由于此处有 $a+b+c+d=1$，$p=a+b$，$q=a+c$，并且 $0<a,b,c,d,p,q<1$，所以，式(8.1)可以进一步转化为只与变量 a 和 p 有关的公式(8.2)(**注意**：此时 q 已不再是变量，而是确定值了)。

$$\begin{aligned} & I(X,Z) \\ &=[1+a-(p+q)]\lg\{[1+a-(p+q)]/[(1-p)(1+2a-p-q)]\}+ \\ &\quad (q-a)\lg\{q-a/[(1-p)(p+q-2a)]\}+ \\ &\quad a\lg\{a/[p(1+2a-p-q)]\}+(p-a)\lg\{(p-a)/[p(p+q-2a)]\} \end{aligned} \tag{8.2}$$

于是，利用式(8.2)就可知道，以 X 为输入，Z 为输出的信道 F 的“信道容量”C 就等于 $\mathrm{Max}[I(X,Z)]$(这里最大值是针对 X 为所有可能的二元离散随机变量来计算的)，或者更简单地说：容量 C 等于 $\mathrm{Max}\ 0<a,p<1[I(X,Z)]$(这里的最大值是对仅仅两个变量 a 和 p 在条件 $0<a,p<1$ 下之取的)，所以，该信道容量的计算就很简单了。

“攻”的量化研究就到此。下面再来考虑“守”的情况。

8.2.3　红客守卫能力极限

设随机变量 X、Y、Z 和(X,Y)等都与前面相同。

根据随机变量 Y(红客)和 Z，上帝再组成另一个通信信道 G，称为“防御信道”，即，把 Y 作为输入，Z 作为输出。

由于守方(红客)的目的是要挡住攻方(黑客)的进攻，所以，红客是否“真正成功”，不能由自己的盲评价来定，而应该是由“黑客”的真心盲评价说了算，所以，就应该有式(8.3)成立：

$$\begin{aligned} & \{\text{守方的某次防卫真正成功}\} \\ &=\{\text{守方本次盲自评为成功} \cap \text{攻方本次盲自评为失败}\} \cup \\ &\quad \{\text{守方本次盲自评为失败} \cap \text{攻方本次盲自评为失败}\} \\ &=\{1\text{ 比特信息被成功地从防御信道 G 的发端}(Y)\text{传输到了收端}(Z)\}. \end{aligned} \tag{8.3}$$

与“攻击信道”的情况类似，反过来，上述事件等式也就意味着：如果在“防御信道”G中，1 bit信息被成功地从发端(Y)传到了收端(Z)，那么，红客就获得了一次“真正成功的”防卫。

与引理8.1类似，有：

引理8.2　红客获得一次“真正成功的守卫”，其实就对等于说：“防御信道”G成功地传输了一个比特。

与定理8.6类似，也可得到定理8.7。

定理8.7(红客守卫能力极限定理)　设由随机变量(Y;Z)组成的“防御信道”G的信道容量为D。如果红客想“真正成功”地把黑客挡住R次，那么，一定有某种技巧(对应于香农编码)，使得他能够在R/C次防御中，以任意接近1的概率达到目的。反之，如果红客经过N次守卫，获得了R次“真正成功”的守卫，那么，一定有$R \leqslant ND$。

下面再来计算“防御信道”G的“信道容量”D。

考虑通信系统G，它由随机变量Y和Z构成的，即，它以Y为输入，Z为输出；它的2×2阶转移概率矩阵为$\boldsymbol{B}=[B(y,z)]=[\Pr(z \mid y)]$，这里$y,z=0$或1，于是，

$$B(0,0)=\Pr(Z=0 \mid Y=0)=[\Pr(Z=0,Y=0)]/\Pr(Y=0)=d/(1-q);$$
$$B(0,1)=\Pr(Z=1 \mid Y=0)=[\Pr(Z=1,Y=0)]/\Pr(Y=0)=b/(1-q);$$
$$B(1,0)=\Pr(Z=0 \mid Y=1)=[\Pr(Z=0,Y=1)]/\Pr(Y=1)=a/q;$$
$$B(1,1)=\Pr(Z=1 \mid Y=1)=[\Pr(Z=1,Y=1)]/\Pr(Y=1)=c/q.$$

因此，由Y和Z构成的通信系统G的转移矩阵为

$$\boldsymbol{B}=\begin{pmatrix} B(0,0) & B(0,1) \\ B(1,0) & B(1,1) \end{pmatrix}=\begin{pmatrix} d/(1-\mathrm{q}) & b/(1-q) \\ a/q & c/q \end{pmatrix}.$$

由于随机变量(Y,Z)的联合概率分布为

$$\Pr(Y=0,Z=0)=\Pr(X=0,Y=0)=d;$$
$$\Pr(Y=0,Z=1)=\Pr(X=1,Y=0)=b;$$
$$\Pr(Y=1,Z=0)=\Pr(X=1,Y=1)=a;$$
$$\Pr(Y=1,Z=1)=\Pr(X=0,Y=1)=c.$$

所以，随机变量Y与Z之间的互信息为

$$\begin{aligned} &I(Y,Z) \\ &= \sum Y \sum Z p(y,z) \lg \{p(y,z)/[p(y)p(z)]\} \qquad (8.4) \\ &= d\lg\{d/[(1-q)(a+d)]\}+b\lg\{b/[(1-q)(b+c)]\}+ \\ &\quad a\lg\{a/[q(a+d)]\}+c\lg\{c/[q(b+c)]\}. \end{aligned}$$

由于此处有$a+b+c+d=1$，$p=a+b$，$q=a+c$，并且$0<a,b,c,d,p,q<1$，所以，式(8.4)可以进一步转化为只与变量a和q有关的式(8.5)(**注意**：此时p不再是变量，而是确定值了)。

$$\begin{aligned} &I(Y,Z) \\ &=(1+a-p-q)\lg\{(1+a-p-q)/[(1-q)(1+2a-p-q)]\}+ \qquad (8.5) \\ &\quad (p-a)\lg\{(p-a)/[(1-q)(p+q-2a)]\}+ \\ &\quad a\lg\{a/[q(1+2a-p-q)]\}+(q-a)\lg\{(q-a)/[q(p+q-2a)]\} \end{aligned}$$

于是，利用式(8.5)就可知，以Y为输入，Z为输出的“防御信道”G的“信道容量”D就等于$\mathrm{Max}[I(Y,Z)]$(这里最大值是针对Y为所有可能的二元离散随机变量来计算的)，或者更简单地说，容量D等于$\mathrm{Max}\,0<a,q<1[I(Y,Z)]$(这里的最大值是对仅仅两个变量$a$和$q$

在条件 $0<a,q<1$ 下之取的)，所以，该信道容量的计算就很简单了。

到此也给出了红客防卫能力的极限。

8.2.4 攻守双方的实力比较

由于“信道容量”是在传信率 k/n 保持不变的情况下，系统所能够传输的最大信息比特数，而每成功传输1比特，就相当于攻方的一次攻击“真正成功”(或守方的一次防守“真正成功”)，所以，从宏观角度来看，可以得出定理8.8。

定理8.8(攻守实力定理) 设 C 和 D 分别表示“攻击信道”F和“防御信道”G的“信道容量”，如果 $C<D$，整体上黑客处于弱势；如果 $C>D$，整体上红客处于弱势；如果 $C=D$，红黑双方实力相当，难分伯仲。

注意到，“攻击信道”的容量 C，其实是 q 的函数，所以，可以记之为 $C(q)$；同理，“防御信道”的容量 D 是 p 的函数，可以记之为 $D(p)$。由此，在“盲对抗”中，红黑双方可以通过对自己预期的调整，即，改变相应的概率 q 和 p，从而，改变 $C(q)$ 和 $D(p)$ 的大小，并最终提升自己在“盲对抗”中的胜算情况。换句话说，这里证明了一个早已熟知的社会事实。

定理8.9(知足常乐定理) 在“盲对抗”中，黑客(或红客)有两种思路来提高自己的业绩，或称为“幸福指数”：一，增强自身的相对打击(或抵抗)力，即，增加 b 和 d(或 c 和 a)；二，降低自己的贪欲，即，增加 p(或 q)。但是，请注意，你可能无法改变外界，即调整 b 和 d(或 c 和 a)，但却可以改变自身，即调整 p(或 q)。由此可见，“知足常乐”不仅仅是一个成语，而且也是“盲对抗”中的一个真理。

这里诀窍有两点：其一，巧妙地构造了一个随机变量 $Z=(X+Y) \bmod 2$，并将“一次真正成功”的攻防问题等价地转换成了攻击信道 $(X;Z)$ 或者防守信道 $(Y;Z)$ 的“1比特成功传输”问题；其二，恰到好处地应用了看似风马牛不相关的香农编码定理。以上两点，任缺一项，就不会找到让“黑客悟空”永远也跳不出去的“如来手掌”。

8.3 攻防篇“非盲对抗”之“石头剪刀布”

全人类，数千年来，都在玩“石头剪刀布”，由浙江大学、浙江工商大学、中国科学院等单位组成的跨学科团队，在300多名志愿者的配合下，历时4年，终于把“石头剪刀布”玩出了成就，其成果被评为“麻省理工学院科技评论2014年度最优”，这也是我国社科成果首次入选该顶级国际科技评论。

本节利用“安全通论”，只需一张纸、一支笔就把“石头剪刀步”玩成“白富美”。所谓“白”，即思路清清楚楚、明明白白；所谓“富”，即理论内涵非常丰富；所谓“美”即结论绝对数字美。

8.3.1 信道建模

设甲与乙玩“石头剪刀布”。他们可分别用随机变量 X 和 Y 来表示：

当甲出拳为剪刀、石头、布时，分别记为 $X=0$、$X=1$、$X=2$；

当乙出拳为剪刀、石头、布时，分别记为 $Y=0$、$Y=1$、$Y=2$。

根据概率论中的“大数定律”，频率的极限趋于概率，所以甲乙双方的出拳习惯，可以用随机变量 X 和 Y 的概率分布表示为

$\Pr(X=0)=p$，即，甲出“剪刀”的概率；

$\Pr(X=1)=q$,即,甲出"石头"的概率;

$\Pr(X=2)=1-p-q$,即,甲出"布"的概率,这里 $0<p,q,p+q<1$;

$\Pr(Y=0)=r$,即,乙出"剪刀"的概率;

$\Pr(Y=1)=s$,即,乙出"石头"的概率;

$\Pr(Y=2)=1-r-s$,即,乙出"布"的概率,这里 $0<r,s,r+s<1$。

同样,还可以统计出二维随机变量(X,Y)的联合分布概率如下:

$\Pr(X=0,Y=0)=a$,即,甲出"剪刀",乙出"剪刀"的概率;

$\Pr(X=0,Y=1)=b$,即,甲出"剪刀",乙出"石头"的概率;

$\Pr(X=0,Y=2)=1-a-b$,即,甲出"剪刀",乙出"布"的概率,这里 $0<a,b,a+b<1$;

$\Pr(X=1,Y=0)=e$,即,甲出"石头",乙出"剪刀"的概率;

$\Pr(X=1,Y=1)=f$,即,甲出"石头",乙出"石头"的概率;

$\Pr(X=1,Y=2)=1-e-f$,即,甲出"石头",乙出"布"的概率,这里 $0<e,f,e+f<1$;

$\Pr(X=2,Y=0)=g$,即,甲出"布",乙出"剪刀"的概率;

$\Pr(X=2,Y=1)=h$,即,甲出"布",乙出"石头"的概率;

$\Pr(X=2,Y=2)=1-g-h$,即,甲出"布",乙出"布"的概率,这里 $0<g,h,g+h<1$。

由随机变量 X 和 Y,构造另一个随机变量 $Z=[2(1+X+Y)] \bmod 3$。由于任意两个随机变量都可构成一个通信信道,所以,以 X 为输入,以 Z 为输出,可以得到一个通信信道$(X;Z)$,称之为"甲方信道"。

如果在某次游戏中甲方赢,那么,就只可能有三种情况:

情况1,"甲出剪刀,乙出布",即,"$X=0,Y=2$",这也等价于"$X=0,Z=0$",即,"甲方信道"的输入等于输出;

情况2,"甲出石头,乙出剪刀",即,"$X=1,Y=0$",这也等价于"$X=1,Z=1$",即,"甲方信道"的输入等于输出;

情况3,"甲出布,乙出石头",即,"$X=2,Y=1$",这也等价于"$X=2,Z=2$",即,"甲方信道"的输入等于输出。

反过来,如果"甲方信道"将1比特信息成功地从发端送到了收端,那么,也只有三种可能的情况:

情况1,输入和输出都等于0,即,"$X=0,Z=0$",这也等价于"$X=0,Y=2$",即,"甲出剪刀,乙出布",即,甲赢;

情况2,输入和输出都等于1,即,"$X=1,Z=1$",这也等价于"$X=1,Y=0$",即,"甲出石头,乙出剪刀",即,甲赢;

情况3,输入和输出都等于2,即,"$X=2,Z=2$",这也等价于"$X=2,Y=1$",即,"甲出布,乙出石头",即,甲赢。

综合以上正反两方面,共六种情况,就得到一个重要引理。

引理8.3 甲赢一次,就意味着"甲方信道"成功地把1比特信息,从发端送到了收端;反之亦然。

再利用随机变量 Y 和 Z 构造一个信道$(Y;Z)$,称之为"乙方信道",它以 Y 为输入,以 Z 为输出。那么,仿照前面的论述,可得如下引理。

引理8.4 乙方赢一次,就意味着"乙方信道"成功地把1比特 信息,从发端送到了收端;反之亦然。

由此可见,甲乙双方玩“石头剪刀布”的输赢问题,就转化成了“甲方信道”和“乙方信道”能否成功地传输信息比特的问题。根据香农第二定理,可以知道:信道容量就等于该信道能够成功传输的信息比特数。所以,“石头剪刀布”的游戏问题,就转化成了信道容量问题。

定理 8.10(“石头剪刀布”定理) 如果剔除“平局”不考虑(即,忽略甲乙双方都出相同手势的情况),那么,

(1) 针对甲方来说,对任意 $k/n \leqslant C$,都一定有某种技巧(对应于香农编码),使得,在 nC 次游戏中,甲方能够胜乙方 k 次;如果在某 m 次游戏中,甲方已经胜出乙方 u 次,那么,一定有 $u \leqslant mC$。这里 C 是“甲方信道”的容量。

(2) 针对乙方来说,对任意 $k/n \leqslant D$,都一定有某种技巧(对应于香农编码),使得,在 nD 次游戏中,乙方能够胜甲方 k 次;如果在某 m 次游戏中,乙方已经胜出甲方 u 次,那么,一定有 $u \leqslant mD$。这里 D 是“乙方信道”的容量。

(3) 如果 $C<D$,整体上甲方会输;如果 $C>D$,整体上甲方会赢;如果 $C=D$,甲乙双方势均力敌。

由于“甲方信道”和“乙方信道”的信道容量都有现成的计算公式,为避免喧宾夺主,更为了读者朋友不被过多的数学公式吓跑,在此略去 C 和 D 的计算细节。

8.3.2 巧胜策略

根据定理 8.10,可知,甲乙双方在“石头剪刀布”游戏中的胜负,其实已经事先就“天定”了,某方若想争取更大的胜利,那么,他就必须努力“改变命运”。下面分几种情况来考虑。

(1) 两个傻瓜之间的游戏

所谓“两个傻瓜”,意指甲乙双方都固守自己的习惯,无论过去的输赢情况怎样,他们都按既定习惯“出牌”。这时,从定理 8.10 可知:如果 $C<D$,整体上甲方会输;如果 $C>D$,整体上甲方会赢;如果 $C=D$,甲乙双方势均力敌。

(2) 一个傻瓜与一个智者之间的游戏

如果甲是傻瓜,他仍然坚持其固有的习惯“出牌”,那么,双方对抗足够多的次数后,乙方就可以计算出对应于甲方的、随机变量 X 的分布概率 p 和 q 以及相关的条件概率分布,并最终计算出“甲方信道”的信道容量;然后,再通过调整自己的习惯(即,随机变量 Y 的概率分布和相应的条件概率分布等),最终增大“乙方信道”的信道容量,从而,使得后续的游戏对自己更有利;甚至使“乙方信道”的信道容量大于“甲方信道”的信道容量,最终使得自己稳操胜券。

(3) 两个智者之间的游戏

如果甲和乙双方,都随时在总结对方的习惯,并对自己的“出牌”习惯做调整,即,增大自己的信道容量。那么,最终,甲乙双方的“信道容量”值将趋于相等,即,他们之间的游戏竞争将趋于平衡,达到动态稳定的状态。

8.3.3 简化版本

虽然上面几个小节,完美地解决了“石头剪刀布”游戏问题,但是,它们在保持“直观形象”的优势下,付出了“复杂”的代价。下面再给出一个更抽象、更简捷的解决办法。

设甲与乙玩“石头剪刀布”，他们可分别用随机变量 X 和 Y 来表示：

当甲出拳为剪刀、石头、布时，分别记为 $X=0$、$X=1$、$X=2$；当乙出拳为剪刀、石头、布时，分别记为 $Y=0$、$Y=1$、$Y=2$。

根据概率论中的“大数定律”，频率的极限趋于概率，所以甲乙双方的出拳习惯，可以用随机变量 X 和 Y 的概率分布表示为

$$0<\Pr(X=x)=p_x<1, x=0,1,2, p_0+p_1+p_2=1;$$
$$0<\Pr(Y=y)=q_y<1, y=0,1,2, q_0+q_1+q_2=1;$$
$$0<\Pr(X=x,Y=y)=t_{xy}<1, x,y=0,1,2, \sum\nolimits_{0\leqslant x,y\leqslant 2} t_{xy}=1;$$
$$p_x=\sum\nolimits_{0\leqslant y\leqslant 2} t_{xy}, x=0,1,2;$$
$$q_y=\sum\nolimits_{0\leqslant x\leqslant 2} t_{xy}, y=0,1,2.$$

“石头剪刀布”游戏的输赢规则是：若 $X=x$，$Y=y$，那么，甲(X)赢的充分必要条件是：$(y-x) \bmod 3=2$。

现在构造另一个随机变量 $F=(Y-2) \bmod 3$。考虑由 X 和 F 构成的信道$(X;F)$，即，以 X 为输入，以 F 为输出的信道。那么，就有如下事件等式：

若在某个回合中，甲(X)赢了，那么，就有$(Y-X) \bmod 3=2$，从而，$F=(Y-2) \bmod 3=[(2+X)-X] \bmod 3=X$，也就是说：信道$(X;F)$的输入($X$)始终等于它的输出($F$)。换句话说，1个比特就被成功地在该信道中被从发端传输到了收端。

反过来，如果“1个比特就被成功地在该信道中被从发端传输到了收端”，那么，就意味着“信道$(X;F)$的输入(X)始终等于它的输出(F)”，也就是说：$F=(Y-2) \bmod 3=X$，这刚好就是 X 赢的充分必要条件。

结合上述正反两个方面的论述，就有：甲(X)赢一次，就意味着信道$(X;F)$成功地把1比特信息，从发端送到了收端；反之亦然。因此，信道$(X;F)$也可以扮演8.2节中“甲方信道”的功能。

类似地，若记随机变量 $G=(X-2) \bmod 3$，那么，信道$(Y;G)$就可以扮演前面“乙方信道”的角色。

而现在信道$(X;F)$和$(Y;G)$的信道容量的形式会更简捷：

$(X;F)$ 的信道容量 $=\text{Max}\ X[I(X,F)]=\text{Max}\ X\{I[X,(Y-2) \bmod 3]\}=\text{Max}\ X[I(X,Y)]=\text{Max}\ X\left\{\sum t_{xy}\lg\left[t_{xy}/(p_x q_y)\right]\right\}$，这里的最大值，是针对所有可能的 t_{xy} 和 p_x 而取的，所以，它实际上是 q_0，q_1，q_2 的函数。

同理，$(Y;G)$ 的信道容量 $=\text{Max}\ Y[I(Y,G)]=\text{Max}\ Y\{I[Y,(X-2) \bmod 3]\}=\text{Max}\ Y[I(X,Y)]=\text{Max}\ Y\left\{\sum t_{xy}\lg\left[t_{xy}/(p_x q_y)\right]\right\}$，这里的最大值，是针对所有可能的 t_{xy} 和 q_y 而取的，所以，它实际上是 p_0，p_1，p_2 的函数。

其他讨论就与上面几节相同的，不再重复。

“攻防”是安全的核心，所以，在建立“安全通论”的过程中，多花一些精力去深入研究“攻防”也是值得的。

8.2节研究了“安全通论”的盲对抗问题，本节研究的“石头剪刀布”游戏则是一种“非盲对抗”，但由于它的普及率极高，所以单独以一个小节的形式来研究它。有关其他一些有代

表性的“非盲对抗”，将在随后的章节中研究。

8.4 攻防篇之“非盲对抗”及“劝酒令”

以网络空间安全、经济安全、领土安全等为代表的所有安全问题的核心，就是“对抗”，所以，无论花多少篇幅，都必须把它研究透彻，至少要尽可能透彻。哪怕是多次变换角度，甚至利用古老游戏和时髦娱乐项目，来全面深入地研究安全对抗问题，都是值得的。

本节利用“安全通论”对酒桌上著名的两个实例(划拳、猜拳)进行分析，仍然采用统一的“信道容量方法”，给出了“赢酒杯数”和“罚酒杯数”的理论极限，还给出了醉鬼获胜的调整技巧。当然，这些内容也是“安全通论”不可或缺的组成部分。此外，针对“非盲对抗”的很大一个子类(输赢规则线性可分的情况)，本节给出了统一的解决方案。

8.4.1 “猜拳”赢酒

“猜拳”，在北京又称“棒打老虎”，是宴会上主人和客人闹酒的法宝之一。其游戏规则是在每个回合中，主人和客人同时独立亮出如下四种手势之一：虫子、公鸡、老虎、棒子。然后，双方共同根据如下“胜负判定规则”来决定该罚谁喝一杯酒。

“虫子”被“公鸡”吃掉；“公鸡”被“老虎”吃掉；“老虎”被“棒子”打死；“棒子”被“虫子”蛀断。

除此之外，主客双方就算平局，互不罚酒。

一个回合结束后，主客双方再进行下一回合的“猜拳”。

将此“猜拳游戏”用数学方式表示，设主人和客人分别用随机变量 X 和 Y 来表示，它们的可能取值有四个：0，1，2，3。具体地说：

当主人(或客人)亮出“虫子”时，记，$X=0$(或 $Y=0$)；

当主人(或客人)亮出“公鸡”时，记，$X=1$(或 $Y=1$)；

当主人(或客人)亮出“老虎”时，记，$X=2$(或 $Y=2$)；

当主人(或客人)亮出“棒子”时，记，$X=3$(或 $Y=3$)。

如果某回合中，主人亮出的是 x(即，$X=x, 0\leqslant x\leqslant 3$)，而客人亮出的是 y(即，$Y=y, 0\leqslant y\leqslant 3$)，那么，本回合主人赢(即，罚客人一杯酒)的充分必要条件是 $(x-y) \bmod 4=1$；客人赢(即，罚主人一杯酒)的充分必要条件是 $(y-x) \bmod 4=1$；否则，本回合就算“平局”，即主客双方互不罚酒，接着进行下一回合的“斗酒”。

这个“猜拳”游戏显然是一种“非盲对抗”。主人和客人到底谁输，谁赢呢？最多会被罚多少杯酒呢？他们怎样才能让对方多喝，而自己少喝呢？下面就用本节的“信道容量法”来回答这些问题。

由概率论中的大数定律，频率趋于概率，所以，根据“主人(X)”和“客人(Y)”的习惯，即，过去他们“斗酒”的统计规律(如果他们是初次见面，那么，不妨让他们以“热身赛”方式，先“斗酒”一阵子，然后，记下他们的习惯就行了)，就可以分别给出 X 和 Y 的概率分布，以及 (X,Y) 的联合概率分布：

$$0<\Pr(X=i)=p_i<1, i=0,1,2,3; p_0+p_1+p_2+p_3=1;$$

$$0<\Pr(Y=i)=q_i<1, i=0,1,2,3; q_0+q_1+q_2+q_3=1;$$

$$0<\Pr(X=i,Y=j)=t_{ij}<1, i,j=0,1,2,3; \sum_{0\leqslant i,j\leqslant 3} t_{ij}=1;$$

$$p_x=\sum_{0\leqslant y\leqslant 3} t_{xy}, x=0,1,2,3;$$

$$q_y \sum_{0\leqslant x\leqslant 3} t_{xy}, y=0,1,2,3.$$

为了分析“主人”赢酒情况，构造一个随机变量 $Z=(Y+1) \bmod 4$。然后，再用随机变量 X 和 Z 构成一个信道$(X;Z)$，称它为“猜拳主人信道”，即，该信道以 X 为输入，以 Z 为输出。

下面来分析几个事件等式。如果某回合中，主人亮出的是 x(即，$X=x, 0\leqslant x\leqslant 3$)，而客人亮出的是 y(即，$Y=y, 0\leqslant y\leqslant 3$)，那么，如果本回合“主人”赢，就有$(x-y) \bmod 4=1$，即，$y=(x-1) \bmod 4$，于是，$z=(y+1) \bmod 4=[(x-1)+1] \bmod 4=x \bmod 4=x$，换句话说，此时，“猜拳主人信道”的输出 Z 始终等于输入 X，也就是说：一个“比特”被成功地从输入端 X，发送到了输出端 Z。

反过来，如果在“猜拳主人信道”中，一个“比特”被成功地从输入端 X，发送到了输出端 Z；那么，此时就该“输出 z 始终等于输入 x，即，$z=x$”，也就有：$(x-y) \bmod 4=(z-y) \bmod 4=[(y+1)-y] \bmod 4=1 \bmod 4=1$，于是，根据“猜拳”规则，就该判“主人赢”，即，客人罚酒一杯。

结合上述正反两种情况，便有：

引理 8.5　在“猜拳”游戏中，“主人赢一次”就等价于一个“比特”被成功地从“猜拳主人信道”$(X;Z)$的输入端，发送到了输出端。

由引理 8.5，再结合香农信息论著名的“信道编码定理”：如果“猜拳主人信道”的容量为 C，那么，对于任意传输率 $k/n\leqslant C$，都可以在译码错误概率任意小的情况下，通过某个 n 比特长的码字，成功地把 k 个比特传输到收信端。反之，如果“猜拳主人信道”能够用 n 长码字，把 S 个比特无误差地传输到收端，那么，一定有 $S\leqslant nC$。即，得到定理 8.11。

定理 8.11(猜拳主人赢酒定理)　设由随机变量$(X;Z)$组成的“猜拳主人信道”的信道容量为 C。在剔除掉“平局”的情况后，如果主人想罚客人 k 杯酒，他一定有某种技巧(对应于香农编码)，使得他能够在 k/C 个回合中，以任意接近 1 的概率达到目的。反之，如果主人在 n 回合中，赢了 S 次，即，罚了客人 S 杯酒，一定有 $S\leqslant nC$。

由定理 8.11 可知，只要求出“猜拳主人信道”的信道容量 C，那么，主人“赢酒”的“杯数”极限就确定了。下面就来求信道容量 C。

首先，(X,Z)的联合概率分布为

$$\Pr(X=i,Z=j)=\Pr(X=i,(Y+1) \bmod 4=j)=\Pr(X=i,Y=(j-1) \bmod 4)=t_{i(j-1) \bmod 4}, i,j=0,1,2,3,4,$$

所以，“猜拳主人信道”$(X;Z)$的信道容量

$$C=\mathrm{Max}[I(X,Z)]=\mathrm{Max}\left\{\sum_{0\leqslant i,j\leqslant 3}[t_{i(j-1) \bmod 4}]\lg[t_{i(j-1) \bmod 4}]/(p_i q_j)\right\}.$$

这里的最大值 Max 是针对满足如下条件的实数而取的：$0<p_i, t_{ij}<1, i,j=0,1,2,3$; $p_0+p_1+p_2+p_3=1$; $\sum_{0\leqslant i,j\leqslant 3} t_{ij}=1$; $p_x=\sum_{0\leqslant y\leqslant 3} t_{xy}$。所以，这个 C 实际上是满足条件 $q_0+q_1+q_2+q_3=1$ 和 $0<q_i<1, i=0,1,2,3$ 的正实数变量的函数，即，可以记为 $C(q_0, q_1, q_2, q_3)$，其中，$q_0+q_1+q_2+q_3=1$。

同理，可以分析“客人赢酒”的情况，此处不再复述了。

可见，“主人”赢酒的多少 $C(q_0,q_1,q_2,q_3)$，其实取决于“客人”的习惯 (q_0,q_1,q_2,q_3)。如果主客双方都固守他们的习惯，那么，他们的输赢已经“天定”了；如果“主人”或“客人”中有一方见机行事（即，调整自己的习惯），那么，当他调整到其信道容量大过对方时，他就能够整体上赢；如果“主人”和“客人”双方都在调整自己的习惯，那么，他们最终将达到动态平衡。

8.4.2 “划拳”赢酒

“划拳”比“猜拳”更复杂，它也是宴会上，主人和客人闹酒的另一个法宝。

该游戏是这样的：在每个回合中，主人(A)和客人(B)各自同时独立地在手上亮出 0～5，这六种手势之一；并在嘴上喊出 0～10，这 11 个数之一。也就是说，每个回合中，“主人A”是一个二维随机变量，即 $A=(X,Y)$，其中，$0\leqslant X\leqslant 5$ 是“主人”手上显示的数，而 $0\leqslant Y\leqslant 10$ 是“主人”嘴上喊出的数。同样，“客人 B”也是一个二维随机变量，即 $B=(F,G)$，其中，$0\leqslant F\leqslant 5$ 是“客人”手上显示的数，而 $0\leqslant G\leqslant 10$ 是“客人”嘴上喊出的数。

如果在某个回合中，“主人”和“客人”的二维数分别是 (x,y) 和 (f,g)，那么，“划拳”游戏的罚酒规则如下：

如果 $x+f=y$，那么，“主人”赢，罚“客人”喝一杯酒；

如果 $x+f=g$，那么，“客人”赢，罚“主人”喝一杯酒；

如果上述两种情况都不出现，那么，就算“平局”，主客双方互不罚酒，接着进行下一回合。具体一点说，双方嘴上喊的数一样（即，$g=y$）时，“平局”出现；双方虽然喊的数各不相同，但是，他们“手上显示的数之和”不等于“任何一方嘴上喊的数”时，“平局”也出现。

这个“划拳”游戏显然是一种“非盲对抗”。主人和客人到底会谁输，谁赢呢？最多会被罚多少杯酒呢？他们怎样才能让对方多喝，而自己少喝呢？下面就用“信道容量法”来回答这些问题。

由概率论中的大数定律，频率趋于概率，所以，根据“主人(A)”和“客人(B)”的习惯，即，过去他们“斗酒”的统计规律（如果他们是初次见面，那么，不妨让他们以“热身赛”的方式，先“斗酒”一阵子，然后，记下他们的习惯就行了），就可以分别给出 A 和 B 及其分量 X、Y、F、G 的概率分布，以及四个随机变量 (X,Y,F,G) 的联合概率分布：

“主人”手上显示 x 的概率：$0<\Pr(X=x)=p_x<1, 0\leqslant x\leqslant 5; x_0+x_1+x_2+x_3+x_4+x_5=1$；

“客人”手上显示 f 的概率：$0<\Pr(F=f)=q_f<1, 0\leqslant f\leqslant 5; f_0+f_1+f_2+f_3+f_4+f_5=1$；

“主人”嘴上喊 y 的概率：$0<\Pr(Y=y)=r_y<1, 0\leqslant y\leqslant 10$；$\sum_{0\leqslant y\leqslant 10} r_y=1$；

“客人”嘴上喊 g 的概率：$0<\Pr(G=g)=s_g<1, 0\leqslant g\leqslant 10$；$\sum_{0\leqslant g\leqslant 10} s_g=1$；

“主人”手上显示 x，嘴上喊 y 的概率：

$$0<\Pr[A=(x,y)]=\Pr(X=x,Y=y)=b_{xy}<1,$$
$$0\leqslant y\leqslant 10, 0\leqslant x\leqslant 5, \sum_{0\leqslant y\leqslant 10, 0\leqslant x\leqslant 5} b_{xy}=1;$$

“客人”手上显示 f，嘴上喊 g 的概率：

$$0<\Pr[B=(f,g)]=\Pr(F=f,G=g)=h_{fg}<1,$$
$$0\leqslant g\leqslant 10, 0\leqslant f\leqslant 5, \sum_{0\leqslant g\leqslant 10, 0\leqslant f\leqslant 5} h_{fg}=1;$$

“主人手上显示 x，嘴上喊 y；同时，客人手上显示 f，嘴上喊 g”的概率：

$0<\Pr[A=(x,y),B=(f,g)]=\Pr(X=x,Y=y,F=f,G=g)=t_{xyfg}<1$,这里,

$$0\leqslant y,g\leqslant 10, 0\leqslant x,f\leqslant 5, \sum_{0\leqslant y,g\leqslant 10,0\leqslant x,f\leqslant 5} t_{xyfg}=1。$$

为了分析"主人"赢酒情况,构造一个二维随机变量

$$Z=(U,V)=(X\delta(G-Y),X+F),$$

这里的 δ 函数定义为:$\delta(0)=0$;$\delta(x)=1$,如果 $x\neq 0$。于是,

$$\Pr[Z=(u,v)]=\sum_{x+f=v,x\delta(g-y)=u} t_{xyfg}=:d_{uv},这里,0\leqslant v\leqslant 10,0\leqslant u\leqslant 5。$$

然后,再用随机变量 A 和 Z 构成一个信道$(A;Z)$,称它为"划拳主人信道",即,该信道以 A 为输入,以 Z 为输出。

下面来分析几个事件等式。如果某回合中,主人手上亮出的是 x(即 $X=x,0\leqslant x\leqslant 5$),主人嘴上喊的是 y(即 $Y=y,0\leqslant y\leqslant 10$);而客人手上亮出的是 f(即 $F=f,0\leqslant f\leqslant 5$),客人嘴上喊的是 g(即 $G=g,0\leqslant g\leqslant 10$)。那么,根据"划拳"的评判规则有:

如果本回合"主人"赢,那么,$x+f=y$ 同时 $y\neq g$。于是,$\delta(g-y)=1$,进一步就有:$Z=(u,v)=[x\delta(g-y),x+f]=(x,y)=A$,换句话说,此时,"划拳主人信道"的输出 Z 就始终等于输入 A,也就是说:一个"比特"被成功地从输入端 A,发送到了输出端 Z。

反过来,如果在"划拳主人信道"中,一个"比特"被成功地从输入端 A,发送到了输出端 Z;那么,此时就该"输出 $z=(u,v)=[x\delta(g-y),x+f]$ 始终等于输入(x,y)",也就有:$x\delta(g-y)=x$ 同时 $x+f=y$,即,$y\neq g$ 且 $x+f=y$,于是,根据"划拳"规则,就该判"主人赢",即,客人罚酒一杯。

结合上述正反两种情况,便有:

引理 8.6　在"划拳"游戏中,"主人赢一次"就等价于一个"比特"被成功地从"划拳主人信道"$(A;Z)$的输入端,发送到了输出端"。

由引理 8.6,再结合香农信息论著名的"信道编码定理":如果"划拳主人信道"的容量为 D,那么,对于任意传输率 $k/n\leqslant D$,都可以在译码错误概率任意小的情况下,通过某个 n 比特长的码字,成功地把 k 个比特传输到收信端。反之,如果"划拳主人信道"能够用 n 长码字,把 S 个比特无误差地传输到收端,那么,一定有 $S\leqslant nD$。即,得到定理 8.12。

定理 8.12(划拳主人赢酒定理)　设由随机变量$(A;Z)$组成的"划拳主人信道"的信道容量为 D。在剔除掉"平局"的情况后,如果主人想罚客人 k 杯酒,他一定有某种技巧(对应于香农编码),使得他能够在 k/D 个回合中,以任意接近 1 的概率达到目的。反之,如果主人在 n 回合中,赢了 S 次,即,罚了客人 S 杯酒,一定有 $S\leqslant nD$。

由定理 8.12 可知,只要求出"划拳主人信道"的信道容量 D,那么,主人"赢酒"的"杯数"极限就确定了。下面就来求信道容量 D:

$$\begin{aligned}
D &= \mathrm{Max}[I(A,Z)] \\
&= \mathrm{Max}\{\sum_{a,z}\Pr(a,z)\lg[\Pr(a,z)/[\Pr(a)\Pr(z)]]\} \\
&= \mathrm{Max}\{\sum_{x,y,f,g}\Pr[x,y,x\delta(g-y),x+f]\lg[\Pr(x,y,x\delta(g-y), \\
&\quad x+f)/[\Pr(x,y)\Pr(x\delta(g-y),x+f)]]\} \\
&= \mathrm{Max}\{\sum_{x,y,f,g} t_{x,y,x\delta(g-y),x+f}\lg[t_{x,y,x\delta(g-y),x+f}/[b_{xy}d_{x\delta(g-y),x+f}]]\},
\end{aligned}$$

这里的最大值是针对满足如下条件的正实数而取的:

$$0\leqslant y\leqslant 10;\ \sum_{0\leqslant y\leqslant 10} r_y=1;$$

$$0\leqslant y\leqslant 10,0\leqslant x\leqslant 5,\ \sum\nolimits_{0\leqslant y\leqslant 10,0\leqslant x\leqslant 5} b_{xy}=1;$$

$$0\leqslant g\leqslant 10,0\leqslant f\leqslant 5,\ \sum\nolimits_{0\leqslant g\leqslant 10,0\leqslant f\leqslant 5} h_{fg}=1.$$

所以,实际上,"划拳主人信道"的容量 D 其实是满足如下条件

$$0\leqslant f\leqslant 5;f_0+f_1+f_2+f_3+f_4+f_5=1;$$

$$0\leqslant g\leqslant 10;\ \sum\nolimits_{0\leqslant g\leqslant 10} s_g=1$$

的 f_i,g_j 的函数,并且 $0\leqslant i\leqslant 5,0\leqslant j\leqslant 10$。

同理,可以分析"客人赢酒"的情况,此处不再复述了。

可见,"划拳主人"赢酒的多少 $D(g_j,f_i)$,其实取决于"客人"的习惯(g_j,f_i)。如果主客双方都固守他们的习惯,那么,他们的输赢已经"天定"了;如果"主人"或"客人"中有一方见机行事(即,调整自己的习惯),那么,当他调整到其信道容量大过对方时,他就能够整体上赢;如果"主人"和"客人"双方都在调整自己的习惯,那么,他们最终将达到动态平衡。

8.4.3 线性可分"非盲对抗"的抽象模型

设黑客(X)共有 n 招来发动攻击,即,随机变量 X 的取值共有 n 个,不妨记为$\{x_0,x_1,\cdots,x_{n-1}\}=\{0,1,2,\cdots,n-1\}$,这也是黑客的全部"武器库"。

设红客(Y)共有 m 招来抵抗攻击,即,随机变量 Y 的取值共有 m 个,不妨记为$\{y_0,y_1,\cdots,y_{m-1}\}=\{0,1,2,\cdots,m-1\}$,这也是红客的全部"武器库"。

注意:在下面推导中,将根据需要在"招 x_i,y_j"和"数 i,j"之间等价地变换,即,$x_i=i,y_j=j$,其目的在于,既把问题说清楚,又在形式上简化。

在非盲对抗中,每个黑客武器 $x_i(j=0,1,\cdots,m-1)$和每个红客武器 $y_j(j=0,1,\cdots,m-1)$之间,存在着一个红黑双方公认的输赢规则,于是,一定存在二维数集$\{(i,j),0\leqslant i\leqslant n-1,\ 0\leqslant j\leqslant m-1\}$的某个子集 H,使得"x_i胜 y_j"当且仅当$(i,j)\in H$。如果这个子集 H 的结构比较简单,那么,就能够构造某个信道,使得"黑客赢一次"等价于"1 比特信息被成功地从该通信信道的发端传输到了收端",然后,再利用著名的香农信道编码定理就行了。例如,

在"石头剪刀布"游戏中,$H=\{(i,j):0\leqslant i,j\leqslant 2,(j-i)\bmod 3=2\}$;

在"猜正反面"游戏中,$H=\{(i,j):0\leqslant i=j\leqslant 1\}$;

在"手心手背"游戏中,$H=\{(i,j,k):0\leqslant i\neq j=k\leqslant 1\}$;

在"猜拳"游戏中,$H=\{(i,j):0\leqslant i,j\leqslant 3,(i-j)\bmod 4=1\}$;

在"划拳"游戏中,$H=\{(x,y,f,g):0\leqslant x,f\leqslant 5;0\leqslant g\neq y\leqslant 10;x+f=y\}$。

在 8.3 节和本节中,已经针对以上各 H 构造出了相应的通信信道。但是,对一般的 H,却很难构造出这样的通信信道,不过,有一种特殊情况还是可以有所作为的,即,如果上面的集合 H,可以分解为 $H=\{(i,j):i=f(j),\ 0\leqslant i\leqslant n-1,\ 0\leqslant j\leqslant m-1\}$(即,$H$ 中第一个分量 j 是其第二个分量的某种函数),那么,就可以构造一个随机变量 $Z=f(Y)$。然后,考虑信道$(X;Z)$,于是便有如下事件等式:

如果在某个回合中,黑客出击的招是 x_i,而红客应对的招是 y_j,那么,如果"黑客赢",就有 $i=f(j)$,也就是说,此时信道$(X;Z)$的输出便是 $Z=f(y_j)=f(j)=i=x_i$,即,此时信道的输出与输入相同,即 1 个比特被成功地从信道$(X;Z)$的输入端发送到了输出端。

反过来，如果“1个比特被成功地从信道$(X;Z)$的输入端发送到了输出端”，那么，此时就该有“输入=输出”，即“$i=f(j)$”，这也就意味着“黑客赢”。

结合上述正反两个方面，得到定理8.13。

定理8.13(线性非盲对抗极限定理)　在“非盲对抗”中，设黑客X共有n种攻击法$\{x_0, x_1, \cdots, x_{n-1}\}=\{0,1,2,\cdots,n-1\}$；设红客$Y$共有$m$种防御法$\{y_0, y_1, \cdots, y_{m-1}\}=\{0,1,2,\cdots,m-1\}$，又设红黑双方约定的输赢规则：“$x_i$胜$y_j$”当且仅当$(i,j)\in H$。这里$H$是矩形集合$\{(i,j), 0\leqslant i\leqslant n-1, 0\leqslant j\leqslant m-1\}$的某个子集。

如果H关于黑客X是线性的，即，H可以表示为$H=\{(i,j): i=f(j), 0\leqslant i\leqslant n-1, 0\leqslant j\leqslant m-1\}$，$H$中第一个分量$i$是其第二个分量$j$的某种函数$f(.)$，那么，便可以构造一个信道$(X;Z)$，其中$Z=f(Y)$，使得：若$C$是信道$(X;Z)$的信道容量，如果黑客想赢$k$次，他一定有某种技巧(对应于香农编码)，使得他能够在k/C个回合中，以任意接近1的概率达到目的；如果黑客在n个回合中，赢了S次，一定有$S\leqslant nC$。

如果H关于红客Y是线性的，即，H可以表示为$H=\{(i,j): j=g(i), 0\leqslant i\leqslant n-1, 0\leqslant j\leqslant m-1\}$，$H$中第二个分量$j$是其第一个分量$i$的某种函数$g(.)$，那么，便可以构造一个信道$(Y;G)$，其中$G=g(X)$，使得：若$D$是信道$(Y;G)$的信道容量，如果红客想赢$k$次，他一定有某种技巧(对应于香农编码)，使得他能够在k/D个回合中，以任意接近1的概率达到目的；如果红客在n个回合中，赢了S次，一定有$S\leqslant nD$。

“石头剪刀布”“手心手背”“猜正反面”“猜拳”和“划拳”等游戏，其实他们的输赢规则集H都是线性可分的，因此，它们全是本节定理8.20(线性非盲对抗极限定理)的特例而已。至于H为不可分情况，相应的信道构造就无从下手了。

为了加深印象，这里对“盲对抗”和“非盲对抗”，再做一些形象的描述。

所谓“盲对抗”，就是在每个攻防回合后，攻防双方都只知道自己的“自评结果”，而对敌方的“他评结果”一无所知，像大国斗智、战场搏杀、网络攻防、谍报战等比较惨烈的对抗，通常都属于“盲对抗”。这里的“盲”与是否面对面无关，例如，“两泼妇互相骂街”就是典型的面对面的“盲对抗”，因为，“攻方”是否骂到了“守方”的痛处，只有“守方”自己才知道，而且，被骂者通常还要极力掩盖其痛处，不让“攻方”知道自己的弱点在哪。当然，“一群泼妇互相乱骂”，更是盲对抗了。

所谓“非盲对抗”，就是在每个攻防回合后，双方都知道本回合一致的“胜败结果”。例如，在古老的“石头剪刀布”游戏中，一旦双方的手势亮出后，本回合的胜败结果就一目了然：石头胜剪刀，剪刀胜布，布胜石头。像许多赌博游戏、体育竞技等项目都属于“非盲对抗”。家喻户晓的童趣游戏“猜正反面游戏”“手心手背游戏”和本节中的“猜拳”和“划拳”等，也都是“非盲对抗”，只不过，在“手心手背游戏”中彼此对抗的人，不再是两个，而是三个。

更加形象地说，“泼妇骂架”是“盲对抗”，但是，“两流氓打架”却是“非盲对抗”了。因为，人的身体结构都相似，被打的痛处在哪，谁都知道，而且结论也基本一致的，所以，“打架”是“非盲的”，当然，“打群架”也是“非盲对抗”。但是，人的心理结构却千差万别，被骂的痛点会完全不同，所以，“骂架”是“盲”的。

8.5 攻防篇之“多人盲对抗”

“攻防”是安全的核心，而“攻防”的实质就是“对抗”。

为了全面深入地研究“对抗”，本章的8.2、8.3、8.4节进行了地毯式探索：

在8.2节中，统一研究了“盲对抗”，并给出了黑客（红客）攻击（防守）能力的精确极限；在8.3和8.4节中，以国际著名的“石头剪刀布游戏”、国内家喻户晓的“猜正反面游戏”和“手心手背游戏”、酒桌上著名的“划拳”和“猜拳”为对象，研究了“非盲对抗”的五个有趣实例，给出了输赢极限和获胜技巧。特别是8.4节，针对“非盲对抗”的很大一个子类（输赢规则线性可分的情况），给出了统一的解决方案。

但是，8.2、8.3和8.4节都只限于“攻”与“守”单挑的情形，即，一个黑客攻击一个红客。虽然在一般系统中，黑客与红客几乎都是“一对一”的，但是，在网络空间安全对抗中，还会经常出现“群殴”事件：多位黑客攻击一位红客；一个黑客攻击多位红客；黑客借助跳板来攻击红客；在有人协助时，黑客攻击红客等。而另一方面，在网络空间安全对抗中，几乎只涉及“盲对抗”，所以，下面就重点研究这类“盲群殴”。当然，本节的结果，绝不仅仅限于网络空间安全，仍然对各类安全都有效。

本节的攻防场景描述，主要是引入“上帝”的做法，与8.2节相同，为了节省篇幅，此处不再重复。

8.5.1 多位黑客攻击一位红客

为了直观，首先考虑两个黑客攻击一个红客的情形，然后再做推广。

设黑客 X_1 和 X_2 都想攻击红客 Y，并且两个黑客互不认识，甚至可能不知道对方的存在，因此，作为随机变量，可以假设 X_1 和 X_2 是相互独立的。

与8.2节类似，仍然假设：攻防各方采取“回合制”，并且，每个“回合”后，各方都对本次的攻防结果，给出一个“真心的盲自评”，由于这些自评结果是不告诉任何人的，所以，有理由假设“真心的盲自评”是真实可信的，没必要做假。

分别用随机变量 X_1 和 X_2 代表第一个和第二个黑客，他们按如下方式对自己每个回合的战果，进行真心盲自评：

X_1 对本回合盲自评为成功，则 $X_1=1$；X_1 对本回合盲自评为失败，则 $X_1=0$；

X_2 对本回合盲自评为成功，则 $X_2=1$；X_2 对本回合盲自评为失败，则 $X_2=0$。

由于每个回合中，红客要同时对付两个黑客的攻击，所以，用二维随机变量 $Y=(Y_1,Y_2)$ 代表红客，他按如下方式对自己每个回合的防御 X_1 和 X_2 成果，进行真心盲自评：

本回合 Y 自评防御 X_1 成功，自评防御 X_2 也成功时，记为，$Y_1=1,Y_2=1$；

本回合 Y 自评防御 X_1 成功，自评防御 X_2 失败时，记为，$Y_1=1,Y_2=0$；

本回合 Y 自评防御 X_1 失败，自评防御 X_2 成功时，记为，$Y_1=0,Y_2=1$；

本回合 Y 自评防御 X_1 失败，自评防御 X_2 也失败时，记为，$Y_1=0,Y_2=0$。

让黑客和红客不断地进行攻防对抗，并各自记下他们的盲自评结果。虽然他们的盲自评结果是保密的，没有任何人知道，但是，上帝知道这些结果，而且，根据“频率趋于概率”这个大数定律，上帝就可以计算出如下概率：

$$0<\Pr(X_1=1)=p<1;0<\Pr(X_1=0)=1-p<1;$$
$$0<\Pr(X_2=1)=q<1;0<\Pr(X_2=0)=1-q<1;$$
$$0<\Pr(Y_1=1,Y_2=1)=a_{11}<1;0<\Pr(Y_1=1,Y_2=0)=a_{10}<1;$$
$$0<\Pr(Y_1=0,Y_2=1)=a_{01}<1;0<\Pr(Y_1=0,Y_2=0)=a_{00}<1;$$

这里，$a_{00}+a_{01}+a_{10}+a_{11}=1$。

上帝再造一个二维随机变量 $Z=(Z_1,Z_2)=[(1+X_1+Y_1) \bmod 2, (1+X_2+Y_2) \bmod 2]$，即，$Z_1=(1+X_1+Y_1) \bmod 2$，$Z_2=(1+X_2+Y_2) \bmod 2$，利用随机变量 X_1、X_2 和 Z 构造一个2-输入信道 $[X_1,X_2,p(z|x_1,x_2),Z]$，并称该信道为红客的防御信道F。下面来考虑几个事件恒等式：

{某个回合红客防御成功}={红客防御 X_1 成功}∩{红客防御 X_2 成功}

而

{红客防御 X_1 成功}={黑客 X_1 自评本回合攻击成功，红客自评防御 X_1 成功}∪{黑客 X_1 自评本回合攻击失败，红客自评防御 X_1 成功}=$\{X_1=1,Y_1=1\}\cup\{X_1=0,Y_1=1\}=\{X_1=1,Z_1=1\}\cup\{X_1=0,Z_1=0\}$

同理，

{红客防御 X_2 成功}={黑客 X_2 自评本回合攻击成功，红客自评防御 X_2 成功}∪{黑客 X_2 自评本回合攻击失败，红客自评防御 X_2 成功}=$\{X_2=1,Y_2=1\}\cup\{X_2=0,Y_2=1\}=\{X_2=1,Z_2=1\}\cup\{X_2=0,Z_2=0\}$

所以，{某个回合红客防御成功}=$[\{X_1=1,Z_1=1\}\cup\{X_1=0,Z_1=0\}]\cap[\{X_2=1,Z_2=1\}\cup\{X_2=0,Z_2=0\}]$={防御信道F的第一个子信道传信成功}∩{防御信道F的第二个子信道传信成功}={2-输入信道F的传输信息成功}

于是，便有引理8.7：

引理8.7　如果红客在某个回合防御成功，那么，1比特信息就在2-输入信道F(防御信道)中，被成功传输。

反过来，如果"2-输入信道F的传输信息成功"，那么，"防御信道F的第1个子信道传输成功"同时"防御信道F的第2个子信道传输成功"，即，$[\{X_1=1,Z_1=1\}\cup\{X_1=0,Z_1=0\}]\cap[\{X_2=1,Z_2=1\}\cup\{X_2=0,Z_2=0\}]$，这等价于 $[\{X_1=1,Y_1=1\}\cup\{X_1=0,Y_1=1\}]\cap[\{X_2=1,Y_2=1\}\cup\{X_2=0,Y_2=1\}]$

而

$\{X_1=1,Y_1=1\}\cup\{X_1=0,Y_1=1\}$ 意味着{黑客 X_1 自评本回合攻击成功，红客自评防御 X_1 成功}∪{黑客 X_1 自评本回合攻击失败，红客自评防御 X_1 成功}，即，{红客防御 X_1 成功}，

同理，

$\{X_2=1,Y_2=1\}\cup\{X_2=0,Y_2=1\}$ 意味着{黑客 X_2 自评本回合攻击成功，红客自评防御 X_2 成功}∪{黑客 X_2 自评本回合攻击失败，红客自评防御 X_2 成功}，即，{红客防御 X_2 成功}，

所以，$[\{X_1=1,Y_1=1\}\cup\{X_1=0,Y_1=1\}]\cap[\{X_2=1,Y_2=1\}\cup\{X_2=0,Y_2=1\}]$ 就等同于{某个回合红客防御成功}，从而得到了引理8.8(它是引理8.7的逆)。

引理8.8　如果1比特信息在2-输入信道F(防御信道)中被成功传输，那么，红客就在该回合中防御成功。

结合引理8.7和引理8.8，得到定理8.14。

定理 8.14 设随机变量 X_1、X_2 和 Z 如上所述，防御信道 F 是 2-接入信道 $[X_1, X_2, p(z \mid x_1, x_2), Z]$，那么，“红客在某回合中防御成功”就等价于“1 比特信息在防御信道 F 中被成功传输”。

根据文献[6]的定理 15.3.1 及其逆定理，可以知道信道 F 的可达容量区域为满足下列条件的全体 (R_1, R_2) 所组成集合的凸闭包，

$$0 \leqslant R_1 \leqslant \max_X I(X_1; Z \mid X_2),$$
$$0 \leqslant R_2 \leqslant \max_X I(X_2; Z \mid X_1),$$
$$0 \leqslant R_1 + R_2 \leqslant \max_X I(X_1, X_2; Z).$$

这里最大值是针对所有独立随机变量 X_1 和 X_2 的概率分布而取的；$I(A,B;C)$ 表示互信息，而 $I(A;B \mid C)$ 表示条件互信息；$Z=(Z_1, Z_2)=[(1+X_1+Y_1) \bmod 2, (1+X_2+Y_2) \bmod 2]$。

利用定理 8.14，并将上述可达容量区域的结果翻译成攻防术语后，便得到定理 8.15。

定理 8.15 两个黑客 X_1 和 X_2 独立地攻击一个红客 Y。如果，在 n 个攻防回合中，红客成功防御第一个黑客 r_1 次，成功防御第二个黑客 r_2 次，那么，一定有：

$$0 \leqslant r_1 \leqslant n[\max_X I(X_1; Z \mid X_2)],$$
$$0 \leqslant r_2 \leqslant n[\max_X I(X_2; Z \mid X_1)],$$
$$0 \leqslant r_1 + r_2 \leqslant n[\max_X I(X_1, X_2; Z)].$$

而且，上述的极限是可达的，即，红客一定有某种最有效的防御方法，使得在 n 次攻防回合中，红客成功防御第一个黑客 r_1 次，成功防御第二个黑客 r_2 次，成功次数 r_1 和 r_2 达到上限：$r_1 = n[\max_X I(X_1; Z \mid X_2)]$，同时 $r_2 = n[\max_X I(X_2; Z \mid X_1)]$ 以及 $r_1 + r_2 = n[\max_X I(X_1, X_2; Z)]$。再换一个角度，如果红客要想成功防御第一个黑客 r_1 次，成功防御第二个黑客 r_2 次，那么，他至少得进行 $\max\{r_1/[\max_X I(X_1; Z \mid X_2)], r_2/[\max_X I(X_2; Z \mid X_1)], [\max_X I(X_1, X_2; Z)]\}$ 次防御。

下面将定理 8.15 推广到任意 m 个黑客 X_1、X_2、…、X_m，独立地攻击一个红客 $Y=(Y_1, Y_2, \cdots, Y_m)$ 的情况。

仍然假设：攻防各方采取“回合制”，并且，每个“回合”后，各方都对本次的攻防结果，给出一个“真心的盲自评”，由于这些自评结果是不告诉任何人的，所以，有理由假设“真心的盲自评”是真实可信的，没必要做假。

对任意 $1 \leqslant i \leqslant m$，黑客 X_i 按如下方式对自己每个回合的战果，进行真心盲自评：

黑客 X_i 对本回合盲自评为成功，则 $X_i=1$；黑客 X_i 对本回合盲自评为失败，则 $X_i=0$。

每个回合中，红客按如下方式对自己防御黑客 X_1、X_2、…、X_m 的成果，进行真心盲自评：

任取整数集合 $\{1,2,\cdots,m\}$ 的一个子集 S，记 S^C 为 S 的补集，即，$S^C=\{1,2,\cdots,m\}-S$，再记 $X(S)$ 为 $\{X_i: i \in S\}$，$X(S^C)$ 为 $\{X_i: i \in S^C\}$，如果红客成功地防御了 $X(S)$ 中的黑客，但却自评被 $X(S^C)$ 中的黑客打败，那么，红客的盲自评估就为 $\{Y_i=1: i \in S\}$，$\{Y_i=0: i \in S^C\}$。

上帝再造一个 m 维随机变量 $Z=(Z_1, Z_2, \cdots, Z_m)=[(1+X_1+Y_1) \bmod 2, (1+X_2+Y_2) \bmod 2, \cdots, (1+X_m+Y_m) \bmod 2]$，即，$Z_i=(1+X_i+Y_i) \bmod 2, 1 \leqslant i \leqslant m$。利用随机变量 X_1、X_2、…、X_m 和 Z 构造一个 m-接入信道，并称该信道为红客的防御信道 G。

仿照上面 $m=2$ 的证明方法，利用文献[6]的定理 15.3.6 及其逆定理，可以知道信道 G 的可达容量区域为满足下列条件的所有码率向量所成集合的凸闭包，

$$R(S) \leqslant I[X(S); Z \mid X(S^C)]，对\{1,2,\cdots,m\}的所有子集 S。$$

这里 $R(S)$ 定义为 $R(S)=\sum_{i\in S}R_i=\sum_{i\in S}[r_i/n]$，$r_i/n$ 是第 i 个输入的码率。

仿照前面，将该可达容量区域的结果翻译成攻防术语后，便得到定理8.16。

定理8.16　m 个黑客 X_1、X_2、…、X_m 独立地攻击一个红客 Y。如果，在 n 个攻防回合中，红客成功防御第 i 个黑客 r_i 次，$1\leqslant i\leqslant m$，一定有 $r(S)\leqslant n\{I[X(S);Z\mid X(S^C)]\}$，对 $\{1,2,\cdots,m\}$ 的所有子集 S，这里 $r(S)=\sum_{i\in S}r_i$。而且，该上限是可达的，即，红客一定有某种最有效的防御方法，使得在 n 次攻防回合中，红客成功防御黑客集 S 的次数集合 $r(S)$，达到上限：$r(S)=n\{I[X(S);Z\mid X(S^C)]\}$，对 $\{1,2,\cdots,m\}$ 的所有子集 S。再换一个角度，如果红客要想实现成功防御黑客集 S 的次数集合为 $r(S)$，那么，他至少得进行 $\max\{r(S)/[I(X(S);Z\mid X(S^C))]\}$ 次防御。

8.5.2　一位黑客攻击多位红客

为了增强安全性，红客在建设系统时，常常建设一个甚至多个(异构)备份系统，一旦系统本身被黑客攻破后，红客可以马上启用备份系统，从而保障业务的连续性。因此，在这种情况下，黑客若想真正取胜，他就必须同时攻破主系统和所有备份系统。这就是"一位黑客攻击多位红客"的实际背景，换句话说，只要有哪怕一个备份未被黑客攻破，那么，就不能算黑客赢。当然，也许红客们并不知道是同一个黑客在攻击他们，至于红客们是否协同，都不影响下面的研究。

先考虑一个黑客攻击两个红客的情形，然后，再做推广。

设黑客 $X=(X_1,X_2)$ 想同时攻击两个红客 Y_1 和 Y_2。由于这两个红客是两个互为备份系统的守卫者，因此，黑客必须同时把这两个红客打败，才能算真赢。

与上节类似，仍然假设：攻防各方采取"回合制"，并且，每个"回合"后，各方都对本次的攻防结果，给出一个"真心的盲自评"，由于这些自评结果是不告诉任何人的，所以，有理由假设"真心的盲自评"是真实可信的，没必要做假。

分别用随机变量 Y_1 和 Y_2 代表第一个和第二个红客，他们按如下方式对自己每个回合的战果，进行真心盲自评：

红客 Y_1 对本回合防御盲自评为成功，则 $Y_1=1$；红客 Y_1 对本回合防御盲自评为失败，则 $Y_1=0$；

红客 Y_2 对本回合防御盲自评为成功，则 $Y_2=1$；红客 Y_2 对本回合防御盲自评为失败，则 $Y_2=0$。

由于每个回合中，黑客要同时攻击两个红客，所以，用二维随机变量 $X=(X_1,X_2)$ 代表黑客，他按如下方式对自己每个回合攻击 Y_1 和 Y_2 的成果，进行真心盲自评：

本回合 X 自评攻击 Y_1 成功，自评攻击 Y_2 成功时，记为，$X_1=1,X_2=1$；

本回合 X 自评攻击 Y_1 成功，自评攻击 Y_2 失败时，记为，$X_1=1,X_2=0$；

本回合 X 自评攻击 Y_1 失败，自评攻击 Y_2 成功时，记为，$X_1=0,X_2=1$；

本回合 X 自评攻击 Y_1 失败，自评攻击 Y_2 失败时，记为，$X_1=0,X_2=0$。

让黑客和红客们不断地进行攻防对抗，并各自记下他们的盲自评结果。虽然他们的盲自评结果是保密的，没有任何人知道，但是，上帝知道这些结果，而且，根据"频率趋于概率"这个大数定律，上帝就可以计算出如下概率：

$$0<\Pr(Y_1=1)=f<1;0<\Pr(Y_1=0)=1-f<1;$$
$$0<\Pr(Y_2=1)=g<1;0<\Pr(Y_2=0)=1-g<1;$$
$$0<\Pr(X_1=1,X_2=1)=b_{11}<1;0<\Pr(X_1=1,\ X_2=0)=b_{10}<1;$$
$$0<\Pr(X_1=0,X_2=1)=b_{01}<1;0<\Pr(X_1=0,\ X_2=0)=b_{00}<1;$$

这里，$b_{00}+b_{01}+b_{10}+b_{11}=1$。

上帝再造两个随机变量 Z_1 和 Z_2，这里 $Z_1=(X_1+Y_1) \bmod 2$，$Z_2=(X_2+Y_2) \bmod 2$，利用随机变量 X(输入)和 Z_1、Z_2(输出)构造一个 2-输出广播信道 $p(z_1,z_2 \mid x)$，并称该信道为黑客的攻击信道 G(**注**：关于广播信道的细节，请见文献[6]的 15.6 节)。

下面来考虑几个事件恒等式：

{黑客 X 攻击成功}={黑客 X 攻击 Y_1 成功}∩{黑客 X 攻击 Y_2 成功}=[{黑客 X 自评攻击 Y_1 成功，红客 Y_1 自评防御失败}∪{黑客 X 自评攻击 Y_1 失败，红客 Y_1 自评防御失败}]∩[{黑客 X 自评攻击 Y_2 成功，红客 Y_2 自评防御失败}∪{黑客 X 自评攻击 Y_2 失败，红客 Y_2 自评防御失败}]=[$\{X_1=1,Y_1=0\}\cup\{X_1=0,\ Y_1=0\}$]∩[$\{X_2=1,Y_2=0\}\cup\{X_2=0,\ Y_2=0\}$]=[$\{X_1=1,Z_1=1\}\cup\{X_1=0,\ Z_1=0\}$]∩[$\{X_2=1,Z_2=0\}\cup\{X_2=0,\ Z_2=0\}$]={1 比特信息被成功地从广播信道 G 的第 1 个分支传输到目的地}∩{1 比特信息被成功地从广播信道 G 的第 2 个分支传输到目的地}={1 比特信息在广播信道 G 中被成功传输}。

以上推理过程，完全可以逆向进行，所以，可以得出定理 8.17。

定理 8.17　一个黑客 $X=(X_1,X_2)$ 同时攻击两个红客 Y_1 和 Y_2，如果在某个回合中黑客攻击成功，那么，1 比特信息就在上述 2-输出广播信道(攻击信道)G 中被成功传输，反之亦然。

下面再将定理 8.17 推广到 1 个黑客 $X=(X_1,X_2,\cdots,X_m)$，同时攻击任意 m 个红客 Y_1、Y_2、…、Y_m 的情况。由于这 m 个红客是互为备份系统的守卫者，因此，黑客必须同时把这 m 个红客打败，才能算真赢。

仍然假设：攻防各方采取"回合制"，并且，每个"回合"后，各方都对本次的攻防结果，给出一个"真心的盲自评"，由于这些自评结果是不告诉任何人的，所以，有理由假设"真心的盲自评"是真实可信的，没必要做假。

对任意 $1\leqslant i\leqslant m$，红客 Y_i 按如下方式对自己每个回合的战果，进行真心盲自评：

红客 Y_i 对本回合防御盲自评为成功，则 $Y_i=1$；红客 Y_i 对本回合盲自评防御为失败，则 $Y_i=0$。

每个回合中，黑客按如下方式对自己攻击红客 Y_1、Y_2、…、Y_m 的成果，进行真心盲自评：

任取整数集合$\{1,2,\cdots,m\}$的一个子集 S，记 S^C 为 S 的补集，即，$S^C=\{1,2,\cdots,m\}-S$，再记 $Y(S)$ 为 $\{Y_i:i\in S\}$，$Y(S^C)$ 为 $\{Y_i:i\in S^C\}$，如果黑客自评成功地攻击了 $Y(S)$ 中的红客，但却自评被 $Y(S^C)$ 中的红客成功防御，那么，黑客 X 的盲自评就为：$\{X_i=1:i\in S\}$，$\{X_i=0:i\in S^C\}$。

上帝再造 m 个随机变量 Z_i，这里 $Z_i=(X_i+Y_i) \bmod 2$，$1\leqslant i\leqslant m$。利用随机变量 X(输入)和 Z_1、Z_2、…、Z_m(输出)构造一个 m-输出广播信道 $p(z_1,z_2,\cdots,z_m \mid x)$，并称该信道为黑客的攻击信道 H。

下面考虑几个事件恒等式：

{黑客 X 攻击成功}$=\bigcap_{1\leqslant i\leqslant m}${黑客 X 攻击 Y_i 成功}$=\bigcap_{1\leqslant i\leqslant m}$[{黑客 X 自评攻击 Y_i 成功，红客 Y_i 自评防御失败}$\cup${黑客 X 自评攻击 Y_i 失败，红客 Y_i 自评防御失败}]$=\bigcap_{1\leqslant i\leqslant m}$[$\{X_i=1,Y_i=0\}\cup\{X_i=0,\ Y_i=0\}$]$=\bigcap_{1\leqslant i\leqslant m}$[$\{X_i=1,Z_i=1\}\cup\{X_i=0,\ Z_i=0\}$]$=\bigcap_{1\leqslant i\leqslant m}${1 比特信息被成功地从广播信道 G 的第 i 个分支传输到目的地}={1 比特信息在 m-广播信道 G 中被成功传输}。

以上推理过程，完全可以逆向进行，所以，可以得出定理 8.18。

定理 8.18　一个黑客 $X=(X_1,X_2,\cdots,X_m)$ 同时攻击 m 个红客 Y_1、Y_2、…、Y_m，如果在某个回合中黑客攻击成功，那么，1 比特信息就在上述 m-输出广播信道（攻击信道）H 中被成功传输，反之亦然。

根据定理 8.17 和定理 8.18，一个黑客同时攻击多个红客的问题，就完全等价于广播信道的信息容量区域问题。可惜，到目前为止，广播信道的信息容量区域问题还未被解决。

在实际的网络空间安全对抗中，还有两种常见的攻击情况：(1)黑客借助跳板来攻击红客；(2)在有人协助（比如，在红方有一个内奸）时，黑客攻击红客等。另外，在多用户信息论中，也有两种常见的信道：(1)中继信道；(2)边信息信道。这将留给后人去研究。

8.6　黑客篇之“战术研究”

如果说安全的核心是对抗，那么，在对抗的两个主角（攻方与守方）中，攻方（黑客）又是第一主角，因为，红客（守方）是因黑客（攻方）而诞生的。所以，很有必要对黑客，特别是他的攻击策略，进行更深入的研究。

广义地说，系统（或组织）的破坏者，都统称为“黑客”，他（它）们以扰乱既有秩序为目的。因此，癌细胞、病菌、敌对势力、灾难、间谍等都是黑客。但是，为了聚焦，本节以常言的“网络黑客”为主要研究对象，虽然这里的结果和研究方法其实适用于所有黑客。

黑客的攻击肯定是有代价的，这种代价可能是经济代价、政治代价或时间代价。同样，黑客想要达到的目标也可能是经济目标、政治目标或时间目标。因此，至少可以粗略地将黑客分为经济黑客、政治黑客和时间黑客。

经济黑客：只关注自己能否获利，并不在乎是否伤及对方。有时，自己可以承受适当的经济代价，但是，整体上要赢利。赔本的买卖是不做的，他们肯定不是“活雷锋”。因此，经济黑客的目标就是以最小的开销来攻击系统，并获得最大的收益。只要准备就绪，经济黑客随时可发动进攻。

政治黑客：不计代价，一定要伤及对方要害，甚至有时还有更明确的攻击目标，不达目的不罢休。他们随时精确瞄准目标，但是只在关键时刻，才“扣动扳机”。最终成败取决于若干偶然因素，比如，目标突然移动（红客突然出新招）、准备不充分（对红客的防御情况了解不够）或突然刮来一阵风（系统无意中的变化）等。

时间黑客：希望在最短的时间内，攻破红客的防线，而且，使被攻击系统的恢复时间尽可能地长。

从纯理论角度来看，其实没必要去区分上述三种黑客。下面为了更加形象，也为了量化考虑，本节重点考虑经济黑客，即，黑客想以最小的经济开销来获取最大的经济利益。

8.6.1 黑客的静态描述

先讲一个故事：我是一个面向墙壁射击的"臭手"。虽然，我命中墙上任一特定点的概率都为零，但是，只要扳机一响，我一定会命中墙上某点，而这本来是一个"概率为零"的事件。因此，"我总会命中墙上某一点"这个概率为1的事件，就可以由许多"概率为零的事件（命中墙上某一指定点）"的集合构成。

再将上述故事改编成"有限和"情况：我先在墙上画满（有限个）马赛克格子，那么，"我总会命中某一格子"这个概率为1的事件，便可以由有限个"我命中任何指定格子"这些"概率很小，几乎为零的事件"的集合构成。或者，更准确地说，假设墙上共有 n 个马赛克格子，那么，我的枪法就可以用随机变量 X 来完整地描述：如果我击中第 $i(1\leqslant i\leqslant n)$ 个格子的事件（记为 $X=i$）的概率 p_i，那么，$p_1+p_2+\cdots+p_n=1$。

现在，让黑客代替"我"，让（有限）系统代替那面墙。

安全界有一句老话，也许是重复率最高的话，说："安全是相对的，不安全才是绝对的"。可是，过去大家仅将这句话当成"口头禅"，而没有意识到它其实是一个很重要的公理。

安全公理：对任何（有限）系统来说，安全都是相对的，不安全才是绝对的，即，"系统不安全，总可被黑客攻破"这个事件的概率为1。

根据该安全公理可知，黑客命中"某一点"（攻破系统的指定部分）的概率虽然几乎为零，但是，黑客"击中墙"（最终攻破系统）是肯定的，概率为1。

黑客可以有至少两种方法在"墙上"画马赛克格子。

画马赛克格子的第一种办法：首先，锁定目标，黑客从自己的安全角度出发，画出系统的安全经络图（见8.1节）；然后，以每个"元诱因"（或"穴位"）为一个"马赛克格子"。假如，系统的安全经络图中共有 n 个"元诱因"，那么，黑客的（静态）攻击能力就可以用随机变量 X 来完整地描述：如果黑客摧毁第 $i(1\leqslant i\leqslant n)$ 个"元诱因"（记为 $X=i$）的概率为 p_i，那么，$p_1+p_2+\cdots+p_n=1$。

这种"元诱因马赛克画法"的根据是：在8.1节中，已经知道，系统出现不安全问题的充分必要条件是某个（或某些）"元诱因"不安全。

"元诱因马赛克"的缺点是参数体系较复杂，但是，它的优点很多，比如，可以同时适用于多目标攻击，安全经络可以长期积累、永远传承等。根据安全经络图可知："安全"同时具有"波"和"粒子"的双重性质，或者说，具有"确定性"和"概率性"两种性质。更具体地说，任何不安全事件的"元诱因"的"确定性"更浓，而"素诱因"和"素事件"的"概率性"更浓。充分认识安全的波粒二象性，将有助于深刻理解安全的实质，有助于理解"安全通论"的研究方法和思路。

画马赛克格子的第二种办法：经过长期准备和反复测试，黑客共掌握了全部 n 种可能攻破系统的方法，于是，黑客的攻击能力可以用随机变量 X 完整地描述为当黑客用第 i 种方法攻破系统，记为 $X=i(1\leqslant i\leqslant n)$ 的概率为 p_i，这里，$p_1+p_2+\cdots+p_n=1, 0<p_i<1(1\leqslant i\leqslant n)$。

说明：能够画出这"第二种马赛克格子"的黑客，肯定是存在的，比如，长期以"安全检测人员"这种红客身份掩护着的卧底，就是这类黑客的代表。虽然，必须承认，要想建立完整的武器库，即，掌握攻破系统的全部攻击方法，或完整地描述上述随机变量 X，确实是非常困难的，但是，从理论上看是可行的。

当然，也许还有其他方法来画"马赛克格子"，不过它们的实质都是一样的，即，黑客可以静态地用一个离散随机变量 X 来描述，这里 X 的可能取值为$\{1,2,\cdots,n\}$，概率 $\Pr(X=i)=p_i$，并且，$p_1+p_2+\cdots+p_n=1$。

8.6.2 黑客的动态描述

上面用离散随机变量来表示的“黑客的静态描述”，显然适合于包括经济黑客、政治黑客、时间黑客等各种黑客。由于政治黑客的业绩很难量化，比如，若黑客获取了元首的私人存款金额，那么，这样的业绩对美国来说一钱不值，而对朝鲜等后封建国家来说，就是无价的国家机密。因此，本节中的量化分析主要针对经济黑客。

黑客的动态行为千变万化，必须首先清理场景，否则，根本无法下手。

为使相关解释更形象，本节采用上述第一种“马赛克格子画法”，即，黑客是一个离散随机变量，他攻破第 i 个“元诱因”，记为 $X=i(1\leqslant i\leqslant n)$的概率为 p_i，这里，$p_1+p_2+\cdots+p_n=1$，$0<p_i<1(1\leqslant i\leqslant n)$。特别强调，其实下面的内容适用于包括第二种方法在内的所有“马赛克格子画法”。

任何攻击都是有代价的，并且，如果黑客已经技术最牛了，那么，整体上来说是“投入越多，收益越多”。

设黑客攻破第 i 个“元诱因”的“投入产出比”为 $d_i(1\leqslant i\leqslant n)$，即，若为攻击第 i 个“元诱因”，黑客投入了1元钱，那么，一旦攻击成功(其概率为 p_i)后，黑客将获得 d_i元的收入；当然，如果攻击失败，那么，黑客的这1块钱就全赔了。

根据8.1节可知，任何一个“元诱因”被攻破后，系统也就被攻破了，不再安全了。因此，为了尽量避免被红客发现，尽量少留“作案痕迹”，假定：在攻击过程中，黑客只要发现有一个“元诱因”被攻破了，那么，他就立即停止本次攻击，哪怕继续攻破其他“元诱因”还可以获得额外的收入，哪怕对其他“元诱因”的“攻击投资”被浪费。

设黑客共有 M 元用于攻击的“种子资金”，如果他把这些资金全部投入攻击他认为最有可能成功的某个“元诱因”(比如，最大的那个 p_i)，那么，假如黑客最终成功地攻破了第 i 个“元诱因”(其概率为 p_i)，则此时黑客的资金总数就变成(Md_i)，但是，假如黑客的攻击失败(其概率为 $1-p_i$)，则他的资金总数就瞬间变成了零。可见，从经济上来说，黑客的这种“孤注一掷”战术的风险太大，不宜采用。

为增加抗风险能力，黑客改变战术，将他的全部资金分成 n 部分$(b_1,b_2,\cdots,b_n)$，其中，b_i是用于攻击第 i 个“元诱因”的资金在总资金中所占的比例数，于是，$\sum_{i=1}^{n} b_i=1$，这里 $0\leqslant b_i\leqslant 1$。如果在本次攻击中，第 i 个“元诱因”首先被攻破(其概率为 p_i)，那么，本次攻击马上停止，此时，黑客的总资产变为(Mb_id_i)，同时，投入到攻击其他“元诱因”的资金都白费了。由于 $\sum_{i=1}^{n} p_i=1$，即，肯定有某个“元诱因”会被首先攻破，所以，只要每个 $b_i>0$，那么，本次攻击结束后，黑客的总资产肯定不会变成零，因此，其抗风险能力确实增强了。

还假定：为了躲开红客的对抗，黑客选择红客不在场时，才发起攻击，比如，黑客每天晚上对目标系统进行(一次)攻击。当然，这里还有一个暗含的假设，即，黑客每天晚上都能够成功地把系统攻破一次，其实，这个假设也是合理的，因为，如果要经过 K 个晚上的艰苦攻击才能攻破系统，那么，把这 K 天压缩成“一晚”就行了。

单看某一天的情况，很难对黑客的攻击战术提出任何建议。不过，如果假定黑客连续 m

天晚上对目标系统进行“每日一次”的攻击，那么，确实存在某种攻击战术，能使得黑客的盈利情况在某种意义上，达到最佳。

为简化下角标，本节对 b_i 和 $b(i)$ 交替使用，不加区别。

如果黑客每天晚上，都对他的全部资金按相同的分配比例 $\boldsymbol{b}=(b_1,b_2,\cdots,b_n)$，来对系统的各“元诱因”进行攻击。那么，$m$ 个晚上之后，黑客的资产就变为

$$S_m = M\prod_{i=1}^{m} S(X_i) = M\prod_{i=1}^{m}[b(X_i)d(X_i)],$$

其中，$S(X)=b(X)d(X)$，X_i 是 1 到 n 之间的某个正整数，它表示在第 i 天晚上，被（首先）攻破的那个“元诱因”的编号，所以，X_1、X_2、$\cdots$、X_m 是独立同分布的随机变量，设该分布是 $p(x)$，于是有定理 8.19。

定理 8.19 若每天晚上黑客都将其全部资金，按比例 $\boldsymbol{b}=(b_1,b_2,\cdots,b_n)$ 分配，来对系统的各“元诱因”进行攻击，那么，m 天之后，黑客的资产就变为

$$S_m = M2^{mW(\boldsymbol{b},\boldsymbol{p})}, \tag{8.6}$$

其中，$W(\boldsymbol{b},\boldsymbol{p}) = E[\lg S(X)] = \sum_{k=1}^{m} p_k \lg(b_k d_k)$，称为“双倍率”。

证明：由于独立随机变量的函数，也是独立的；所以，$\lg S(X_1)$、$\lg S(X_2)$、$\cdots$、$\lg S(X_m)$ 也是独立同分布的，由弱大数定律，可得：

$$\lg S_m/m = \left[\sum_{i=1}^{m} \lg S(X_i)\right]/m \to E[\lg S(X)].$$

依概率，公式（8.6）成立。证毕。

由于黑客的资产按照 $2^{mW(\boldsymbol{b},\boldsymbol{p})}$ 方式增长，这也是把 $W(\boldsymbol{b},\boldsymbol{p})$ 称为“双倍率”的根据，因此，只需要寻找某种资金分配战术 $\boldsymbol{b}=(b_1,b_2,\cdots,b_n)$，使得双倍率 $W(\boldsymbol{b},\boldsymbol{p})$ 能够最大化就行了。

定义 8.1 如果某种战术分配 $\boldsymbol{b}$，使得双倍率 $W(\boldsymbol{b},\boldsymbol{p})$ 达到最大值 $W^*(\boldsymbol{p})$，那么，就称该值为最优双倍率，即，

$$W^*(\boldsymbol{p}) = \max_{\boldsymbol{b}} W(\boldsymbol{b},\boldsymbol{p}) = \max_{\boldsymbol{b}} \sum_{k=1}^{m} p_k \lg(b_k d_k). \tag{8.7}$$

公式（8.7）的最大值 max 是针对所有可能的满足 $\sum_{i=1}^{n} b_i = 1, 0\leqslant b_i\leqslant 1$ 的 $\boldsymbol{b}=(b_1,b_2,\cdots,b_n)$ 而取的。

双倍率 $W(\boldsymbol{b},\boldsymbol{p})$ 作为 $\boldsymbol{b}$ 的函数，在约束条件 $\sum_{i=1}^{n} b_i = 1$ 之下，求其最大值，可以写出拉格朗日乘子函数并且改变对数的基底（这不影响最大化 $\boldsymbol{b}$），则有

$$J(\boldsymbol{b}) = \sum p_k \ln(b_k d_k) + \lambda \sum b_i.$$

关于 b_i 求导得到

$$\partial J/\partial b_i = p_i/b_i + \lambda,\ i=1,2,\cdots,n.$$

为了求得最大值，令偏导数为 0，从而得出

$$b_i = -p_i/\lambda,$$

将它们代入约束条件 $\sum_{i=1}^{n} b_i = 1$，可得到 $\lambda=-1$ 和 $b_i=p_i$。从而可知，$\boldsymbol{b}=\boldsymbol{p}$ 为函数 $J(\boldsymbol{b})$ 的驻点。

定理 8.20 最优化双倍率 $W^*(\boldsymbol{p}) = \sum_{i=1}^{n} p_i \lg d_i - H(\boldsymbol{p})$，并且，按比例 $\boldsymbol{b}^*=\boldsymbol{p}=(p_1,$

$p_2,\cdots,p_n$)分配攻击资金的战术进行攻击,便可以达到该最大值。这里 $H(\boldsymbol{p})$是描述静态黑客的那个随机变量的熵,即,$H(\boldsymbol{p})=-\sum_{i=1}^{n}p_i \lg p_i$ 。

证明:将双倍率 $W(\boldsymbol{b},\boldsymbol{p})$重新改写,使得容易看出何时取最大值:

$$\begin{aligned}W(\boldsymbol{b},\boldsymbol{p})&=\sum p_k \lg(b_k d_k)\\&=\sum p_k \lg[(b_k/p_k)p_k d_k)]\\&=\sum p_k \lg[d_k-H(\boldsymbol{p})-D(\boldsymbol{p}\mid\boldsymbol{b})]\\&\leqslant\sum p_k \lg[d_k-H(\boldsymbol{p})],\end{aligned}$$

其中,$D(\boldsymbol{p}\mid\boldsymbol{b})$是随机变量 $\boldsymbol{p}$ 和 $\boldsymbol{b}$ 的相对熵。而当 $\boldsymbol{b}=\boldsymbol{p}$ 时,可直接验证上述等式成立。证毕。

从定理 8.20 可知:对于一个可用离散随机变量 X,$\Pr(X=i)=p_i$,并且,$p_1+p_2+\cdots+p_n=1$ 来静态描述的黑客,他的动态最佳攻击战术也是($p_1,p_2,\cdots,p_n$),即,他将其攻击资金按比例($p_1,p_2,\cdots,p_n$)分配后,可得到最多的“黑产收入”。

下面再对定理 8.20 进行一些更细致的讨论,可以得出定理 8.21。

定理 8.21　如果攻破每个“元诱因”的投入产出比是相同的,即,各个 d_i 彼此相等,都等于 a,那么此时的最优化双倍率 $W^*(\boldsymbol{p})=\lg a-H(\boldsymbol{p})$,即,最佳双倍率与熵之和为常数,并且,若按比例 $\boldsymbol{b}^*=\boldsymbol{p}$ 分配攻击资金,那么,此种战术的攻击业绩便可达到该最大值。此时,第 m 天之后,黑客的财富变成 $S_m=M2^{m[\lg a-H(\boldsymbol{p})]}$。而且,黑客的熵若减少 1 比特,那么,他的财富就会翻一倍。

如果并不知道每个 d_i的具体值,而只知道 $\sum 1/d_i=1$,此时,记 $r_i=1/d_i$于是,双倍率可以重新写为

$$\begin{aligned}W(\boldsymbol{b},\boldsymbol{p})&=\sum p_k \lg(b_k d_k)\\&=\sum p_k \lg[(b_k/p_k)p_k d_k]\\&=D(\boldsymbol{p}\mid\boldsymbol{r})-D(\boldsymbol{p}\mid\boldsymbol{b}),\end{aligned}$$

由此可见双倍率与相对熵之间存在着非常密切的关系。

由于黑客每天晚上都要攻击系统,他一定会总结一些经验来提高他的攻击效果。更准确地说,可以假设黑客知道了攻破系统的某种边信息 Y,它也是一个随机变量。

设 $X\in\{1,2,\cdots,n\}$为第 X 个“元诱因”,攻破它的概率为 $p(x)$,而攻击它的投入产出比为 $d(x)$。设(X,Y)的联合概率密度函数为 $p(x,y)$。用 $b(x\mid y)\geqslant0$, $\sum_x b(x\mid y)=1$ 记为已知边信息 Y 的条件下,黑客对攻击资金的分配比例。此处 $b(x\mid y)$理解为:当得知信息 y 的条件下,用来攻击第 x 个“元诱因”的资金比例。对照前面的记号,将 $b(x)\geqslant0$, $\sum_x b(x)=1$ 表示为无条件下,黑客对攻击资金的分配比例。

设无条件双倍率和条件双倍率分别为

$$W(X)=\max b(x)\sum xp(x)\lg[b(x)d(x)],$$

$$W(X\mid Y)=\max b(x\mid y)\sum x,yp(x,y)\lg[b(x\mid y)d(x)].$$

再设

$$\Delta W=W(X\mid Y)-W(X).$$

对于独立同分布的“攻击元诱因”序列(X_i,Y_i)，可以看到：当具有边信息Y时，黑客的相对收益增长率为$2^{mW(X|Y)}$；当黑客无边信息时，他的相对收益增长率为$2^{mW(X)}$。

定理 8.22 由于获得攻击“元诱因”X的边信息Y，而引起的双倍率增量ΔW满足$\Delta W=I(X;Y)$。这里$I(X;Y)$是随机变量X和Y的互信息。

证明：在有边信息的条件下，按照条件比例分配攻击资金，即$b^*(x|y)=p(x|y)$，那么关于边信息Y的条件双倍率$W(X|Y)$可以达到最大值。于是

$$W(X|Y)=\max_{b(x|y)}E[\lg S]=\max_{b(x|y)}\sum p(x,y)\lg[d(x)b(x|y)]$$
$$=\sum p(x,y)\lg[d(x)p(x|y)]=\sum p(x)\lg d(x)-H(X|Y).$$

当无边信息时，最优双倍率为

$$W(X)=\sum p(x)\lg d(x)-H(X).$$

从而，由于边信息Y的存在，而导致的双倍率的增量为

$$\Delta W=W(X|Y)-W(X)=H(X)-H(X|Y)=I(X;Y).$$

证毕。

此处双倍率的增量，正好是边信息Y与“元诱因”X之间的互信息。因此，如果边信息Y与“元诱因”X相互独立，那么，双倍率的增量就为0。

设X_k是黑客第k天攻破的“元诱因”的序号，假如各$\{X_k\}$之间不是独立的，又假设每个d_k彼此相同，都等于a。于是，黑客根据随机过程$\{X_k\}$来决定第$(k+1)$天的最佳攻击资金分配方案(即，最佳双倍率)为

$$W(X_k|X_{k-1},X_{k-2},\cdots,X_1)=E\{\max E[\lg S(X_k)|X_{k-1},X_{k-2},\cdots,X_1]\} \tag{8.8}$$
$$=\lg a-H(X_k|X_{k-1},X_{k-2},\cdots,X_1).$$

公式(8.8)中的最大值 max 是针对所有满足如下条件的边信息攻击资金分配方案而取的：$b(x|X_{k-1},X_{k-2},\cdots,X_1)\geqslant 0,\sum_x b(x|X_{k-1},X_{k-2},\cdots,X_1)=1$。

而且，该最优双倍率可以在$b(x_k|x_{k-1},x_{k-2},\cdots,x_1)=p(x_k|x_{k-1},x_{k-2},\cdots,x_1)$时达到。

第m天晚上的攻击结束后，黑客的总资产变成

$$S_m=M\prod_{i=1}^m S(X_i).$$

并且，其增长率的指数为

$$(E\lg S_m)/m=\left\{\sum E\lg[S(X_i)]\right\}/m$$
$$=\left\{\sum[\lg a-H(X_i|X_{i-1},X_{i-2},\cdots,X_1)]\right\}/m$$
$$=(n/m)\lg a-[H(X_1,X_2,\cdots,X_m)]/m,$$

这里$[H(X_1,X_2,\cdots,X_m)]/m$是黑客$m$天攻击的平均熵。对于熵率为$H(\chi)$的平衡随机过程，对上述增长率指数公式的两边取极限，可得

$$\lim_{m\to\infty}[E\lg S_m]/m+H(\chi)=\lg a,$$

这再一次说明，熵率与双倍率之和为常数。

本节虽然彻底解决了黑客的静态描述问题，即，黑客其实就是一个随机变量X，它(他)的破坏力由X的概率分布函数$F(x)$或概率密度函数$p(x)$来决定。但是，关于黑客的动态描述问题还远未解决，本节只是在若干假定之下，给出了黑客攻击的最佳战术。

8.7　黑客篇之“战略研究”

由于政治黑客后台很硬、不计成本、不择手段且耐得住寂寞。因此，从纯技术角度看，政治黑客是最牛的黑客，他们的攻击力远远超过经济黑客等普通黑客。

幸好，经济黑客的主要目标是获取最大的“黑产收入”，而不是伤害被攻击系统（政治黑客刚好相反，他的目标是伤害对方，而非获得经济利益），当然，经济黑客也不会有意去保护对手。所以，经济黑客的技术水平虽然有限，但他们可以依据已有的技术水平，像“田忌赛马”那样，通过巧妙地“组合攻击”来尽可能实现收益最大化。

黑客攻击和炒股其实很相像。

政治黑客的攻击就像“庄家炒股”，虽然他对被攻击系统（待炒的股票）的内部情况了如指掌，但是，他的期望值也很高，不出手则已，一旦出手就要摧毁目标（赚大钱）。因此，其一旦行动起来，战术就非常重要，不能有任何细节上的失误，否则前功尽弃。事实证明，“庄家炒股”也有赔钱的时候，同样，政治黑客的攻击也有失手的时候，其失败主要原因基本上都是“输在战术细节上”。

经济黑客的攻击就像“散户炒股”，虽然整体上处于被动地位，资金实力也很差，但是，自身的期望值并不很高，只要有钱赚，哪怕刚够喝稀饭。经济黑客的攻击（散户的炒股）当然不能靠硬拼，必须讲究战略，比如，正确选择被攻击系统（待炒的股票），目标选错了，当然要赔本；合理分配精力去攻击所选系统（炒作所选股票），既不要“在一棵树上吊死”也不能“小猫钓鱼”（既不能把资金全部投到某一只股票，也不要到处“撒胡椒粉”）。事实证明，散户炒股也有赢钱的时候，只要他很好地运用了相关战略（即，选股选对了，在每只股票上的投资额度分配对了）；同样，经济黑客也有可能获利，如果他正确地把握了相关战略。本节将给出一些确保黑客获利的“对数最优”战略。

8.7.1　对数最优攻击组合

设黑客想通过攻击某 m 个系统来获取其经济利益，并且根据过去的经验，他攻击第 i 个系统的“投入产出比”是随机变量 X_i（$X_i\geqslant 0$，$i=1,2,\cdots,m$），即，攻击第 i 个系统时，若投入1元钱，则其收益是 X_i 元钱。记收益列向量 $X=(X_1,X_2,\cdots,X_m)^t$ 服从联合分布 $F(x)$，即，$X\sim F(x)$。

从经济角度看，所谓黑客的一个攻击组合，就是这样一个列向量 $\boldsymbol{b}=(b_1,b_2,\cdots,b_m)^t$，$b_i\geqslant 0$，$\sum b_i=1$，它意指该黑客将其“用于攻击的资金总额”的 b_i 部分，花费在攻击第 i 个系统上（$i=1,2,\cdots,m$）。于是，在此组合攻击下，黑客的收益 $S=b^tX=\sum_{i=1}^{m}b_iX_i$，这个 S 显然也是一个随机变量。

当本轮组合攻击完成后，黑客还可以发动第2轮、第3轮等组合攻击，即，黑客将其上一轮结束时所得到的全部收益，按相同比例 $\boldsymbol{b}$ 分配，形成新一轮的攻击组合 $\boldsymbol{b}$。下面将努力寻找最佳的攻击组合 $\boldsymbol{b}$，使得经过 n 轮组合攻击后，黑客的收益 S_n 在某种意义上达到最大值。

定义8.2　攻击组合 $\boldsymbol{b}$ 关于收益分布 $F(x)$ 的增长率，定义为

$$W(\boldsymbol{b},F)=\int \lg(\boldsymbol{b}^t x)\mathrm{d}F(x)=E[\lg(\boldsymbol{b}^t X)],$$

如果该对数的基底是2,那么,该增长率 $W(\boldsymbol{b},F)$ 就称为双倍率。攻击组合 $\boldsymbol{b}$ 的最优增长率 $W^*(F)$ 定义为

$$W^*(F)=\max_{\boldsymbol{b}} W(\boldsymbol{b},F),$$

这里的最大值遍取所有可能的攻击组合 $\boldsymbol{b}=(b_1,b_2,\cdots,b_m)^t$, $b_i\geqslant 0$, $\sum b_i=1$。如果某个攻击组合 $\boldsymbol{b}^*$ 使得增长率 $W(b,F)$ 达到最大值,那么,这个攻击组合就称为"对数最优攻击组合"。

为了简化上角标,本节对 $\boldsymbol{b}^*$ 和 $\boldsymbol{b}(*)$ 交替使用,不加区别。

定理 8.23 设 $X_1,X_2,\cdots,X_n$ 是服从同一分布 $F(x)$ 的独立同分布随机序列。令 $S_n^*=\prod_{i=1}^n \boldsymbol{b}^{*t}X_i$ 是在同一攻击组合 $\boldsymbol{b}^*$ 之下,n 轮攻击之后黑客的收益,那么,

$$(\lg S_n^*)/n\to W^*, \text{依概率 } 1。$$

证明:由强大数定律可知,

$$(\lg S_n^*)/n=\left[\sum_{i=1}^m \lg(\boldsymbol{b}^{*t}X_i)\right]/n\to W^*, \text{依概率 } 1。$$

所以,$S_n^*=2^{nW(*)}$。证毕。

引理 8.9 $W(\boldsymbol{b},F)$ 关于 $\boldsymbol{b}$ 是凹函数,关于 F 是线性的,而 $W^*(F)$ 关于 F 是凸函数。

证明:增长率公式为 $W(\boldsymbol{b},F)=\int \lg(\boldsymbol{b}^t x)\mathrm{d}F(x)$,由于积分关于 F 是线性的,所以,$W(\boldsymbol{b},F)$ 关于 F 是线性的。又由于对数函数的凸性,可知,

$$\lg[\lambda b_1+(1-\lambda)b_2]^t X\geqslant \lambda\lg(b_1{}^t X)+(1-\lambda)\lg(b_2{}^t X).$$

对该公式两边同取数学期望,便推出 $W(\boldsymbol{b},F)$ 关于 $\boldsymbol{b}$ 是凹函数。最后,为证明 $W^*(F)$ 关于 F 是凸函数,假设 F_1 和 F_2 是收益列向量的两个分布,并令 $\boldsymbol{b}^*(F_1)$ 和 $\boldsymbol{b}^*(F_2)$ 分别是对应于两个分布的最优攻击组合。令 $\boldsymbol{b}^*[\lambda F_1+(1-\lambda)F_2]$ 为对应于 $\lambda F_1+(1-\lambda)F_2$ 的对数最优攻击组合,那么,利用 $W(\boldsymbol{b},F)$ 关于 F 的线性性质,有:

$$\begin{aligned}
&W^*[\lambda F_1+(1-\lambda)F_2]\\
&=W^*[\boldsymbol{b}^*(\lambda F_1+(1-\lambda)F_2),\lambda F_1+(1-\lambda)F_2]\\
&=\lambda W^*[\boldsymbol{b}^*(\lambda F_1+(1-\lambda)F_2),F_1]+(1-\lambda)W^*[\boldsymbol{b}^*(\lambda F_1+(1-\lambda)F_2),F_2]\\
&\leqslant \lambda W^*[\boldsymbol{b}^*(F_1),F_1]+(1-\lambda)W^*[\boldsymbol{b}^*(F_2),F_2].
\end{aligned}$$

因为 $\boldsymbol{b}^*(F_1)$ 和 $\boldsymbol{b}^*(F_2)$ 分别使得 $W(\boldsymbol{b},F_1)$ 和 $W(\boldsymbol{b},F_2)$ 达到最大值。证毕。

引理 8.10 关于某个分布的全体对数最优攻击组合构成的集合是凸集。

证明:令 $\boldsymbol{b}_1^*$ 和 $\boldsymbol{b}_2^*$ 是两个对数最优攻击组合,即,$W(\boldsymbol{b}_1,F)=W(\boldsymbol{b}_2,F)=W^*(F)$。由 $W(\boldsymbol{b},F)$ 的凹性,可以推出

$$W[\lambda b_1+(1-\lambda)b_2,F]\geqslant \lambda W(b_1,F)+(1-\lambda)W(b_2,F)=W^*(F),$$

也就是说,$\lambda b_1+(1-\lambda)b_2$ 还是一个对数最优的攻击组合。证毕。

令 $\boldsymbol{B}=\left\{b\in\mathbf{R}^m: b_i\geqslant 0, \sum_{i=1}^m b_i=1\right\}$ 表示所有允许的攻击组合 。

定理 8.24 设黑客欲攻击的 m 个系统的收益列向量 $\boldsymbol{X}=(X_1,X_2,\cdots,X_m)^t$ 服从联合分布 $F(x)$,即,$\boldsymbol{X}\sim F(x)$。那么,该黑客的攻击组合 $\boldsymbol{b}^*$ 是对数最优(即,使得增长率 $W(\boldsymbol{b},F)$ 达到最大值的攻击组合)的充分必要条件是:

当 $b_i^*>0$ 时，$E[X_i/(\boldsymbol{b}^{*t}X)]=1$；当 $b_i^*=0$ 时，$E[X_i/(\boldsymbol{b}^{*t}X)]\leqslant 1$。

证明：由于增长率 $W(\boldsymbol{b})=E[\lg(\boldsymbol{b}^tX)]$ 是 $\boldsymbol{b}$ 的凹函数，其中 $\boldsymbol{b}$ 的取舍范围为所有攻击组合形成的单纯形。于是，$\boldsymbol{b}^*$ 是对数最优的当且仅当 $W(.)$ 沿着从 $\boldsymbol{b}^*$ 到任意其他攻击组合 $\boldsymbol{b}$ 方向上的方向导数是非正的。于是，对于 $0\leqslant\lambda\leqslant 1$，令 $b_\lambda=(1-\lambda)\boldsymbol{b}^*+\lambda\boldsymbol{b}$，可得

$$[\mathrm{d}W(b_\lambda)/\mathrm{d}\lambda]\mid_{\lambda=0+}\leqslant 0,\boldsymbol{b}\in B.$$

由于 $W(b_\lambda)$ 在 $\lambda=0+$ 处的单边导数为

$$\begin{aligned}&[\mathrm{d}E(\lg(b_\lambda^tX))/\mathrm{d}\lambda]\mid_{\lambda=0+}\\&=\lim_{\lambda\to 0}\{E[\lg[(1-\lambda)\boldsymbol{b}^{*t}X+\lambda\boldsymbol{b}^tX]/[\boldsymbol{b}^{*t}X]]\}/\lambda\\&=E\{\lim_{\lambda\to 0}\{[\lg[1+\lambda[(\boldsymbol{b}^tX)/(\boldsymbol{b}^{*t}X)-1]]]/\lambda\}\}\\&=E[(\boldsymbol{b}^tX)/(\boldsymbol{b}^{*t}X)]-1,\end{aligned}$$

这里 $\lambda\to 0$ 表示从正数方向，越来越小地趋于 0。于是，对所有 $\boldsymbol{b}\in B$ 都有：$E[(\boldsymbol{b}^tX)/(\boldsymbol{b}^{*t}X)]-1\leqslant 0$。如果从 $\boldsymbol{b}$ 到 $\boldsymbol{b}^*$ 的线段可以朝着 $\boldsymbol{b}^*$ 在单纯形 B 中延伸，那么 $W(\boldsymbol{b}_\lambda)$ 在 $\lambda=0$ 点，具有双边导数且导数为 0，于是，$E[(\boldsymbol{b}^tX)/(\boldsymbol{b}^{*t}X)]=1$；否则，$E[(\boldsymbol{b}^tX)/(\boldsymbol{b}^{*t}X)]<1$。证毕。

由定理 8.24，可以得出：

定理 8.25　设 $S^*=\boldsymbol{b}^{*t}X$ 是对应于对数最优攻击组合 $\boldsymbol{b}^*$ 的黑客收益，令 $S=\boldsymbol{b}^tX$ 是对应于任意攻击组合 $\boldsymbol{b}$ 的随机收益，那么，对所有的 S 有 $E[\lg(S/S^*)]\leqslant 0$ 当且仅当对所有 S 有 $E(S/S^*)\leqslant 1$。

证明：对于对数最优的攻击组合 $\boldsymbol{b}^*$，由定理 8.24 可知，对任意 i 有 $E[X_i/(b^{*t}X)]\leqslant 1$。对此式两边同乘 b_i，并且关于 i 求和，可得到

$$\sum_{i=1}^{m}\{b_iE[X_i/(\boldsymbol{b}^{*t}X)]\}\leqslant\sum_{i=1}^{m}b_i=1,$$

这等价于 $E[(\boldsymbol{b}^tX)/(\boldsymbol{b}^{*t}X)]=E(S/S^*)\leqslant 1$，其逆可由 Jensen 不等式得出，因为，$E[\lg(S/S^*)]\leqslant\lg[E(S/S^*)]\leqslant\lg 1=0$。证毕。

此定理表明，对数最优攻击组合不但能够使得增长率最大化，而且，也能使得每轮攻击的收益比值 $E(S/S^*)$ 最大化。

另外，定理 8.25 还揭示了一个事实：如果采用对数最优的攻击组合策略，那么，对于每个系统的攻击投入，所获得的收益比例的期望值，不会在此轮攻击结束后而变化。具体地说，假如初始的攻击资金分配比例为 $\boldsymbol{b}^*$，那么，第一轮攻击后，第 i 个系统的收益与整合攻击组合的收益的比例为 $(\boldsymbol{b}_i^*X_i)/(\boldsymbol{b}^{*t}X)$，其期望为

$$E[(\boldsymbol{b}_i^*X_i)/(\boldsymbol{b}^{*t}X)]=\boldsymbol{b}_i^*E[X_i/(\boldsymbol{b}^{*t}X)]=\boldsymbol{b}_i^*.$$

因此，第 i 个系统在本轮攻击结束后的收益，占整个攻击组合收益的比例的数学期望值，与本轮攻击开始时第 i 个系统的攻击投入比例相同。因此，一旦选定按比例进行攻击组合，那么，在随后的各轮攻击中，在期望值的意义下，该攻击组合比例将保持不变。

现在深入分析定理 8.22 中，n 轮攻击后，黑客的收益情况。令

$$W^*=\max_{\boldsymbol{b}}W(\boldsymbol{b},F)=\max_{\boldsymbol{b}}E(\lg(\boldsymbol{b}^tX))$$

为最大增长率，并用 $\boldsymbol{b}^*$ 表示达到最大增长率的攻击组合。

定义 8.3　一个因果的攻击组合策略，定义为一列映射 $b_i:\mathbf{R}^{m(i-1)}\to\boldsymbol{B}$，其中 $b_i(x_1,x_2,\cdots,$

x_{i-1})解释为第 i 轮攻击的攻击组合策略。

由 W^* 的定义可以直接得出：对数最优攻击组合使得最终收益的数学期望值达到最大。

引理 8.11 设 $S_n{}^*$ 为定理 8.23 所示的在对数最优攻击组合 $\boldsymbol{b}^*$ 之下，n 轮攻击后黑客的收益。又设 S_n 为采用定义 8.3 中的因果攻击组合策略 b_i，n 轮攻击后黑客的收益。那么，$E(\lg S_n{}^*)=n\,W^*\geqslant E(\lg S_n)$。

证明：

$$\max E(\lg S_n) = \max[E\sum_{i=1}^{n}\lg(b_i{}^t X_i)]$$

$$= \sum_{i=1}^{n}\{\max E[\lg(b_i{}^t(X_1,X_2,\cdots,X_{i-1})X_i]\}$$

$$= \sum_{i=1}^{n}\{E[\lg(\boldsymbol{b}^{*t}X_i)]\} = nW^*.$$

此处，第一项和第二项中的最大值(max)是对 $b_1,b_2,\cdots,b_n$ 而取的；第三项中的最大值(max)是对 $b_i(X_1,X_2,\cdots,X_{i-1})$ 而取的。可见，最大值恰好是在恒定的攻击组合 $\boldsymbol{b}^*$ 之下达到的。证毕。

到此可知：由定理 8.24 中的 $\boldsymbol{b}^*$ 给出的攻击组合，能够使得黑客收益的期望值达到最大值，而且，所得的收益 $S_n{}^*$ 以高概率在一阶指数下等于 $2^{nW(*)}$。其实，还可以得到如下更强的结论。

定理 8.26 设 $S_n{}^*$ 和 S_n 如引理 8.11 述，那么，依概率 1 有，

$$\lim_{n\to\infty}\sup\{[\lg(S_n/S_n{}^*)]/n\}\leqslant 0.$$

证明：由定理 8.24 可推出 $E(S_n/S_n{}^*)\leqslant 1$，从而，由马尔可夫不等式，得到

$\Pr(S_n>t_nS_n{}^*)=\Pr[(S_n/S_n{}^*)>t_n]<1/t_n$，因此，$\Pr\{[\lg(S_n/S_n{}^*)]/n>[\lg t_n]/n\}\leqslant 1/t_n$.

取 $t_n=n^2$，并对所有 n 求和，得到

$$\sum_{n=1}^{\infty}\Pr\{[\lg(S_n/S_n{}^*)]/n>(2\lg n)/n\}\leqslant\sum_{n=1}^{\infty}1/n^2=\pi^2/6.$$

利用 Borel-Cantelli 引理，有

$$\Pr\{[\lg(S_n/S_n{}^*)]/n>(2\lg n)/n,\text{无穷多个成立}\}=0.$$

这意味着，对于被攻击的每个系统向量序列，都存在 N，使得，当 $n>N$ 时，均有 $\lg(S_n/S_n{}^*)]/n<(2\lg n)/n$ 成立。于是，依概率 1，有：$\limsup\limits_{n\to\infty}\{[\lg(S_n/S_n{}^*)]/n\}\leqslant 0$。证毕。

该定理表明，在一阶指数意义下，对数最优攻击组合的表现相当好。

散户炒股都有这样的经验：如果能够搞到某些“内部消息”(学术上称之为“边信息”)，那么，炒股赚钱的可能性就会大增；但是，到底能够增加多少呢？下面就来说明边信息对黑客收益的可能影响。

定理 8.27 设 X 服从分布 $f(x)$，而 b_f 为对应于 $f(x)$ 的对数最优攻击组合。设 b_g 为对应于另一个密度函数 $g(x)$ 的对数最优攻击组合，那么，采用 b_f 替代 b_g 所带来的增长率的增量满足如下不等式，$\Delta W=W(b_f,F)-W(b_g,F)\leqslant D(f\mid g)$。这里，$D(f\mid g)$ 表示相对熵。

证明：$\Delta W = \int f(x)\lg(b_f{}^t x) - \int f(x)\lg(b_g{}^t x)$

$$= \int f(x)\{\lg[(b_f{}^t x)/(b_g{}^t x)]\}$$

$$= \int f(x)\{\lg[(b_f{}^t x)/(b_g{}^t x)][g(x)/f(x)][f(x)/g(x)]\}$$

$$= \int f(x)\{\lg[(b_f{}^t x)/(b_g{}^t x)][g(x)/f(x)]\} + D(f \mid g)$$

$$\leqslant \lg\{\int f(x)[(b_f{}^t x)g(x)]/[(b_g{}^t x)f(x)]\} + D(f \mid g)$$

$$= \lg[\int g(x)(b_f{}^t x)/(b_g{}^t x)] + D(f \mid g)$$

$\leqslant \lg 1 + D(f \mid g) = D(f \mid g)$。证毕。

定理 8.28 由边信息 Y 所带来的增长率的增量 ΔW 满足如下不等式，$\Delta W \leqslant I(X;Y)$。这里 $I(X;Y)$ 表示随机变量 X 与 Y 之间的互信息。

证明：设 (X,Y) 服从分布 $f(x,y)$，其中 X 是被攻击系统的"投入产出比"向量，而 Y 是相应的边信息。当已知边信息 $Y=y$ 时，黑客采用关于条件分布 $f(x \mid Y=y)$ 的对数最优攻击组合，从而，在给定条件 $Y=y$ 下，利用定理 8.27，可得，

$$\Delta W_{Y=y} \leqslant D[f(x \mid Y=y) \mid f(x)] = \int_x f(x \mid Y=y)\lg\{[f(x \mid Y=y)]/f(x)\}\mathrm{d}x.$$

对 Y 的所有可能取值进行平均，得到

$$\Delta W \leqslant \int_y f(y)\{\int_x f(x \mid Y=y)\lg[f(x \mid Y=y)/f(x)]\mathrm{d}x\}\mathrm{d}y$$

$$= \int_y\int_x f(y)f(x \mid Y=y)\lg[f(x \mid Y=y)/f(x)][f(y)/f(y)]\mathrm{d}x\mathrm{d}y$$

$$= \int_y\int_x f(x,y)\lg\{f(x,y)/[f(x)f(y)]\}\mathrm{d}x\mathrm{d}y$$

$$= I(X;Y).$$

从而，边信息 Y 与被攻击的系统向量序列 X 之间的互信息 $I(X;Y)$ 是增长率增量的上界。证毕。

下面再考虑被攻击系统，依时间而变化的情况。

设 $X_1, X_2, \cdots, X_n$ 为向量值随机过程，即，X_i 为第 i 时刻被攻击系统向量，或者说 $X_i = (X_{1i}, X_{2i}, \cdots, X_{mi})$，$i=1,2,3,\cdots$，其中，$X_{ji} \geqslant 0$ 是第 i 时刻攻击第 j 个系统时的"投入产出比"。下面的攻击策略是以因果方式，依赖于过去的历史数据，即，b_i 可以依赖于 $X_1, X_2, \cdots, X_{i-1}$。令 $S_n = \prod_{i=1}^n b_i{}^t(X_1, X_2, \cdots, X_{i-1})X_i$，黑客的目标显然就是要使整体"黑产收入"达到最大化，即，让 $E\lg S_n$ 在所有因果组合攻击策略集 $\{b_i(.)\}$ 上达到最大值。而此时，

$$\mathrm{Max}[E\lg S_n] = \sum_{i=1}^n \mathrm{Max}\{E(\lg b_i{}^t X_i)\} = \sum_{i=1}^n E[\lg(b_i^{*t} X_i)],$$

其中，b_i^* 是在已知过去"黑产收入"的历史数据下，X_i 的条件分布的对数最优攻击组合，换言之，如果记条件最大值为

$$\mathrm{Max}_b\{E[\lg \boldsymbol{b}^t X_i \mid (X_1, X_2, \cdots, X_{i-1}) = (x_1, x_2, \cdots, x_{i-1})]\} = W^*(X_i \mid x_1, x_2, \cdots, x_{i-1}),$$

则 $b_i^*(x_1, x_2, \cdots, x_{i-1})$ 就是达到上述条件最大值的攻击组合。关于过去期望值，记 $W^*(X_i \mid X_1, X_2, \cdots, X_{i-1}) = E\max_b E[\lg \boldsymbol{b}^t X_i \mid X_1, X_2, \cdots, X_{i-1}]$，并称之为条件增长率，这里的最大值函数是取遍所有定义在 $X_1, X_2, \cdots, X_{i-1}$ 上的攻击组合 $\boldsymbol{b}$ 的"攻击组合价值函数"。于是，如果在每一阶段中，均采取条件对数最优的攻击组合策略，那么，黑客的最高期望对数回报率（投入产出率）是可以实现的。令，

$$W^*(X_1,X_2,\cdots,X_n)=\max_b E\lg S_n,$$

其中,最大值取自所有因果攻击组合策略。此时,由 $\lg S_n^* = \sum_{i=1}^{n}\lg b_i^{*t}X_i$,可以得到如下关于 W^* 的链式法则。

$$W^*(X_1,X_2,\cdots,X_n) = \sum_{i=1}^{n}W^*(X_i \mid X_1,X_2,\cdots,X_{i-1})$$

该链式法则,在形式上与熵函数 H 的链式法则完全一样。确实,在某些方面 W 与 H 互为对偶,特别地,条件作用使 H 减小,而使 W 增大,换句话说:熵 H 越小的黑客攻击策略,所获得的"黑产收入"越大。

定义 8.4(随机过程的熵率) 如果存在如下极限,

$$W_\infty^*=\lim_{n\to\infty}[W^*(X_1,X_2,\cdots,X_n)]/n,$$

那么,就称该极限 W_∞^* 为增长率。

定理 8.29 如果黑客"投入产出比"形成的随机过程 $X_1,X_2,\cdots,X_n$ 为平稳随机过程,那么,黑客的最优攻击增长率存在,并且

$$W_\infty^*=\lim_{n\to\infty}W^*(X_n \mid X_1,X_2,\cdots,X_{n-1}).$$

证明:由随机过程的平稳性可知,$W^*(X_n \mid X_1,X_2,\cdots,X_{n-1})$ 关于 n 是非减函数,从而,其极限是必然存在的,但是,有可能是无穷大。但是,由于

$$[W^*(X_1,X_2,\cdots,X_n)]/n = \Big[\sum_{i=1}^{n}W^*(X_i \mid X_1,X_2,\cdots,X_{i-1})\Big]/n,$$

故,根据 Cesaro 均值定理,可以推出式(8.8)左边的极限值等于右边通项的极限值。因此,W_∞^* 存在,并且,

$$W_\infty^*=\lim_{\to\infty}[W^*(X_1,X_2,\cdots,X_n)]/n=\lim_{\to\infty}W^*(X_n \mid X_1,X_2,\cdots,X_{n-1}).$$

证毕。

在平稳随机过程的情况下,还有如下的渐近最优特性。

定理 8.30 对任意随机过程 $\{X_i\}$, $X_i\in\mathbf{R}_+^m$,$b_i^*(X^{i-1})$ 为条件对数最优的攻击组合,而 S_n^* 为对应的相对"黑产收益"。令 S_n 为对应某个因果攻击组合策略 $b_i(X^{i-1})$ 的相对收益,那么,关于由过去的 $X_1,X_2,\cdots,X_n$ 生成的 σ 代数序列,比值 S_n/S_n^* 是一个正上鞅。从而,存在一个随机变量 V 使得

$$S_n/S_n^*\to V,\text{依概率 } 1,$$

$$EV\leqslant 1,\text{且 } \Pr\{\sup_n[S_n/S_n^*]\geqslant t\}\leqslant 1/t.$$

证明:S_n/S_n^* 为正上鞅是因为使用关于条件对数最优攻击组合(定理 8.31),可得

$$\begin{aligned}
&E\{[(S_{n+1}X^{n+1})/(S_{n+1}^*X^{n+1})] \mid X^n\}\\
&=E\{[(b_{n+1}^tX_{n+1})S_nX^n]/[(b_{n+1}^{*t}X_{n+1})S_n^*X^n] \mid X^n\}\\
&=[(S_nX^n)/(S_n^*X^n)]E\{[(b_{n+1}^tX_{n+1})/(b_{n+1}^{*t}X_{n+1})] \mid X^n\}\\
&\leqslant(S_nX^n)/(S_n^*X^n).
\end{aligned}$$

于是,利用鞅收敛定理,得知 S_n/S_n^* 的极限存在,记为 V,那么,$EV\leqslant E(S_0/S_0^*)=1$。最后,利用关于正鞅的科尔莫戈罗夫不等式,便得到了关于 $\sup_n[S_n/S_n^*]$ 的结果。证毕。

8.7.2 熵与道德经

由上述小节,可以发现了一个很奇怪的现象,总有一个"幽灵"始终挥之不去。这个"幽

灵”便是“熵”。其实，在本章的研究过程中，并未刻意依赖(或回避)“熵”，但是，这个“熵”却总是要主动跳出来，下面来回答这个问题，特别是把“熵”和老子的“道”放在一起进行比较。

“熵”是什么？在化学及热力学中，“熵”是“在动力学方面不能做功的能量”；最形象的“熵”定义为“热能除以温度”，它标志热量转化为功的程度。在自然科学中，“熵”表示系统的不确定(或失序)程度。在社会科学中，“熵”用来借喻人类社会某些混乱状态的程度。在传播学，“熵”表示情境的不确定性和无组织性。根据8.1节，“安全”也是一种“负熵”，或“不安全”是一种“熵”。在信息论中，“熵”表示不确定性的量度，即，“信息”是一种“负熵”，是用来消除不确定性的东西。总之，“熵”存在于一切系统之中，而且，在不同的系统中，其表现形式也各不相同。

老子的“道”也是这样的，即，天地初之“道”，称为“无”；万物母之“道”，称为“有”；“有”与“无”相生。“道”体虚空，功用无穷；“道”深如渊，万物之源；“道”先于一切有形。“道”体如幽悠无形之神，是最根本的母体，也是天地之本源。“道”隐隐约约，绵延不绝，用之不竭。“道”具无形之形，无象之象，恍恍惚惚；迎面不见其首，随之不见其后。幽幽冥冥，“道”中有核，其核真切，核中充实。对“道”而言，尝之无味，视之无影，听之无声，但是，却用之无穷。天得道，则清静；地得道，则安宁；神得道，则显灵；虚谷得道，则流水充盈；万物得道，则生长；侯王得道，则天下正。“道”很大，大得无外；“道”很小，小得无内。

“熵”都有哪些特点？在热力学中，“熵”的特征由热量表现，即，热量不可能自发地从低温物体传到高温物体；在绝热过程中，系统的“熵”总是越来越大，直到“熵”值达到最大值，此时系统达到平衡状态。从概率论的角度来看，系统的“熵”值，直接反映了它所处状态的均匀程度，即，系统的熵值越小，它所处的状态就越有序，越不均匀；系统的熵值越大，它所处的状态就越无序，越均匀。系统总是力图自发地从熵值较小的状态向熵值较大(即从有序走向无序)的状态转变，这就是封闭系统“熵值增大原理”。从社会学角度来看，“熵”就是社会生存状态及社会价值观，它的混乱程度将不断增加；现代社会中恐怖主义肆虐，疾病疫病流行，社会革命，经济危机爆发周期缩短，人性物化等都是社会“熵”增加的表征。从宇宙论角度看，“熵”值增大的表现形式是：在整个宇宙当中，当一种物质转化成另外一种物质之后，不仅不可逆转物质形态，而且会有越来越多的能量变得不可利用，宇宙本身在物质的增殖中走向“热寂”，走向一种缓慢的“熵”值不断增加的死亡。总之，“熵”的有效性在不断地减少，这是一种“反动”，与“道者反之动”完全吻合，即，“道”被荒废后，才出现仁义。智慧出来后，才滋生伪诈。六亲不和，才倡导孝慈。国家昏乱，才需要忠臣。失“道”后，才用德；失德后，才用仁；失仁后，才用义；失义后，才用礼；失礼后，才用法。

若将物质看成“道体”，将能量看成“道用”，将熵看成“道动”，那么，老子在2 500多年前撰写的《道德经》就已活灵活现地，描绘了宇宙大爆炸学说。因此，再结合宇宙爆炸学说，对比一下老子的“道”：“道”是一种混沌物，它先天地而生，无声无形，却独立而不改变；周而复始不停息。它可做天地之母，“道”在飞速膨胀，膨胀至无际遥远；远至无限后，又再折返。“道”生宇宙之混沌元气，元气生天地，天地生阳气、阴气、阴阳合气，合气生万物。

综上所述，“熵”在哲学中，就变为“道”；“道”在科学中，就变成“熵”。由于“道生一，一生二，二生三，三生万物”，即“道”能生万物，那么，“道”生“安全通论”也就名正言顺了。这也许就是“熵”的身影在“安全通论”中始终挥之不去的本质原因。

8.8 红 客 篇

红客是被黑客逼出来的，没有黑客就不需要红客。但遗憾的是，黑客不但没有绝迹，而且还越来越多，越来越凶。

在某种意义上，黑客代表"邪恶"，因此，黑客的行动都是在隐蔽环境下进行的，不敢对外公开。从而，黑客获胜的主要法宝就是技术和其他"鸡鸣狗盗"。

在某种意义上，红客代表"正义"，因此，红客的行动都是公开的，他们可以光明正大地运用包括法律、法规、标准、管理、技术、教育等在内的一切手段来捍卫系统的安全。

从表面上看，红客的行动包括（但不限于）安装防火墙，杀病毒，抓黑客，加解密，漏洞扫描，制订标准，颁布（或协助颁布）相关法律、法规，而且还经常删帖、封网、雇水军等。但是，这些都是错觉，如果要单一地考虑红客的这些防卫措施的话，那么安全通论将无立足之地，而且系统的安全防守工作将越来越乱。过去，也许因为没有搞清红客的本质，所以，红客才做了许多事倍功半的事情，甚至还做了不少负功，既没有能挡住黑客的攻击，又把自己的阵营搞得一团糟，甚至逼反了自己的"友军"。比如，其中最典型的"化友为敌"的代表，恐怕就是新浪小编们的随意删帖，因为，它激发了更多的负面情绪，甚至严重干扰了红客的正常防护活动。其实，红客的本意，是只想做一件事，那就是维护系统的熵（或秩序）。或更准确地说，最好能够"减少系统的熵"，次之是要"阻止系统的熵被增大"，至少要确保"系统的熵不要过快地增大"。因此，能够维护好熵的红客，才是合格的红客；否则，就是差红客，甚至是帮倒忙的红客。

由于红客可以使用黑客的所有技术，所以，本节将不再重复之前提到过的所有技术部分，而是充分运用系统论，来揭示红客的本质。

8.8.1 安全熵及其时变性研究

考虑由红客、黑客、用户、网络和服务等组成的系统。由"热力学第二定律"可知，该系统的熵（或秩序，或组织性）一定会随着时间的流逝，而不断地自动增大；由 8.7.2 节可知，这意味着"系统的不安全性"也在不断地增大，特别是黑客的存在，使得这种"熵增大"的趋势更明显，因为，黑客的实质就是搞破坏，就是要搞乱系统的既定秩序；而与之相反，红客的目的就是要有效阻止这种系统崩析（耗散）趋势，确保用户能够按既定的秩序在系统中提供或获得服务。当然，用户的误操作（或者红客的乱操作）也会在实际上搞乱系统，增大系统的熵，不过，为了清晰起见，本节不考虑诸如用户误操作、红客和黑客失误等无意行为所造成的乱序问题。

由于有红客、黑客等人为因素的影响，所以，网络系统显然不是"封闭系统"（如果只考虑设备，那么，系统就可看成是"封闭系统"，实际上，它还是一个"有限系统"），更由于红客和黑客连续不断的攻防对抗，使得系统熵（秩序的度量）不断地被增大和缩小，即，系统的熵始终是时变的。

设系统的全部不安全因素为 $q_1, q_2, \cdots, q_n$，记 t 时刻系统的熵为 $Q(t, q_1, q_2, \cdots, q_n)$ 或者简记为 $Q(t)$。当 $Q(t)=0$ 时，系统的熵达到最小值，此时系统的安全性就达到最大值（因为，根据 8.7.2 节"安全"是"负熵"，或者说"不安全"是"熵"）。当然，一般情况下，熵总是正数。若 $Q(t)$ 随时间而增长，即微分 $\mathrm{d}Q(t)/\mathrm{d}t>0$，那么，系统将变得越来越不安全；反之，若 $Q(t)$ 随时间而减少，即微分 $\mathrm{d}Q(t)/\mathrm{d}t<0$，那么，系统将变得越来越安全。因此，下面将 $Q(t)$ 称为"安全熵"。而红客的目标就是要努力使得"安全熵"越来越小，黑客则想使"安全熵"越来越大。

对每个 $i(i=1,2,\cdots,n)$，记 $Q(t,q_i)$，更简单地 $Q_i(t)$ 或 Q_i 为在"只存在不安全因素 q_i"的条件下，在 t 时刻，系统的"安全熵"。那么，各个 $Q_i(t)$ 的时变情况便可以用方程组(8.9)来描述。

$$
\begin{cases}
\dfrac{\mathrm{d}Q_1}{\mathrm{d}t}=f_1(Q_1,Q_2,\cdots,Q_n)\\
\dfrac{\mathrm{d}Q_2}{\mathrm{d}t}=f_2(Q_1,Q_2,\cdots,Q_n)\\
\cdots\\
\dfrac{\mathrm{d}Q_n}{\mathrm{d}t}=f_n(Q_1,Q_2,\cdots,Q_n)
\end{cases}
\tag{8.9}
$$

其中，任何一个 Q_i 的变化都是所有其他各 $Q_j(j\neq i)$ 的函数；反过来，任一 Q_i 的变化也承担着所有其他量和整个方程组(8.9)的变化。

下面针对一些特殊情况来仔细讨论方程组(8.9)。

如果各个 Q_i 不随时间而变化，即，$\mathrm{d}Q_i/\mathrm{d}t=0$，$i=1,2,\cdots,n$，或者说 $f_1(Q_1,Q_2,\cdots,Q_n)=f_2(Q_1,Q_2,\cdots,Q_n)=\cdots=f_n(Q_1,Q_2,\cdots,Q_n)=0$，那么，此时系统的"安全熵"就处于静止状态，即系统的安全性既没有变坏，也没有变得更好。如果从系统刚刚投入运行开始(即，$t=0$)，红客就能够维护系统，使其"安全熵"永远处于静止状态，那么，这样的红客就是成功的红客。

设 $Q_1^*,Q_2^*,\cdots,Q_n^*$ 是在静止状态下，方程组(8.9)的一组解。对每个 i，$i=1,2,\cdots,n$，引入新的变量 $Q_i'=Q_i^*-Q_i$，那么，方程组(8.9)就转变成了方程组(8.10)。

$$
\begin{cases}
\dfrac{\mathrm{d}Q_1'}{\mathrm{d}t}=f_1'(Q_1',Q_2',\cdots,Q_n')\\
\dfrac{\mathrm{d}Q_2'}{\mathrm{d}t}=f_2'(Q_1',Q_2',\cdots,Q_n')\\
\cdots\\
\dfrac{\mathrm{d}Q_n'}{\mathrm{d}t}=f_n'(Q_1',Q_2',\cdots,Q_n')
\end{cases}
\tag{8.10}
$$

如果方程组(8.10)可以展开为泰勒级数，即，得到方程组(8.11)。

$$
\begin{cases}
\dfrac{\mathrm{d}Q_1'}{\mathrm{d}t}=a_{11}Q_1'+a_{12}Q_2'+\cdots+a_{1n}Q_n'+a_{111}Q_{12}'+a_{112}Q_1'^2+a_{122}Q_2'+\cdots\\
\dfrac{\mathrm{d}Q_2'}{\mathrm{d}t}=a_{21}Q_1'+a_{22}Q_2'+\cdots+a_{2n}Q_n'+a_{211}Q_1'^2+a_{212}Q_1'Q_2'+a_{122}Q_2'^2+\cdots\\
\cdots\\
\dfrac{\mathrm{d}Q_n'}{\mathrm{d}t}=a_{n1}Q_1'+a_{n2}Q_2'+\cdots+a_{nn}Q_n'+a_{n11}Q_1'^2+a_{n12}Q_1'Q_2'+a_{n22}Q_2'^2+\cdots
\end{cases}
\tag{8.11}
$$

方程组(8.11)的通解是：

$$
\begin{aligned}
Q_1'&=G_{11}\mathrm{e}^{\lambda(1)t}+G_{12}\mathrm{e}^{\lambda(2)t}+\cdots+G_{1n}\mathrm{e}^{\lambda(n)t}+G_{111}\mathrm{e}^{2\lambda(1)t}+\cdots,\\
Q_2'&=G_{21}\mathrm{e}^{\lambda(1)t}+G_{22}\mathrm{e}^{\lambda(2)t}+\cdots+G_{2n}\mathrm{e}^{\lambda(n)t}+G_{211}\mathrm{e}^{2\lambda(1)t}+\cdots,\\
&\cdots
\end{aligned}
$$

$$Q_n' = G_{n1}e^{\lambda(1)t} + G_{n2}e^{\lambda(2)t} + \cdots + G_{nn}e^{\lambda(n)t} + G_{n11}e^{2\lambda(1)t} + \cdots.$$

此处各个 G 都是常数，$\lambda(i)$，$i=1,2,\cdots,n$，则是如下 $n\times n$ 阶矩阵 $\boldsymbol{B}=[b_{ij}]$ 的行列式关于 λ 的特征方程的根，即，方程 $\det(\boldsymbol{B})=0$ 的根，这里 $\boldsymbol{B}=[b_{ij}]$，$b_{ii}=a_{ii}-\lambda$，$i=1,2,\cdots,n$，而当 $i\neq j$ 时，$b_{ij}=a_{ij}$。

上述特征方程的根 $\lambda(i)$ 既可能是实数，也可能是虚数。下面考虑几种特别情况。

情况(1)，如果所有的特征根 $\lambda(i)$ 都是实数且是负数，那么，根据通解式可知，各 Q_i' 将随着时间的增加，而趋近于 0（因为 $e^{-\infty}=0$），这说明红客正在节节胜利，因为，"安全熵"趋于 0 意味着：各个不安全因素正被逐步控制，系统的秩序也正在恢复之中。

情况(2)，同理，如果所有的特征根 $\lambda(i)$ 都是复数且负数在其实数部分，那么，根据通解式可知，各 Q_i' 也随着时间的增加，而趋近于 0。这时，红客也正在节节胜利中。

由于 $Q_i=Q_i^*-Q_i'$，$i=1,2,\cdots,n$，所以，根据方程组(8.10)可知，在情况(1)和(2)中，Q_i 逼近静态值 Q_i^*，此时，系统所处的安全平衡状态是稳定的，因为，在一个足够长的时间内系统越来越逼近静态，系统的"安全熵"始终逼近于 0，即，系统的秩序是长期稳定的。

情况(3)，如果有一个特征根 $\lambda(i)$ 是正数或 0，那么，系统的平衡就不稳定了，即，系统的安全性也不稳定了，红客就有可能失控。

情况(4)，如果有一些特征根 $\lambda(i)$ 是正数和复数，那么，系统中就包含着周期项，因为，指数为复数的指数函数具有这样的形式：

$$e^{(a-ib)t}=e^{at}[\cos(bt)-i\sin(bt)]，这里\ i\ 为虚数单位.$$

此时，系统的安全状态会出现周期性的振动，即，会出现红客与黑客之间的反复"拉锯战"，虽然双方会各有胜负，但是，总体趋势是向着对红客不利的混乱和不安全方向发展。

为了使上面的讨论更加形象，现在考虑 $n=2$ 这个简单的情况，即，此时系统的不安全因素主要有两个（比如，"黑客攻击"和"用户操作失误"这两个宏观的因素），那么，方程组(8.9)就简化为

$$dQ_1/dt=f_1(Q_1,Q_2)，和\ dQ_2/dt=f_2(Q_1,Q_2).$$

在可以展开为泰勒级数的假设下，它的解为

$$Q_1=Q_1^*-G_{11}e^{\lambda(1)t}-G_{12}e^{\lambda(2)t}-G_{111}e^{2\lambda(1)t}-\cdots,$$

$$Q_2=Q_2^*-G_{21}e^{\lambda(1)t}-G_{22}e^{\lambda(2)t}-G_{211}e^{2\lambda(1)t}-\cdots,$$

其中，Q_1^* 和 Q_2^* 是使 $f_1=f_2=0$ 而得到的 Q_1 和 Q_2 的静态解，G 是积分常数，而 $\lambda(1)$ 和 $\lambda(2)$ 是特征方程 $(a_{11}-\lambda)(a_{22}-\lambda)-a_{12}a_{21}=0$ 的根，而此二次方程的根为

$\lambda=C/2\pm\surd[-D+C^2/4]$，其中，$C=a_{11}+a_{22}$，$D=a_{11}a_{22}-a_{12}a_{21}$，$\surd$ 表示平方根.

于是，可知

(1) 若 $C<0, D>0, E=C^2-4D>0$，那么，特征方程的两个根都是负的，因而，系统就会随着时间的推移，趋向于稳定在静止状态 (Q_1^*,Q_2^*)，这时，红客将居于主动地位，系统的安全尽在掌控中。

(2) 若 $C<D, D>0, E=C^2-4D<0$，那么，特征方程的两个根都是带有负实数部分的复数解。此时，随着时间的推移，系统的"安全熵" (Q_1,Q_2) 就会将沿一个螺旋状的曲线轨迹而逼近静止状态 (Q_1^*,Q_2^*)，这时，对红客来说，也是有利的。

(3) 若 $C=0, D>0, E<0$，那么，特征方程的两个解都是虚数，因此，方程组(8.9)的解中就包含有周期项，就会出现围绕静止值的摆动或旋转，即，代表"安全熵"的点 (Q_1,Q_2) 会

围绕静止态(Q_1^*,Q_2^*)画出一条封闭的曲线,这时,红客与黑客难分胜负,双方不断地进行着“拉锯战”。

(4) 若 $C>0,D>0,E>0$,那么,特征方程的两个解都是正数,此时,完全不存在静态。或者说,此时系统更混乱,红客完全失控,只能眼睁睁地看着系统最终崩溃。

更进一步,下面再来考虑 $n=1$ 这种最简单的情况,此时,系统的不安全因素只有一个(比如,黑客的破坏)。于是,方程组(8.9)就简化为方程:$\mathrm{d}Q/\mathrm{d}t=f(Q)$。若将 $f(Q)$展开为泰勒级数,那么,就得到如下方程:

$$\mathrm{d}Q/\mathrm{d}t=a_1Q+a_{11}Q^2+\cdots,$$

此泰勒式中未包含常数项,因此,可以假定:“不安全因素”不会自然发生,即,系统刚刚被使用($t=0$)的那一刻,系统不会出现安全问题。

如果粗略地只保留该泰勒级数中的第一项,那就有 $\mathrm{d}Q/\mathrm{d}t=a_1Q$,这说明:系统的安全态势将完全取决于常数 a_1是正还是负。如果为 a_1为负,那么,“安全熵”整体上向减少的方向发展,即,系统的安全性会越来越好,对红客有利;如果 a_1为正,那么,“安全熵”整体上向增加的方向发展,即,系统的安全性会越来越差,对红客不利。而且,系统的这种越来越安全(或越来越不安全)的态势遵从指数定律:$Q=Q_0\mathrm{e}^{a(1)t}$,其中,Q_0表示初始时刻($t=0$)时系统的“安全熵”;而 $a(1)$是 a_1的等价表达式,这主要是为了简化公式中足标体系的复杂度,这是因为 $Q=Q_0\mathrm{e}^{a(1)t}$是方程 $\mathrm{d}Q/\mathrm{d}t=a_1Q$ 的解。该指数定律表明:如果系统的安全态势在向好的方面发展,那么,变好的速度会越来越快;反之,如果系统的安全态势在向坏的方面发展,那么,变坏的速度也会越来越快,甚至瞬间崩溃。

如果再精细一点,即,保留上述泰勒级数的前两项,于是,就有方程

$$\mathrm{d}Q/\mathrm{d}t=a_1Q+a_{11}Q^2,$$

该方程的解为 $Q=[a_1c\mathrm{e}^{a(1)t}]/[1-a_{11}c\mathrm{e}^{a(1)t}]$。

注意:随着时间的延伸,该解所画出的曲线就是所谓的“对数曲线”,它是一个趋向于某极限的 S 形曲线,也就是说,此时,从安全性角度来看,系统的变好和变坏,还是有“底线”的。

下面,再换一个角度来看系统安全,即,跳出系统,完全以旁观的第三方身份来看红客与黑客之间如何“道高一尺魔高一丈”地“水涨船高”。

此时,影响系统安全性的因素只有两个(即,红客努力使系统变得更安全,使“安全熵”不增;而黑客却努力要使系统不安全,增加“安全熵”),而且,假如这两个因素之间还是相互独立的,即,各方都埋头于自己的“攻”或“守”(实际情况也基本是这样,因为,短兵相接时,双方根本顾不过来考虑其他事情),或者说,红客(黑客)的“安全熵”随时间变化的情况与黑客(红客)的“安全熵”无关,而且还只考虑“主要矛盾”,即,此时在方程组(8.11)中,每个方程式里就只保留第1项,其他系数都全部为0。于是,方程组(8.11)被简化为

$$\mathrm{d}Q_1/\mathrm{d}t=a_1Q_1\text{和}\ \mathrm{d}Q_2/\mathrm{d}t=a_2Q_2,$$

解此方程组,可得其解为:$Q_1=c_1\mathrm{e}^{a(1)t}$和 $Q_2=c_2\mathrm{e}^{a(2)t}$,从中再解出时间 t,可得:$t=(\ln Q_1-\ln c_1)/a_1=(\ln Q_2-\ln c_2)/a_2$。设 $a=a_1/a_2$,$b=c_1/(c_2)^a$,那么就有一个重要的公式,即,

$$Q_1=b(Q_2)^a.$$

它说明红客与黑客的“安全熵”(Q_1和 Q_2)彼此之间是幂函数关系,例如,红客维护系统安全所贡献的“安全熵”是黑客破坏系统安全所增大“安全熵”的幂函数。为更清楚起见,将

上面的公式组 $dQ_1/dt=a_1Q_1$ 和 $dQ_2/dt=a_2Q_2$ 再重新写一次如下，即

$$[(dQ_1/dt)(1/Q_1)]:[(dQ_2/dt)(1/Q_2)]=a \text{ 或者 } dQ_1/dt=a(Q_1/Q_2)(dQ_2/dt).$$

前一部分说明：在只考虑红客和黑客的“安全熵”(Q_1 和 Q_2)的前提下，红客使其“安全熵”的相对增长率$[(dQ_1/dt)(1/Q_1)]$与黑客的“安全熵”的相对增长率$[(dQ_2/dt)(1/Q_2)]$之间的比值竟然是常数。而后一部分，更出人意料地表示：红客“安全熵”的时变率(dQ_1/dt)与黑客“安全熵”的时变率(dQ_2/dt)之间的关系，竟然是如此简洁。

若 $a_1>a_2$，即，红客“安全熵”Q_1的增长率大于黑客“安全熵”Q_2的增长率，那么，$a=a_1/a_2>1$，它表明红客对系统整体安全性走势的掌控力更强；反之，若 $a_1<a_2$，即，红客“安全熵”Q_1的增长率小于黑客“安全熵”Q_2的增长率，那么，$a=a_1/a_2<1$，它表明红客对系统安全性走势的掌控力不如黑客。

再考虑泰勒级数方程组(8.11)的另一种情况：各个不安全因素彼此之间相互独立(由8.1节可知，当这些不安全因素就是系统安全“经络图”中的全体“元诱因”时，这些不安全因素之间就是相互独立的)，此时，方程组(8.11)就简化为，对 $i=1,2,\cdots,n$，有：

$$dQ_i/dt=a_{i1}Q_i+a_{i11}(Q_i)^2+a_{i111}(Q_i)^3+\cdots.$$

此时，不安全因素对系统“安全熵”的整体影响，就等于每个不安全因素对系统“安全熵”各自影响的累加，即，此时有“整体等于部分和”。

方程组(8.14)还有一种特殊情况值得单独说明，即，假如有某个不安全因素 q_s 的泰勒展开式系数在各个方程中都很大，而其他不安全因素的泰勒系数却很小甚至为0，那么，不安全因素 q_s 就是不安全因素的主导部分，系统的不安全性可能主要是由它而引发，因此，这样的不安全因素 q_s 就应该是红客关注的重点，要尽力避免它成为系统崩溃的“导火索”。

8.8.2 红客与黑客

虽然红客与黑客在技术方面几乎没有区别，甚至他们的技术可以彼此通用，但是，作为系统安全的正、反两种力量的代表，他们在角色方面的差别还是很大的，因此，值得专门设立篇幅来进行研究。

如果说黑客的手段杂乱无章，那么，红客的手段更是一团乱麻(甚至红客还会“好心办坏事”，即做一些本该黑客搞的破坏)，如何找到一根线索来把“这团乱麻”厘清，这真是一个严峻的挑战。研究发现了一个总是伴随着“安全通论”的“幽灵”，即，“熵”，而且经过分析，“熵”竟然与红客的本质密不可分，而且还是解开“乱麻”的重要线索。贝塔朗菲的“一般系统论”对系统熵进行了恰到好处的研究，因此被本节深度参考。文中的许多思路和方法都依赖于“系统论”，只不过贝塔朗菲用它们去研究生物的新陈代谢系统，而本章是用它们来研究网络系统；贝塔朗菲研究的生物熵，这里研究的是“安全熵”而已。

本节揭示了红客的实质是“维护系统的安全熵”，并详细分析了系统“安全熵”的多种情况下的时变特性。但是，到底应该怎样做才能够有效地阻止“安全熵”变大的趋势呢？这当然是一个重要而又困难的问题，过去全球安全界的同行们做了许多“埋头拉车”的具体工作，但是，在“抬头看路”方面还真的做得不够，比如，都说安全是“三分技术，七分管理”，但是，真正落实到行动上时，大家在“安全管理”方面花费的精力远远未达到“七分”。因此，希望能够在“安全通论”这一章中，专门开辟“管理篇”来详细研究“如何用管理的办法，来维护系统的安全熵”；及时反馈也是红客维护“安全熵”并在必要时对其进行微调的重要办法，因此，维纳

的“控制论”在“安全通论”中也应该有特殊的地位，但是，突破口确实很难找。

对红客的研究肯定不仅仅限于本节的这些内容，其实开放系统的“安全熵”永远不会处于平衡状态，而是会维持在所谓的“稳态”上，这与有机体的新陈代谢相同，而且，同样具有“异因同果性”，即，由不同的原因导致相同的结果，比如，或者是因为“黑客太弱”，或者是因为“红客太强”，而使得系统的安全无恙；反过来，或者是因为“黑客太强”，或者是因为“红客做了负功”，而使得系统崩溃。系统一旦达到“稳态”，就必定表现出“异因同果性”。

8.9 攻防一体的输赢次数极限

由于在网络空间安全等许多真实对抗中，与“非盲对抗”相比，“盲对抗”才是常态，因此，有必要对“盲对抗”进行更深入的研究。本节是攻防篇的继续。

为清晰起见，曾将攻方(黑客)和守方(红客)进行了严格的区分。但是，在实际对抗中，往往各方都是攻守兼备：在攻击别人的同时，也要防守自己的阵地；他们既是黑客也是红客。因此，本节针对这种攻防一体的情况，研究相关各方的能力极限。

如果仅仅借助“信息论”，那么，面对诸如“一攻多”等攻防情况就束手无策，最多建立起“某次攻击成功”与“某个广播信道无差错传输 1 比特信息”之间的等价关系。但是，由于至今“广播信道的信道容量”等都还是没有解决的世界难题，而且在短期内也不可能解决。所以只好另辟蹊径：祭出“博弈论”这个法宝。

8.9.1 盲对抗的自评估输赢分类

既然“兵不厌诈”，所以在盲对抗中，在每个回合之后，攻防双方都只知道“自己的损益”情况(即，盲自评估为“输”或“赢”)，而对“对方的损益情况”一无所知。为了不影响其广泛适用性，8.2 节中建立了以“攻防双方的盲自评估”为基础的，聚焦于“胜负次数”的对抗模型，而并不关心每次胜负到底意味着什么。下面，对这种模型及其“输赢分类”再进行更详细的说明。

在每个回合后，各方对自己本轮攻防的“业绩”进行“保密的自评估”(即，该评估结果不告诉任何人，因此，其客观公正性就有保障。这是因为，它可以假定每个人不会“自己骗自己”，阿 Q 除外)。例如，一方(X)若认为本回合的攻防对抗中自己得胜，就自评估为 $X=1$；若认为本回合自己失败，就自评估为 $X=0$。同理，在每个回合后，另一方(Y)对自己的“业绩”也进行“保密的自评估”：若认为本回合自己得胜，就自评估为 $Y=1$；若认为本回合自己失败，就自评估为 $Y=0$。

当然，每次对抗的胜负，绝不是由攻方或守方单方面说了算，但是，基于攻守双方的客观自评估结果，从旁观者角度来看，可以公正地确定如下一些输赢规则。为减少冗余，只给出每个回合后，从 X 方角度看到的自评估输赢情况(对 Y 方，也可以有类似的规则，实际上每个人都是攻守一体的)。

“对手服输的赢”(在 8.2 节中，也称为“真正赢”)，此时双方的自评估结果集是 $\{X=1, Y=0\} \cup \{X=0, Y=0\}$。即，此时对手服输了($Y=0$)，哪怕自己都误以为未赢($X=0$)。

“对手的阿 Q 式赢”，此时双方的自评估结果集是 $\{X=0, Y=1\} \cup \{X=1, Y=1\}$。即，此时对手永远认为他赢了($Y=1$)，哪怕另一方并不认输($X=1$)。

“自己心服口服的输”（在 8.2 节中，也称为“真正输”）：此时双方的自评估结果集是$\{X=0,Y=1\}\cup\{X=0,Y=0\}$。即，此时自己服输了($X=0$)，哪怕对手以为未赢($Y=0$)。

“自己的阿 Q 式赢”，此时双方的自评估结果集是$\{X=1,Y=0\}\cup\{X=1,Y=1\}$。即，此时永远都认为自己赢了($X=1$)，哪怕另一方并不认赢($Y=1$)。

“对手服输的无异议赢”：此时双方的自评估结果集是$\{X=1,Y=0\}$。即，攻方自评为“成功”，守方也自评为“失败”（从守方角度看，这等价于“无异议地守方认输”）。

“对手不服的赢”：此时双方的自评估结果集是$\{X=1,Y=1\}$。即，攻守双方都咬定自己“成功”。

“意外之赢”：此时双方的自评估结果集是$\{X=0,Y=0\}$。即，攻守双方承认自己“失败”。

“无异议地自己认输”：此时双方的自评估结果集是$\{X=0,Y=1\}$。即，攻方承认自己“失败”，守方自评为“成功”（从守方的角度看，这等价于“对手无异议的守方赢”）。

上面的八种自评估输赢情况，其实可以分为两大类：一是，“独裁评估”，即，损益情况完全由自己说了算（即，前面的四种情况，根本不考虑另一方的评估结果）；二是，“合成评估”，即，损益情况由攻守双方的盲自评估合成（后面的四种情况）。

由于“合成评估”将攻守双方都锁定了，所以，其变数不大。它完全可以根据攻防的自评估历史记录客观地计算出来，而且，其概率极限范围也很平凡（介于 0 与 1 之间，而且还是遍历的）。因此，它们没有理论研究的价值。故，本节只考虑“独裁评估”的极限问题。

8.9.2 星状网络对抗的输赢次数极限

所谓“星状网络对抗”，意指对抗的一方只有一个人，如星状图的中心点(X)；对抗的另一方有许多人，如星状图的非中心点($Y_1,Y_2,\cdots,Y_n$)。更形象地说，此时，一群人要围攻一位武林高手，当然，该武林高手也要回击那一群人。为研究方便，假设这一群人彼此之间是相互独立的，他们只与武林高手过招，互相之间不攻击。

目前，还有一个未解决的难题：一攻多的能力极限问题。当时虽然可以将此问题等价地转化为“广播信道的信道容量计算问题”，但是，由于该容量问题至今还是一个世界难题，所以，本节以“一攻多”为例，一方面回答了“一攻多的黑客能力极限”等问题；另一方面，为后面榕树网络(Banyan)和一般的麻将网络对抗的输赢次数极限研究做准备。

为了增强安全性，红客在建设网络系统时，常常建设一个甚至多个（异构）灾难备份恢复系统，一旦系统本身被黑客攻破后，红客可以马上启用备份系统，从而保障业务的连续性。因此，在这种情况下，黑客若想真正取胜，他就必须同时攻破主系统和所有备份系统，否则，黑客就会前功尽弃。这就是“一位黑客攻击多位红客”的实际背景，换句话说，只要有哪怕一个备份未被黑客攻破，那么，就不能算黑客真正赢。当然，也许红客们并不知道是同一个黑客在攻击他们，所以，可假定红客们互不协同，彼此独立。

先考虑一个高手对抗两个战士的情形，然后，再做推广。

设高手$X=(X_1,X_2)$想同时对抗两个战士Y_1和Y_2。由于这两个战士是互为备份系统的守卫者，因此，高手必须同时把这两个战士打败，才能算真赢。仍然假设：攻防各方采取“回合制”，并且，每个“回合”后，各方都对本次的攻防结果，给出一个“真心的盲自评”，由于这些自评结果是不告诉任何人的，所以，有理由假设“真心的盲自评”是真实可信的，没必要做假。

分别用随机变量Y_1和Y_2代表第一个和第二个战士，他们按如下方式对自己每个回合的战果，进行真心盲自评：

战士Y_1对本回合防御盲自评为成功，则$Y_1=1$；战士Y_1对本回合防御盲自评为失败，则$Y_1=0$；

战士Y_2对本回合防御盲自评为成功，则$Y_2=1$；战士Y_2对本回合防御盲自评为失败，则$Y_2=0$；

由于每个回合中，高手要同时攻击两个战士，所以，用二维随机变量$X=(X_1,X_2)$代表高手。为形象计，假定高手有两只手X_1和X_2，分别用来对付那两个战士。他按如下方式对自己每个回合攻击Y_1和Y_2的成果，进行真心盲自评：

本回合X自评攻击Y_1成功，自评攻击Y_2成功时，记为，$X_1=1,X_2=1$；

本回合X自评攻击Y_1成功，自评攻击Y_2失败时，记为，$X_1=1,X_2=0$；

本回合X自评攻击Y_1失败，自评攻击Y_2成功时，记为，$X_1=0,X_2=1$；

本回合X自评攻击Y_1失败，自评攻击Y_2失败时，记为，$X_1=0,X_2=0$。

当然，每次对抗的胜负，绝不是由某个单方面说了算，但是，上述客观自评估结果，从旁观者角度来看，可以公正地确定如下一些输赢规则。由于这时从任何一个战士(Y_1或Y_2)的角度来看，他面临的情况与“一对一的情况”完全相同，没必要再重复讨论，所以，下面只从高手X的角度来对“独裁评估”输赢次数的极限问题。

首先看高手“真正赢”的情况，即，高手X同时使战士Y_1和Y_2服输，即，$\{Y_1=0,\ Y_2=0\}$。由于Y_1和Y_2相互独立，所以，$P(Y_1=0,\ Y_2=0)=P(Y_1=0)P(Y_2=0)=[P(X_1=1,Y_1=0)+P(X_1=0,\ Y_1=0)][P(X_2=1,Y_2=0)+P(X_2=0,\ Y_2=0)]=P(X_1=Z_1)P(X_2=Z_2)$。其中，随机变量$Z_1=(X_1+Y_1)\bmod 2$，$Z_2=(X_2+Y_2)\bmod 2$。由于如下两个信道：(1)以$X_1$为输入，$Z_1$为输出，其信道容量记为$C_1$；(2)以$X_2$为输入，$Z_2$为输出，其信道容量记为$C_2$。根据香农编码极限定理，知道：$P(X_1=Z_1)\leqslant C_1$和$P(X_2=Z_2)\leqslant C_2$，而且，这两个不等式还是可以达到的，于是，$P(Y_1=0,\ Y_2=0)\leqslant C_1C_2$。因此，可以得到定理8.31。

定理8.31(一攻二的攻击能力极限定理)　在N个攻防回合中，一个高手最多能够同时把两个战士打败NC_1C_2次，而且，一定有某种技巧，可以使高手达到该极限。

在一对二情况下，所有可能的“独裁评估”有：$X_1=a$、$X_2=b$、$(X_1,X_2)=(a,b)$、$Y_1=a$、$Y_2=b$、$(Y_1,Y_2)=(a,b)$、$(X_1,Y_2)=(a,b)$、$(X_2,Y_1)=(a,b)$，这里a和b取值为0或1。由于X_1与X_2相互独立，由于Y_1与Y_2相互独立，由于X_1与Y_2相互独立，由于Y_1与X_2相互独立，所以，仿照定理8.31的证明过程，可以得到定理8.32。

定理8.32(独裁评估的极限)　在一个高手$X=(X_1,X_2)$同时攻击两个战士Y_1和Y_2的情况下，在N个攻防回合中，有如下极限，而且它们都是可以达到的极限：

(1) $\{X_1=a\}$最多出现NC_1次，其中，C_1是以Y_1为输入，以$(X_1+Y_1+a)\bmod 2$为输出的信道容量；

(2) $\{X_2=b\}$最多出现NC_2次，其中，C_2是以Y_2为输入，以$(X_2+Y_2+b)\bmod 2$为输出的信道容量；

(3) $\{(X_1,X_2)=(a,b)\}$最多出现NC_1C_2次，其中C_1和C_2如(1)和(2)所述(此时，若$a=b=1$，则意味着“X既未被Y_1打败，也未被Y_2打败”或者说“X成功地挡住了Y_1和Y_2的攻

击”)。由于,$P(X_1=0\cup X_2=0)=1-P(X_1=1,X_2=1)\geqslant 1-C_1C_2$,所以,在 N 回合的对抗中,X 被打败至少 $N(1-C_1C_2)$次;

(4) $\{Y_1=a\}$最多出现 ND_1次,其中,D_1是以 X_1为输入,以$(X_1+Y_1+a) \bmod 2$ 为输出的信道容量;

(5) $\{Y_2=b\}$最多出现 ND_2次,其中,D_2是以 X_2为输入,以$(X_2+Y_2+b) \bmod 2$ 为输出的信道容量;

(6) $\{(Y_1,Y_2)=(a,b)\}$最多出现 ND_1D_2次,其中,D_1和 D_2如(4)和(5)所述,此时,若 $a=b=0$的特殊情况,就是定理 8.38 中的情况;

(7) $\{(X_1,Y_2)=(a,b)\}$最多出现 NC_1D_2次,其中,C_1和 D_2如(1)和(5)所述;

(8) $\{(X_2,Y_1)=(a,b)\}$最多出现 NE_1E_2次。其中,E_1是以 Y_2为输入,以(X_2+Y_2+a) $\bmod 2$ 为输出的信道容量;E_2是以 X_1为输入,以$(X_1+Y_1+b) \bmod 2$ 为输出的信道容量。

现在将一对二的情况推广到一对多的星状网络攻防情况。

星状网络的中心点是高手 $X=(X_1,X_2,\cdots,X_m)$,他要同时对抗 m 个战士 $Y_1,Y_2,\cdots,Y_m$(他们对应于星状网的非中心点)。

每个回合后,战士们对自己在本轮攻防中的表现,给出如下保密的不告知任何人的盲自评估:战士 Y_i若自评估自己打败了高手,则记 $Y_i=1$;否则,记 $Y_i=0$ 这里 $1\leqslant i\leqslant m$。

每个回合后,高手 $X=(X_1,X_2,\cdots,X_m)$对自己在本轮攻防中的表现,给出如下保密的不告知任何人的盲自评估:若他在对抗 Y_i时得分为 a_i(这里 $a_i=0$ 时,表示自认为输给了 Y_i;否则,$a_i=1$,表示自己战胜了 Y_i),那么,就记 $X_i=a_i$,$1\leqslant i\leqslant m$。这时,也可以形象地将高手看成“长了 m 只手:X_1、X_2、$\cdots$、X_m”的大侠。

类似于定理 8.32,可以得出定理 8.33。

定理 8.33(星状网络对抗的独裁极限) 在一个高手 $X=(X_1,X_2,\cdots,X_m)$同时对抗 m 个战士 $Y_1,Y_2,\cdots,Y_m$的星状网络环境中,所有的独裁评估都可以表示为事件$\{[\cap_{i\in S}\{X_i=a_i\}]\cap[\cap_{j\in R}\{Y_j=b_j\}]\}$,其中,$S$ 和 R 是数集$\{1,2,\cdots,m\}$中的两个不相交子集,即,$S\cap R=\phi$,a_i、b_j取值为 0 或 1($1\leqslant i,j\leqslant m$)。

独裁评估的概率为 $P(\{[\cap_{i\in S}\{X_i=a_i\}]\cap[\cap_{j\in R}\{Y_j=b_j\}]\})=\Big\{\Big[\prod_{i\in S}P(\{X_i=a_i\})\Big]\Big[\prod_{j\in R}P(\{Y_j=b_j\})\Big]\Big\}\leqslant\prod_{i\in S,j\in R}[C_iD_j]$,这里,$C_i$是以 Y_i为输入,以$(X_i+Y_i+a_i) \bmod 2$ 为输出的信道的信道容量;D_j是以 X_j为输入,以$(X_j+Y_j+b_j) \bmod 2$ 为输出的信道的信道容量。而且,该极限是可达的。

换句话说,在星状网络的 N 次攻防对抗中,每个独裁事件$\{[\cap_{i\in S}\{X_i=a_i\}]\cap[\cap_{j\in R}\{Y_j=b_j\}]\}$最多只出现 $N\prod_{i\in S,j\in R}[C_iD_j]$ 次,而且,这个极限还是可达的。

该定理的证明过程与定理 8.31 类似,只是注意到如下事实:从随机变量角度来看,当 $i\neq j$时,X_i与 Y_j相互独立;各 X_i之间相互独立;各 Y_j之间也相互独立。

8.9.3 榕树网络(Banyan)对抗的输赢次数极限

除了一对一的单挑、一对多的星状网络攻防之外,在真实的网络对抗中,还常常会出现集团之间的对抗情况,即,由一群人(如,北约集团 $X_1,X_2,\cdots,X_n$)去对抗另一群人(如,华约集团 $Y_1,Y_2,\cdots,Y_m$)。这里,北约集团的成员$(X_1,X_2,\cdots,X_n)$之间不会相互攻击;同样,华约集团的成员($Y_1,Y_2,\cdots,Y_m$)之间也不会相互攻击;北约(华约)的每一个成员,都会攻击华约(北约)的每一个成员。因此,对抗的两个阵营,其实就形成了一个榕树网络(Banyan)。为研究简便,假定同一集团成员之间都是独立行事(即,各 X_i 之间相互独立;各 Y_i 之间也相互独立),因为,如果某两个集团成员之间是协同工作的,那么,就可以将它们视为同一个(融合)成员。

仍然采用回合制,假定在每个回合后,各成员都对自己在本轮对抗中的表现,给出一个真心的盲评价。具体地说:

每个北约成员 $X_i(1\leqslant i\leqslant n)$ 都长了 m 只手,即,$X_i=(X_{i1},X_{i2},\cdots,X_{im})$,当他自认为在本轮对抗中打败了华约成员 $Y_j(1\leqslant j\leqslant m)$ 时,就记 $X_{ij}=1$;否则,当他自认为在本轮对抗中输给了华约成员 $Y_j(1\leqslant j\leqslant m)$ 时,就记 $X_{ij}=0$。

同样,每个华约成员 $Y_j(1\leqslant j\leqslant m)$ 也都长了 n 只手,即,$Y_j=(Y_{j1},Y_{j2},\cdots,Y_{jn})$,当他自认为在本轮对抗中打败了北约成员 $X_i(1\leqslant i\leqslant n)$ 时,就记 $Y_{ji}=1$;否则,当他自认为在本轮对抗中输给了北约成员 $X_i(1\leqslant i\leqslant n)$ 时,就记 $Y_{ji}=0$。

类似于定理 8.33,可以得到定理 8.34。

定理 8.34(榕树网络对抗的独裁极限) 在该榕树网络(Banyan)攻防环境中,所有的独裁评估事件都可表示为 $[\bigcap_{(i,j)\in S}\{X_{ij}=a_{ij}\}]\cap[\bigcap_{(j,i)\in R}\{Y_{ji}=b_{ji}\}]$。这里 S 和 R 是集合 $\{(i,j):1\leqslant i\leqslant n,1\leqslant j\leqslant m\}$ 中的这样两个子集:当 $(i,j)\in S$ 时,一定有"(j,i) 不属于 R";同时,当 $(i,j)\in R$ 时,一定有"(j,i) 不属于 S"。而且,独裁评估的概率为 $P([\bigcap_{(i,j)\in S}\{X_{ij}=a_{ij}\}]\cap[\bigcap_{(j,i)\in R}\{Y_{ji}=b_{ji}\}])=[\prod_{(i,j)\in S}P\{X_{ij}=a_{ij}\}].[\prod_{(j,i)\in R}P\{Y_{ji}=b_{ji}\}]\leqslant\prod_{(i,j)\in S,(p,q)\in R}[C_{ij}D_{pq}]$。在这里,$C_{ij},(i,j)\in S$ 是以 Y_{ji} 为输入,以 $(X_{ij}+Y_{ji}+a_{ij})\bmod 2$ 为输出的信道的信道容量;$D_{pq},(p,q)\in R$ 是以 X_{qp} 为输入,以 $(X_{pq}+Y_{pq}+b_{pq})\bmod 2$ 为输出的信道的信道容量。而且,该极限是可达的。

换句话说,在榕树网络的 N 次攻防对抗中,每个独裁事件 $\{[\bigcap_{(i,j)\in S}\{X_{ij}=a_{ij}\}]\cap[\bigcap_{(j,i)\in R}\{Y_{ji}=b_{ji}\}]\}$ 最多只出现 $N\prod_{(i,j)\in S,(p,q)\in R}[C_{ij}D_{pq}]$ 次,而且,这个极限还是可达到的。

8.9.4 麻将网络对抗的输赢次数极限

一个有 n 个终端的网络中,如果所有这些终端之间都相互攻击,就像打麻将时每个人都"盯上家,卡对家,打下家"一样,那么,这样的攻防场景就称之为麻将网络攻防,或者,更学术一些,叫作"全连通网络攻防"。在实际情况中,这种攻防场景虽然不常见,但是,偶尔还是会出现的。为了学术研究的完整性,在此也来介绍一下。

在麻将网络中的 n 个战士,用 $X_1,X_2,\cdots,X_n$ 来表示。每个战士 $X_i(1\leqslant i\leqslant n)$ 都有 n 只手 $X_i=(X_{i1},X_{i2},\cdots,X_{in})$,其中,他的第 $j(1\leqslant j\leqslant n)$ 只手(X_{ij})是用来对付第 j 个战士 X_j 的,而 X_{ii} 这只手是用来保护自己的。

仍然假设他们的攻防是采用回合制,仍然假设他们在每个回合后,都对本轮攻防的效果进行一次只有自己知道的评估,即,如果战士 X_i 自认为在本回合中打败了战士 $X_j(1\leqslant i\neq j\leqslant n)$,那么,他就记 $X_{ij}=1$;否则,如果他认为输给了战士 X_j,那么,他就记 $X_{ij}=0$。

说明:对 X_{ii} 不做任何赋值,因为它对整个攻防不起任何作用,放在这里仅仅是使得相关公式整洁而已。

类似于定理 8.34,可以得到定理 8.35。

定理 8.35(麻将网络对抗的独裁极限) 在麻将网络攻防环境中,所有的独裁评估事件都可表示为$\bigcap_{(i,j)\in S}\{X_{ij}=a_{ij}\}$,这里,$S$ 是集合$\{(i,j):1\leqslant i\neq j\leqslant n\}$中的一个特殊子集,它满足条件:如果$(i,j)\in S$,那么,一定有"$(j,i)$不属于 S"。而且,独裁评估事件的概率为 $P(\bigcap_{(i,j)\in S}\{X_{ij}=a_{ij}\})=\prod_{(i,j)\in S}P\{X_{ij}=a_{ij}\}\leqslant\prod_{(i,j)\in S}C_{ij}$,这里,$C_{ij}$,$(i,j)\in S$ 是以 X_{ji} 为输入,以$(X_{ij}+X_{ji}+a_{ij})\bmod 2$ 为输出的信道的信道容量。而且,该极限是可达的。换句话说,在麻将网络的 N 次攻防对抗中,每个独裁事件$\bigcap_{(i,j)\in S}\{X_{ij}=a_{ij}\}$最多出现 $N\prod_{(i,j)\in S}C_{ij}$ 次,而且,这个极限还是可达的。

8.10 信息论、博弈论与安全通论的融合

香农和冯·诺依曼无疑是第三次工业革命的灵魂人物。作为科学家,他们对信息社会的贡献无与伦比,堪称信息社会之父。

香农的信息论可能是 20 世纪最重要的学问之一,而且,它对人类的影响还将持续下去,甚至会变得越来越重要。近百年来,正反两方面的事实证明:若没有信息论,就不会有人类的今天,更不可能有网络时代、大数据时代、云计算时代、物联网时代等。

冯·诺依曼的博弈论对人类文明的影响也大得惊人,特别是经天才数学家纳什精练后,博弈论几乎就成了现代经济学的主宰,由它催生的诺贝尔奖不可胜数。

过去七十年来,信息论和博弈论在各自领域中,都扮演着"圣经"的角色。虽然,后人研究信息论在股票市场中的应用时,也偶尔提到"博弈"两字;在研究数据压缩时,也提到过"博弈";同样,在经济学的许多著作中,"信息"或者"信息论"更是经常出现。但是,客观地说,无论是信息论研究中提到"博弈",还是经济学(博弈论)研究中提到"信息"或"信息论",其实,双方都只是在借用一下思想。实际上,在信息论界,大家对博弈论知之甚少;同样,在博弈论界,大家对信息论也几乎不懂。可以说,在全世界,同时精通并深入研究博弈论和信息论的人屈指可数。

非常意外的是,在研究安全通论时偶然发现,信息论和博弈论之间的关系之密切,完全超出了许多人的想象。甚至,刷新了人们过去对通信的观念,让通信,特别是网络通信,以全新的面貌重新登场。比如,过去,人们认为通信(一对一通信)就是比特信息从发端到收端的传输,其目的就是尽可能多地、可靠地传输比特流。但是,现在看来,通信其实还可以是一种博弈,是收信方和发信方之间,为了从对方获取最大信息量(互信息)的一种博弈。而且,这种博弈一定存在纳什均衡,此时,收信方和发信方各自从对方所获得的信息量相等,同被香农称为"信道容量"。

网络通信的"信息传输极限"一直都是多用户网络信息论中的头等难题,其难度之大,以至于人们根本就不知道该如何来描述它。人们虽然自认为已经在"多输入单输出信道"等几种最简单的多用户网络信道容量计算方面,取得了最终结果(其实并非最终结果,详见本节第三点的论述);但是,面对绝大部分的多用户网络的信道容量,人们仍然束手无策。甚至,像广播信道这种简单而常见的信道,都使大家不知所措。

为什么会出现这种尴尬局面呢？因为，如果按过去的观念，让比特串在多用户信道中去互相碰撞、转化、流动、传输，那么，就难以理出头绪，而且越传越乱。甚至，每个用户终端对自己的传输需求、优化目标，也说不清楚，就更不可能有最优化结果了。

现在，重新来审视多用户网络通信，将它看成终端用户之间的一种"多参与者博弈"，其目的是从其锁定的对象终端处，获得最大的信息量。于是，网络信道容量这个大难题，便可以经过简单的两步轻松解决：

第1步，每个博弈者锁定自己的需求(即，优化目标)。比如，他对哪些终端的信息更感兴趣(兴趣大的赋予更大的权值，没兴趣的赋予零权值)，对哪些终端的信息要区别对待(不加区别的可以放在同一个组内，统一考虑)；

第2步，证明该种博弈刚好存在纳什均衡，非常幸运地得益于互信息函数 $I(X;Y)$ 的凹性。而且，在纳什均衡状态时，每个终端都得到了自己的最优化结果。

"信道容量"其实并非像过去那么死板，更不是由几条固定直线切割而成的不变区域，而是在根据各博弈方的优化目标而变化的，优化目标不同，优化结果当然应该不同；而在网络通信中，各方的优化目标确实千差万别。

信息论、博弈论和安全通论三者之间融合后，就有：红客与黑客之间的攻防对抗，其实既是红与黑的博弈，也是红与黑之间的通信。若将通信看作红安全通论中的红黑对抗，那么，这时红与黑的攻防招数相当。即，红客能实施的所有手段，黑客也能实施。若将安全通论中的红黑对抗看作通信，那么，这种通信是非对称的，即，比特的正向流动与反向流动性质不同。若将安全通论中的红黑对抗看作博弈，那么，由于每个红客或黑客的攻防招数是有限的，所以，无论怎么去定义其利益函数，这种博弈都一定存在纳什均衡(包含纯战略或混合战略)。

综上可知，在被融合的三论中，博弈论最广，信息论最深，安全通论黏性最强。虽然与信息论和博弈论相比，安全通论不过是九牛之一毛，但是，安全通论既然能把两大"牛理论"黏在一起，就说明其本身还是有一定价值的。

由于许多博弈论专家不懂信息论，同样，许多信息论专家不懂博弈论，所以，为了读者阅读方便，在下面第二节和第三节中，分别把博弈论和信息论的最精华部分进行了凝练，熟悉的读者可以跳过，而直接进入本节的核心内容：第三点，三论融合。

8.10.1　博弈论核心凝练

为保持全节的完整性，本节将博弈论的最核心成果凝练如下。

博弈的标准式表述包括：(1)博弈的参与者；(2)每个参与者可供选择的战略(行动)集；(3)针对所有参与者可能选择的战略组合，每个参与者获得的收益。在一般的 n 个参与者的博弈中，把参与者从1至 n 排序，设其中任一参与者的序号为 i，令 S_i 代表参与者 i 可以选择的战略集合(称为 i 的战略空间，其实就是行动空间)，其中任一特定的战略用 s_i 表示(或写为 $s_i \in S_i$ 表示战略 s_i 是战略集 S_i 中的要素)。令 $(s_1,\cdots,s_n)$ 表示每个参与者选定一个战略而形成的战略组合，u_i 表示第 i 个参与者的收益函数，$u_i(s_1,\cdots,s_n)$ 即为参与者选择战略 $(s_1,\cdots,s_n)$ 时，第 i 个参与者的收益。

定义8.5(博弈标准式)　在一个 n 人博弈的标准式表述中，参与者的战略空间为 $S_1,\cdots,S_n$，收益函数为 $u_1,\cdots,u_n$，用 $G=\{S_1,\cdots,S_n;u_1,\cdots,u_n\}$ 表示此博弈。

定义 8.6(严格劣战略) 在标准式的博弈 $G=\{S_1,\cdots,S_n;u_1,\cdots,u_n\}$ 中，令 s_i' 和 s_i'' 代表参与者 i 的两个可行战略(即，s_i' 和 s_i'' 是 S_i 中的元素)。如果对其他参与者的每个可能战略组合，i 选择 s_i' 的收益都小于其选择 s_i'' 的收益，则称战略 s_i' 相对于战略 s_i'' 是严格劣战略，即，如下不等式：

$$u_i(s_1,\cdots,s_{i-1},s_i',s_{i+1},\cdots,s_n)<u_i(s_1,\cdots,s_{i-1},s_i'',s_{i+1},\cdots,s_n)$$

对其他参与者在其战略空间 $S_1,\cdots,S_{i-1},S_{i+1},\cdots,S_n$ 中每一组可能的战略 $(s_1,\cdots,s_{i-1},s_{i+1},\cdots,s_n)$ 都成立。

理性的参与者不会选择严格劣战略，因为，他(对其他人选择的战略)无法做出这样的推断，使这一战略成为他的最优反应。在博弈中，每个参与者要选择的战略，必须是针对其他参与者选择战略的最优反应，这种理论推测结果叫作“战略稳定”或“自动实施”。因为，没有哪位参与者愿意独自离弃他所选定的战略，把这一状态称为“纳什均衡”。

定义 8.7(纯战略纳什均衡) 在 n 个参与者标准式博弈 $G=\{S_1,\cdots,S_n;u_1,\cdots,u_n\}$ 中，如果战略组合 $\{s_1^*,\cdots,s_n^*\}$ 满足对每个参与者 i，s_i^* 是(至少不劣于)他针对其他 $n-1$ 个参与者所选战略 $\{s_1^*,\cdots,s_{i-1}^*,s_{i+1}^*,\cdots,s_n^*\}$ 的最优反应战略，则称战略组合 $\{s_1^*,\cdots,s_n^*\}$ 是该博弈的一个纳什均衡。即，

$$u_i\{s_1^*,\cdots,s_{i-1}^*,s_i^*,s_{i+1}^*,\cdots,s_n^*\}\geqslant u_i\{s_1^*,\cdots,s_{i-1}^*,s_i,s_{i+1}^*,\cdots,s_n^*\}$$

对所有 S_i 中的 s_i 都成立，亦即，s_i^* 是以下最优化问题的解：

$$\mathrm{Max}_{s_i\in S_i}u_i\{s_1^*,\cdots,s_{i-1}^*,s_i,s_{i+1}^*,\cdots,s_n^*\}.$$

为更清晰地理解定义 8.7 中的纳什均衡，设想有一标准式博弈 $G=\{S_1,\cdots,S_n;u_1,\cdots,u_n\}$，博弈论为它提供的解为战略组合 $\{s_1',\cdots,s_n'\}$，如果 $\{s_1',\cdots,s_n'\}$ 不是 G 的纳什均衡，就意味着存在一些参与者 i，s_i' 不是针对 $\{s_1',\cdots,s_{i-1}',s_{i+1}',\cdots,s_n'\}$ 的最优反应战略，即在 S_i 中存在 s_i''，使得：

$$u_i(s_1',\cdots,s_{i-1}',s_i',s_{i+1}',\cdots,s_n')<u_i(s_1',\cdots,s_{i-1}',s_i'',s_{i+1}',\cdots,s_n').$$

如果博弈论提供的战略组合解 $\{s_1',\cdots,s_n'\}$ 不是纳什均衡，则至少有一个参与者有动因偏离理论的预测，使得博弈的真实进行和理论预测不一致。因此，对给定的博弈，如果参与者之间要商定一个协议，决定博弈如何进行，一个有效的协议中的战略组合必须是纳什均衡的战略组合，否则，至少有一个参与者不会遵守该协议。

再换一个角度来看纳什均衡：仍记 S_i 为参与者 i 可以选择的战略集，并且，对每一个参与者 i，s_i^* 为其针对另外 $n-1$ 个参与者所选战略的最优反应，则战略组合 $(s_1^*,\cdots,s_n^*)$ 为博弈的纳什均衡，即，

$$u_i(s_1^*,\cdots,s_{i-1}^*,s_i^*,s_{i+1}^*,\cdots,s_n^*)\geqslant u_i(s_1^*,\cdots,s_{i-1}^*,s_i,s_{i+1}^*,\cdots,s_n^*)$$

对 S_i 中的每个 s_i 都成立。

但是，如果仅按定义 8.7 来定义纳什均衡，在某些情况下，这样的纳什均衡就不存在，更一般的有：在博弈中，一旦每个参与者都竭力猜测其他参与者的战略选择，那么，就不存在“由定义 8.7 所定义的纳什均衡”。因为，这时参与者的最优行为是不确定的，而博弈的结果必然要包括这种不确定性。因此，又引入了所谓“混合战略”的概念，它可以解释为一个参与者对其他参与者行为的不确定性。从而，将纳什均衡的定义扩展到包括混合战略的情况。

规范地说，参与者 i 的一个混合战略，就是在其战略空间 S_i 中(一些或全部)战略的概率

分布，于是，称前面 S_i 中的那些战略为 i 的纯战略。对于完全信息同时行动的博弈来说，一个参与者的纯战略，就是他可以选择的不同行动。例如，在"猜硬币正反面"博弈中，S_i 含有两个纯战略，分别为"猜正面向上"和"猜反面向上"，这时，参与者 i 的一个混合战略为概率分布$(q,1-q)$，其中，q 为"猜正面向上"的概率，$1-q$ 为"猜反面向上"的概率，且 $0\leqslant q\leqslant 1$。混合战略$(0,1)$表示参与者的一个纯战略，即，只"猜反面向上"；类似地，混合战略$(1,0)$表示只"猜正面向上"的纯战略。

更一般地，假设参与者 i 有 K 个纯战略：$S_i=\{s_{i1},\cdots,s_{iK}\}$，则参与者 i 的一个混合战略就是一个概率分布$(p_{i1},\cdots,p_{iK})$，其中，p_{ik} 表示对所有 $k=1,2,\cdots,K$，参与者 i 选择战略 s_{ik} 的概率，由于 p_{ik} 是一个概率，所以对所有 $k=1,\cdots,K$，有 $0\leqslant p_{ik}\leqslant 1$ 且 $p_{i1}+\cdots+p_{iK}=1$。用 p_i 表示基于 S_i 的任意一个混合战略，其中包含了选择每个纯战略的概率，正如前面用 s_i 表示 S_i 内任意一个纯战略一样。

定义 8.8(混合战略)　对标准式博弈 $G=\{S_1,\cdots,S_n;u_1,\cdots,u_n\}$，假设 $S_i=\{s_{i1},\cdots,s_{iK}\}$。那么，参与者 i 的一个混合战略为概率分布 $p_i=(p_{i1},\cdots,p_{iK})$，其中，对所有 $k=1,\cdots,K$，都有 $0\leqslant p_{ik}\leqslant 1$ 且 $p_{i1}+\cdots+p_{iK}=1$。

为了将纳什均衡概念扩展到混合战略的最优反应，先把两人博弈的情况描述清楚。

先考虑只有两个博弈者。令 J 表示第 1 个参与者(博弈者)S_1 中包含纯战略的个数，K 表示第 2 个博弈者 S_2 包含纯战略的个数，则 $S_1=\{s_{11},\cdots,s_{1J}\}$，$S_2=\{s_{21},\cdots,s_{2K}\}$，用 s_{1j} 和 s_{2k} 分别表示 S_1 和 S_2 中任意一个纯战略。

如果参与者 1 推断参与者 2 将以 $P_2=(p_{21},\cdots,p_{2K})$ 的概率选择战略$(s_{21},\cdots,s_{2K})$，则参与者 1 选择纯战略 s_{1j} 的期望收益为

$$\sum_{k=1}^{K} p_{2k}u_1(s_{1j},s_{2k}) \tag{8.12}$$

且参与者 1 选择混合战略 $P_1=(p_{11},\cdots,p_{1J})$ 的期望收益为

$$v_1(P_1,P_2)=\sum_{j=1}^{J} p_{1j}\Big[\sum_{k=1}^{K} p_{2k}u_1(s_{1j},s_{2k})\Big]=\sum_{j=1}^{J}\sum_{k=1}^{K} p_{1j}.\,p_{2k}u_1(s_{1j},s_{2k}), \tag{8.13}$$

其中，$p_{1j}.\,p_{2k}$ 表示参与者 1 选择 s_{1j} 且参与者 2 选择 s_{2k} 的概率。根据式(8.13)，参与者 1 选择混合战略 P_1 的期望收益，等于按式(8.12)给出的每个纯战略$\{s_{11},\cdots,s_{1J}\}$的期望收益的加权和，其权重分别为各自的概率$(p_{11},\cdots,p_{1J})$，那么，参与者 1 的混合战略$(p_{11},\cdots,p_{1J})$要成为他对参与者 2 战略 P_2 的最优反应，其中，任何大于 0 的 p_{1j} 相对应的纯战略，必须满足：

$$\sum_{k=1}^{K} p_{2k}u_1(s_{1j},s_{2k})\geqslant\sum_{k=1}^{K} p_{2k}u_1(s'_{1j},s_{2k})$$

对 S_1 中每一个 s'_{1j} 都成立。这表明，如果一个混合战略要成为 P_2 的最优反应，那么，这个混合战略中每一个概率大于 0 的纯战略本身，也必须是对 P_2 的最优反应。反过来讲，如果参与者 1 有 n 个纯战略都是 P_2 的最优反应，则这些纯战略全部或部分的任意线性组合(同时，其他纯战略的概率为 0)形成的混合战略，同样是参与者 1 对 P_2 的最优反应。

为给出扩展的纳什均衡的正式定义，还需要计算：当参与者 1 和 2 分别选择混合战略 P_1 和 P_2 时，参与者 2 的期望收益。如果参与者 2 推断参与者 1 将分别以 $P_1=(p_{11},\cdots,p_{1J})$ 的概率选择战略$\{s_{11},\cdots,s_{1J}\}$，则参与者 2 分别以概率 $P_2=(p_{21},\cdots,p_{2K})$ 选择战略$\{s_{21},\cdots,s_{2K}\}$时的期望收益为

$$v_2(P_1,P_2)=\sum_{k=1}^{K}p_{2k}\Big[\sum_{j=1}^{J}p_{1j}u_2(s_{1j},s_{2k})\Big]=\sum_{j=1}^{J}\sum_{k=1}^{K}p_{1j}\cdot p_{2k}u_2(s_{1j},s_{2k}).$$

在给出 $v_1(P_1,P_2)$ 和 $v_2(P_1,P_2)$ 之后，便可以重新表述纳什均衡的必要条件了，即，每一参与者的混合战略是另一参与者混合战略的最优反应：一对混合战略 (P_1^*,P_2^*) 要成为纳什均衡，则 P_1^* 必须满足

$$v_1(P_1^*,P_2^*)\geqslant v_2(P_1,P_2^*)\tag{8.14}$$

对 S_1 中战略所有可能的概率分布 P_1 都成立，并且 P_2^* 必须满足

$$V_2(P_1^*,P_2^*)\geqslant v_2(P_1^*,P_2)\tag{8.15}$$

对 S_2 中战略所有可能的概率分布 P_2 都成立。

定义 8.9(混合战略纳什均衡) 在两个参与者标准式博弈 $G=\{S_1,S_2;u_1,u_2\}$ 中，混合战略 (P_1^*,P_2^*) 是纳什均衡的充分必要条件是：每一参与者的混合战略，是另一参与者混合战略的最优反应，即，式(8.14)和式(8.15)必须同时成立。

在任何博弈中，一个纳什均衡(包括纯战略和混合战略均衡)都表现为参与者之间最优反应对应的一个交点，即使该博弈的参与者在两人以上，或有些(或全部)参与者有两个以上的纯战略。

到此，就可以介绍博弈论的最核心定理，称为"纳什均衡定理"，它由数学家纳什于 1950 年发现。

纳什均衡定理：在 n 个参与者的标准式博弈 $G=\{S_1,\cdots,S_n;u_1,\cdots,u_n\}$ 中，如果 n 是有限的，且对每个 i，S_i 也是有限的，则博弈存在至少一个纳什均衡，均衡可能包含混合战略。

该定理要求策略空间是有限的(即，每个参与者的可选策略个数有限)，但是，如果策略空间是无限时，情况又会怎样呢？1952 年，Debreu、Glicksberg 和 Fan 证明了下面的定理 8.36，Glicksberg 证明了定理 8.37。

定理 8.36 在 n 个参与者的标准式博弈 $G=\{S_1,\cdots,S_n;u_1,\cdots,u_n\}$ 中，如果 n 是有限的，且对每个 i，S_i 是欧式空间的非空紧凸集。如果收益函数 u_i 对 $s_i(s_i\in S_i)$ 是连续的，且对 s_i 是拟凹的，那么，该博弈存在纯战略纳什均衡。

定理 8.37 在 n 个参与者的标准式博弈 $G=\{S_1,\cdots,S_n;u_1,\cdots,u_n\}$ 中，如果 n 是有限的，且对每个 i，S_i 是度量空间的非空紧集。如果收益函数 u_i 是连续的，那么，该博弈存在混合战略的纳什均衡。

8.10.2 信息论核心凝练

为保持全节完整性，本节将信息论最核心的成果凝练如下。

如果将所有可能的通信方案看成一个集合，那么，"信息论"就给出了这个集合的两个最重要的临界值：(1)数据压缩达到最低程度的方案，对应于该集合的下界 $\min I(X,X^*)$，即，所有数据压缩方案所需要的描述速率不得低于该临界值，详见香农信源编码定理；(2)数据传输率的最大值就是信道容量，$\mathrm{Max}I(X,Y)$，详见香农信道编码定理。

网络信息论是当前通信理论研究的焦点，即，在干扰和噪声的情况下，如何建立大量发送器到大量接收器之间的通信同步率理论。但是，目前，全世界都正在泥潭中痛苦挣扎。

信息论的几个最基本的概念如下。

熵：设随机变量 X 的概率分布函数为 $p(x)$，那么，X 的熵定义为，$H(X)=$

$-\sum_{x}p(x)\lg_2 p(x)$，熵的量纲为比特。熵可看作随机变量 X 的平均不确定度的度量，即，在平均意义下，为了描述该随机变量 X 所需要的比特数。特别，如果 X 是二值随机变量，例如，$p(X=1)=q$，$p(X=0)=1-q$，那么，$H(X)=-q\lg q-(1-q)\lg(1-q)$，它是实数区间[0,1]内，关于 q 的凹函数。

条件熵：一个随机变量 X，在给定另一个随机变量 Y 的条件下的熵，记为 $H(X|Y)$。

相对熵：两个概率密度函数为 $p(x)$ 和 $q(x)$ 之间的相对熵定义为

$$D(p /\!/ q)=\sum_{x\in X}p(x)\lg[p(x)/q(x)]=E_p\lg[p(X)/q(X)].$$

互信息：由另一个随机变量导致的，原随机变量不确定度的缩减量。具体地说，设 X 和 Y 是两个随机变量，那么，这个缩减量就是互信息

$$I(X;Y)=H(X)-H(X|Y)=\sum_{x,y}p(x,y)\lg\{p(x,y)/[p(x)p(y)]\}$$
$$=D(p(x,y) /\!/ [p(x)p(y)]).$$

互信息 $I(X;Y)$ 也是两个随机变量相互之间独立程度的度量，它关于 X 和 Y 对称，且非负；当且仅当 X 与 Y 相互独立时，其互信息为 0。

条件互信息：随机变量 X 和 Y，在给定随机变量 Z 的条件互信息定义为

$$I(X;Y|Z)=H(X|Z)-H(X|Y,Z)=E_{p(x,y,z)}\lg\{p(x,y,z)/[p(x|z)p(y|z)]\}.$$

定理 8.38(互信息的凹凸性定理)　设二维随机变量 (X,Y) 服从联合概率分布 $p(x,y)=p(x)p(y|x)$。如果固定 $p(y|x)$，则互信息 $I(X;Y)$ 就是关于 $p(x)$ 的凹函数(互信息其实是任意闭凸集上的凹函数，因而，局部最大值也就是全局最大值。又由于互信息是有限的，所以，在信道容量的定义中，可以只使用 max，而不必用 sup。而且，这个最大值，即信道容量可以利用标准的非线性最优化技术求解)；而如果固定 $p(x)$，则互信息 $I(X;Y)$ 就是关于 $p(y|x)$ 的凸函数。在条件互信息的情况下，如果固定 $p(y|x,z)$，则互信息 $I(X;Y|Z)$ 就是关于 $p(x|z)$ 的凹函数，也是关于 $p(x)$ 的凹函数。

通信信道：它是这样一个系统，其输出信号按概率依赖于输入信号。其特征由一个转移概率矩阵 $p(y|x)$ 决定，该矩阵给出了在已知输入情况下，输出的条件概率分布。

二元对称信道：输入与输出都只有两个符号(0,1)，并且，输出与输入相同的概率为 $1-p$，输出与输入相异的概率为 p，这里 $0\leqslant p\leqslant 1$。

信道容量：对于输入信号为 X，输出信号为 Y，的通信信道，定义它的信道容量 $C=\max_{p(x)}I(X;Y)$。

现在来介绍信息论中核心的定理，香农信道编码定理。

对于离散无记忆信道，小于信道容量 C 的所有码率都是可达的。或者可以形象地解释为：码率不超过信道容量 C 的所有信号，都能够被无误差地从发方传输到收方。

8.10.3　三论融合

有了上述博弈论和信息论的预备工作后，现在就可以介绍本节的核心内容了。利用安全通论，把博弈论的核心(纳什均衡)和信息论的核心(信道容量)进行充分融合，并顺便解决网络信息论中存疑数十年的一些难题。

首先来重新审视一下经典的"一对一通信"：构造一个特殊的标准式博弈 $G=\{S_1,S_2;u_1,u_2\}$，它有两个参与者，分别是甲方(包含但不限于发信方 X)和乙方(包含但不限于收信

方 Y)，假设固定一个转移矩阵 $\mathbf{A}=[A_{ij}]$，它等同于确定某个信道的转移矩阵，即，$A_{ij}=p(x=i \mid y=j)$，$1\leqslant i\leqslant n$，$1\leqslant j\leqslant m$，如果 X 和 Y 分别是取 n 个和 m 个值的随机变量，那么，

参与者 1(甲方)的战略空间 S_1 定义为 $S_1=\{0\leqslant x_i\leqslant 1{:}1\leqslant i\leqslant n,\ x_1+x_2+\cdots+x_n=1\}$，它是边长为 1 的 n 维封闭立方体中的一个 $n-1$ 维封闭子立方体(当然，也就是欧式空间的非空紧凸集)。

参与者 2(乙方)的战略空间 S_2 定义为 $S_2=\{0\leqslant y_i\leqslant 1{:}1\leqslant i\leqslant m, y_1+y_2+\cdots+y_m=1\}$，它是边长为 1 的 m 维封闭立方体中的一个 $m-1$ 维封闭子立方体(当然，也就是欧式空间的非空紧凸集)。

对参与者 1 和 2 的任意两个具体的纯战略 $s_1\in S_1$，即，$s_1=(p_1,p_2,\cdots,p_n)$，$p_1+p_2+\cdots+p_n=1$ 和 $s_2\in S_2$，即，$s_2=(q_1,q_2,\cdots,q_m)$，$q_1+q_2+\cdots+q_m=1$ 分别定义他们的收益函数如下。

参与者 1(甲方)的收益函数 $u_1(s_1,s_2)$ 定义为 $u_1(s_1,s_2)=\sum_{j=1}^{m}q_j\sum_{i=1}^{n}A_{ij}\lg[A_{ij}/p_i]$。

注意：其实这个收益函数就是 $I(X;Y)$，即，X 与 Y 的互信息，这里 X 和 Y 的概率分布函数分别由 s_1 和 s_2 定义为 $P(X=i)=p_i$，$1\leqslant i\leqslant n$，$0\leqslant p_i\leqslant 1$ 和 $P(Y=j)=q_j$，$1\leqslant j\leqslant m$，$0\leqslant q_j\leqslant 1$。根据定理 8.45(互信息的凹凸性定理)，在信道 $p(x\mid y)$ 被固定的条件下，u_1 对 $s_1(s_1\in S_1)$ 是连续的，且对 s_1 是凹函数(当然更是拟凹的了)。

参与者 2(乙方)的收益函数 $u_2(s_1,s_2)$ 定义为 $u_2(s_1,s_2)=\sum_{i=1}^{n}p_i\sum_{j=1}^{m}B_{ji}\lg[B_{ji}/q_j]$。

注意：其实这个收益函数就是 $I(Y;X)$，即，Y 与 X 的互信息。同样，根据定理 8.45(互信息的凹凸性定理)，在信道 $p(x\mid y)$ 被固定的条件下，因为 $p(y\mid x)$ 已被固定，所以 $p(x\mid y)$ 也已被固定，u_2 对 $s_2(s_2\in S_2)$ 是连续的，且对 s_2 是凹函数(当然更是拟凹的了)。虽然通过信息论，已知道 $I(X;Y)=I(Y;X)$，即，该博弈中的两个参与者的收益函数是相等的，但是，为了使相关描述更像标准博弈，故意如此赘述。后面有些赘述也是同样目的。

于是，定理 8.36 中的条件就被全部满足，即，人为构造的标准式博弈 $G=\{S_1,S_2;u_1,u_2\}$ 就存在纯战略的纳什均衡。这就是说存在着某对纯战略 $s_1^*=(p_1^*,p_2^*,\cdots,p_n^*)$ 和 $s_2^*=(q_1^*,q_2^*,\cdots,q_m^*)$，它们分别对应于某对输入和输出的随机变量 X^* 和 Y^*，这里 $P(X^*=i)=p_i^*$，$1\leqslant i\leqslant n$，$p_1^*+p_2^*+\cdots+p_n^*=1$ 和 $P(Y^*=j)=q_j^*$，$1\leqslant j\leqslant m$，$q_1^*+q_2^*+\cdots+q_m^*=1$，使得以下两项同时成立，即

任意给定 $s_2\in S_2$，一定有 $u_1(s_1^*,s_2)\geqslant u_1(s_1,s_2)$，对所有 $s_1\in S_1$

和

任意给定 $s_1\in S_1$，一定有 $u_2(s_1,s_2^*)\geqslant u_2(s_1,s_2)$，对所有 $s_2\in S_2$。

换句话说，根据信道容量的定义，就知道 $u_1(s_1^*,s_2^*)=u_2(s_1^*,s_2^*)=C$，信道 $p(y|x)$ 的信道容量，即甲方和乙方博弈的纳什均衡点刚好就是当甲方作为该信道的发方时、乙方作为该信道的收信方时的信道容量。所以，就把这个结果简述为定理 8.46。至此，就发现了信息论与博弈论之间的第一处核心融合。

定理 8.39(信道容量与纳什均衡的融合定理) 当信道固定时，若以输入和输出之间的互信息为收益函数，那么，发信方和收信方之间的标准式博弈一定存在纯战略的纳什均衡，而且，当达到纳什均衡时，他们的收益函数就刚好是收发双方之间的信道的信道容量。

特别说明:之所以将上述博弈构造成发方和收方之间的博弈,是因为这样比较形象直观。其实,更严谨地说,本应该构造一个由收发双方联合起来与信道之间的"三人博弈",或者是信道与发信方(或收信方)之间的二人博弈,它的最终纳什均衡状态也刚刚达到信道容量的极限值,不过,由于这种博弈的描述比较复杂,而且效果又一样,所以此处略去。

定理 8.39 几乎完全刷新了人们对通信的观念:所谓通信,只不过是收发双方的一种特殊博弈而已。那么,这种观念的刷新有价值吗?答案是:太有价值了,比如,基于这种新观念,就可以解决过去数十年来,网络信息论中有关信道容量的一些难题。

注意:用博弈论的思路去考虑一对一通信的意义不大,因为,香农在这种情况下已经给出了非常漂亮的结果,但是,为什么要用一对一的情况为例来说明定理 8.39,这主要是想使相关描述更简捷。千万别过分地被输入和输出的关系锁定,否则,就会对相关的博弈误解。

1. 重新审视星形网络的信道容量

在过去,信息论的做法是将星形网络分为"多输入单输出信道"和"广播信道(单输入多输出信道)"两种情况,用香农随机编码的思路,非常巧妙地把多输入信道的信道容量给"计算出来了"(后面将看到,其实,人们并没有完全计算出来,只是在一种特殊情况下计算出来了而已);但是,面对广播信道时,大家就束手无策了,并将这个难题遗留至今。

现在从博弈论的角度,再来看这个问题时,突然发现,原来人类走了一个大弯路,把简单问题复杂化了。

为了把这个问题说清楚,先回头看看一对一通信的情况。

看待一个随机变量时,有两个层次:(1)宏观一点,只看其分布概率,例如,将扔硬币这个随机变量 X,看成 $P(X=0)=P(X=1)=0.5$;(2)微观一点,用某个具体的样本来代表,例如,用一连串扔硬币的结果 $x_1,x_2,\cdots,x_n$来表示。当然,同一个概率分布的不同具体样本之间的差别,可能会非常大,它们之间的平均汉明距离完全有可能大于 0;但是,所有具体样本的统计特性是相同的。

由于通信的情况很特殊,一方面,香农将输入和输出信号都当作随机变量,用分布概率表示;另一方面,每次收端和发端所处理的序列都是实实在在的具体样本,即,二元序列。于是,人们就反复在概率分布和具体样本之间纠结,其中,最典型的案例是香农自己:本来由于其凹性,互信息 $I(X;Y)$的最大值(max)和上确界(sup)就是一回事了,即,从分布概率角度来看,互信息的最大值是可达的(即,信道容量),既然某个概率分布的随机变量 X 使 $I(X;Y)$达到最大值,那么,X 的某个具体样本也就一定能够达到该值,虽然并不知道到底是哪个样本能达到最大值。可是,香农却还想进一步把那个达到最大值的具体样本给找出来,结果,虽然经过了一大堆复杂的随机编码推理,最终也仍然只证明了"达到最大值的那个样本存在",而并没有把那个达到最大值的样本给找出来。于是,才上演了半个多世纪以来,全世界信道编码理论专家们,挖空心思前赴后继地追求香农极限的苦剧。至今,香农极限还摆在那里,可望而不可即!

香农的这种技巧,在一对一通信时,非常令人震撼;但是,在网络通信时,这种"随机编码"的思路,就将人类带入了死胡同,导致半个多世纪的迷茫。

现在,用博弈的观点来看,通过定理 8.39,在一对一通信时,收发双方达到纳什均衡的纯战略 s_1^* 和 s_2^*,就是真真切切的接收信号和发射信号。

先看二输入单输出信道:

此时,有两个发信方 X_1 和 X_2,有一个收信方 Y。现在考虑他们三者之间的一个标准式

博弈 $G=\{S_1,S_2,S;u_1,u_2,u\}$。

参与者 1(发信方 X_1)的战略空间 S_1 定义为 $S_1=\{0\leqslant x_{i1}\leqslant 1:1\leqslant i\leqslant n,\ x_{11}+x_{21}+\cdots+x_{n1}=1\}$。

参与者 2(发信方 X_2)的战略空间 S_2 定义为 $S_2=\{0\leqslant x_{i2}\leqslant 1:1\leqslant i\leqslant N,\ x_{12}+x_{22}+\cdots+x_{n2}=1\}$。

参与者 3(收信方)的战略空间 S_3 定义为 $S_3=\{0\leqslant y_i\leqslant 1:1\leqslant i\leqslant m, y_1+y_2+\cdots+y_m=1$。

他们三者之间的战略空间虽然很清楚,但是,在定义其收益函数时,情况就完全不一样了,例如,对该三个参与者的任意纯战略 X_1、X_2 和 Y。

情况(1):如果两个发信方都是自私的,他们只想为自己争取最大利益;并且如果收信方不加区别地对待发信方,那么,他们的三个收益函数就分别定义为:$u_1(X_1,X_2,Y)=I(X_1;Y\mid X_2)$; $u_2(X_1,X_2,Y)=I(X_2;Y\mid X_1)$; $u_3(X_1,X_2,Y)=I(X_1,X_2;Y)$。

情况(2):如果两个发信方都是自私的,他们只想为自己争取最大利益;那么,发信各方的收益函数就分别定义为:$u_1(X_1,X_2,Y)=I(X_1;Y\mid X_2)$; $u_2(X_1,X_2,Y)=I(X_2;Y\mid X_1)$。

如果收信方对两个发信方是区别对待的,那么收信方的收益函数定义为如下加权函数:$u_3(X_1,X_2,Y)=aI(X_1;Y\mid X_2)+bI(X_2;Y\mid X_1)$,$0\leqslant a,b\leqslant 1$ 并且 $a+b=1$。

情况(3):如果两个发信方是无私的,以争取发信方共同利益最大化为目标;收信方不加区别地对待发信方,那么,对该三个参与者的任意纯战略 X_1、X_2 和 Y,他们的三个收益函数就分别定义为:$u_1(X_1,X_2,Y)=u_2(X_1,X_2,Y)=u_3(X_1,X_2,Y)=I(X_1,X_2;Y)$,这便退化成了一对一通信。

情况(4):如果两个发信方都是无私的,以争取发信方共同利益最大化为目标;那么,发信各方的收益函数就分别定义为:$u_1(X_1,X_2,Y)=u_2(X_1,X_2,Y)=I(X_1,X_2;Y)$。

如果收信方对两个发信方是区别对待的,那么收信方的收益函数定义为如果加权函数:$u_3(X_1,X_2,Y)=aI(X_1;Y\mid X_2)+bI(X_2;Y\mid X_1)$,$0\leqslant a,b\leqslant 1$ 并且 $a+b=1$。

仿照定理 8.46 的证明过程,可以直接验证:在上述 4 种情况下,定理 8.43 的条件都被全部满足,即这些博弈都存在纯战略的纳什均衡 X_1^*、X_2^*、$Y*$。而达到纳什均衡状态时,收发三方各自的纯战略 X_1^*、X_2^*、Y^*,便是对应于各自企望的最佳结果,而这些最大值所围成的区域,便是信道容量。由此可见,所谓的"信道容量"原来并非像过去那么死板,而是在根据各博弈方的目标而变化的;目标不同,结果当然应该不同。特别是,上述的情况(1),便是过去人们已经研究过的所谓"二输入单输出信道"情况,显然,人们过去并没有完全解决"多输入单输出信道"的信道容量问题。

至此便明白了,为什么过去广播信道的信道容量成了难题,因为,大家没有博弈概念,没有搞清楚收发各方的优化目标,而是在"鱼和熊掌兼得"的情况下来试图计算所谓的信道容量,当然,就不可能有结果了。自己都不清楚自己想要什么,怎么可能有最佳策略。

下面,在锁定收发各方的利益目标(优化目标)的条件下,给出广播信道相应的"信道容量",即,由纳什均衡状态所围成的区域。

在一般的"广播信道"中,有一个输入 X 和 n 个输出 $Y_1,Y_2,\cdots,Y_n$。现在考虑他们这$(n+1)$个参与者之间的如下标准式博弈 $G=\{S,S_1,S_2,\cdots,S_n;u,u_1,u_2,\cdots,u_n\}$。

参与者 0(发信方 X)的战略空间 S 定义为 $S=\{0\leqslant x_i\leqslant 1:1\leqslant i\leqslant m,\ x_1+x_2+\cdots+x_m=1\}$。

参与者 1(收信方 Y_1)的战略空间 S_1 定义为 $S_1=\{0\leqslant y_{i1}\leqslant 1:1\leqslant i\leqslant N(1),\ y_{11}+y_{21}+\cdots+$

$y_{N(1)1}=1\}$。

参与者2(收信方Y_2)的战略空间S_2定义为$S_2=\{0\leqslant y_{i2}\leqslant 1:1\leqslant i\leqslant N(2),\ y_{12}+y_{22}+\cdots+y_{N(1)2}=1\}$。

……

参与者n(收信方Y_n)的战略空间S_n定义为$S_n=\{0\leqslant y_{in}\leqslant 1:1\leqslant i\leqslant N(n),\ y_{1n}+y_{2n}+\cdots+y_{N(1)n}=1\}$。

对任何一组纯战略$X,Y_1,Y_2,\cdots,Y_n$,根据不同的利益目标(优化目标),上述$(n+1)$个博弈者之间的利益函数也是各不相同的,因此,相应的"信道容量"也是各不相同的。为了节省篇幅,不再对所有细节情况一一论述,而是抽象地将所有情况"一网打尽"。

首先,从发信方X的角度来看,他将n个收信方分成K个组$F_1,F_2,\cdots,F_K$,使得每个收信方都在并只在某一个组中;而且,X对于在同一个组中的不同收信方不加区别;对这K个组,发信方X还分配了一个权重系数$a_1,a_2,\cdots,a_K$,这里$a_1+a_2+\cdots+a_K=1$,对每个$1\leqslant i\leqslant K$,$0\leqslant a_i\leqslant 1$。于是,发信方$X$的收益函数定义为

$$u(X,Y_1,Y_2,\cdots,Y_n)=\sum_{i=1}^{K}a_iI(X;F_i\mid F_i^{\mathrm{C}}),$$

其中,F_i^{C}表示除了F_i之外,所有其他收信方组成的集合,而$I(X;F_i\mid F_i^{\mathrm{C}})$表示在条件$F_i^{\mathrm{C}}$之下,$X$与$F_i$之间的互信息。

其次,再来看n个收信方,假定他们自愿分成M个联盟$R_1,R_2,\cdots,R_M$,使得每个收信方都在且只在某一个联盟中;同一个联盟中的收信方都以本联盟利益为重(不考虑个人的利益,自私的收信方可以单独组成一个联盟),于是,对每个收信方$i(1\leqslant i\leqslant n)$,如果该收信方$i\in R_j(1\leqslant j\leqslant M)$,那么,他就按如下方式来定义其利益函数(即,同一个联盟中的所有收信方的利益函数都是相同的):

$$u_i(X,Y_1,Y_2,\cdots,Y_n)=I(X;R_j\mid R_j^{\mathrm{C}}),$$

其中,R_j^{C}表示除了R_j之外,所有其他收信方联盟组成的集合,而$I(X;R_j\mid R_j^{\mathrm{C}})$表示在条件$R_j^{\mathrm{C}}$之下,$X$与$R_j$之间的互信息。

在按上述过程定义的标准式博弈$G=\{S,S_1,S_2,\cdots,S_n;\ u,u_1,u_2,\cdots,u_n\}$中,仿照定理8.46的证明过程,可以直接验证:定理8.43的条件被全部满足,即,该博弈存在纯战略的纳什均衡$X^*,Y_1^*,Y_2^*,\cdots,Y_n^*$。达到纳什均衡状态时,收发各方的纯战略$X^*,Y_1^*,Y*_2,\cdots,Y*_n$,便是对应于各自企望的最佳结果,而这些可达的利益最大值所围成的区域,便是信道容量。

2. 榆树网(Banyan)网络的信道容量

在榆树网中,有n个发信方$X_1,X_2,\cdots,X_n$和m个收信方$Y_1,Y_2,\cdots,Y_m$。显然,榆树网是星形网的扩展,它把1个发(收)信方,扩展成多个。为了描述榆树网的信道容量,设计如下有$(n+m)$个人参与的标准式博弈:

$$G=\{S_1,S_2,\cdots,S_n,T_1,T_2,\cdots,T_m;u_1,u_2,\cdots,u_n,v_1,v_2,\cdots,v_m\}.$$

参与者i(发信方X_i,$1\leqslant i\leqslant n$)的战略空间S_i定义为$S_i=\{0\leqslant x_{ji}\leqslant 1:1\leqslant j\leqslant N(i),\ x_{1i}+x_{2i}+\cdots+x_{N(i)i}=1\}$。

参与者$n+i$(收信方Y_i,$1\leqslant i\leqslant m$)的战略空间T_i定义为$T_i=\{0\leqslant y_{ji}\leqslant 1:1\leqslant j\leqslant N(n+i),\ y_{1i}+y_{2i}+\cdots+y_{N(n+i)i}=1\}$。

n 个发信方自愿地将自己分为 Q 个联盟，$P_1,P_2,\cdots,P_Q$，使得每个发信方都在且只在某一个联盟中；同一个联盟中的发信方都以本联盟利益为重(不考虑个人利益，自私的发信方可以单独组成一个联盟)。进一步，联盟 P_i 将全部 m 个收信方分成 $M(i)$ 个组，$F_{i1},F_{i2},\cdots,F_{iM(i)}$，使得每个收信方都属于且只属于某个组。并且，联盟 P_i 还分配了一个权重系数 a_{1i}，$a_{2i},\cdots,a_{M(i)i}$，这里 $a_{1i}+a_{2i}+\cdots+a_{M(i)i}=1$，对每个 $1\leqslant i\leqslant Q,0\leqslant a_{ik}\leqslant 1$。

于是，对每个发信方 $j,1\leqslant j\leqslant n$，如果该发信方属于联盟 P_i，那么，他的利益函数 $u_j(X_1,X_2,\cdots,X_n,Y_1,Y_2,\cdots,Y_m)$ 就定义为

$$u_j(X_1,X_2,\cdots,X_n,Y_1,Y_2,\cdots,Y_m)=\sum\nolimits_{k=1}^{M(i)} a_{ki}\, I(P_i;F_{ik}\mid P_i^{\mathrm{C}},F_{ik}^{\mathrm{C}}),$$

其中，P_i^{C} 表示除联盟 P_i 之外的所有发信方组成的集合；F_{ik}^{C} 表示除分组 F_{ik} 之外的所有收信方组成的集合；$I(P_i;F_{ik}\mid P_i^{\mathrm{C}},F_{ik}^{\mathrm{C}})$ 表示，在条件 $P_i^{\mathrm{C}},F_{ik}^{\mathrm{C}}$ 之下，P_i 与 F_{ik} 之间的互信息。

收信方的利益函数，可以类似地定义。即，m 个收信方自愿地将自己分为 W 个联盟，$B_1,B_2,\cdots,B_W$，使得每个收信方都在且只在某一个联盟中；同一个联盟中的收信方都以本联盟利益为重(不考虑个人的利益，自私的收信方可以单独形成一个联盟)。进一步，联盟 B_i 将全部 n 个发信方分成 $D(i)$ 个组，$E_{i1},E_{i2},\cdots,E_{iD(i)}$，使得每个发信方都属于且只属于某个组。并且，联盟 B_i 还分配了一个权重系数 $b_{1i},b_{2i},\cdots,b_{D(i)i}$，这里 $b_{1i}+b_{2i}+\cdots+b_{D(i)i}=1$，对每个 $1\leqslant i\leqslant W,0\leqslant b_{ik}\leqslant 1$。

于是，对每个收信方 $j,1\leqslant j\leqslant m$，如果该收信方属于联盟 B_i，那么，他的利益函数 $v_j(X_1,X_2,\cdots,X_n,Y_1,Y_2,\cdots,Y_m)$ 就定义为

$$v_j(X_1,X_2,\cdots,X_n,Y_1,Y_2,\cdots,Y_m)=\sum\nolimits_{k=1}^{D(i)} b_{ki}\, I(B_i;E_{ik}\mid B_i^{\mathrm{C}},E_{ik}^{\mathrm{C}}),$$

其中，B_i^{C} 表示除联盟 B_i 之外的所有收信方组成的集合；E_{ik}^{C} 表示除分组 E_{ik} 之外的所有发信方组成的集合；$I(B_i;E_{ik}\mid B_i^{\mathrm{C}},E_{ik}^{\mathrm{C}})$ 表示，在条件 $B_i^{\mathrm{C}},E_{ik}^{\mathrm{C}}$ 之下，B_i 与 E_{ik} 之间的互信息。

在按上述过程定义的标准式博弈 $G=\{S_1,S_2,\cdots,S_n,T_1,T_2,\cdots,T_m;u_1,u_2,\cdots,u_n,v_1,v_2,\cdots,v_m\}$ 中，仿照定理 8.46 的证明过程，可以直接验证：定理 8.43 的条件被全部满足，即，该博弈存在纯战略的纳什均衡 $X_1^*,X_2^*,\cdots,X_n^*,Y_1^*,Y_2^*,\cdots,Y_m^*$。达到纳什均衡状态时，收发各方的纯战略 $X_1^*,X_2^*,\cdots,X_n^*,Y_1^*,Y_2^*,\cdots,Y_m^*$，便是对应于各自企望的最佳结果，而这些可达的利益最大值所围成的区域，便是信道容量。

3. 全连通网络的信道容量

所谓 N 个用户的全连通网络，就是在该网络中，每个用户既是收信方，同时又是发信方。那么，如何来考虑这种网络中的信道容量呢？其实，若利用上面的博弈思路，只要每个用户自己的目标锁定后，那么，由他们所构成的 N 个参与者的博弈，就一定存在纳什均衡。而且，他们各自的最大利益也能够在纳什均衡状态下被确定，这些最大值所围成的区域，便是可达的信道容量。非常幸运的是：互信息函数及其线性组合的凹性，保证了纯战略纳什均衡的存在性。

为了避免过于复杂的公式足标体系，在全连通网络中假设：每个用户都是自私的，即，只考虑自己的利益，或者说，不再存在前面几小节中的联盟。这种假定当然会遗漏一些可能的情况，但是，对网络信息论的研究并没有实质性的影响。况且，在实际应用中，每个网络用户确实是几乎只自考虑自身利益最大化。

设网络中的 N 个用户分别用随机变量 $X_1,X_2,\cdots,X_N$ 来表示，并且 X_i 是有 $M(i)$ 个取值的随机变量，$1\leqslant i\leqslant N$。

构造一个有 N 个人参与的标准式博弈 $G=\{S_1,S_2,\cdots,S_N;\ u_1,u_2,\cdots,u_N\}$ 如下：

参与者 i(用户 X_i，$1\leqslant i\leqslant n$)的战略空间 S_i 定义为 $S_i=\{0\leqslant x_{ji}\leqslant 1:1\leqslant j\leqslant M(i),\ x_{1i}+x_{2i}+\cdots+x_{M(i)i}=1\}$。

对每个参与者 i，在假定他是自私的前提下，为了合理定义他的利益函数，考虑如下事实：网络中的每个用户，对参与者 i 来说，其重要程度是不会完全相同的，因此，参与者 i 将其他 $N-1$ 个用户分成 $N(i)$ 组，$G_{i1},G_{i2},\cdots,G_{iN(i)}$，使得每个其他用户都属于且只属于某个组。并且，参与者 i 还分配了一个权重系数 $d_{1i},d_{2i},\cdots,d_{N(i)i}$，这里 $d_{1i}+d_{2i}+\cdots+d_{N(i)i}=1$，对每个 $1\leqslant j\leqslant N(i)$，$0\leqslant d_{ji}\leqslant 1$。

于是，参与者 i 的利益函数 $u_i(X_1,X_2,\cdots,X_n)$ 就定义为

$$u_i(X_1,X_2,\cdots,X_n)=\sum_{k=1}^{N(i)} d_{ki}\, I(X_i;G_{ik}\mid G_{ik}^{C}),$$

其中，G_{ik}^{C} 表示除分组 G_{ik} 和参与者 i 之外的所有用户组成的集合；$I(X_i;G_{ik}\mid G_{ik}^{C})$ 表示，在条件 G_{ik}^{C} 之下，X_i 与 G_{ik} 之间的互信息。

在按上述过程定义的标准式博弈 $G=\{S_1,S_2,\cdots,S_n;u_1,u_2,\cdots,u_n\}$ 中，仿照定理 8.46 的证明过程，可以直接验证：定理 8.43 的条件被全部满足，即，该博弈存在纯战略的纳什均衡 $X_1^*,X_2^*,\cdots,X_n^*$。达到纳什均衡状态时，各用户的纯战略 $X_1^*,X_2^*,\cdots,X_n^*$，便是对应于各自企望的最佳结果，而这些可达的利益最大值所围成的区域，便是信道容量。

8.10.4　安全通论、信息论和博弈论的对比

香农在创立一对一通信的信息论时，非常巧妙地利用了转移矩阵来描述信道和互信息等重要概念，以至于后人在研究多用户网络信息论时，首先想到的就是“照猫画虎”，而且，还真的在“多输入单输出信道”中取得了重要成果，求出了(实际上只是部分求出了)所谓的“信道容量”。但遗憾的是，人们误入了歧途，数十年的停滞不前便是最有力的证明。

过去人们仿照香农，用各种各样的转移概率来描述多用户网络系，例如，在多接入单输出信道时，用转移概率 $P(y\mid x_1,x_2,\cdots,x_m)$ 来描述；在广播信道时，用转移概率 $P(x_1,x_2,\cdots,x_m\mid y)$ 来描述；在中继信道时，用转移概率 $P(y,y_1\mid x,x_1)$ 来描述等。从表面上看来，这样的描述好像并没有问题，因为，确实仅仅通过 $P(y\mid x_1,x_2,\cdots,x_m)$ 是求不出 $P(x_1,x_2,\cdots,x_m\mid y)$ 的值，所以，有理由认为多输入信道和广播信道完全不同。但是，仔细分析后，便会发现，人们这么做大有画蛇添足的味道。

因为，实际上，对任意一个 n 用户$(Y_1,Y_2,\cdots,Y_n)$的网络通信系统，只要有足够多的收发信息样本，例如，足够长时间地从各用户终端连续记录下了随机变量$(Y_1,Y_2,\cdots,Y_n)$的同时刻的比特串$(y_{1i},y_{2i},\cdots,y_{ni})$，$i=1,2,\cdots$，那么，根据“频率趋于概率”的大数定律，便可以得到 n 维随机变量$(Y_1,Y_2,\cdots,Y_n)$的全部概率分布，由此，便可以知道该 n 维随机变量的所有各种转移概率、所有随机分量的概率分布等。

换句话说，无论是多输入信道 $P(y\mid x_1,x_2,\cdots,x_m)$，还是广播信道 $P(x_1,x_2,\cdots,x_m\mid y)$，只要根据各用户端足够多的传输信息比特，那么，联合概率分布 $P(y,x_1,x_2,\cdots,x_m)$ 就是已知，当然，转移概率 $P(y\mid x_1,x_2,\cdots,x_m)$ 和 $P(x_1,x_2,\cdots,x_m\mid y)$ 也可同时已知，那么，这时再去区分“多输入信道”或“广播信道”还有意义吗？

在多用户情形下，“用转移概率去描述信道”是行不通的，同样，想用一些直线去切割出

“信道容量”也更行不通。此时的重点应该是说清楚每个用户的真正通信意图到底是什么，或者说，每个用户的优化目标是什么。否则，如果优化目标都不明确，怎么可能有明确的结果？

如何才能把每个用户的通信意图、优化目标说清楚？“权重”和“条件互信息”便是最直观的办法。对重要的通信对象，可以将其“权重”提高；对其他用户可以调低权重；对根本不关心的用户，可以将其权重设为零。而“条件互信息”则给出了从所关心的用户群那里，能够获得的信息数量。当然，与信息论最核心的香农信道编码定理一样，本节的博弈论方法也只是给出了网络通信中，各用户达到自己期望值的最大可达目标值，并未给出如何达到这个目标，具体的逼近方法仍然是要由编码和译码专家们去挖掘。

香农的信息论天生就是为一对一的通信系统设计的，不适合于多用户情形。

冯·诺依曼的博弈论天生就是为多人博弈而设计的，一对一博弈仅仅是其特例。

安全通论的攻防对抗思想，很偶然地把信息论和博弈论黏接起来了，于是，便可以用博弈论的多用户优势，去弥补信息论的多用户缺陷，从而，解决了网络信息论的基本问题：信道容量。

参考文献

[1] 王世伟. 论信息安全、网络安全、网络空间安全[J]. 中国图书馆学报,2015(2):72-84.

[2] 陈华山,皮兰,刘峰,等. 网络空间安全科学基础的研究前沿及发展趋势[J]. 信息网络安全,2015(3):1-5.

[3] 李建华,邱卫东,孟魁,等. 网络空间安全一级学科内涵建设和人才培养思考[J]. 信息安全研究,2015(2):149-154.

[4] 张焕国,韩文报,来学嘉,等. 网络空间安全综述[J]. 中国科学:信息科学,2016(2):125-164.

[5] 翁健,马昌社,古亮. 网络空间安全人才培养探讨[J]. 网络与信息安全学报,2016,2(2):1-7.

[6] 张宏莉,于海宁,翟健宏,等. 网络空间安全人才培养的规划建议[J]. 网络与信息安全学报,2016,2(3):1-9.

[7] 郎平. 网络空间安全:一项新的全球议程[J]. 国际安全研究,2013,(1):128-141+159-160.

[8] Stauffer Dietrich, Ammon Aharony. Introduction to percolation theory [M]. Boca Raton:CRC press,1994.

[9] Havlin Shlomo, H. Eugene Stanley, Amir Bashan, et al. Percolation of interdependent network of networks [J]. Chaos, Solitons & Fractals,2015,(72):4-19.

[10] Gao Jianxi, Daqing Li, Shlomo Havlin. From a single network to a network of networks [J]. National Science Review,2014,1(3):346-356.

[11] Bashan Amir, Yehiel Berezin, Sergey V. Buldyrev, et al. The extreme vulnerability of interdependent spatially embedded networks [J]. Nature Physics,2013,9(10):667-672.

[12] Hu Yanqing, Dong Zhou, Rui Zhang, et al. Percolation of interdependent networks with intersimilarity [J], Physical Review E,2013,88(5):052805.

[13] LiWei, Amir Bashan, Sergey V. Buldyrev, et al. Cascading failures in interdependent lattice networks: The critical role of the length of dependency links [J]. Physical Review Letters, 2012,108(22):228702.

[14] SchneiderChristian M, Andre A. Moreira, Jose S. Andrade, et al. Mitigation of malicious attacks on networks [J]. Proceedings of the National Academy of Sciences,2011,108(10):3838-3841.

[15] Newman M E J. Spread of epidemic disease on networks[J]. Physical review E, 2002,66(1): 016128.

[16] Barrat A, Barthelemy M, Vespignani A. Dynamical processes on complex networks[J]. Cambridge: Cambridge University Press, 2008.

[17] Newman M. Networks: an introduction[M]. Oxford: Oxford University Press, 2010.

[18] 赵莉. 基于图的网络安全博弈研究[D]. 曲阜:曲阜师范大学学报,2008.

[19] Thomas M, Cover, Joy A, Thomas. 信息论基础[M]. 阮吉寿,张华,译. 沈世镒,审校. 北京:机械工业出版社,2007.

[20] Shu Lin, Daniel J. Costello, Jr. 差错控制码[M]. 晏坚,何元智,潘亚汉,等译. 北京:机械工业出版社,2007.

[21] 冯·贝塔朗菲. 一般系统论:基础、发展和应用[M]. 林康义,魏宏森,等译. 北京:清华大学出版社,1987.

[22] David M. Kreps. 博弈论基础[M]. 高峰,译. 魏玉根,校. 北京:中国社会科学出版社,1999.

[23] DrewFudenberg, Jean Tirole. 博弈论[M]. 黄涛,郭凯,龚鹏,等译. 北京:中国人民大学出版社,2016.

[24] N. 维纳. 控制论[M]. 郝季仁,译. 北京:科学出版社,2015.

[25] N. 维纳. 人有人的用处[M]. 陈步,译. 北京:北京大学出版社,2014.

[26] 甘应爱,田丰,等. 运筹学[M]. 3 版. 北京:清华大学出版社,2005.

[27] 肖燕妮,周义仓,唐三一. 生物数学原理[M]. 西安:西安交通大学出版社,2012.

[28] 魏树礼,张强. 生物药剂学与药物动力学[M]. 北京:中国医科大学中国协和医科大学联合出版社,1997.

[29] 唐三一,肖燕妮. 单种群生物动力系统[M]. 北京:科学出版社,2008.

[30] 陈兰荪. 数学生态学模型与研究方法[M]. 北京:科学出版社,1988.